教育部高等学校电子信息类专业教学指导委员会规划教材
高等学校电子信息类专业系列教材

Electrical Control and Programmable Logic Controller

电气控制与可编程逻辑控制器

——传统低压电器与西门子S7-1500 PLC控制方法

潘欢 薛丽 宋娟 编著
Pan Huan Xue Li Song Juan

U0214787

清华大学出版社
北京

内容简介

本书主要从硬件电路、S7-1500 PLC 和软件编程这 3 个方面入手，使初学者能尽快熟悉 S7-1500 PLC，并完成一些简单的编程。

硬件电路部分介绍各类低压控制电器、电气控制线路，重点学习三相异步电动机的起动、正反转、制动和调速控制电路分析。S7-1500 PLC 部分介绍了 PLC 的产生、定义、发展、分类、组成和工作原理等，并详细介绍了 S7-1500 PLC 的硬件组成。软件编程部分是学习的重点，介绍了 Portal 软件、S7-1500 PLC 所处理的数据类型和变量存储地址以及编程所需的基本指令，重点介绍了梯形图的编程规则，最后用实例讲解如何用 Portal 软件进行硬件组态、定义变量、编写程序等。

本书可作为电气工程及其自动化、自动化、机电一体化、机械类专业本科生的教材，参考学时为 64 学时，包括课程理论教学环节（48 学时）和实验教学环节（16 学时）。

本书封面贴有清华大学出版社防伪标签，无标签者不得销售。
版权所有，侵权必究。举报：010-62782989，beiqinquan@tup.tsinghua.edu.cn。

图书在版编目(CIP)数据

电气控制与可编程逻辑控制器：传统低压电器与西门子 S7-1500 PLC 控制方法/潘欢，薛丽，宋娟编著.—北京：清华大学出版社，2019(2025.1 重印)
(高等学校电子信息类专业系列教材)
ISBN 978-7-302-51115-1

Ⅰ.①电… Ⅱ.①潘… ②薛… ③宋… Ⅲ.①电气控制－高等学校－教材 ②可编程序控制器－高等学校－教材 Ⅳ.①TM571.2 ②TM571.6

中国版本图书馆 CIP 数据核字(2019)第 203103 号

责任编辑：曾 珊 赵晓宁
封面设计：李召霞
责任校对：梁 毅
责任印制：丛怀宇

出版发行：清华大学出版社
网 址：https://www.tup.com.cn，https://www.wqxuetang.com
地 址：北京清华大学学研大厦 A 座 **邮 编**：100084
社 总 机：010-83470000 **邮 购**：010-62786544
投稿与读者服务：010-62776969，c-service@tup.tsinghua.edu.cn
质量反馈：010-62772015，zhiliang@tup.tsinghua.edu.cn
课件下载：https://www.tup.com.cn，010-83470236
印 装 者：涿州市般润文化传播有限公司
经 销：全国新华书店
开 本：185mm×260mm **印 张**：19.75 **字 数**：478 千字
版 次：2019 年 5 月第 1 版 **印 次**：2025 年 1 月第 5 次印刷
定 价：59.00 元

产品编号：076738-01

高等学校电子信息类专业系列教材

顾问委员会

谈振辉	北京交通大学（教指委高级顾问）	郁道银	天津大学（教指委高级顾问）
廖延彪	清华大学（特约高级顾问）	胡广书	清华大学（特约高级顾问）
华成英	清华大学（国家级教学名师）	于洪珍	中国矿业大学（国家级教学名师）
彭启琮	电子科技大学（国家级教学名师）	孙肖子	西安电子科技大学（国家级教学名师）
邹逢兴	国防科技大学（国家级教学名师）	严国萍	华中科技大学（国家级教学名师）

编审委员会

主　任	吕志伟	哈尔滨工业大学		
副主任	刘　旭	浙江大学	王志军	北京大学
	隆克平	北京科技大学	葛宝臻	天津大学
	秦石乔	国防科技大学	何伟明	哈尔滨工业大学
	刘向东	浙江大学		
委　员	王志华	清华大学	宋　梅	北京邮电大学
	韩　焱	中北大学	张雪英	太原理工大学
	殷福亮	大连理工大学	赵晓晖	吉林大学
	张朝柱	哈尔滨工程大学	刘兴钊	上海交通大学
	洪　伟	东南大学	陈鹤鸣	南京邮电大学
	杨明武	合肥工业大学	袁东风	山东大学
	王忠勇	郑州大学	程文青	华中科技大学
	曾　云	湖南大学	李思敏	桂林电子科技大学
	陈前斌	重庆邮电大学	张怀武	电子科技大学
	谢　泉	贵州大学	卞树檀	火箭军工程大学
	吴　瑛	解放军信息工程大学	刘纯亮	西安交通大学
	金伟其	北京理工大学	毕卫红	燕山大学
	胡秀珍	内蒙古工业大学	付跃刚	长春理工大学
	贾宏志	上海理工大学	顾济华	苏州大学
	李振华	南京理工大学	韩正甫	中国科学技术大学
	李　晖	福建师范大学	何兴道	南昌航空大学
	何平安	武汉大学	张新亮	华中科技大学
	郭永彩	重庆大学	曹益平	四川大学
	刘缠牢	西安工业大学	李儒新	中国科学院上海光学精密机械研究所
	赵尚弘	空军工程大学	董友梅	京东方科技集团股份有限公司
	蒋晓瑜	陆军装甲兵学院	蔡　毅	中国兵器科学研究院
	仲顺安	北京理工大学	冯其波	北京交通大学
	黄翊东	清华大学	张有光	北京航空航天大学
	李勇朝	西安电子科技大学	江　毅	北京理工大学
	章毓晋	清华大学	张伟刚	南开大学
	刘铁根	天津大学	宋　峰	南开大学
	王艳芬	中国矿业大学	靳　伟	香港理工大学
	苑立波	哈尔滨工程大学		
丛书责任编辑	盛东亮	清华大学出版社		

序

FOREWORD

我国电子信息产业销售收入总规模在2013年已经突破12万亿元，行业收入占工业总体比重已经超过9%。电子信息产业在工业经济中的支撑作用凸显，更加促进了信息化和工业化的高层次深度融合。随着移动互联网、云计算、物联网、大数据和石墨烯等新兴产业的爆发式增长，电子信息产业的发展呈现了新的特点，电子信息产业的人才培养面临着新的挑战。

(1) 随着控制、通信、人机交互和网络互联等新兴电子信息技术的不断发展，传统工业设备融合了大量最新的电子信息技术，它们一起构成了庞大而复杂的系统，派生出大量新兴的电子信息技术应用需求。这些"系统级"的应用需求，迫切要求具有系统级设计能力的电子信息技术人才。

(2) 电子信息系统设备的功能越来越复杂，系统的集成度越来越高。因此，要求未来的设计者应该具备更扎实的理论基础知识和更宽广的专业视野。未来电子信息系统的设计越来越要求软件和硬件的协同规划、协同设计和协同调试。

(3) 新兴电子信息技术的发展依赖于半导体产业的不断推动，半导体厂商为设计者提供了越来越丰富的生态资源，系统集成厂商的全方位配合又加速了这种生态资源的进一步完善。半导体厂商和系统集成厂商所建立的这种生态系统，为未来的设计者提供了更加便捷却又必须依赖的设计资源。

教育部2012年颁布了新版《高等学校本科专业目录》，将电子信息类专业进行了整合，为各高校建立系统化的人才培养体系，培养具有扎实理论基础和宽广专业技能的、兼顾"基础"和"系统"的高层次电子信息人才给出了指引。

传统的电子信息学科专业课程体系呈现"自底向上"的特点，这种课程体系偏重对底层元器件的分析与设计，较少涉及系统级的集成与设计。近年来，国内很多高校对电子信息类专业课程体系进行了大力度的改革，这些改革顺应时代潮流，从系统集成的角度，更加科学合理地构建了课程体系。

为了进一步提高普通高校电子信息类专业教育与教学质量，贯彻落实《国家中长期教育改革和发展规划纲要(2010—2020年)》和《教育部关于全面提高高等教育质量若干意见》(教高【2012】4号)的精神，教育部高等学校电子信息类专业教学指导委员会开展了"高等学校电子信息类专业课程体系"的立项研究工作，并于2014年5月启动了《高等学校电子信息类专业系列教材》(教育部高等学校电子信息类专业教学指导委员会规划教材)的建设工作。其目的是为推进高等教育内涵式发展，提高教学水平，满足高等学校对电子信息类专业人才培养、教学改革与课程改革的需要。

本系列教材定位于高等学校电子信息类专业的专业课程，适用于电子信息类的电子信息工程、电子科学与技术、通信工程、微电子科学与工程、光电信息科学与工程、信息工程及其相近专业。经过编审委员会与众多高校多次沟通，初步拟定分批次（2014—2017年）建设约100门课程教材。本系列教材将力求在保证基础的前提下，突出技术的先进性和科学的前沿性，体现创新教学和工程实践教学；将重视系统集成思想在教学中的体现，鼓励推陈出新，采用“自顶向下”的方法编写教材；将注重反映优秀的教学改革成果，推广优秀的教学经验与理念。

为了保证本系列教材的科学性、系统性及编写质量，本系列教材设立顾问委员会及编审委员会。顾问委员会由教指委高级顾问、特约高级顾问和国家级教学名师担任，编审委员会由教育部高等学校电子信息类专业教学指导委员会委员和一线教学名师组成。同时，清华大学出版社为本系列教材配置优秀的编辑团队，力求高水准出版。本系列教材的建设，不仅有众多高校教师参与，也有大量知名的电子信息类企业支持。在此，谨向参与本系列教材策划、组织、编写与出版的广大教师、企业代表及出版人员致以诚挚的感谢，并殷切希望本系列教材在我国高等学校电子信息类专业人才培养与课程体系建设中发挥切实的作用。

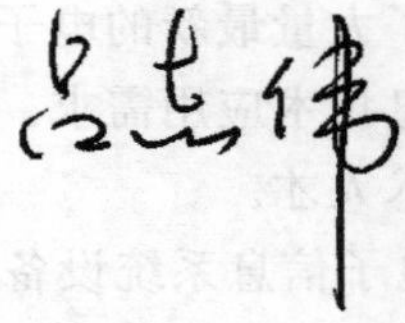
教授

前言
PREFACE

工业制造是国民经济的主体，是立国之本、兴国之器、强国之基，“工业 4.0”和“中国制造 2025”等概念的提出标志着新一轮工业革命的开始。可编程逻辑控制器(PLC)在这次革命中扮演着至关重要的角色，为了顺应工业电气化、自动化、数字化生产的潮流，各大公司的 PLC 也逐渐趋于集成化、灵活化和网络化。

西门子公司作为全球工业自动化的领航者，早在数年前边提出了全集成自动化(Totally Integrated Automation，TIA)的概念，并且将全部自动化组态任务完美地集成在一个单一的开发环境——TIA Portal (Totally Interated Automation Portal)之中。所研发的新一代 SIMATIC 系列控制器是 TIA 全集成自动化架构的核心单元，其中新型的 SIMATIC S7-1500 控制器除了包含多种创新技术之外，还设定了新标准，最大程度地提高生产效率，而且无论是小型设备还是对速度和准确性要求较高的复杂设备装置都适用。SIMATIC S7-1500 无缝集成到 TIA Portal 中，极大提高了工程组态的效率，在工程研发、生产操作与日常维护等各个阶段，在提高工程效率、提升操作体验、增强维护便捷性等各个方面树立了新的标杆。

目前市面上有关 SIMATIC S7-1500PLC 的书籍还相对较少，大部分教材以 SIMATIC S7-300/400 PLC 为主，缺少有关新型控制器的介绍，使得广大高校学生、电气工作者难以学习到最新知识。另外，尽管西门子工业自动化技术丛书对 SIMATIC 系列控制器有较详细的介绍(如参考文献[8])，但却不适用于初学者或者本科生教学，其中缺少继电器型硬件电路的介绍，割裂了硬件控制电路与 PLC 之间的联系，难以使初学者对梯形图形成快速、直观的认识进而掌握。基于此，本书主要从以下 3 个方面入手，使初学者能尽快熟悉 S7-1500PLC，并完成一些简单的编程。

- 硬件电路部分。介绍各类低压控制电器，包括接触器、继电器、断路器、熔断器和主令电器等；介绍电气控制线路，包括如何绘制和阅读分析电气控制线路，重点学习三相异步电动机的起动、正反转、制动和调速控制电路分析，为后面的梯形图编程打下基础。
- S7-1500 PLC。介绍了 PLC 的产生、定义、发展、分类、组成和工作原理等，并专门对 S7-1500 PLC 的组成硬件做了详细介绍，以熟悉所使用的对象。
- 软件编程。这一部分是学习重点，首先介绍 Portal 软件的组成、安装、卸载、授权和视图；其次介绍 S7-1500 PLC 所处理的数据类型和变量存储地址，并将编程所需的基本指令一一罗列，介绍它们的功能、示例用法等；再次重点介绍梯形图的编程规则，主要包括经验设计法和顺序控制设计法，以基本数字电路为例，示意如何使用指令编辑程序；最后示例如何用 Portal 软件进行硬件组态、定义变量、编写程序等。

“电气控制及其可编程逻辑控制器”是一门应用性很强的课程，学习本门课程的主要目的在于通过课程与实验，培养学生设计电气控制线路、应用西门子 PLC 编程指令控制电动机实际应用的能力；通过课堂讲授和实践教学，使学生熟悉电气控制设备的基本构成，掌握电气设备的基本原理和分析方法，学会正确选择和使用电气设备，具有一定的电气控制线路设计能力；通过参观实验室和企业的深入学习，使学生建立感性认识，再通过课程设计对所学内容和所参观的实物作进一步的深入研究。

本书由长期从事本课程教学的潘欢担任主编，薛丽、宋娟参编。潘欢编写了第 1～4 章和第 10 章，宋娟编写了第 5～7 章，薛丽编写了第 8～9 章以及习题。潘欢审阅了全书。

最后，感谢杨丽、张凯歌、王佳浩、刘智聪和连宏汇等同学对本书做出的贡献。

本书是宁夏回族自治区“十三五”电气信息类重点专业群建设的研究成果之一，并得到了该项目的资助。

因作者水平有限，书中难免有不足和错漏之处，恳请读者批评指正。

编　者

2018 年 2 月

学习建议

本书的授课对象为电气工程及其自动化、自动化、机电一体化、机械类专业的本科生，课程类别属于电气自动化类。参考学时为64学时，包括课程理论教学环节(48学时)和实验教学环节(16学时)。

课程理论教学环节主要包括课堂讲授和研究性教学。课程以课堂讲授为主，部分内容可以通过学生自学加以理解和掌握。研究性教学针对课程内容进行扩展和探讨，要求学生根据教师布置的题目编写程序，进行课内讨论讲评或上机完成等。

实验教学环节包括熟悉S7-1500 PLC的硬件组成、掌握S7-1500 PLC的操作、灵活应用Portal采用梯形图进行编程，可根据学时灵活安排，主要通过自学由学生在实验课中完成。

本书的主要知识点、重点、难点及学时分配见下表。

序号	知识单元(章节)	知识点	要求	推荐学时
1	常用低压控制电器	概述	了解	6
		接触器	理解	
		继电器	掌握	
		低压断路器	理解	
		熔断器	理解	
		主令电器	理解	
		其他常用电器	了解	
2	基本电气控制线路	电气控制线路的绘制	理解	8
		三相异步电动机的起动控制线路	掌握	
		三相异步电动机的正反转控制线路	掌握	
		三相异步电动机制动控制线路	掌握	
		三相异步电动机调速控制线路	掌握	
		其他典型控制线路	掌握	
3	PLC基础知识	PLC的产生和定义	了解	4
		PLC的发展	了解	
		PLC的应用领域	了解	
		PLC的特点	理解	
		PLC与其他典型控制系统的区别	理解	
		PLC的分类	了解	
		PLC的系统组成	掌握	
		PLC的工作原理	掌握	

续表

序号	知识单元(章节)	知识点	要求	推荐学时
4	TIA Portal 软件概述	TIA Portal 软件简介	了解	2
		TIA Portal 软件的组成	理解	
		TIA Portal 软件的安装	掌握	
		TIA Portal 软件的卸载	掌握	
		授权管理功能	掌握	
		TIA Portal 中的视图	理解	
		TIA Portal 软件的特性	了解	
5	SIMATIC S7-1500 PLC 硬件组成	S7-1500 电源模块	了解	4
		S7-1500 CPU 模块	理解	
		SIMATIC 存储卡	理解	
		CPU 的显示屏	了解	
		S7-1500 信号模块	了解	
		S7-1500 通信模块	了解	
		S7-1500 接口模块	了解	
		S7-1500 工艺模块	了解	
6	数据类型和地址区	S7-1500 PLC 的数据类型	了解	2
		S7-1500 PLC 的地址区	理解	
7	S7-1500 PLC 基本指令	位逻辑指令	掌握	8
		定时器指令	掌握	
		计数器指令	掌握	
		比较指令	理解	
		转换指令	理解	
		数据块指令	理解	
		逻辑控制指令	理解	
		整型数学运算指令	掌握	
		浮点型数学运算指令	掌握	
		传送指令	理解	
		移位和循环移位指令	理解	
		状态位指令	理解	
		字逻辑指令	理解	
		程序控制指令	理解	
8	PLC 梯形图编程简介	梯形图编程规则	了解	4
		经验设计法	理解	
		顺序控制设计法	掌握	

续表

序号	知识单元(章节)	知识点	要求	推荐学时
9	PLC 基本数字电路程序	自锁和互锁电路	掌握	6
		起动、保持和停止电路	掌握	
		瞬时接通/延时断开电路	掌握	
		延时接通/延时断开电路	掌握	
		长时间定时电路	掌握	
		振荡电路	理解	
		脉冲发生电路	理解	
		计数器应用电路	理解	
		分频电路	理解	
		比较电路(译码电路)	理解	
		优先电路	理解	
		报警电路	理解	
10	S7-1500 组态控制	PLC 组态	掌握	4
		查看或修改 I/Q 地址	掌握	
		定义变量与编写程序	掌握	
		添加函数 FC、函数块 FB 及数据块 DB	理解	

目录

CONTENTS

绪　论

1. 电气控制技术及其发展

在现代化生产与实践中，产品主要通过设备生产和加工，为了保证产品的生产效率和加工精度，需要对设备进行控制，而控制方式主要有机械控制、电气控制、液压控制、起动控制或上述几种方式的结合。在某些生产设备中，几种控制方式的结合更具有其突出优点，如液压控制与电气控制结合控制大型压力机等。电气控制方式的显著优点，使得电气控制技术成为设备控制的主要方式。电气控制技术实际是电气控制原理在控制设备中的应用。在电气控制技术中，对电动机的控制是电气控制技术的主要研究内容，电动机控制包括普通电动机和控制电动机，控制方法有继电接触器控制、交/直流调速控制、可编程逻辑控制器(Programmable Logic Controller，PLC)控制等。随着电子技术和计算机技术的不断进步与发展，还会出现各种各样新的控制方法。

最初的电气控制主要是继电接触器控制，由继电器、接触器、按钮、行程开关等组成，按一定的控制要求用电气连接线连接而成，通过对电动机的起动、制动、反向和调速的控制，实现生产加工工程的自动化，保证生产加工工艺的要求。其主要优点表现在电路简单、设计与安装方便、易于维护、价格低廉、抗干扰性强等方面，在许多机械设备中得到了广泛的应用；但是其缺点也很明显，由于采用固定接线方式，所以灵活性能较差。继电接触器控制系统是现代电气控制技术的基础，其他控制技术都是基于此发展演化而来的。

生产技术的进步和生产过程的复杂化，对控制系统提出了新的要求，特别是多品种、小批量生产技术的出现，要求针对不同的生产工艺和要求不断变换控制系统，而传统的接线式继电接触器控制系统根本无法满足不断变化的控制要求，而且生产系统的扩大需要采用更多的继电器，这使得控制系统的可靠性进一步降低。为此，美国数字设备公司(Digital Equipment Corporation，DEC)依据通用汽车公司的生产要求研制了第一台用来代替继电接触器控制系统的 PLC，可以依据生产工艺要求，通过改变控制程序来满足控制系统变化的要求，并在通用公司的汽车生产线上试用成功，获得了极为满意的效果。PLC 技术一出现就得到了广泛应用，并且发展极为迅速，现已成为电气控制技术的主流。

随着计算机技术的发展，PLC 将继电接触器系统的优点与计算机控制系统的编程灵活性、功能齐全性、应用范围广、计算功能强等优点结合起来，已不仅仅是一种比继电接触器工作更可靠、功能更齐全、控制更灵活的工业控制器，而是一种可以通过软件来实现控制的工业控制计算机。许多生产过程中，PLC 可以实现整个生产流程的控制，常规电器仅仅是输入设备或执行电器。PLC 技术、机器人技术、计算机辅助设计/计算机辅助制造(CAD/CAM)技术已被列为工业自动化的三大支柱。

电气控制技术是一门不断发展的技术，从最早的手动控制发展到自动控制，从简单控制发展到智能控制，从有触点(也称触头)的硬接线继电接触器逻辑控制发展到以计算机为核心的软件控制系统，从单机控制发展到网络控制，电气控制技术随着新技术和新工艺的不断更新而迅速发展。现代电气控制技术已经是应用了计算机、自动控制、电子技术、精密测量、人工智能、网络技术等许多先进科学技术的综合产物。

在电气控制技术中，低压电器元件是重要的基础元件，是电气控制系统安全可靠运行的基础和主要保障。随着新技术的出现和发展，传统的低压电器也不断更新换代，正朝着高性能、高可靠性、小型化、模块化、组合化、智能化和网络化方向发展。模块化和组合化大大简化了电器制造过程，可以通过不同的模块组合成新的电器。微处理器的运行速度越来越快、体积越来越小以及产品集成技术的发展，使得越来越多的厂商将智能芯片集成到产品之中，包括许多传统的电器元件等，形成了智能电器。

现代化的工业生产过程不但需要逻辑控制，而且生产过程中的各种参数(如温度、压力、流量、速度、时间、功率等)也要求自动控制，这使得电气控制技术必须能够向前发展，满足生产要求。许多新技术就被引入到电气控制技术中，依据生产过程的参数变化和规律，自动调节各个控制变量，保证生产过程和设备的正常运行，而且这个生产过程也可由计算机智能管理，实现集中数据处理、集中监控以及强电控制与弱电控制相结合。

计算机网络和通信技术的飞速发展，使得电气控制技术发生了重大变革，基于网络的电气控制技术不但能对工业现场电器进行控制与操作，而且能实现网络异地控制。通过网络可以对现场的电器进行远程在线控制，根据需要进行编程和组态等，实现电气控制技术的信息化，构成由计算机进行智能化控制的信息管理系统。

将计算机网络延伸至工业现场，形成了现场总线技术。现场总线技术是自动化领域中计算机通信体系最底层的低成本网络，是一种工业数据总线，能将传感器、执行器与控制器等现场设备连接起来、协调工作，实现控制系统集成化，优化整个系统的性能，而且采用了相同的通信接口，使得现场控制设备实现即插即用，具有可扩充性。现场总线技术的发展使得低压电器具有了智能化和网络通信功能。基于现场总线的电气设备和技术已成为电气技术发展的方向。

电气控制技术一直不停地向生产过程自动化方向发展，以不断提高生产设备的效率为目标。当今生产过程的柔性制造系统(FMS)、计算机集成制造系统(CIMS)、计算机辅助制造(CAM)、智能制造技术(IMT)、批量定制技术(MC)以及制造信息化技术等为电气控制技术的发展提供了新的方向，柔性控制技术、智能控制技术等电气控制技术也将进一步推动生产制造技术的进步。

综上所述，随着科学技术的进步，特别是计算机技术、微电子技术和机械制造技术的发展，电气控制技术正朝着集成化、智能化、网络化、信息化方向发展，并和各种新技术结合，相互促进、相互发展。

2. 电气控制系统的组成

任何一个电气控制系统都可以分为输入、控制器和输出 3 个部分，如图 0-1 所示。

图 0-1 电气控制系统的组成

1）输入部分

输入部分是电气控制系统与工业生产现场控制对象的连接部分，一般由各种输入器件组成，其主要功能是把外部各种物理量转换为电信号，并输入到控制器中，如按钮、行程开关、热继电器以及各种传感器(热电偶、热电阻等)。

2）控制器

控制器是电气控制系统的核心，主要是将输入信息按一定的生产工艺和设备功能要求进行处理，产生控制信息。在继电—接触器电气控制系统中，控制器主要为一些控制继电器，依据不同的生产控制要求，利用继电器机械触点的串联或并联及延时继电器的滞后动作等组合成控制逻辑，采用固定的接线方式连接起来完成控制输出。各控制器一旦完成连接，所要实现的控制功能也就固定了，不会再改变。如果控制系统的功能需要改变，则各控制电器元件本身和连接方式都需要重新改变。在 PLC 电器控制系统中，控制功能是可编程的，其控制逻辑以程序的方式存储在内存中，在控制功能需要改变时可通过编程改变程序即可，使得控制系统变得非常方便灵活，扩大了控制器的应用范围。这是与继电—接触器逻辑控制系统最大的不同之处。

3）输出部分

控制系统将输入经过控制处理后，再将控制信息输出。输出部分的功能是控制现场设备进行工作，将控制系统送来的信号转换成其他所需的物理信号，最终实现这个控制系统的功能，如电动机的起动停止、正反转，阀门的开闭，工作台的移动、升降等。

第 1 章 常用低压控制电器

CHAPTER 1

1.1 概述

电器是根据外界信号(机械力、电动力和其他物理量)自动或手动接通和断开电路,实现对电路或非电对象的切换、控制、保护、检测、变换和调节用的电气元件或设备。电器的种类繁多,构造各异。按工作电压交流 1000V、直流 1200V 为界,可分为高压电器和低压电器;按用途可分为配电电器与控制电器;按动作方式可分为自动切换电器和非自动切换电器;按工作原理可分为电磁式电器和非电量控制电器。

电器一般由两个基本部分组成,即检测部分与执行部分。检测部分接收外界信号并进行物理量的转换、放大;执行部分根据检测部分的输出执行相应的动作,从而接通或分断线路,实现控制目的。本章主要介绍工作在交流 1000V 以下、直流 1200V 以下的低压控制电器,如常用开关电器、主令电器、接触器、继电器的结构、原理、型号、技术参数及选用原则。低压控制电器中大部分为电磁式电器。各类电磁式电器的工作原理和构造基本相同,由检测部分(电磁机构)和执行部分(触点系统)组成。

1.1.1 电磁机构

电磁机构由吸引线圈、铁芯和衔铁组成,其结构形式按衔铁的运动方式可分为直动式和拍合式。图 1-1 和图 1-2 所示为直动式和拍合式电磁机构的常用结构形式。

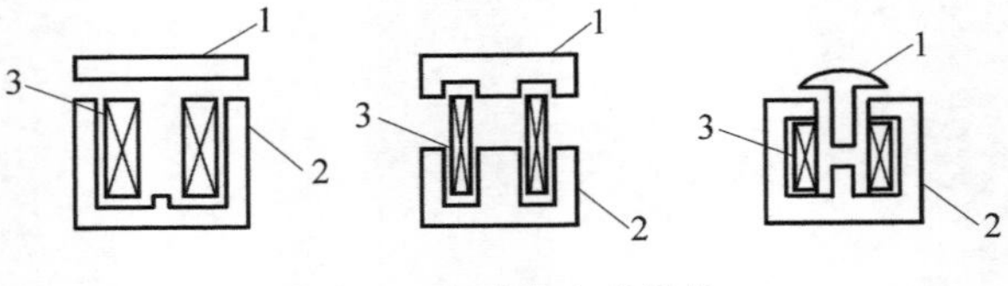

图 1-1　直动式电磁机构

1—衔铁;2—铁芯;3—吸引线圈

吸引线圈的作用是将电能转换为磁能,即产生磁通,衔铁在电磁吸力作用下产生机械位移使铁芯吸合。通入直流电的线圈称为直流线圈,通入交流电的线圈称为交流线圈。

对于直流线圈,铁芯不发热,只有线圈发热,因此线圈与铁芯接触以利散热,线圈做成无骨架、高而薄的瘦高型,以改善线圈自身散热。铁芯和衔铁由软钢或工程纯铁制成。

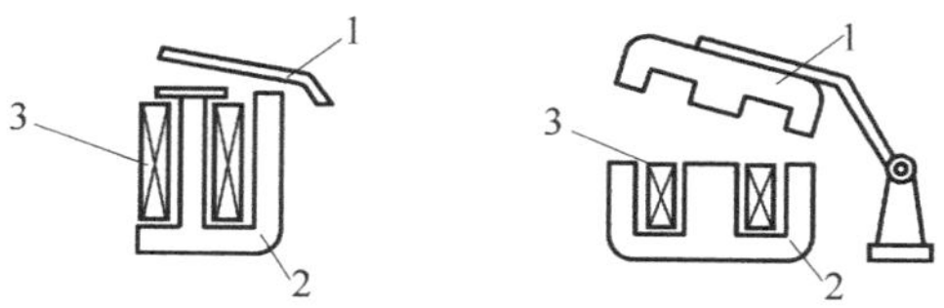

图 1-2 拍合式电磁机构

1—衔铁；2—铁芯；3—吸引线圈

对于交流线圈，除线圈发热外，因铁芯中有涡流和磁滞损耗，铁芯也要发热。为了改善线圈和铁芯的散热情况，在铁芯与线圈之间留有散热间隙，而且把线圈做成有骨架的矮胖型。铁芯用硅钢片叠加成，以减小涡流。

另外，根据线圈在电路中的连接方式不同可分为串联线圈（又称电流线圈）和并联线圈（又称电压线圈）。

串联（电流）线圈串接于线路中，流过的电流大。为减少对电路的影响，线圈的导线粗而且匝数少，线圈的阻抗较小。

并联（电压）线圈并联在线路上，为减小分流作用，降低对原电路的影响，需要较大的阻抗，所以线圈的导线细而且匝数多。

电磁铁工作时，线圈产生的磁通作用于衔铁，产生电磁吸力，并使衔铁产生机械位移。衔铁复位时复位弹簧将衔铁拉回原位。因此，作用在衔铁上的力有两个，即电磁吸力与反力。电磁吸力由电磁机构产生，反力则由复位弹簧和触点弹簧所产生。铁芯吸合时要求电磁吸力大于反力，即衔铁位移的方向与电磁吸力方向相同。衔铁复位时要求反力大于电磁吸力（此时线圈断电，只有剩磁产生的电磁吸力）。

电磁吸力为

$$F = \frac{10^7}{8\pi} B^2 S \tag{1-1}$$

式中，F 为电磁吸力，单位为 N；B 为气隙磁感应强度，单位为 T；S 为磁极截面积，单位为 m^2。

当线圈中通以直流电时，F 为恒值。当线圈中通以交流电时，磁感应强度为交变量，即

$$B = B_m \sin\omega t \tag{1-2}$$

由式(1-1)和式(1-2)可得

$$F = \frac{10^7}{8\pi} S B_m^2 \sin\omega^2 t \tag{1-3}$$

电磁吸力按正弦函数平方的规律变化，最大值为 F_m。

$$F_m = \frac{10^7}{8\pi} S B_m^2 \tag{1-4}$$

电磁吸力的最小值为零。当电磁吸力的瞬时值大于反力时，铁芯吸合；当电磁吸力的瞬时值小于反力时，铁芯释放。所以电源电压变化一个周期，电磁铁吸合两次、释放两次，使电磁机构产生剧烈的振动和噪声，因而不能正常工作。解决的办法是在铁芯端面开一个小槽，在槽内嵌入铜质短路环，如图 1-3 所示。

加上短路环后，磁通被分成大小接近、相位相差约 Φ_1、Φ_2 角度的两相磁通，因而两相磁通不会同时过零。由于电磁吸力与磁通的平方成正比，所以由两相磁通产生的合成电磁吸力较为平坦，在电磁铁通电期间电磁吸力始终大于反力，使铁芯牢牢吸合，这样就消除了振动和噪声。一般短路环包围 2/3 的铁芯端面。

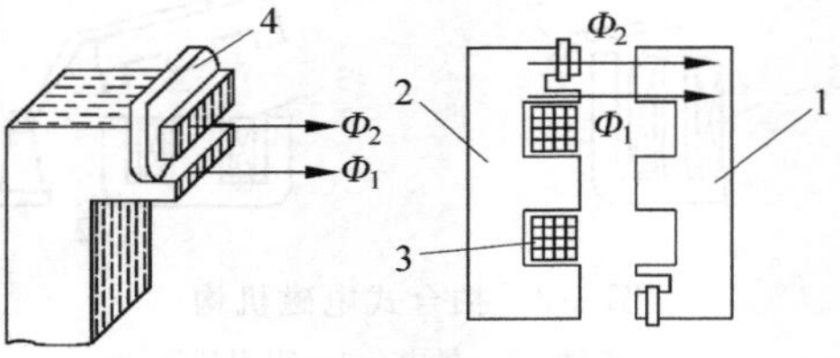

图 1-3 交流电磁铁的短路环

1—衔铁；2—铁芯；3—吸引线圈；4—短路环

1.1.2 触点系统

触点是电器的执行机构，在衔铁的带动下起接通和分断电路的作用。由于铜具有良好的导电、导热性能，触点通常用铜制成。铜质触点表面容易产生氧化膜，使触点的接触电阻增大，从而使触点的损耗也增大。有些小容量电器的触点采用银质材料，与铜质触点相比，银质触点除具有更好的导电、导热性能外，触点的氧化膜电阻与纯银相差无几，而且氧化膜的生成温度很高，所以，银质触点的接触电阻较小，而且较稳定。

触点主要有两种结构形式，即桥式触点和指形触点，如图 1-4 所示。触点的接触方式一般有 3 种，即点接触、线接触和面接触，如图 1-5 所示。

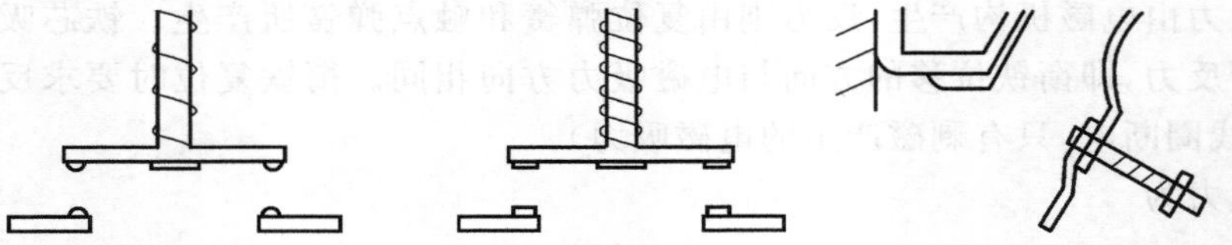

(a) 桥式触点(点接触)　(b) 桥式触点(线接触)　(c) 指形触点(面接触)

图 1-4 触点的结构形式

桥式触点的两个触点串于同一电路中，电路的通、断由两个触点同时完成。桥式触点多为面接触，常用于大容量电器中(如交流接触器)。

指形触点为线接触。触点分断或闭合时产生滚动，用于接电次数多、电流大的场合。触点接通或分断时产生的滚动，既可产生摩擦消除触点表面的氧化膜，又可缓冲触点闭合时的撞击能量，改善触点的电器性能。

触点在通电状态下动、静触点脱离接触时，由于电场的存在，使触点表面的自由电子大量溢出而产生电弧。电弧的存在既烧损触点金属表面，降低电器的寿命，又延长了电路的分断时间，所以必须迅速消除。

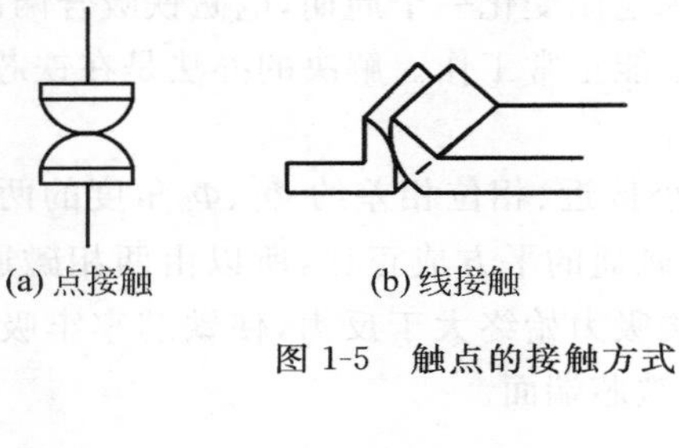

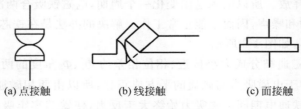

(a) 点接触　(b) 线接触　(c) 面接触

图 1-5 触点的接触方式

1. 常用的灭弧方法

(1) 迅速增大电弧长度。电弧长度增加,使触点间隙增加,电场强度降低,同时又使散热面积增大,降低电弧温度,使自由电子和空穴复合的运动加强,因而电弧容易熄灭。

(2) 冷却。使电弧与冷却介质接触,带走电弧热量,也可使复合运动得以加强,从而使电弧熄灭。

2. 常用的灭弧装置

(1) 电动力吹弧。桥式触点在分断时本身就具有电动力吹弧功能,不用任何附加装置便可使电弧迅速熄灭。其原理如图 1-6 所示。触点间电弧周围的磁场方向为⊕(由右手定则确定),在该磁场作用下电弧受力为 F,其方向如图 1-6 所示,可由左手定则确定。在 F 的作用下,使电弧迅速拉长、冷却,并迅速熄灭。这种灭弧方法多用于小容量交流接触器中。

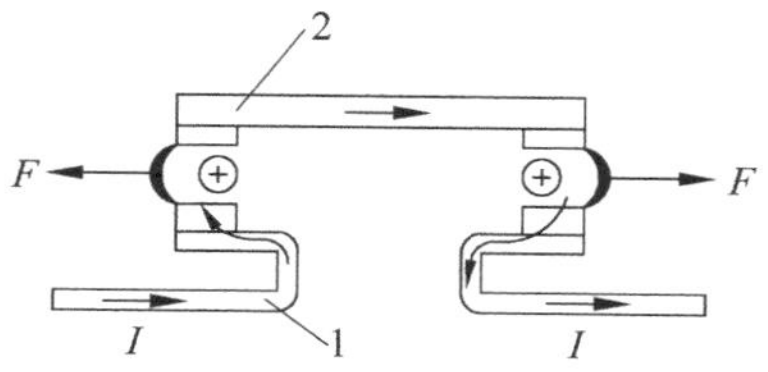

图 1-6　电动力灭弧示意图
1—静触点；2—动触点

(2) 磁吹灭弧。磁吹灭弧装置的原理如图 1-7 所示。在触点电路中串入吹弧线圈,该线圈产生的磁场由导磁夹板引向触点周围,其方向由右手定则确定(为图中×所示)。触点间的电弧所产生的磁场,其方向为⊕◉所示。这两个磁场在电弧下方方向相同(叠加),在弧柱上方方向相反(相减),因此,弧柱下方的磁场强于上方的磁场。在下方磁场作用下,电弧受力的方向为 F 所指的方向,在 F 的作用下电弧被吹离触点,经引弧角进入灭弧罩,使电弧熄灭。

图 1-8 所示为栅片灭弧装置示意图。当电器的触点分离时,所产生的电弧在吹弧电动力作用下被推向灭弧栅内。灭弧栅是一组镀铜的薄钢片,它们彼此间是相互绝缘的。当电弧进入栅片后被分割成一段段串联的短弧,而栅片就是这些短弧的电极。每两片灭弧栅片之间都有 150～250V 的绝缘强度,使整个灭弧栅的绝缘强度大大加强,以致外加电压无法维持,电弧迅速熄灭。此外,栅片还能吸收电弧热量,使电弧迅速冷却。基于上述原因,电弧进入栅片后就会很快熄灭。由于栅片灭弧装置的灭弧效果在交流时要比直流时强得多,所以在交流电器中常采用栅片灭弧。

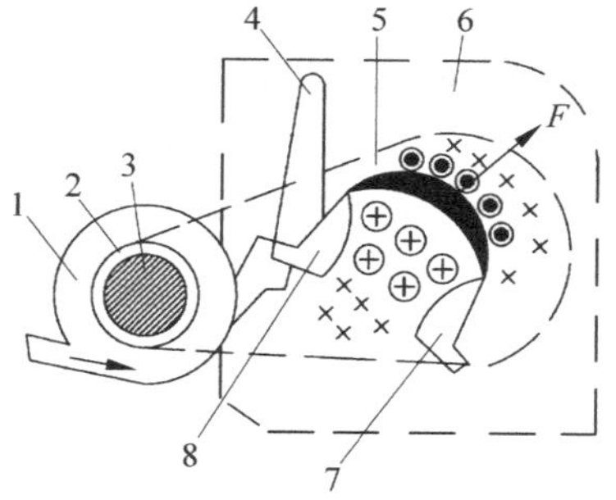

图 1-7　磁吹灭弧示意图
1—磁吹线圈；2—绝缘套；3—铁芯；4—引弧角；
5—导磁夹板；6—灭弧罩；7—动触点；8—静触点

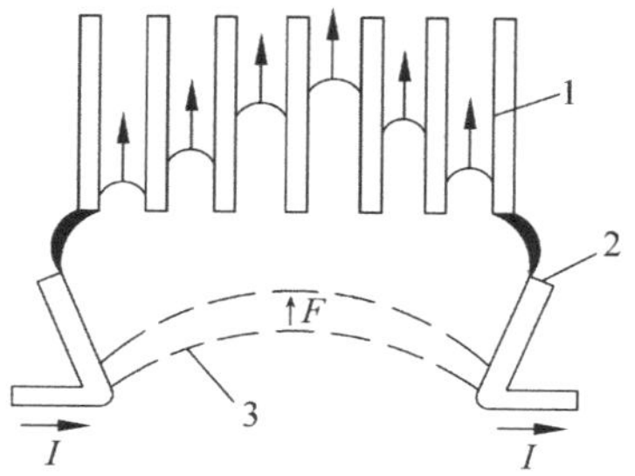

图 1-8　栅片灭弧示意图
1—灭弧栅片；2—触点；3—电弧

1.2 接触器

接触器是一种用于频繁地接通或断开交直流主电路、大容量控制电路等大电流电路的自动切换电器。在功能上接触器除能自动切换外,还具有手动开关所缺乏的远距离操作功能和失压(或欠压)保护功能,但没有自动开关所具有的过载和短路保护功能。接触器生产方便、成本低,主要用于控制电动机、电热设备、电焊机、电容器组等,是电力拖动自动控制线路中应用最广泛的电器元件。

接触器主要由线圈、铁芯、衔铁、动触点与静触点、灭弧装置等部分组成。按流过接触器触点电流的性质可分为交流接触器和直流接触器。

1.2.1 交流接触器

交流接触器是用于控制电压至660V、电流至630A的50Hz交流电路。铁芯为双E形,由硅钢片叠成。在静铁芯端面上嵌入短路环。

接触器的触点用于分断或接通电路。交流接触器一般有3对主触点,2对辅助触点。主触点用于接通或分断主电路,辅助触点用在控制电路中,具有常闭常开各两对。主触点和辅助触点一般采用双断点的桥式触点,电路的接通和分断由两个触点共同完成。由于这种双断点的桥式触点具有电动力吹弧的作用,所以10A以下的交流接触器一般无灭弧装置,而10A以上的交流接触器则采用栅片灭弧罩灭弧。

图1-9所示为交流接触器实物,图1-10所示为其结构。

图1-9 CJ20交流接触器实物

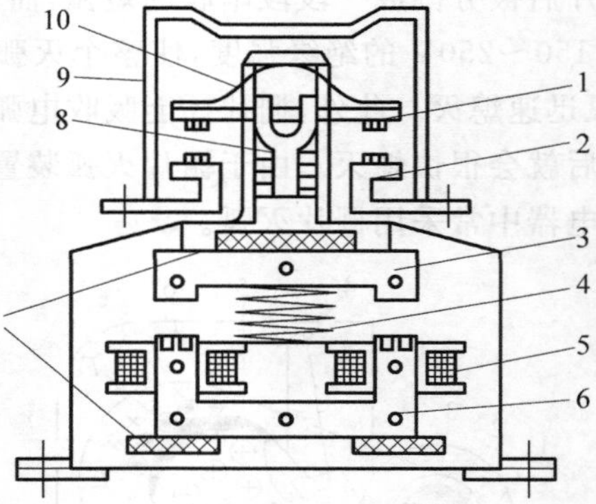

图1-10 CJ20交流接触器结构

1—动触点;2—静触点;3—衔铁;4—缓冲弹簧;5—电磁线圈;6—铁芯;7—垫毡;8—触点弹簧;9—灭弧罩;10—触点压力弹簧

交流接触器工作时,一般当施加在线圈上的交流电压大于线圈额定电压值的85%时,接触器能够可靠地吸合。其原理:在线圈上施加交流电压后在铁芯中产生磁通,该磁通对衔铁产生克服复位弹簧拉力的电磁吸力,使衔铁带动触点动作。触点动作时,常闭触点先断开,常开触点后闭合。主触点和辅助触点是同时动作的。当线圈中的电压值降到某一数值时(无论是正常控制还是失压、欠压故障),铁芯中的磁通下降,吸力减小到不足以克服复位弹簧的反力时，衔铁就在复位弹簧的反力作用下复位，使主触点和辅助触点的常开触点断开、常闭触点恢复闭合。这个功能正是接触器的失压保护功能。触点的常开(闭)就是线圈中不通电时触点的状态，换句话说，常开(闭)触点就是线圈不带电时断开(闭合)的触点。

常用的交流接触器有 CJ20、CJ24(对应老产品型号为 CJ10、CJ12 系列)、CJ40 系列，引进技术生产和国外独资、合资生产的交流接触器有德国西门子的 3TB、3TF 系列，法国 TE 公司的 LC1、LC2 系列，德国 BBC 公司的 B 系列等接触器产品及派生系列的接触器产品，许多引进产品采用积木式结构，可以根据需要加装辅助触点、空气延时触点、热继电器及机械联锁附件。接触器的安装方式有螺钉固定和快速卡装式(卡装在标准导轨上)两种。表 1-1 为 CJ20 系列交流接触器的技术数据。

表 1-1　CJ20 系列交流接触器主要技术数据

<table>
<tr><th rowspan="2">型号</th><th rowspan="2">额定电压/V</th><th rowspan="2">吸引线圈额定电压/V(AC)</th><th rowspan="2">主触点额定电流/A (AC-3)</th><th rowspan="2">辅助触点额定电流/A</th><th colspan="3">可控制电动机最大功率值 P_{max}/kW(AC-3)</th><th rowspan="2">每小时操作循环次数/(次/h)</th><th rowspan="2">电寿命/万次</th><th rowspan="2">线圈功率起动/保持 V·A/W</th></tr>
<tr><th>220V</th><th>380V</th><th>660V</th></tr>
<tr><td>CJ20-10</td><td>380/220</td><td rowspan="12">36，127，220，380</td><td>10</td><td rowspan="12">5</td><td>2.2</td><td>4</td><td>4</td><td rowspan="7">1200</td><td rowspan="4">100</td><td>65/8.3</td></tr>
<tr><td>CJ20-16</td><td>380/220</td><td>16</td><td>4.5</td><td>7.5</td><td>11</td><td>62/8.5</td></tr>
<tr><td>CJ20-25</td><td>380/220</td><td>25</td><td>5.5</td><td>11</td><td>13</td><td>93/14</td></tr>
<tr><td>CJ20-40</td><td>380/220</td><td>54</td><td>11</td><td>22</td><td>22</td><td>175/19</td></tr>
<tr><td>CJ20-63</td><td>380/220</td><td>63</td><td>18</td><td>30</td><td>35</td><td rowspan="3">120</td><td>480/57</td></tr>
<tr><td>CJ20-100</td><td>380/220</td><td>100</td><td>28</td><td>50</td><td>50</td><td>570/61</td></tr>
<tr><td>CJ20-160</td><td>380/220</td><td>160</td><td>43</td><td>75</td><td>75</td><td>855/85.5</td></tr>
<tr><td>CJ20-250</td><td>380/220</td><td>250</td><td>80</td><td>132</td><td>—</td><td rowspan="5">600</td><td rowspan="5">60</td><td>1710/152</td></tr>
<tr><td>CJ20-250/06</td><td>660</td><td>250</td><td>—</td><td>—</td><td>190</td><td>1710/152</td></tr>
<tr><td>CJ20-400</td><td>380/220</td><td>400</td><td>115</td><td>200</td><td>220</td><td>1710/152</td></tr>
<tr><td>CJ20-630</td><td>380/220</td><td>630</td><td>175</td><td>300</td><td>—</td><td>3578/250</td></tr>
<tr><td>CJ20-630/06</td><td>660</td><td>630</td><td>—</td><td>—</td><td>350</td><td>3578/250</td></tr>
</table>

1.2.2　直流接触器

直流接触器主要用于电压 440V、电流 600A 以下的直流电路。其结构与工作原理基本上与交流接触器相同，即由线圈、铁芯、衔铁、触点、灭弧装置等部分组成。所不同的是除触点电流和线圈电压为直流外，其触点大都采用滚动接触的指形触点，辅助触点则采用点接触的桥形触点。铁芯由整块钢或铸铁制成，线圈制成长而薄的圆筒形。为保证衔铁可靠地释放，常在铁芯与衔铁之间垫有非磁性垫片。

由于直流电弧不像交流电弧有自然过零点，所以更难熄灭。因此，直流接触器常采用磁吹式灭弧装置。

直流接触器的常见型号有 CZ0 系列，可取代 CZ1、CZ2、CZ3 等系列。CZ0 系列直流接触器的技术数据见表 1-2。

表 1-2 CZ0 系列直流接触器技术数据

型号	额定电压值 U_e/V	额定电流值 I_e/A	额定操作频率/(次/h)	主触点形式及数目		辅助触点形式及数目		吸引线圈电压值 U/V	吸引线圈消耗功率值 P/W
				常开	常闭	常开	常闭		
CZ0-40/20	440	40	1200	2	—	2	2	22、48 110/220 440	22
CZ0-40/02		40	600	—	2	2	2		24
CZ0-100/10		100	1200	1	—	2	2		24
CZ0-100/01		100	600	—	1	2	1		24
CZ0-100/20		100	1200	2	—	2	2		30
CZ0-150/10		150	1200	1	—	2	2		30
CZ0-150/01		150	600	—	1	2	1		25
CZ0-150/20		150	1200	2	—	2	2		40
CZ0-250/10		250	600	1	—	5(其中一对常开,另 4 对可任意组合成常开或常闭)			31
CZ0-250/20		250	600	2	—				40
CZ0-400/10		400	600	1	—				28
CZ0-400/20		400	600	2	—				43
CZ0-600/10		600	600	1	—				50

1.2.3 接触器的主要技术参数及型号的含义

1. 技术参数

(1) 额定电压。接触器铭牌上的额定电压是指主触点的额定电压。交流有 220V、380V、660V 等挡位；直流有 110V、220V、440V 等挡位。

(2) 额定电流。接触器铭牌上的额定电流是指主触点的额定电流。它是在一定的条件(额定电压、使用类别和操作频率等)下规定的,常见的电流等级有 10～600A。

(3) 吸引线圈的额定电压。它指加在线圈上的电压。交流有 36V、110V、127V、220V、380V；直流有 24V、48V、220V、440V。

(4) 电气寿命和机械寿命。

(5) 额定操作频率。它指接触器每小时的操作次数。交流接触器最高为 600 次/h,直流接触器最高为 1200 次/h。操作频率直接影响到接触器的使用寿命,对于交流接触器还会影响线圈的温升。

2. 型号含义

接触器的型号含义如下所示：

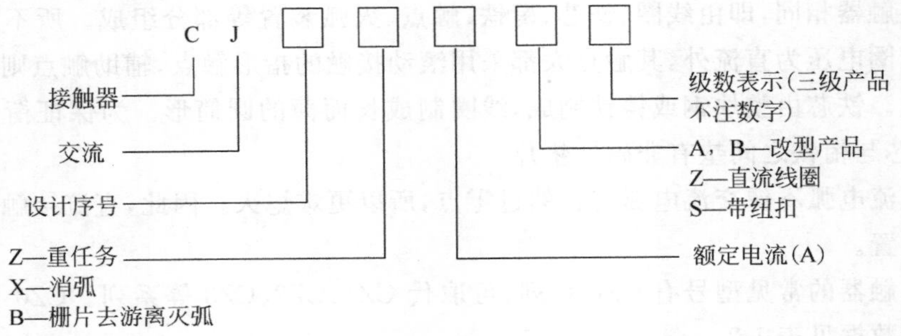

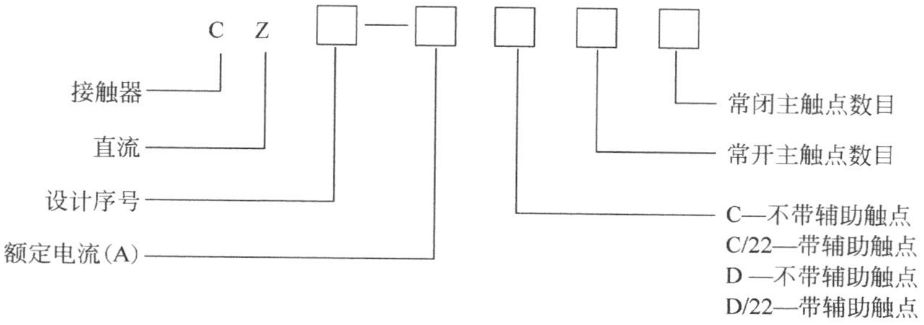

3. 接触器的图形符号和文字符号

接触器的图形符号如图 1-11 所示。

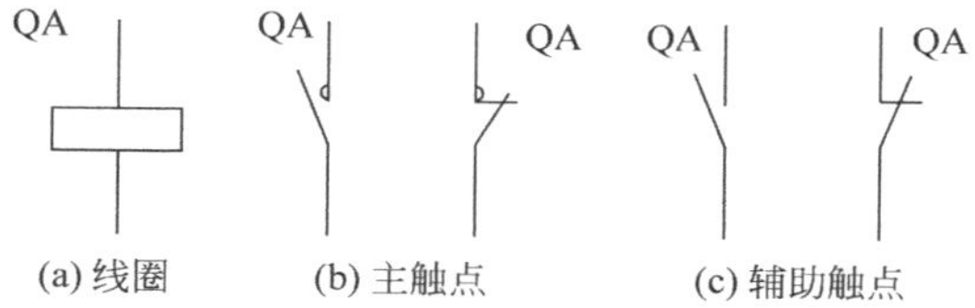

图 1-11 接触器的图形与文字符号

1.2.4 接触器的选择

1. 接触器的类型选择

根据接触器所控制的负载性质,选择交流接触器或直流接触器。

2. 额定电压的选择

接触器的额定电压应不小于所控制线路的电压。

3. 额定电流的选择

接触器的额定电流应不小于所控制电路的额定电流。对于电动机负载可按下列经验公式计算,即

$$I_c = \frac{P_e \times 10^3}{KU_e}$$

式中:I_c——接触器主触点电流,A;

P_e——电动机额定功率,kW;

U_e——电动机额定电压,V;

K——经验系数,一般取 1～1.4。

接触器的额定电流应大于 I_c,也可查手册根据技术数据确定。接触器如果使用在频繁起动、制动和正反转的场合时,则额定电流应降一个等级选用。

4. 吸引线圈额定电压选择

根据控制回路的电压选用。

5. 接触器触点数量、种类选择

触点数量和种类应满足主电路和控制线路的要求。

1.3 继电器

继电器是一种根据某种物理量的变化，使其自身的执行机构动作的电器。它既可以用来改变控制线路的工作状态，按照预先设计的控制程序完成预定的控制任务；也可以根据电路状态、参数的改变对电路实现某种保护。

继电器一般由3个基本部分组成，即检测机构、中间机构和执行机构。

检测机构的作用是接收外界输入信号，并将信号传递给中间机构；中间机构对信号的变化进行判断、物理量转换、放大等；当输入信号变化到一定值时，执行机构(一般是触点)动作，从而使其所控制的电路状态发生变化，接通或断开某部分电路，达到控制或保护的目的。

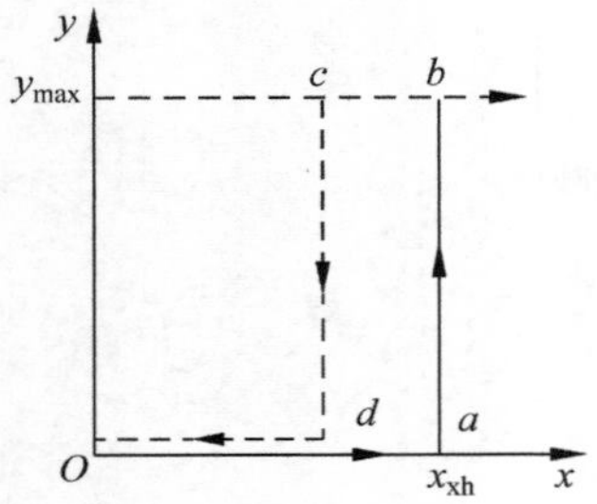

图 1-12 继电器的输入-输出特性

继电器种类很多，按输入信号不同可分为电压继电器、电流继电器、功率继电器、速度继电器、压力继电器、温度继电器等；按工作原理不同可分为电磁式继电器、感应式继电器、电动式继电器、电子式继电器、热继电器等；按用途不同可分为控制与保护继电器；按输出形式不同可分为有触点和无触点继电器。

继电器的输入-输出特性为跳跃式的回环特性，如图1-12所示。

本书仅介绍用于电力拖动自动控制系统的控制继电器。

无论继电器的输入量是电量还是非电量，继电器工作的最终目的总是控制触点的分断或闭合，而触点又是控制电路通断的，就这一点来说接触器与继电器是相同的。但是它们又有区别，主要表现在以下两方面。

1. 所控制的线路不同

继电器用于控制电信线路、仪表线路、自控装置等小电流及控制电路；接触器用于控制电动机等大功率、大电流电路及主电路。

2. 输入信号不同

继电器的输入信号可以是各种物理量，如电压、电流、时间、压力、速度等，而接触器的输入量只有电压。

1.3.1 电磁式继电器

在低压控制系统中采用的继电器大部分是电磁式继电器，电磁式继电器的结构与原理和接触器基本相同。电磁式继电器的典型结构如图1-13所示，它由电磁机构和触点系统组成。按吸引线圈电流的类型，可分为直流电磁式继电器和交流电磁式继电器。按其在电路中的连接方式不同，

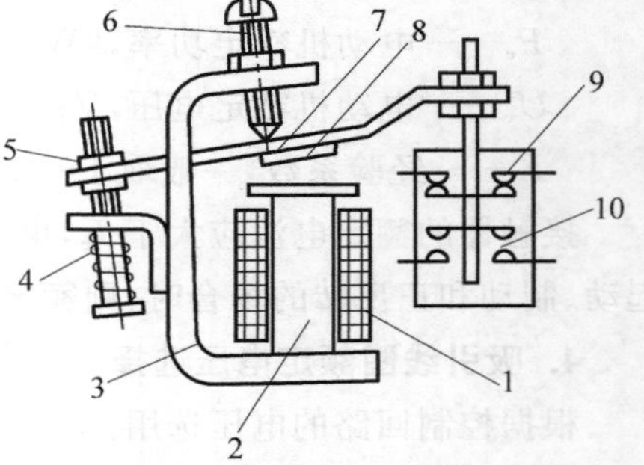

图 1-13 电磁式继电器结构图

1—线圈；2—铁芯；3—铁轭；4—弹簧；5—调节螺母；6—调节螺钉；7—衔铁；8—非磁性垫片；9—常闭触点；10—常开触点

可分为电流继电器、电压继电器和中间继电器。

1. 电磁式电流继电器

电磁式电流继电器的线圈串于被测量电路中，根据电流的变化而动作。为降低负载效应和对被测量电路参数的影响，线圈匝数少，导线粗，阻抗小。电流继电器除用于电流型保护的场合外，还经常用于按电流原则控制的场合。电流继电器有欠电流继电器和过电流继电器两种。

(1) 欠电流继电器。线圈中通以30%～65%的额定电流时继电器吸合，当线圈中的电流降至额定电流10%～20%时继电器释放。所以，在电路正常工作时，欠电流继电器始终是吸合的。当电路由于某种原因使电流降至额定电流的20%以下时，欠电流继电器释放，发出信号，从而改变电路的状态。

(2) 过电流继电器。其结构、原理与欠电流继电器相同，只不过吸合值与释放值不同。过电流继电器吸引线圈的匝数很少。直流过电流继电器的吸合值为70%～300%额定电流，交流过电流继电器的吸合值为110%～400%额定电流。应当注意，过电流继电器在正常情况下(即电流在额定值附近时)是释放的，当电路发生过载或短路故障时，过电流继电器才吸合。吸合后立即使所控制的接触器或电路断开，然后自己也释放。由于过电流继电器具有短时工作的特点，所以交流过电流继电器不用装短路环。

2. 电磁式电压继电器

电磁式电压继电器的结构与电流继电器相同，只不过把线圈并接于被测电路，线圈的匝数多、导线细、阻抗大。继电器根据所接线路电压值的变化，处于吸合或释放状态。过电压继电器在电路电压正常时释放，发生过压故障(＞(1.1～1.5)U_e)时吸合；欠(零)压继电器在电路电压正常时吸合，发生欠压((0.4～0.7)U_e)、零压((5%～25%)U_e以下)时释放。

3. 电磁式中间继电器

中间继电器实质上是电压继电器，只是触点数量多(一般有8对)，容量也大(额定电流为5～10A)。当电压继电器、电流继电器的触点容量不够时，可以利用中间继电器作功率放大；当继电器的触点数量不够时，利用中间继电器增加触点数量以控制多条回路。

4. 电磁式继电器的整定

继电器在投入运行前，必须把它的返回系数(吸合值和释放值的比值)调整到控制系统所要求的范围以内。一般整定方法有两种。

(1) 调整释放弹簧的松紧程度。释放弹簧越紧，反作用力越大，则吸合值和释放值都增加，返回系数上升；反之返回系数下降。这种调节为精调，可以连续调节。但若弹簧太紧，电磁吸力不能克服反作用力，有可能吸不上；若弹簧太松，反作用力太小，又不可能释放。

(2) 改变非磁性垫片的厚度。非磁性垫片越厚，衔铁吸合后磁路的气隙和磁阻增大，释放值增大，使返回系数降低；反之释放值减小，返回系数增大。采用这种调整方式，吸合值基本不变。这种调节为粗调，不能连续调节。

5. 电磁式继电器的型号及参数

电磁式继电器中JT3系列为直流电磁式继电器，JT4系列为交流电磁式继电器。这两种系列均为老产品。新产品有JT9、JT10、JL9、JL12、JL14、JZ7等系列。其中JL14为交直流电流继电器，JZ7系列为交流中间继电器。表1-3和表1-4为JT3、JT4系列电磁式继电器主要技术数据。

表 1-3 JT3 系列直流电磁继电器主要技术数据

型号	动作电压或动作电流	延时值 t/s		动作误差	触点数目	吸引线圈		消耗功率 P/W	固有动作时间值 t/s	质量/kg
		线圈断电	线圈短路			电压值 U/V	电流值 I/A			
JT3-□□型电压（或中间）继电器	吸引电压为额定电压的30%～50%或释放时电压为额定电压的7%～20%			±10%	2常开 2常闭或 1常开 1常闭	（直流）12，24，48，110，220，440		约16	约0.2	2
JT3-□□L型欠电流继电器	吸引电流为（30%～60%）I_e；释放电流为（10%～20%）I_e				2只或3只触点常开常闭可任意组合		（直流）1.5，2.5，5，10，25，50，100，150，300，600			
JT3-□□/1型时间继电器	大于额定电压的75%时保证延时	0.3～0.9	0.3～1.5		2常开 2常闭或 1常开 1常闭	（直流）12，14 48，110，220，440				
JT3-□□/3型时间继电器	大于额定电压的75%时保证延时	0.8～3	1～3.5							2.2
JT3-□□/5型时间继电器	大于额定电压的75%时保证延时	2.5～5	3～5.5							2.5

表 1-4 交流电磁继电器技术数据及性能

型号	动作电压或动作电流	返回系数	触点数目	吸引线圈规格	消耗功率	复位方式		出线方式	
						自动	手动	扳前	扳后
JT4-□□P型零电压（或中间）继电器	吸引电压在线圈额定电压的60%～85%范围内调节，或释放电压在线圈额定电压的10%～35%范围内调节	0.2～0.4	2常开 2常闭 或 1常开 1常闭	110V，127V，220V及380V	75VA	√		√	√
JT4-□□L型过电流继电器	吸引电流在线圈额定电流的110%～350%范围内调节	0.1～0.3		5A，10A，15A，20A，40A，80A，150A，300A及600A	5W	√			
JT4-□□S型（手动）过电流继电器								√	√

续表

型号	动作电压或动作电流	返回系数	触点数目	吸引线圈规格	消耗功率	复位方式		出线方式	
						自动	手动	扳前	扳后
JT4-22A型过电压继电器	吸引电压在线圈额定电压的105%～120%范围内调节	0.1～0.3	2常开 2常闭	110V,220V,380V	75VA	√		√	√
JL3-□□J型过电流继电器	吸引电流在线圈额定电流的75%～200%范围内调节		1常开或1常闭	5A，10A，15A，25A，40A，50A，80A，100A，150A，200A，300A，400A，600A		√		√	√

6. 电磁式继电器的选用

电磁式继电器主要包括电流继电器、电压继电器和中间继电器。选用时主要依据继电器所保护或控制对象对继电器提出的要求，如触点的数量、种类、返回系数，控制电路的电压、电流、负载性质等。由于继电器触点容量较小，所以经常将触点并联使用。有时为增加触点的分断能力，也把触点串联起来使用。

7. 型号含义

电磁式继电器的型号含义如下：

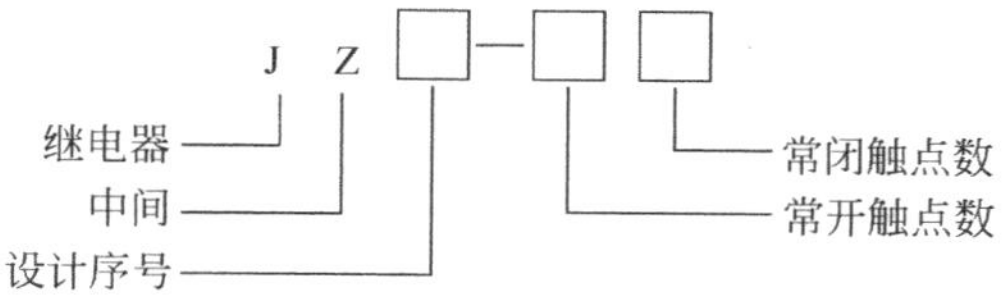

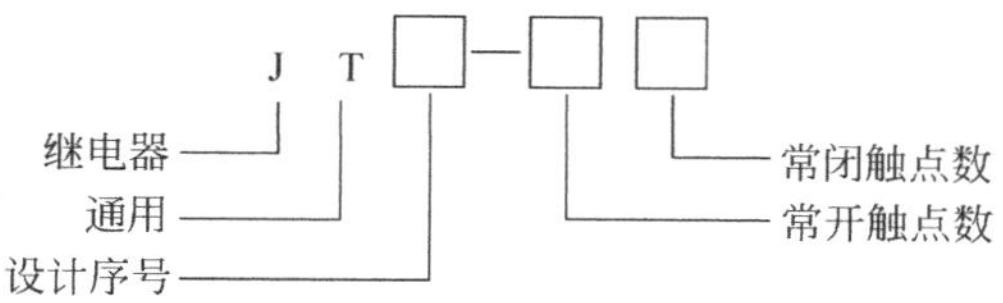

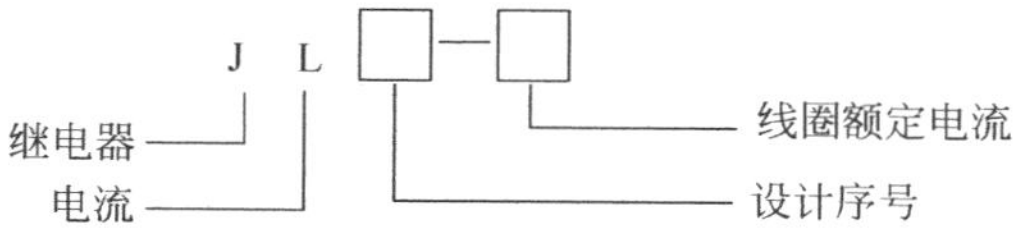

8. 电磁式继电器的图形符号和文字符号

电磁式继电器的图形符号如图1-14～图1-16所示。电流、电压和中间继电器的文字符号都为KF。

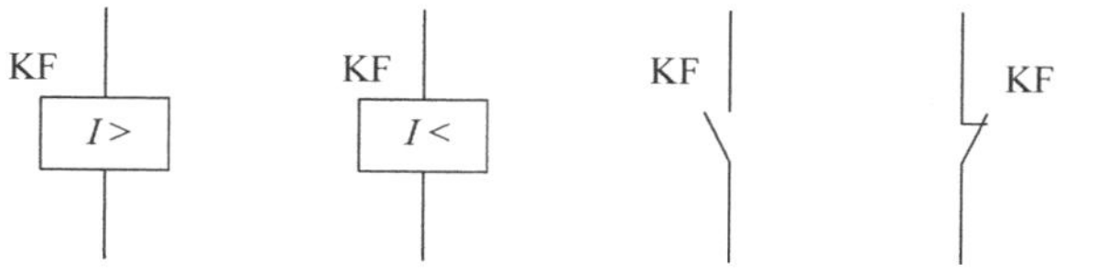

(a) 过电流线圈　(b) 欠电流线圈　(c) 常开触点　(d) 常闭触点

图1-14　电流继电器的图形符号

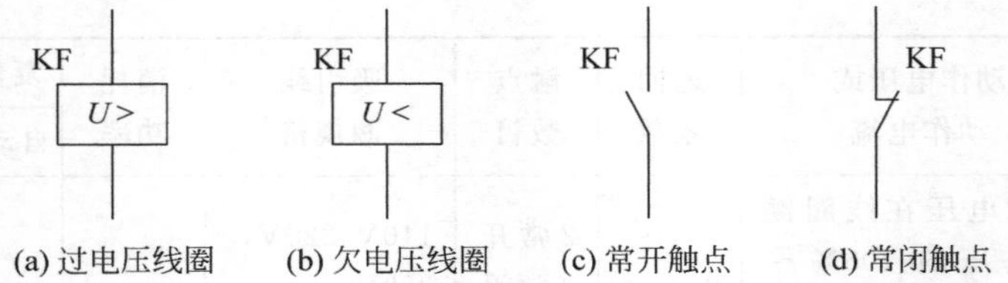

图 1-15 电压继电器的图形符号

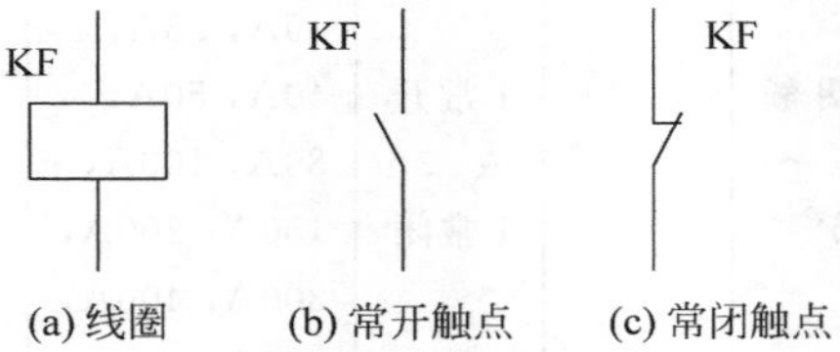

图 1-16 中间继电器的图形符号

1.3.2 时间继电器

在自动控制系统中，需要有瞬时动作的继电器，也需要延时动作的继电器。时间继电器就是利用某种原理实现触点延时动作的自动电器，经常用于按时间原则进行控制的场合。其种类主要有电磁阻尼式、空气阻尼式、晶体管式和电动机式。

1. 直流电磁式时间继电器

直流电磁式时间继电器的结构非常简单，只要在直流电磁式继电器的铁芯上加上阻尼套，就可以在线圈断电时产生阻碍磁通减小的阻尼作用，延长触点分断的时间。由于在线圈通电时阻尼套阻碍磁通增加阻尼作用很小，所以可以认为在线圈通电时触点是瞬间闭合的，没有延时，因此这种时间继电器仅能在线圈断电时产生短暂的延时。另外，在线圈断电的同时将线圈短接，也可利用线圈的阻尼作用(此时因线圈短接，对铁芯中逐渐减小的磁通也产生阻碍作用)扩大延时范围。尽管如此，电磁式继电器的延时范围也是很小的，一般不超过5.5s，而且准确度低，只能适用于要求不高、延时范围小的断电延时的场合。其结构原理如图 1-17 所示。

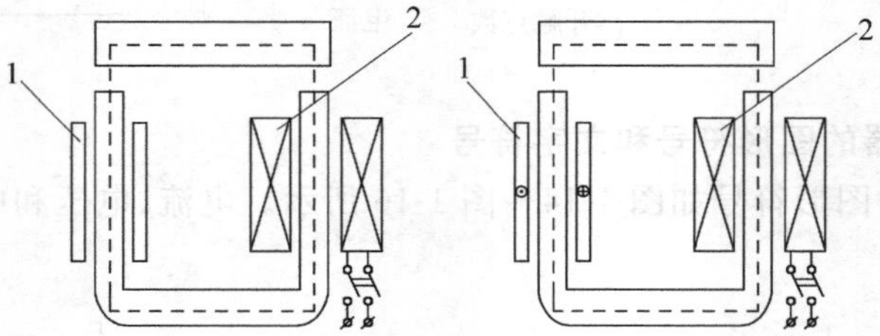

图 1-17 阻尼铜套工作原理

1—阻尼铜套；2—电磁线圈

2. 空气阻尼式时间继电器

空气阻尼式时间继电器利用空气通过小孔时产生阻尼的原理获得延时。其结构由电磁系统、延时机构和触点 3 部分组成。电磁机构为双 E 直动式，触点系统借用 LX5 型微动开关，延时机构采用气囊式阻尼器。

空气阻尼式时间继电器的电磁机构可以是直流的，也可以是交流的；既有通电延时型，也有断电延时型。只要改变电磁机构的安装方向，便可实现不同的延时方式；当衔铁位于铁芯和延时机构之间时为通电延时(图 1-18(a))；当铁芯位于衔铁和延时机构之间时为断电延时(图 1-18(b))。现以通电延时型为例介绍其工作原理。

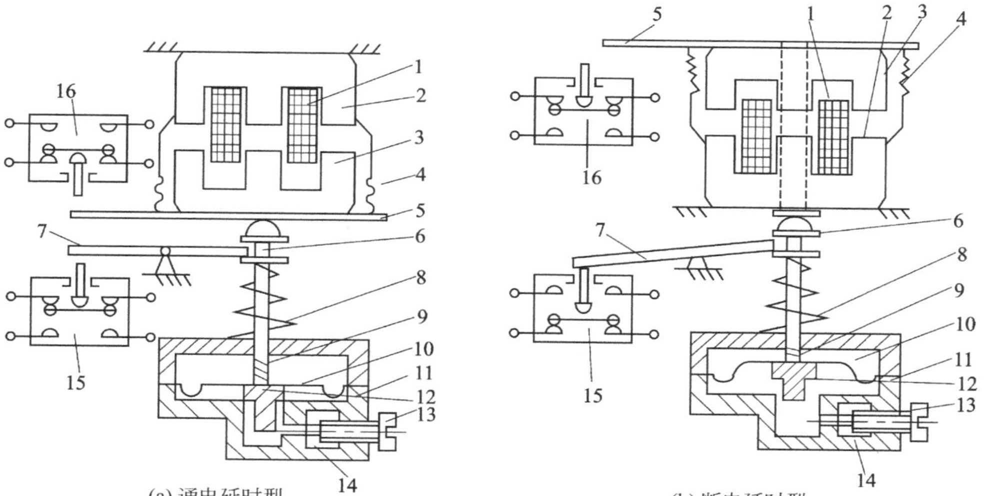

图 1-18 JS7-A 系列时间继电器动作原理

1—线圈；2—铁芯；3—衔铁；4—反力弹簧；5—推板；6—活塞杆；7—杠杆；8—塔形弹簧；9—弱弹簧；10—橡皮膜；11—空气室壁；12—活塞；13—调节螺母；14—进气孔；15,16—微动开关

当线圈 1 通电后，衔铁 3 被铁芯 2 吸合而向上运动，此时活塞杆 6 失去依托，在塔形弹簧 8 的作用下也向上运动。由于橡皮膜 10 下方的空气较稀薄形成负压，活塞杆 6 只能缓慢上移，其移动的速度决定了延时的长短。调整调节螺杆 13，改变进气孔 14 的大小，可以调整延时时间；进气孔大，移动速度快，延时较短；进气孔小，移动速度慢，延时较长。在活塞杆向上移动的过程中，杠杆 7 随之做逆时针旋转。当活塞杆移动到与已吸合的衔铁接触时，活塞杆停止移动。同时，杠杆 7 压动微动开关 15，使微动开关的常闭触点断开、常开触点闭合，起到通电延时(即线圈通电以后触点延时动作)的作用。延时时间为线圈通电到微动开关触点动作之间的时间间隔。当线圈 1 断电后，电磁吸力消失，衔铁 3 在反力弹簧 4 的作用下释放，并通过活塞杆 6 带动活塞 12 及橡皮膜 10 向下移动，并压缩塔形弹簧 8。这时，空气室下方的空气通过橡皮膜 10、弱弹簧 9 和活塞 12 的肩部所形成的单向阀，迅速地从橡皮膜 10 上方的气室缝隙中排出，因此杠杆 7 和微动开关 15 能在瞬间复位。线圈 1 通电和断电时，微动开关 16 在推板 5 的作用下能够瞬时动作，所以是时间继电器的瞬动触点。

空气阻尼式时间继电器的特点：延时范围较大、结构简单，寿命长、价格低。但其延时误差较大(±10%～±20%)，无调节刻度指示，难以确定整定延时值。在对延时精度要求较高的场合不宜使用这种时间继电器。

常用的 JS7-A 系列时间继电器的基本技术数据见表 1-5。

表 1-5 JS7-A 系列时间继电器的技术数据及性能

型号	线圈额定电压 U/V	触点参数								延时范围 t/s	重复误差	最大操作频率/(次/h)
		数量						380V				
		通电延时		断电延时		瞬动						
		常开	常闭	常开	常闭	常开	常闭	接通	分断			
JS7-1A	交流 24、36、	1	1							分 0.4～60		在通电
JS7-2A	110、127、220、	1	1			1	1	3	0.3	及 0.4～180	<15%	持续率
JS7-3A	380 及 420			1	1					两级		为 40%
JS7-4A				1	1	1	1					时为 600

3. 电动机式时间继电器

电动机式时间继电器是用微型同步电动机带动减速齿轮获得延时的，分为通电延时型和断电延时型两种。应当注意，这里所说的通电或断电并不是指接通电源或断开电源，而是指电动机式时间继电器中的离合电磁铁的线圈的通电或断电。延时时间指离合电磁铁通电或断电时刻至触点动作之间的时间间隔。常用的产品有 JS10 和 JS11 系列。这里以通电延时型 JS11 系列电动机式时间继电器为例介绍其结构与工作原理。图 1-19 所示为 JS11 系列通电延时型电动机式时间继电器的结构。

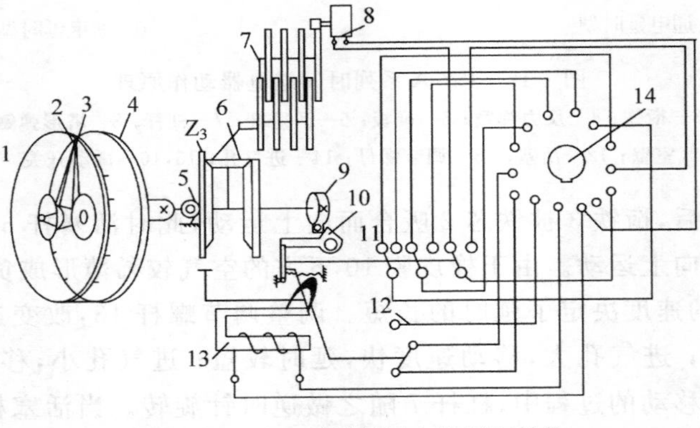

图 1-19 JS11 型时间继电器原理结构

1—延时整定装置；2—指针定位；3—指针；4—刻度盘；5—复位游丝；6—差动轮系；7—减速齿轮组；8—同步电动机；9—凸轮；10—脱扣机构；11—延时触点组；12—瞬动触点；13—离合电磁铁；14—插头

JS11 型电动机式时间继电器由微型同步电动机 8、离合电磁铁 13、减速齿轮组 7、差动轮系 6、复位游丝 5、触点组 11 和 12、脱扣机构 10、延时整定装置 1 和 2 等组成。其工作原理：当接通同步电动机的电源时，齿轮 Z_2 和 Z_3 绕凸轮轴空转，凸轮轴是不转的。如需延时就必须接通离合电磁铁的线圈电路，使离合电磁铁的衔铁吸合，瞬动触点 12 动作，同时通过杠杆的作用使刹片将 Z_3 刹住。此时，Z_2 除绕自身的轴水平旋转外，还沿着 Z_1、Z_3 的锥齿面连同自身轴绕凸轮轴旋转并带动凸轮轴一起旋转，当凸轮轴和凸轮一起旋转到凸轮的凸块碰撞到脱扣机构(图 1-20)时，延时触点组 11 动作，通过一对常闭触点分断，切除同步电动机的电源。当需要继电器复位时，只要切断离合电磁铁线圈的电源，所有机构都将在复位游丝和复位弹簧的作用下恢复到动作前的状态，为下次动作做好准备。由此可见，电动机式时间继电器的延时时间为离合电磁铁通电时刻（此时凸轮轴开始旋转）至凸轮的凸块碰撞脱扣机构而使触点动作之间的时间间隔。所以，调整延时范围实际上就是调节凸轮的凸块与脱扣机构的距离（角度）。调节这个距离可以通过调节继电器表盘上的定位指针来实现的。应当在离合电磁铁线圈断电（通电延时型）的状态下进行调整：角度越大，延时越长；角度越小，延时越短（图 1-20）。

电动机式时间继电器的延时范围宽，以 JS11 型通电延时型继电器为例，延时范围分别为 0～8s、0～40s、0～4min、0～20min、0～2h、0～12h、0～72h。由于同步电动机的转速恒定，减速齿轮精度较高，延时准确度高达 1%。同时延时值不受电源电压波动和环境温度变化的影响。由于具有上述优点，就延时范围和准确度而言，是电磁式、空气阻尼式、晶体管式时间继电器无法比拟的。电动机式的主要缺点是结构复杂、体积大、寿命短、价格贵、准确度受电源频率的影响等。所以，这种时间继电器不宜轻易选用，只有在需要延时范围较宽和延时精度较高的场合才选用。表 1-6 所示为 JS11 系列时间继电器的技术数据。

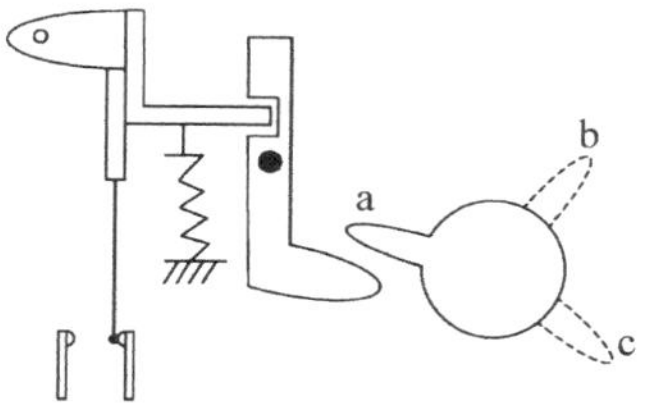

图 1-20　脱扣机构示意图

a 位—小延时；b 位—较大延时；c 位—大延时

表 1-6　JS11 系列时间继电器的技术数据

<table>
<tr><th rowspan="4">型号</th><th rowspan="4">额定电压值 U_e/V</th><th colspan="9">触点参数</th><th rowspan="4">允许操作频率/(次/h)</th></tr>
<tr><th colspan="6">数量</th><th colspan="3">交流 380V 时的触点容量值 I/A</th></tr>
<tr><th colspan="2">通电延时</th><th colspan="2">断电延时</th><th colspan="2">瞬动</th><th rowspan="2">接通电流</th><th rowspan="2">分断电流</th><th rowspan="2">长期工作电流</th></tr>
<tr><th>常开</th><th>常闭</th><th>常开</th><th>常闭</th><th>常开</th><th>常闭</th></tr>
<tr><td>JS11□1</td><td rowspan="2">交流 110、127、220、380</td><td rowspan="2">3</td><td rowspan="2">2</td><td></td><td></td><td>1</td><td>1</td><td rowspan="2">3</td><td rowspan="2">0.3</td><td rowspan="2">5</td><td rowspan="2">1200</td></tr>
<tr><td>JS11□2</td><td>3</td><td>2</td><td>1</td><td>1</td></tr>
</table>

注：□的代号为 1～7，对应前述 7 挡延时时间。

4. 电子式时间继电器

电子式时间继电器除执行器件继电器外，均由电子元件组成；没有机械部件，因而具有寿命长、精度高、体积小、延时范围大、控制功率小等优点，已得到了广泛应用。

电子式时间继电器有晶体管式（半导体式）和数字式（计数式）两种不同类型。晶体管式时间继电器是利用 RC 电路中电容电压不能跃变，只能按指数规律逐渐变化的原理——电阻尼特性获得延时。所以，只要改变充电回路的时间常数即可改变延时时间。由于调节电容比调节电阻困难，所以多用调节电阻的方式来改变延时时间。

常用的产品有 JSJ、JS13、JS14、JS15、JS20 型等。现以 JSJ 型为例说明晶体管式时间继电器的工作原理。图 1-21 所示为 JSJ 型晶体管式时间继电器的原理图。

其工作原理：接通电源后，变压器副边 18V 负电源通过 K 的线圈、R_5 使 VT_1 获得偏流而导通，从而 VT_2 截止。此时 K 的线圈中只有较小的电源，不足以使 K 吸合，所以继电器 K 不动作。同时，变压器副边 12V 的正电源经 VD_2 半波整流后，经过可调电阻 R_1、R、继电器常闭触点 K 向电容 C 充电，使 a 点电位逐渐升高。当 a 点电位高于 b 点电位使 VD_3 导通

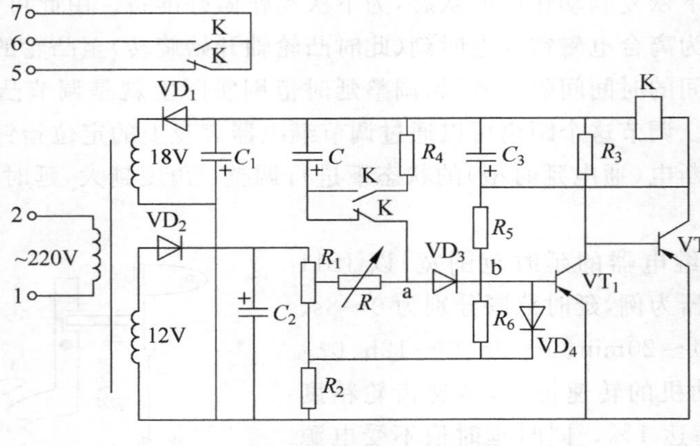

图 1-21 JSJ 晶体管时间继电器原理图

时，在 12V 正电源作用下 VT_1 截止 VT_2 通过 R_3 获得偏流而导通。VT_2 导通后继电器线圈 K 中的电流大幅度上升，达到继电器的动作值时使 K 动作，其常闭触点打开，断开 C 的充电回路，常开触点闭合，使 C 通过 R_4 放电，为下次充电做准备。继电器 K 的其他触点则分别接通或分断其他电路。当电源断电后，继电器 K 释放。所以，这种时间继电器是通电延时型的，断电延时只有几秒钟。电位器 R 用来调节延时范围。

表 1-7 所示为 JSJ 型晶体管式时间继电器的基本技术数据。

表 1-7 JSJ 型晶体管式时间继电器的基本技术数据

型号	电源电压值 U/V	外电路触点			延时范围值 t/s	延时误差
		数量	交流容量	直流容量		
JSJ-01	直流 24、48、110；交流 36、110、127、220 及 380	1 常开 1 常闭 转换	380V 0.5A	110V 1A(无感负载)	0.1～1	小于 ±3%
JSJ-10					0.2～10	
JSJ-30					1～30	
JSJ-1					60	
JSJ-2					120	小于 ±6%
JSJ-3					180	
JSJ-4					240	
JSJ-5					300	

数字式时间继电器由脉冲发生器、计数器、数字显示器、放大器及执行机构组成，具有延时范围大、调节精度高、功耗小和体积更小的特点，通常还带有数码输入、数字显示功能等，适用于各种需要精确延时的场合以及各种自动控制电路中。这类时间继电器功能特别强，有通电延时、断电延时、定时吸合、循环延时等多种延时形式和多种延时范围供用户选择。

5. 时间继电器的选用

在选用时间继电器时，首先应考虑满足控制系统所提出的工艺要求和控制要求，并应根据对延时方式的要求选用通电延时型和断电延时型。当要求的延时准确度不高和延时时间较短时，可以选用电磁式(只能断电延时)或空气阻尼式；当要求的延时准确度较高、延时时间较长时，可以选用晶体管式；若晶体管式不能满足要求时，再考虑使用电动机式。这是因为虽然电动机式精度高、延时范围大，但体积大、成本高。总之，选用时除考虑延时范围和准确度外，还要考虑控制系统对可靠性、经济性、工艺安装尺寸等提出的要求。各种时间继电器的类型、结构特点及用途列于表1-8中，可供选用时参考。

表1-8 时间继电器的类型、结构特点及用途

类 型	延时范围	结构特点	用 途
电磁阻尼式时间继电器	1～17s	通过改变衔铁与铁芯间非磁性垫片的厚度和反力的大小来调节延时长短，其结构简单，寿命较长，延时较短。但精度不高，体积较大	JS1、JS3用于直流电力拖动自动控制，JS2用于交流电力拖动自动控制
空气阻尼式时间继电器	0.4～180s	磁系统为直动式双E形，通过杠杆驱动，依靠改变进入气室的空气速度得到快慢延时，其结构简单，但延时误差较大	适用于电压为380V以下的交流控制线路中，作为按时间原则控制元件
电动式时间继电器	0～72h	利用小型同步电动机带动减速齿轮、差速齿轮、离合电磁铁等，通过改变指针在刻度盘上的位置来调整延时长短，延时范围大、规格多，不宜频繁操作，结构复杂，体积较大，不能返回(断电)延时，且一般无直流	适用于各种机械、电信或电气设备，作为自动控制系统的延时元件
晶体管式时间继电器	JS20系列 0.1～3600s	它的全部电路和元件均安装在一块印制电路板上，其动作由一小电磁继电器控制，外罩系透明塑料压制，具有通用性、系列性强、工作稳定可靠、精度高、延时范围广、输出触点容量较大的特点	适用于交流电压至380V或直流电压至110V的控制电路，作为控制时间的元件

6. 型号含义

时间继电器的型号含义如下：

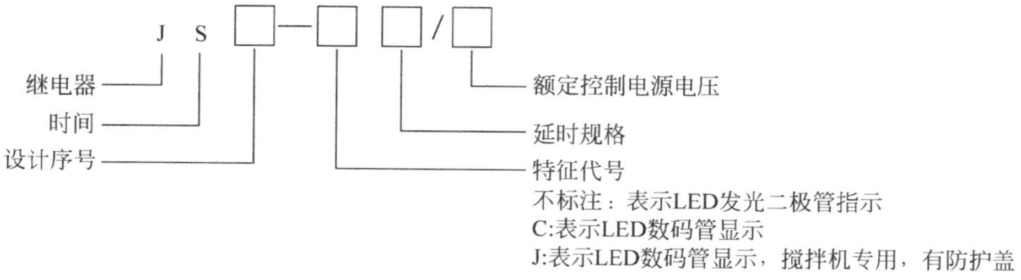

7. 时间继电器的图形符号和文字符号

时间继电器的图形符号如图1-22所示，其文字符号为KF。

1.3.3 热继电器

电动机在实际运行中常常遇到过载的情况。若过载电流不太大且过载的时间较短，电动机绕组不超过允许升温，这种过载是允许的。但若过载时间长，过载电流较大，电动机绕组的温升就会超过允许值，使电动机绕组绝缘老化，缩短电动机的使用寿命，严重时甚至会使电动机绕组烧毁。所以，这种过载是电动机不能承受的。热继电器就是利用电流的热效应原理，在出现电动机不能承受的过载时切断电动机电路，为电动机提供过载保护的保护电

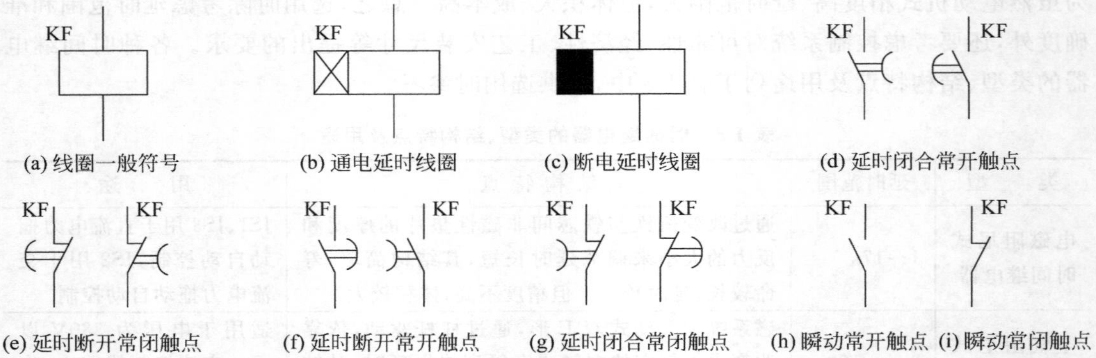

图 1-22　时间继电器的图形符号

器。热继电器可以根据过载电流的大小自动调整动作时间，具有反时限保护特性，即过载电流大、动作时间短；过载电流小，动作时间长；当电动机的工作电流为额定电流时，热继电器应长期不动作。

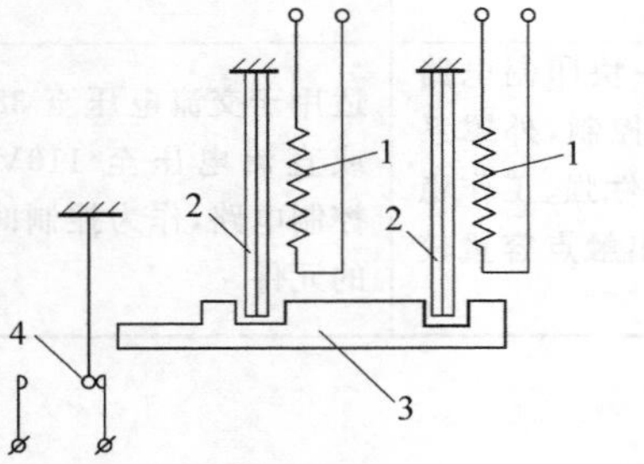

图 1-23　热继电器工作原理示意图

1—热元件；2—双金属片；3—导板；4—触点

1. 热继电器的结构及工作原理

热继电器主要由热元件、双金属片和触点 3 部分组成。双金属片是热继电器的感测元件，由两种线胀系数不同的金属片用机械碾压而成。线胀系数大的称为主动层，小的称为被动层。在加热以前，两片金属长度基本一致，当串在电动机定子电路中的热元件有电流通过时，热元件产生的热量使两金属片伸长。由于线胀系数不同，且因它们紧密结合在一起，所以，双金属片就会发生弯曲。电动机正常运行时，双金属片的弯曲程度不足以使热继电器动作，当电动机过载时，热元件中电流增大，加上时间效应，所以双金属片接受的热量就会大大增加，从而使弯曲程度加大，最终使双金属片推动导板使热继电器的触点动作，切断电动机的控制电路。其结构如图 1-23 所示。

2. 热继电器的型号及选用

目前常用的电动机热保护继电器主要有 JR16、JR20、JR28、JR36 等系列，NRE 6、NRE8 系列电子式过载继电器引进生产的法国 TE 公司 LR-D 系列、德国西门子公司的 3UA 系列、瑞典 ABB 公司的 T 系列等。按热元件的数量分为两相结构和三相结构。三相结构中有三相带断相保护和不带断相保护装置两种。JR16 系列热继电器的结构示意图如图 1-24 所示。

图 1-25 所示为带有差动式断相保护装置的热继电器动作原理示意图。图 1-25(a)所示为通电前的位置；图 1-25(b)所示是三相均通过额定电流时的情况。此时 3 个双金属片受热相同，同时向左弯曲，内、外导板一起平行左移一段距离，但移动距离尚小，未能使常闭触点断开，电路继续保持通电状态；图 1-25(c)所示为三相均匀过载的情况，此时三相双金属片都因过热向左弯曲，推动内、外导板向左移动较大距离，经补偿双金属片和推杆，并借助片簧和弓簧使常闭触点断开，从而达到切断控制回路保护电动机的目的；图 1-25(d)所示为电动机发生一相断线故障(图中是右边的一相)的情况，此时该相双金属片逐渐冷却，向右移

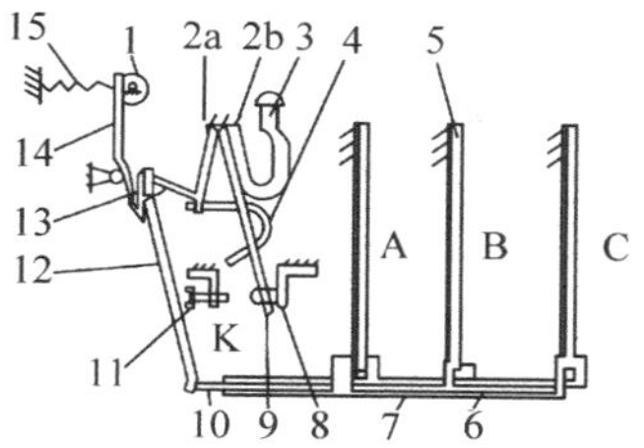

(a) 结构示意图

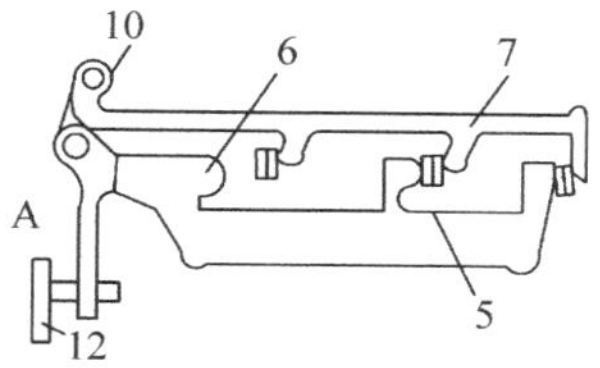

(b) 差动式断相保护示意图

图 1-24　JR16 系列热继电器结构示意图

1—电流调节凸轮；2a,2b—簧片；3—手动复位按钮；4—弓簧；5—主双金属片；6—外导板；7—内导板；8—常闭静触点；9—动触点；10—杠杆；11—复位调节螺母；12—补偿双金属片；13—推杆；14—连杆；15—压簧

动，带动内导板右移，而其余两相双金属片因继续通电受热而左移，并使外导板仍旧左移，这样内、外导板产生差动，通过杠杆的放大作用，使常闭触点断开，从而切断控制回路。

选择热继电器的原则：根据电动机的额定电流确定热继电器的型号及热元件的额定电流等级。对于星形接法的电动机及电源对称性较好的场合，可选用两相结构的热继电器；对于三角形接法的电动机或电源对称性不够好的场合，可选用三相结构或三相结构带断相保护的热继电器。热继电器热元件的额定电流原则上按被控电动机的额定电流选取，即热元件额定电流应接近或略大于电动机的额定电流。

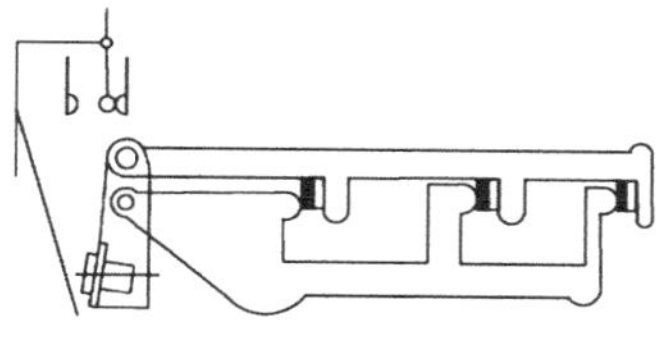

(a) 通电以前

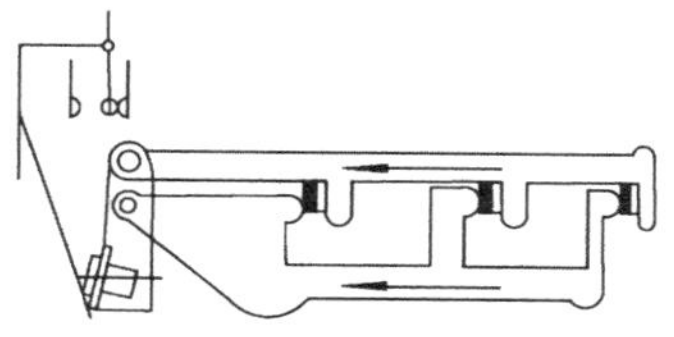

(b) 三相通有额定电流

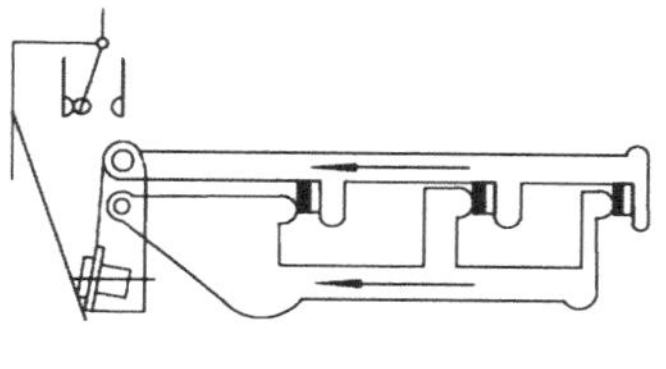

(c) 三相均衡过载

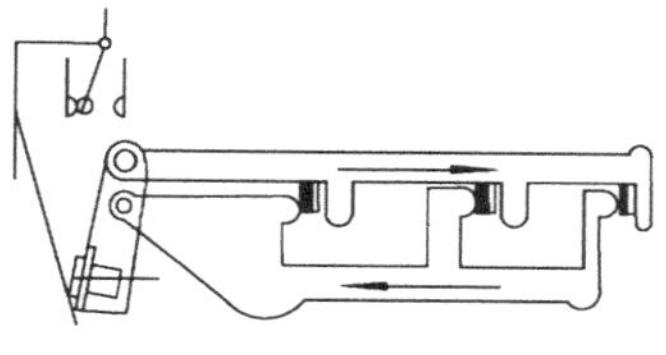

(d) 电动机发生一相断线故障

图 1-25　差动式断相保护装置动作原理图

3. 热继电器型号含义与电路符号

热继电器的型号含义、图形符号及文字符号如图 1-26 所示。

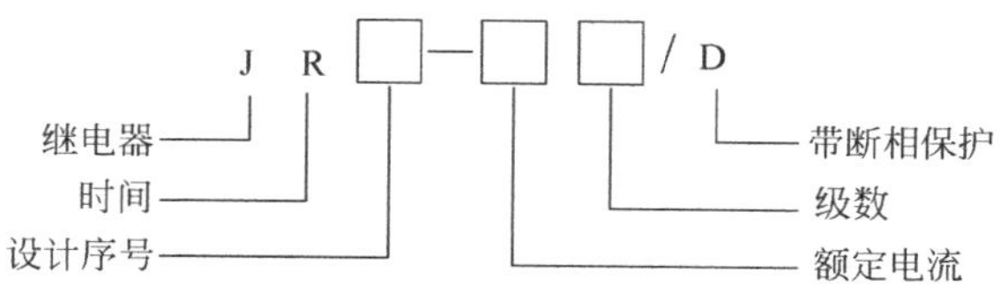

(a) 型号含义

图 1-26　热继电器的图形及文字符号

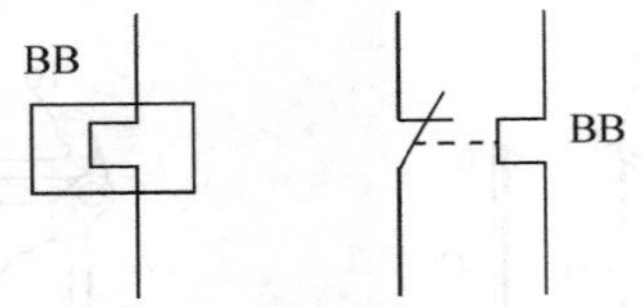

(b) 热元件　　(c) 常闭触点

图 1-26 （续）

表 1-9 中列出了 JR16 系列热继电器热元件规格。

表 1-9　JR16 系列热继电器热元件规格

热继电器型号	热继电器额定电流 I/A	热元件规格		
		编号	额定电流 I/A	刻度电流调节范围 I/A
JR16-20/3 JR16-20/3D	20	1	0.35	0.25～0.3～0.35
		2	0.5	0.32～0.4～0.5
		3	0.72	0.45～0.6～0.72
		4	1.1	0.68～0.9～1.1
		5	1.6	1.0～1.3～1.6
		6	2.4	1.5～2.0～2.4
		7	3.5	2.2～2.8～3.5
		8	5.0	3.2～4.0～5.0
		9	7.2	4.5～6.0～7.2
		10	11.0	6.8～9.0～11.0
		11	16.0	10.0～13.0～16.0
		12	22.0	14.0～18.0～22.0
JR16-60/3 JR16-60/3D	60	13	22.0	14.0～18.0～22.0
		14	32.0	20.0～26.0～32.0
		15	45.0	28.0～36.0～45.0
		16	63.0	40.0～50.0～63.0
JR16-150/3 JR16-150/3D	150	17	63.0	40.0～50.0～63.0
		18	85.0	53.0～70.0～85.0
		19	120.0	75.0～100.0～120.0
		20	160.0	100.0～130.0～160.0

1.3.4 速度继电器

速度继电器常用于笼型异步电动机的反接制动电路中。当电动机制动转速下降到一定值时，由速度继电器切断电动机控制电路。速度继电器是一种利用速度原则对电动机进行控制的自动电器。它主要由转子、定子和触点 3 部分组成。转子是一个圆柱形永久磁铁，定子是一个笼型空心圆环，由硅钢片叠成，并装有笼型的绕组。圆环（定子）套在转子上有一定气隙即无机械联系。图 1-27 所示为速度继电器的结构原理示意图。

速度继电器的转轴与被控电动机的轴相连接，当电动机轴旋转时，速度继电器的转子随之转动。这样就在速度继电器的转子和圆环之间的气隙中产生旋转磁场，空套在转子上的圆环内的绕组便切割旋转磁场，产生使圆环偏转的转矩。偏转角度和电动机的转速成正比。

当偏转到一定角度时,与圆环连接的摆锤推动动触点,使常闭触点分断,当电动机转速进一步升高后,摆锤的继续偏转,使动触点与静触点的常开触点闭合。当电动机转速下降时,圆环偏转角度随之下降,“动触点”在簧片作用下复位(常开触点打开、常闭触点闭合)。常用的速度继电器有YJ1型和JFZ0型,一般速度继电器的动作速度为120r/min,触点的复位速度为100r/min。在连续工作制中,能可靠地工作在3000～3600r/min,允许操作频率不超过30次/h。

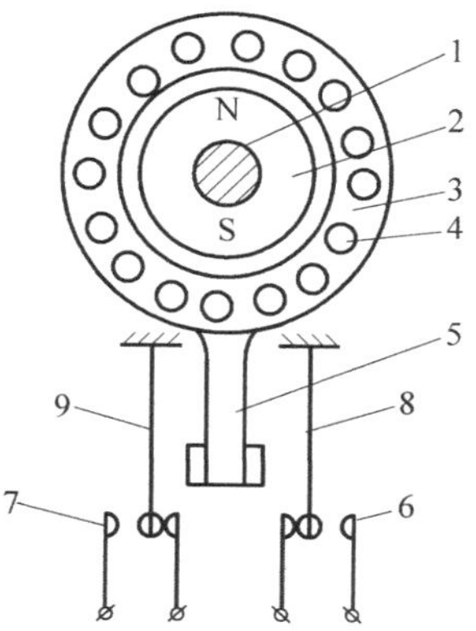

图1-27 速度继电器原理示意图

1—转轴；2—转子；3—定子；4—绕组；5—摆锤；6,7—静触点；8,9—簧片

使用速度继电器时,可根据实际需要调整动作值。图1-28所示为调整示意图。调整时把螺钉1向下旋转将弹簧压紧,使弹性触点4的强度加大,这就要求转轴有更大的速度,使定子(圆环)有更大的偏转转矩才能推动动触点簧片,从而使动作速度上升;反之,将螺钉上旋,减小弹簧压力,即可减小触点的动作速度值。为防止螺钉松动,在其下方有螺母3,在调节时应先将螺母松开,调节好后再将螺母拧紧。

速度继电器的图形符号和文字符号如图1-29所示。

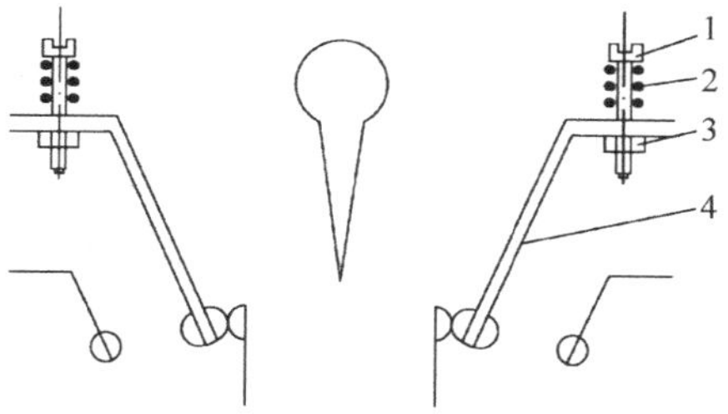

图1-28 速度继电器调整示意图

1—螺钉；2—弹簧；3—螺母；4—触点

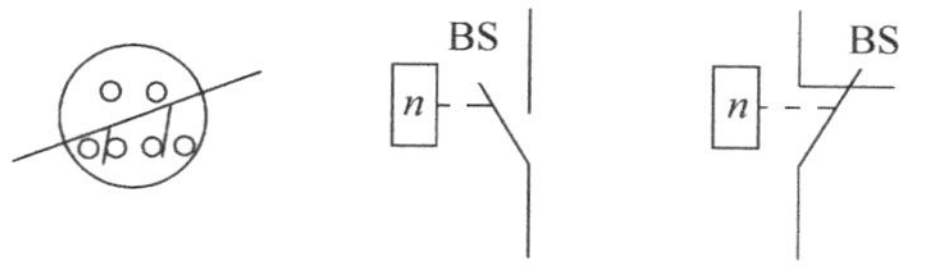

(a) 转子　(b) 常开触点　(c) 常闭触点

图1-29 速度继电器图形和文字符号

1.3.5 温度继电器

当电动机发生过流时,会使其绕组温升过高,前已述及,热继电器可以起到保护作用。但当电网电压升高不正常时,即使电动机不过载,也会导致铁损增加而使铁芯发热,这样也会使得绕组温升过高;或者电动机环境温度过高以及通风不良等,也同样会使绕组温升过高。在这些情况下,若使用热继电器则不能反映电动机的故障状态。为此,需要一种利用发热元件间接反映绕组温度并根据绕组温度进行动作的继电器,这种继电器称为温度继电器。图1-30是一些温度继电器的外形结构。

温度继电器大体上分为两种类型:一种是双金属片式温度继电器;另一种是热敏电阻式温度继电器。下面重点介绍双金属片温度继电器。

双金属片式温度继电器结构组成如图1-31所示。在结构上它是封闭式的,其内部有碟形双金属片2。双金属片受热后产生膨胀,由于两层金属的线胀系数不同,且两层金属又贴合在一起。因此,使得双金属片向被动层一侧弯曲,由双金属片弯曲产生的机械力带动触点动作。

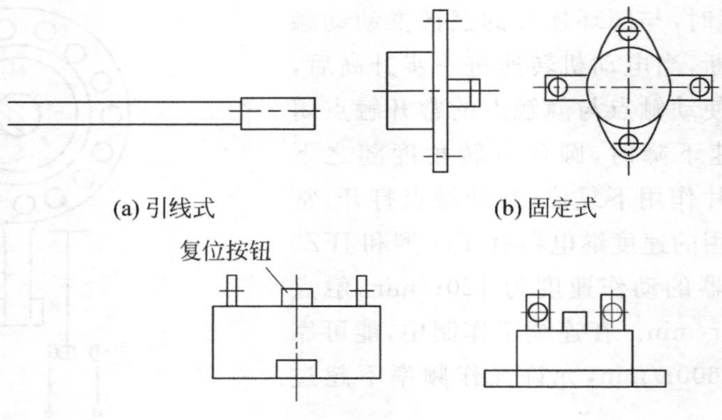

图 1-30　温度继电器的外形结构

在图 1-31 中，温度继电器的接线端子 6 与供电线路串联在一起，双金属片 2 下面为主动层，上面为被动层。当电动机发热局部温度过高时，会将产生的热量传递给金属片；当温度达到一定值时，碟形双金属片受热反向弯曲变形，动触点 4 向下弹开，从而断开电动机的供电电源，起到保护作用。待故障排除后，电动机和温度继电器的温度逐渐降低时，双金属片又恢复到原来的形态，触点再次接通，电动机再次起动运转。

双金属片式温度继电器的动作温度是以电动机绕组绝缘等级为基础进行划分的，有 50℃、60℃、70℃、80℃、95℃、105℃、115℃、125℃、135℃、145℃和 165℃共 11 种规格。温度继电器的返回温度因动作温度而异，一般比动作温度低 5～40℃。

双金属片式温度继电器常用作电动机保护，一般将其埋设在发动机发热部位，如电动机定子槽内、绕组端部等，可直接反映该处的发热情况。无论是电动机本身出现过载电流引起温度升高，还是其他原因引起电动机温度升高，温度继电器都可以实现保护作用。不难看出，温度继电器具有"全热保护"作用。此外，双金属片式温度继电器因其价格便宜，常用于热水器外壁、电热炉炉壁的过热保护。

双金属片式温度继电器的缺点是加工工艺复杂，且双金属片又容易老化，加之，由于体积偏大而多置于绕组的端部，因而很难直接反映温度上升情况，以致发生动作滞后现象。同时，也不适用于保护高压电动机，因为过强的绝缘层会加剧动作的滞后行为。

温度继电器的触点在电路图中的图形符号和文字符号如图 1-32 所示。

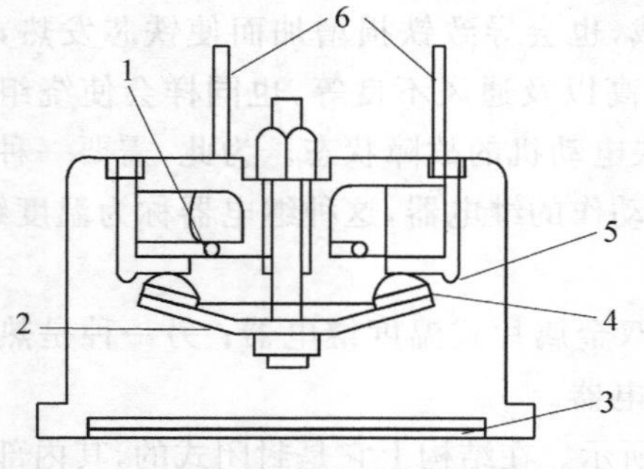

图 1-31　双金属片式温度继电器结构

1—电阻加热丝；2—碟形双金属片；3—罩子；4—动触点；5—静触点；6—接线端子

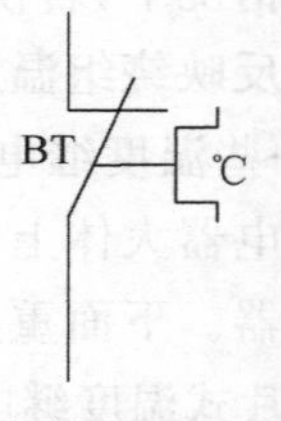

图 1-32　温度继电器在电路中的符号

1.3.6 固态继电器

固态继电器(Solid State Relay,SSR)是 20 世纪 70 年代后期发展起来的一种新型无触点继电器,可以取代传统的继电器和小容量接触器。固态继电器以电力电子开关器件为输出开关,接通和断开负载时不产生火花,具有对外部设备的干扰小、工作速度快及体积小、重量轻、工作可靠等优点。与 TTL 和 CMOS 集成电路有着良好的兼容性,广泛地应用在数字电路和计算机的终端设备以及可编程控制器的输出模块等领域。

根据输出电流类型的不同,固态继电器分为交流和直流两种类型。交流固态继电器(AC-SSR)以双向晶闸管为输出开关器件,用来通、断交流负载;直流固态继电器(DC-SSR)以功率晶体管为开关器件,用来通、断直流负载。

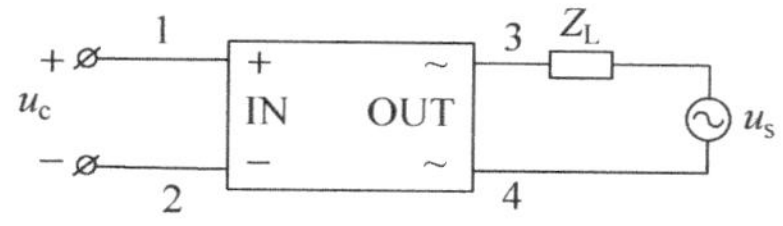

图 1-33　AC-SSR 典型应用电路

AC-SSR 典型应用电路如图 1-33 所示。图中 Z_L 为负载,u_s 为交流电源,u_c 为控制信号电压。从外部接线来看,固态继电器是一个双端口网络器件,输入端口有两个输入信号端,用于连接控制信号;输出端口有两个输出端(AC-SSR 对应为双向晶闸管的阴阳两极,DC-SSR 对应为晶闸管的集电极和发电极)。当输入端口给定一个控制信号 u_c 时输出端口的两端导通,输入端口无控制信号时输出端口两端关断截止。

交流固态继电器根据触发方式不同分为随机导通型和过零触发型两种。输入端施加信号电压时,随机导通型输出端开关立即导通,过零触发型要等到交流负载电源(u_s)过零时输出开关才导通。随机导通型在输入端控制信号撤销时输出开关立即截止,过零触发型要等到 u_s 过零时输出开关才关断(复位)。

常用的交流 AC-SSR 有 GTJ6 系列、JGC-F 系列、JGX-F 和 JGX-3/F 系列等。

固态继电器输入电路采用光耦隔离器件,抗干扰能力强。输入信号电压在 3V 以上,电流在 100mA 以下,输出点的工作电流达到 10A,故控制能力强。当输出负载容量很大时,可用固态继电器驱动功率管,再去驱动负载。使用时还应注意固态继电器的负载能力随温度的升高而降低。其他使用注意事项可参阅固态继电器的产品使用说明。

JGX-F 系列交流固态继电器主要技术数据参见表 1-10。

表 1-10　JGX-F 系列交流固态继电器主要技术数据

输入			输出					
电压范围	电流范围	关断电压	额定电压	额定电流	导通压降	漏电流	通断时间	介质耐压
3～32V DC	≤30mA	1V DC	220/380 V AC	10～80A (8 种规格)	2V	10mA	10ms	≥1000V AC

固态继电器在电路图中的图形符号和文字符号如图 1-34 所示。

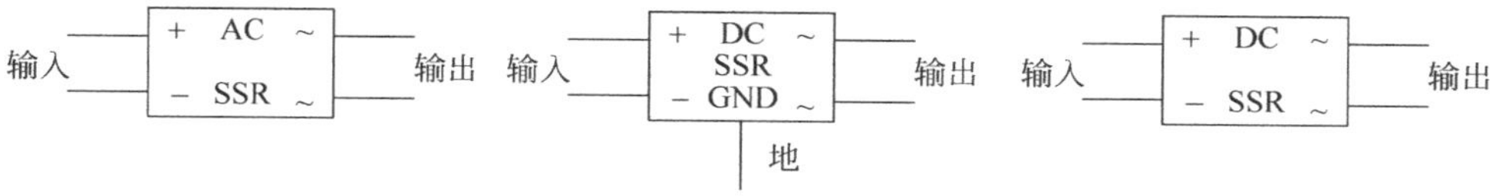

图 1-34　固态继电器在电路图中的符号

1.3.7 压力继电器

通过检测各种气体和液体压力的变化,压力继电器可以发出信号,实现对压力的检测和控制。压力继电器在液压、气压等场合应用较多。其工作性质是当系统压力达到压力继电器的设定值时发出电信号,使电气元件(如电磁铁、电动机、电磁阀)动作,从而使液路或气路卸压、换向或关闭电动机使系统停止工作,从而起到安全保护作用等。

压力继电器有柱塞式、膜片式、弹簧管式和波纹管式4种结构形式。图1-35所示为柱塞式压力继电器,它主要由微动开关、压力传送机感应装置、给定装置(调节螺母和平衡弹簧)、外壳等部分组成。当从下端进油口进入的液体压力达到设定压力值时推动柱塞上移,此位移通过杠杆放大后推动微动开关动作。对继电器接线调整时改变弹簧的压缩量,可以调节继电器的动作压力。

压力继电器须放在有压力明显变化的地方才能可靠地工作。它价格低廉,主要用于测量和控制精度要求不高的场合。

压力继电器在电路中的符号如图1-36所示,文字符号为BP和BS。

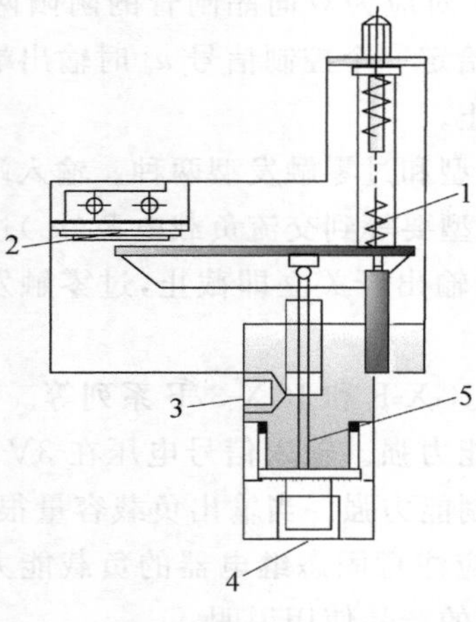

图1-35 柱塞式压力继电器结构原理

1—弹簧;2—微动开关;3—卸油口;4—进油口;5-柱塞

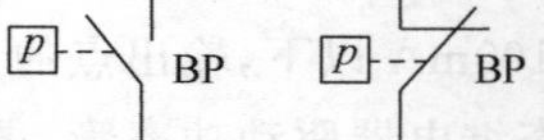

图1-36 压力继电器在电路中的符号

1.3.8 液位继电器

某些锅炉和水柜需根据液位的高低变换来控制水泵电动机的起停,这一控制可由液位继电器来完成。

液位继电器控制液面主要通过内部的电子线路实现,利用液体的导电性,当液面达到一定高度时继电器就会动作切断电源,液面低于一定位置时接通电源使水泵工作,达到自动控制的作用。自动控制由传感器和控制执行机构组成。液位控制器的传感器一般是导线,利用水的导电性。水的导电性较差,不能直接驱动继电器,所以要有电子线路将电流放大,以推动继电器工作。

液位继电器一般采用晶体管比较电路,通过检测水阻的方法控制继电器在无水时动作接通。自动供水时接通水泵电源供水(一般配合接触器使用),水满后自动切断停止供水;

反之则可以做自动排水。3 个探头可以按实际要求调整高度。

常用的液位继电器有 JYB-714 型，如图 1-37 所示，属于晶体管继电器，分为底座和本体两部分。作为一般科学实验及工业生产自动控制的基本元件，适用于额定控制电源电压不大于 380V，额定频率 50Hz，约定发热电流不大于 3A 的控制电路中作液位控制元件；按要求接通或分断水泵控制电路，实现了自动供水和排水的功能，是液位控制电路中的核心元件。具有电路简便、体积小、重量轻、功耗小、稳定性高的优点，而且采用了电子管插入式结构，维修方便。

液位继电器在电路中的图形符号如图 1-38 所示，文字符号为 BG。

图 1-37　JYB-714 型液位继电器

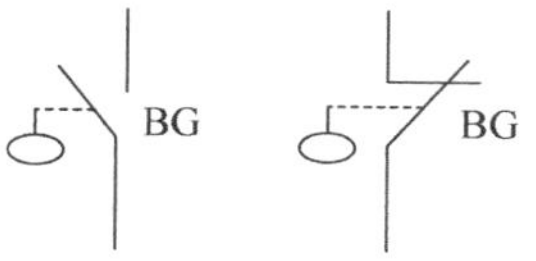

图 1-38　液位继电器在电路中的符号

1.4　低压断路器

开关电器广泛应用于配电系统和电力拖动控制系统，用作电源隔离、电气设备保护和控制。过去常用的闸刀开关是一种结构简单、价格低廉的手动电器，主要用于接通和切断长期工作设备的电源及不经常起动和制动、容量小于 7.5kW 的异步电动机。现在大部分开关电器的使用场所基本上都被断路器所占领。

低压断路器也称为自动开关或空气开关，是低压配电网络和电力拖动系统中非常重要的开关电器和保护电器，它集控制和多种保护于一身。除了能够完成接通和分断电路外，还能对电路或电气设备发生短路、严重过载及欠电压等进行保护，也可以用于不频繁地起动电动机。保护功能上还可以与漏电器、测量和远程操作等模块单元配合使用完成更高级的保护和控制。目前的断路器还能提供隔离和安全保护功能，特别是在人身安全、设备安全及配电系统可靠性方面都能满足更高级别的要求。

断路器具有操作简单、使用方便、工作可靠、安装简单、动作后（如短路故障排除后）不需要更换元件等优点。因此，广泛使用于自动系统和民用供电中。在低压配电系统中，它也常常被用作终端开关或支路开关。目前在大部分的使用场合中，断路器已经取代了过去常用的闸刀开关与熔断器的组合。

1.4.1　结构及工作原理

低压断路器主要由 3 个基本部分组成，即触点系统、灭弧系统和各种脱扣器。脱扣器包括过电流脱扣器、失压（欠电压）脱扣器、热脱扣器、分励脱扣器和自由脱扣器。图 1-39 是低压断路器工作原理示意图。开关主要靠操作机构手动或电动合闸，触点闭合后，自由脱扣器机构将触点锁在合闸位置上。当电路发生故障时，通过各自的脱扣器使自由脱扣机构动作，自动跳闸实现保护动作。图 1-40 所示为低压断路器实物。

(1) 过电流脱扣器。当流过断路器的电流在整定值以内时,过电流脱扣器 3 所产生的吸力不足以吸动衔铁。当电流超过整定值时,强磁场的吸力克服弹簧的拉力拉动衔铁,使自由脱扣机构动作,断路器跳闸,实现过流保护。

(2) 失压脱扣器。失压脱扣器 6 的工作过程与过流脱扣器刚好相反。当电源电压处于额定电压时,失压脱扣器产生的磁力足以将衔铁吸合,使断路器保持在合闸状态。当电源电压下降到低于整定值或将为零时,在弹簧的作用下衔铁释放,自由脱扣器动作而切断电源。

(3) 热脱扣器。热脱扣器 5 的作用原理与前面介绍的热继电器相同,这里不再赘述。

(4) 分励脱扣器。分励脱扣器 4 用于远距离操作。在正常工作时其线圈处于断电状态;在需要远程操作时按下按钮使线圈通电,其电磁机构使自由脱扣机构动作,断路器跳闸。

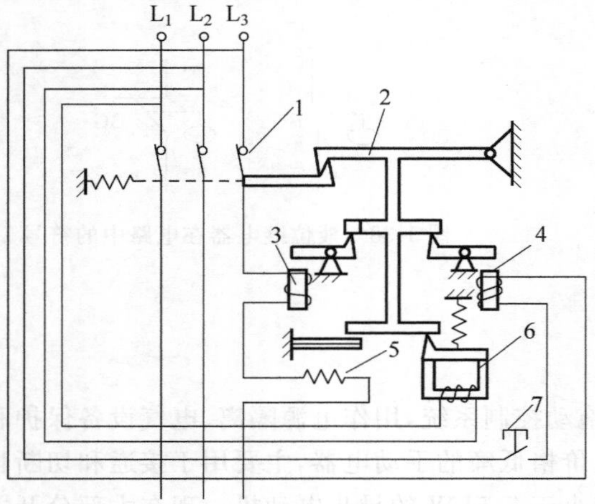

图 1-39 低压断路器工作原理

1—主触点;2—自由脱扣机构;3—过电流脱扣器;4—分励脱扣器;5—热脱扣器;6—失压脱扣器;7—按钮

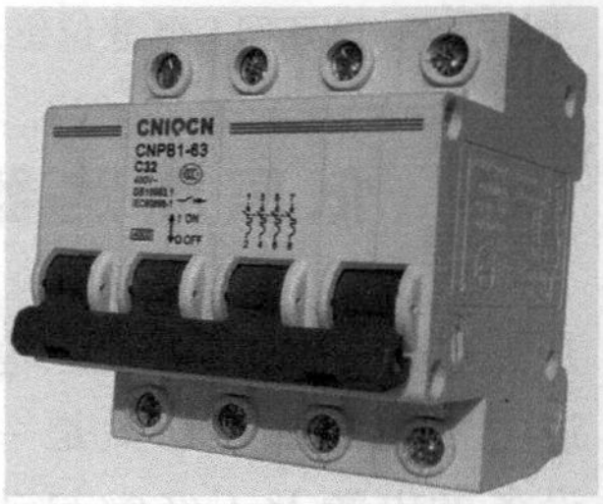

图 1-40 低压断路器实物

说明:以上介绍的是断路器可以实现的功能,但并不是每个断路器都具有上述这些功能,如有些断路器没有分励脱扣器、有些没有热保护功能等。但大部分断路器都具备过流(短路)保护和失压保护等功能。

1.4.2 低压断路器的主要参数

(1) 额定电压,指断路器在长期工作时的允许电压,通常不小于电路的额定电压。

(2) 额定电流,指断路器在长期工作时的允许持续电流。

(3) 通断能力,指断路器在规定的电压、频率以及规定的线路参数(交流电路为功率因数,直流电路为时间常数)下所能接通和分断的短路电流值。

(4) 分断时间,指断路器切断故障电流所需的时间。

1.4.3 低压断路器的主要类型

低压断路器的分类有多种。

① 按级数分,有单级、双级、三级和四级。

② 按保护形式分，有电磁脱扣器式、热脱扣器式、复合脱扣器式(常用)和无脱扣器式。

③ 按分断时间分，有一般和快速式(先于脱扣机构动作，脱扣时间在 0.02s 以内)。

④ 按结构形式分，有塑壳式、框架式、模块式等。

电力拖动与自动控制线路中常用的断路器为塑壳式(塑料外壳式)。塑壳式断路器又称为装置式低压断路器，具有用模压绝缘材料制成的封闭型外壳，将所有部件组装在一起，用作配电网络的保护，以及电动机、照明电路及电热器等的控制开关。

模块化小型断路器由操作机构、热脱扣器、电磁脱扣器、触点系统、灭弧装置等部件组成，所有部件均置于一个绝缘壳中。其结构具有外形尺寸模块化(9mm 的倍数)和安装导轨化的特点，如单级断路器的模块宽度为 18mm，凸颈高度为 45mm，安装在标准的 35mm 电器安装轨上，利用断路器后面的安装槽与带弹簧的夹紧卡定位，拆卸方便。该系列断路器可作为线路和交流电动机等的电源控制开关与过载、短路保护等，广泛用于工矿企业、建筑及家庭场所。

传统断路器的保护功能是利用热效应或电磁效应原理，通过机械系统的动作来实现。智能化断路器的特征采用了以微处理器或单片机为核心的智能控制器(智能脱扣器)。它不仅具备普通断路器的各种保护功能，同时还具备实时显示电路中各种电气参数(电流、电压、功率因数)的功能，可实现对电路的在线监测、自我诊断、试验和通信等功能；可以对各种保护功能的动作参数进行显示、设定和修改；还可将电路动作时的故障参数存储在存储卡中以便查询。智能断路器原理框图如图 1-41 所示。

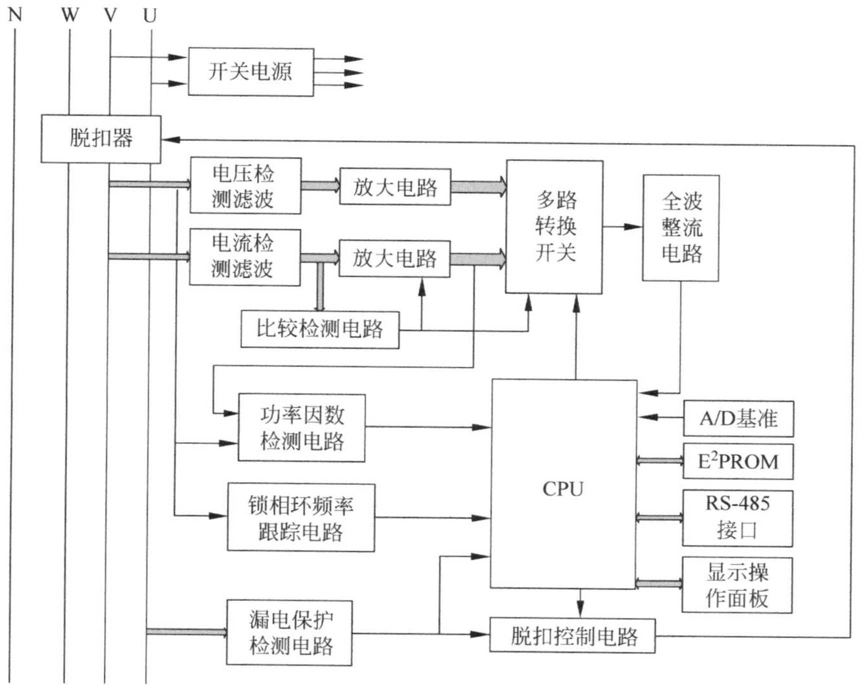

图 1-41　智能断路器原理框图

智能断路器有框架式和塑料外壳式两种。框架式智能断路器主要用于智能自动配电系统中的主断路器。塑料外壳式智能断路器主要用于配电网络中分配电能和作为线路及电源设备的控制与保护，也可用作三相笼型异步电动机的控制。

1.4.4 低压断路器的选择

(1) 额定电流与额定电压应不小于线路、设备正常工作时的电压和电流。

(2) 热脱扣器的整定电流应与所控制负载(如电动机)的额定电流一致。

(3) 欠电压脱扣器的额定电压等于线路的额定电压。

(4) 过电流脱扣器的额定电流I_z不小于线路的最大负载电流。对于单台电动机来说,可按下式计算,即

$$I_z \geqslant k I_q$$

式中,k 为安全系数,可取 1.5～1.7; I_q为电动机的起动电流。

对于多台电动机来说,可按下式计算,即

$$I_z \geqslant K I_{q,max} + \sum I_{er}$$

式中,K 也可以取 1.5～1.7; $I_{q,max}$为最大一台电动机的起动电流; $\sum I_{er}$为其他电动机的额定电流之和。

1.4.5 低压断路器型号含义与电路符号

常用的低压断路器有 DW15、DW16、DW17、DW15HH 等系列万能式断路器,DZ5、DZ10、DZX10、DZ15、DZ20 等系列塑壳式断路器。

例如,DZ20-40 型低压断路器,断路器为塑壳式结构,设计代号为 20,主触点额定电流为 40A。DZ20 系列低压断路器型号意义如下:

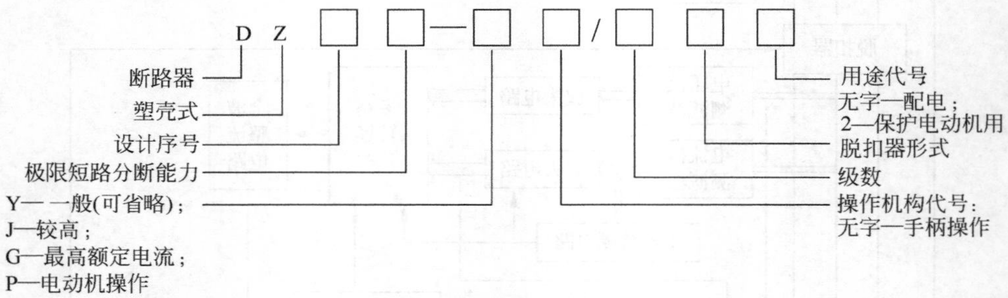

DZ20 系列断路器按其极限分断故障电流的能力分为一般型(Y 型)、较高型(J 型)、最高型(G 型)。J 型是利用短路电流的巨大电动斥力使触点斥开,紧接着脱扣器动作,故分断时间在 14ms 以内; G 型可在8～10ms 以内分断短路电流。脱扣器形式有电磁脱扣器和复式脱扣器两种。

近年来引进生产的低压断路器有 3VE、C45N 等系列产品,另外还有电子式、带漏电保护、浪涌保护、高分断的各种小型断路器。我国生产带漏电保护功能的低压断路器有 DZ15LE、DZL18、DZL20、DZL25 等系列漏电断路器。

低压断路器电气图形符号及文字符号如图 1-42 所示。

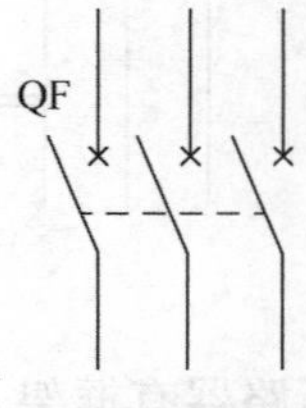

图 1-42 低压断路器的电气图形符号

1.5　熔断器

熔断器是一种结构简单、使用方便、价格低廉而有效的保护电器，主要用于低压线路及电动机控制线路中的短路保护。使用时串接在被保护电路中，当线路或电气设备发生严重过载或短路时，通过熔断器的电流超过规定值一定时间后，其自身产生的热量使熔体熔化而自动分断电路，使线路或电气设备脱离电源以达到保护目的。

1.5.1　熔断器的结构与工作原理

熔断器主要由熔体和安装熔体的熔管(或盖、座)以及导电部件等元器件组成。熔体由熔点较低的材料如铅、锌、锡及锡铅合金作成丝状或片状。熔管是熔体的保护外壳，一般由硬质纤维或陶制绝缘材料制成半封闭或封闭式管状，在熔体熔断时兼起灭弧作用。

熔断器熔体中的电流为熔体的额定电流 I_e 时，熔体长期不熔断；当电路发生严重过载时，熔体在较短时间内熔断；当电路发生短路时，熔体能在瞬时熔断。与热继电器保护特性相同，熔断器熔体也具有反时限保护特性，即电流为额定值时长期不熔断，过载电流或短路电流越大，熔断时间越短。电流与熔断时间的关系曲线称为安秒特性，如图 1-43所示。由于熔断器对过载反应不灵敏，不宜用于过载保护，主要用于短路保护。表 1-11 示出某种熔体安秒特性数值关系。

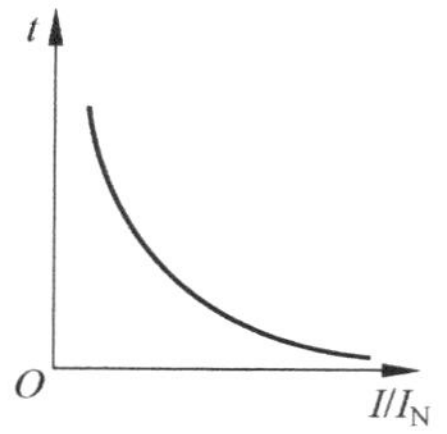

图 1-43　熔断器的安秒特性

表 1-11　常用熔体安秒特性

熔断电流	$(1.25\sim1.3)I_e$	$1.6I_e$	$2I_e$	$2.5I_e$	$3I_e$	$4I_e$
熔断时间	∞	1h	40s	8s	4.5s	2.5s

熔体最小熔化电流 I_r(熔体熔断与不熔断的分界线所对应的电流)与熔体额定电流 I_e 之比称为熔断器的熔化系数，即 $K=I_r/I_e$。熔化系数主要取决于熔体的材料、工作温度和本身的结构。当熔体采用低熔点的金属材料(如铅、锡合金及锌等)时，熔化时所需热量小，故熔化系数较小，有利于过载保护。但它们的电阻系数较大，熔体横截面较宽，熔断时所产生的金属蒸气较多，不利于灭弧，故分断能力较弱。当熔体采用高熔点的金属材料(如铝、铜和银等)时，熔化时所需热量大，故熔化系数大，不利于过载保护，而且可能使熔断器过热。但它们的电阻系数低，熔体横截面积小，有利于灭弧，故分断能力较强。

1.5.2　常用熔断器

熔断器的种类很多。按照结构来分有半封闭插入式、螺旋式、无填料密封管式和有填料密封管式。按用途来分一般有工业用熔断器和半导体器件保护用快速熔断器及特殊熔断器(如具有两段保护特性的快慢动作熔断器、自复式熔断器等)。下面介绍几种常见的熔断器。

1. RC1A 系列瓷插式熔断器

其由瓷盖、瓷座、触点和熔丝 4 部分组成，如图 1-44 所示。它是一种最常见的熔断器，具有结构简单、更换方便、价格低廉等优点。这类产品一般用在交流 50Hz，额定电压到 380V，额定电流 200A 以下的低压线路末端或分支电路中，作为支电路的短路保护及一定程度上的过载保护。

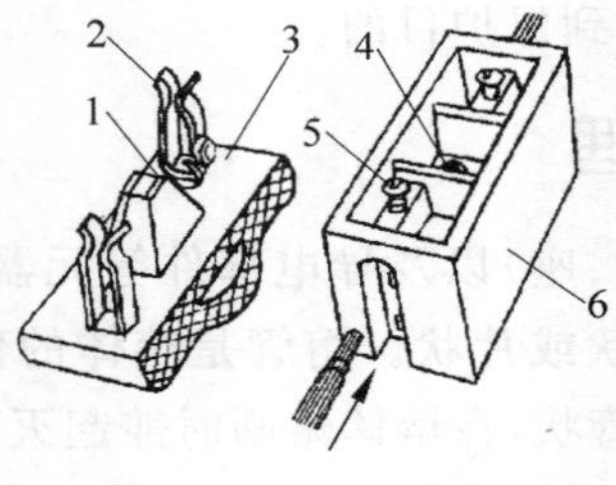

(a) RC1A 系列瓷插式熔断器结构

(b) RC1A 系列瓷插式熔断器实物

图 1-44　RC1A 系列磁插式熔断器

1—熔丝；2—动触点；3—瓷盖；4—空腔；5—静触点；6—瓷座

2. RL1 系列螺旋式熔断器

RL1 系列螺旋式熔断器属有填料封闭管式，该系列产品主要由瓷帽、熔管、瓷套、上下接线端及瓷座组成，如图 1-45 所示，新产品有 RL6、RL7 系列。熔体内装有熔断丝和石英砂(作为熄灭电弧用)。同时还有熔体熔断的信号指示装置，熔体熔断后带色标的指示头弹出，便于发现更换。多用于机床线路中作短路保护。

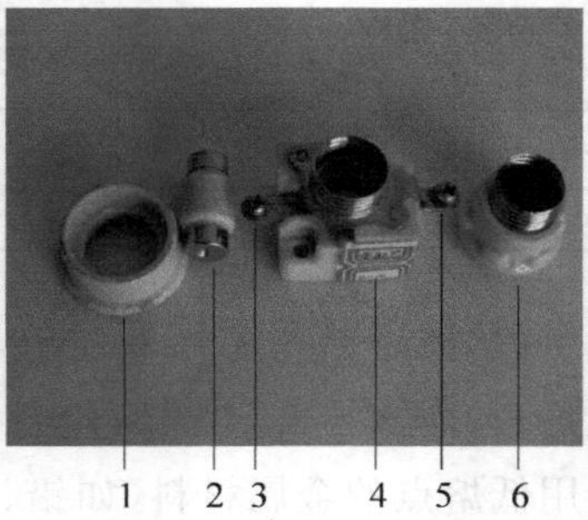

图 1-45　RL1 系列螺旋式熔断器

1—瓷套；2—熔断管；3—下接线座；4—瓷座；5—上接线座；6—瓷帽

3. RM10 无填料封闭管式熔断器

该系列熔断器由熔管、熔体和插座等部分组成。熔体被封闭在不充填料的熔管内，其实物与结构如图 1-46 所示。15A 以上熔断器的熔管由钢纸管(又称反白管)、黄铜套管和黄铜帽等构成。新产品中熔管已采用耐电弧的玻璃钢制成。

此结构形式的熔断器有两个特点：采用变截面锌片作熔体；采用钢纸管或三聚氰胺玻璃布做熔管。当电路过载或短路时，变截面锌片狭窄部分的温度骤然升高并率先熔断，特别是在短路状态下，熔体的几个狭窄部分同时熔断，使电路断开很大间隙后灭弧容易；熔管在电弧作用下分解大量气体，使管内压力迅速增大，促使电弧迅速熄灭。此外，锌质熔体熔点较低，适合同熔管配合使用。这种熔断器灭弧能力强，熔体更换方便，适用于在低压电力网络、配电设备中作短路保护，也可兼顾过载保护。

(a) RM10无填料封闭管式熔断器实物

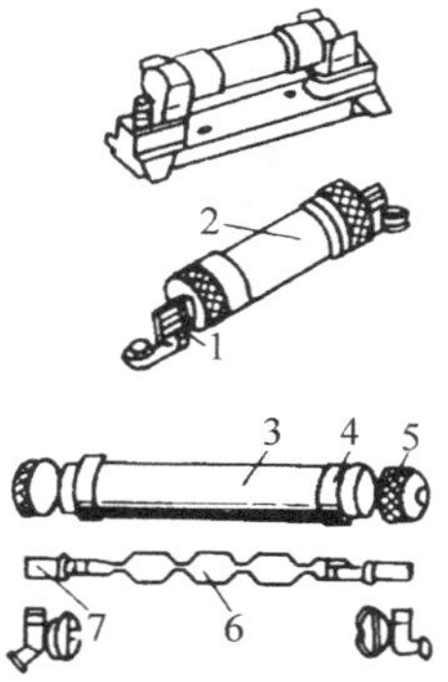

(b) RM10无填料封闭管式熔断器结构

图 1-46　RM10 无填料封闭管式熔断器

1—夹座；2—熔断管；3—钢纸管；4—黄铜套管；5—黄铜帽；6—熔体；7—刀形夹头

4. RT0 系列有填料封闭管式熔断器

RT0 系列熔断器装有填充料（石英砂），是一种灭弧能力强、分断能力高的熔断器，广泛应用于短路电流很大的电力输配电网络中或低压配电装置中，实物及结构如图 1-47 所示，其中熔体是两片网状紫铜片，中间用锡桥连接，熔体周围填满石英砂，起灭弧作用。

此类熔断器制造工艺复杂、性能较好，具有很多优点，如限流好，能使短路电流在第一个半波峰前分断电路；断流能力强，使用安全；分断规定的短路电流时，无声、光现象，并有醒目的熔断标记，附有活动的绝缘手柄，可在带电的情况下调换熔体。

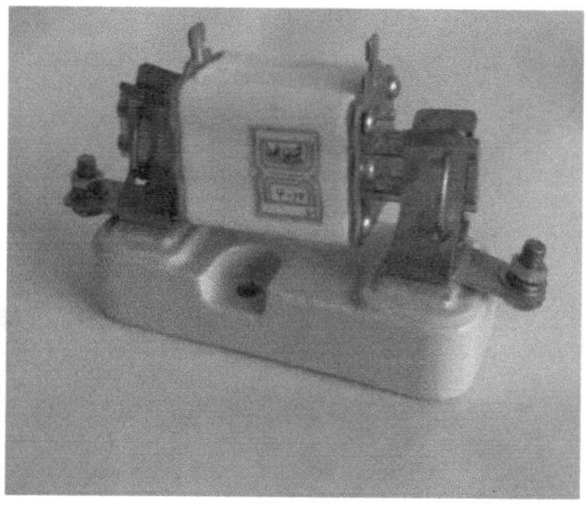

(a) RT0系列有填料封闭管式熔断器实物

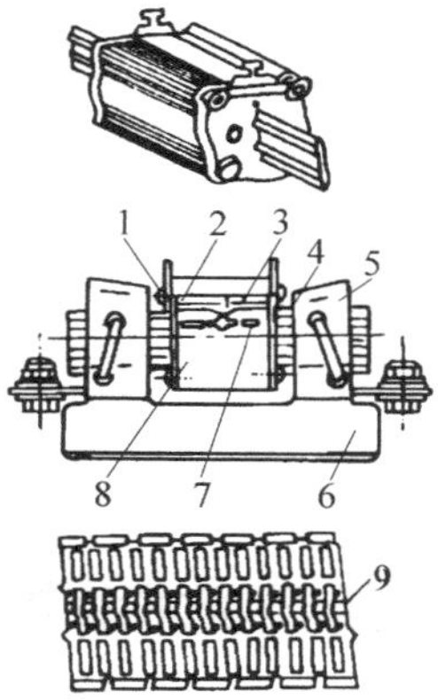

(b) RT0系列有填料封闭管式熔断器结构

图 1-47　RT0 系列有填料封闭管式熔断器

1—熔断指示器；2—石英砂填料；3—指示器熔丝；4—夹头；5—夹座；6—底座；7—熔体；8—熔管；9—锡桥

5. NG30 系列有填料封闭管式圆筒帽形熔断器

该系列熔断体由熔管、熔体、填料组成，由纯铜片制成的变截面熔体封装于高强度熔管内，熔管内充满高纯度石英砂作为灭弧介质，熔体两端采用点焊与端帽牢固连接，实物如

图 1-48所示。

此类熔断器主要用于交流 50Hz、额定电压 380V、额定电流 63A 及以下工业电气装置的配电线路中。

6. RS0、RS3 系列有填料快速熔断器

快速熔断器具有结构简单、熔断迅速等特点，在 6 倍额定电流时，熔断时间不大于 20ms，熔断时间短，动作迅速，快速熔断器实物如图 1-49 所示。RS0、RS3 系列熔断器主要用于电力变换、可控整流、晶闸管及硅元件和承受过电流及过电压能力差的元器件，在电路中用作短路和某些过流保护之用。

图 1-48　NG30 系列有填料封闭管式圆筒帽形熔断器

RS0 系列快速熔断器主要用在交流 50Hz、额定电压 750V 以下、额定电流在 480A 以下的电路中，作为硅整流元件或其他装置的短路及过载保护之用。

RS3 系列快速熔断器主要用在交流 50Hz、额定电压 1000V 以下、额定电流在 700A 以下的电路中，作为硅整流元件及其成套设备和其他装置的短路与过载保护之用。

7. 自复式熔断器

自复式熔断器是一种新型的熔断器。它利用金属钠做熔体，在常温下，钠的电阻很小，允许通过正常的工作电流。当电路发生短路时，短路电流产生高温使钠迅速气化；气态钠电阻变得很高，从而限制了短路电流。当故障排除后温度下降，金属钠重新固化，恢复良好的导电性。其优点是能重复使用，不必更换熔体。值得注意的是，自复式熔断器只能限制故障电流，不能切断故障电路。自复式熔断器实物如图 1-50 所示。

图 1-49　RS0、RS3 系列有填料快速熔断器实物

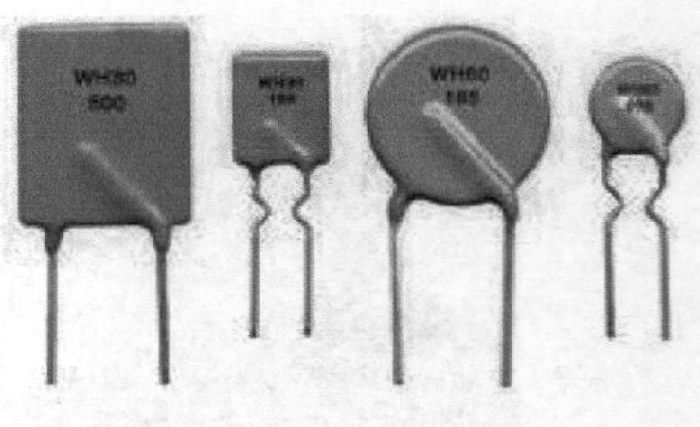

图 1-50　自复式熔断器实物

1.5.3　熔断器技术参数

1. 额定电压

额定电压是从灭弧的角度出发，规定保证熔断器能长期正常工作的电压。

2. 额定电流

额定电流是指熔断器长期工作时，温升不超过规定值时所能承受的电流。为了减少熔断管的规格，熔断管的额定电流等级较少，而熔体的额定电流等级比较多，即在一个额定电流等级的熔断管内可以分几个额定电流等级的熔体，但熔体的额定电流最大不能超过熔断管的额定电流。

3. 极限分断能力

极限分断能力是指熔断器在规定的额定电压和功率因数(或时间常数)条件下能分断的最大电流值。在电路中出现的最大电流值一般是指短路电流值,所以极限分断能力也反映了熔断器分断短路电流的能力。

常用熔断器技术参数见表 1-12。

表 1-12 常见低压熔断器的主要技术参数

类别	型号	额定电压/V	额定电流/A	熔体额定电流等级/A	极限分断能力/kA	功率因数
瓷插式熔断器	RC1A	380	5	2、5	0.25	0.8
			10	2、4、6、10	0.5	
			15	6、10、15		
			30	20、25、30	1.5	0.7
			60	40、50、60	3	0.6
			100	80、100		
			200	120、150、200		
螺旋式熔断器	RL1	500	15	2、4、6、10、15	2	≥0.3
			60	20、25、30、35、40、50、60	3.5	
			100	60、80、100	20	
			200	100、125、150、200	50	
	RL2	500	25	2、4、6、10、15、20、25	1	
			60	25、35、50、60	2	
			100	80、100	3.5	
无填料封闭管式熔断器	RM10	380	15	6、10、15	1.2	0.8
			60	15、20、25、35、45、60	3.5	0.7
			100	60、80、100	10	0.35
			200	100、125、160、200		
			350	200、225、260、300、350		
			600	350、430、500、600	12	0.35
有填料封闭管式熔断器	RT0	交流 380 直流 440	100	30、40、50、60、100	交流 50 直流 25	>0.3
			200	120、150、200、250		
			400	300、350、400、450		
			600	500、550、600		

1.5.4 熔断器的选择

1. 类型的选择

选择熔断器的类型时主要依据线路要求、使用场合、安装条件、负载要求的保护特性和短路电流的大小等来进行。例如,用于保护照明和电动机的熔断器,一般考虑它们的过载保护,此时希望熔断器的熔化系数适当小。因此,一般容量较小的照明线路和电动机采用熔体为铅锌合金的熔断器;而大容量的照明线路和电动机除过载保护外,还需考虑短路时分断短路电流的能力,短路电流较小时可采用熔体为锡质或锌质的熔断器。用于车间低压供电线路的保护熔断器,重点考虑短路时的分断能力。当短路电流较大时,宜采用具有高分断能力的断路器;当短路电流相当大时,宜采用有限流作用的熔断器。

2. 额定电压的选择

额定电压应不小于线路的工作电压。

3. 熔体额定电流的选择

(1) 用于照明或电热设备等电阻性负载的短路保护时，因负载电流比较稳定，熔体的额定电流 I_e 一般等于或稍大于电路的额定电流 I，即

$$I_e \geqslant I \tag{1-5}$$

(2) 保护单台长期工作的电动机时，考虑到起动电流的影响，熔体额定电流可按式(1-6)选择，即

$$I_e \geqslant (1.5 \sim 2.5) \cdot I_{ed} \tag{1-6}$$

式中：I_{ed}为电动机额定电流，其中轻载起动或起动时间比较短时系数可取近似 1.5，带重载起动或起动时间比较长时系数可取近似 2.5。

(3) 用于保护频繁起动电动机时，考虑频繁起动时发热而熔断器也不应熔断，熔体的额定电流应满足

$$I_e \geqslant (3 \sim 3.5) \cdot I_{ed} \tag{1-7}$$

(4) 用于保护多台电动机的熔断器，在出现尖峰电流时应保证不熔断。通常将其中容量最大的一台电动机起动，而其余电动机正常运行时出现的电流作为尖峰电流。为此，熔体的额定电流可按式(1-8)计算，即

$$I_e \geqslant (1.5 \sim 2.5) I_{emax} + \sum I_{ed} \tag{1-8}$$

式中：I_{emax}为容量最大的一台电动机的额定电流；$\sum I_{ed}$为其余电动机额定电流之和。

(5) 为防止发生越级熔断，上、下级(即供电干、支线)熔断器间应有良好的协调配合。为此，上一级熔断器的熔体额定电流应比下一级(供电支线)大 1～2 个级别。

4. 熔断器额定电流的选择

熔断器的额定电流不得小于所装熔体的额定电流。

1.5.5 熔断器的型号意义与电路符号

熔断器的型号意义如下：

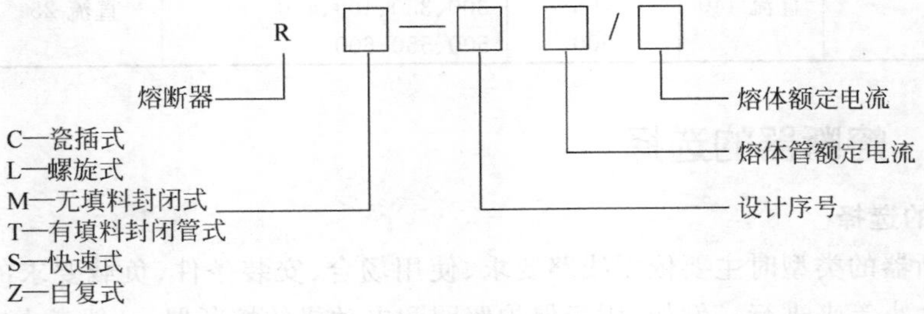

熔断器的文字符号为 FA，在电路中的符号如图 1-51 所示。

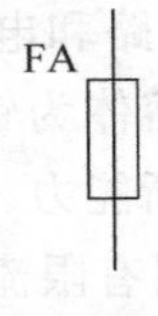

图 1-51 熔断器的电气符号

1.6　主令电器

主令电器是在自动控制系统中发出指令的电器，用来控制接触器、继电器或其他电气线圈，使电路接通或分断，从而实现对电动机和其他生产机械的远距离控制。主令电器应用广泛、种类繁多，本节主要介绍几种常见的主令电器。

1.6.1　控制按钮

控制按钮(简称按钮)是一种接通或分断小电流电路的主令电器，其结构简单，应用广泛。触点允许通过的电流较小，一般不超过 5A，主要用在低压控制电路中，手动发出控制信号。图 1-52(b)所示为按钮实物。

控制按钮一般由按钮帽、复位弹簧、桥式动/静触点和外壳等部分组成。一般为复合式，即同时具有常开、常闭触点。按下时常闭触点先断开，然后常开触点闭合。去掉外力后在复位弹簧的作用下，常开触点断开，常闭触点复位。结构如图 1-52(a)所示。

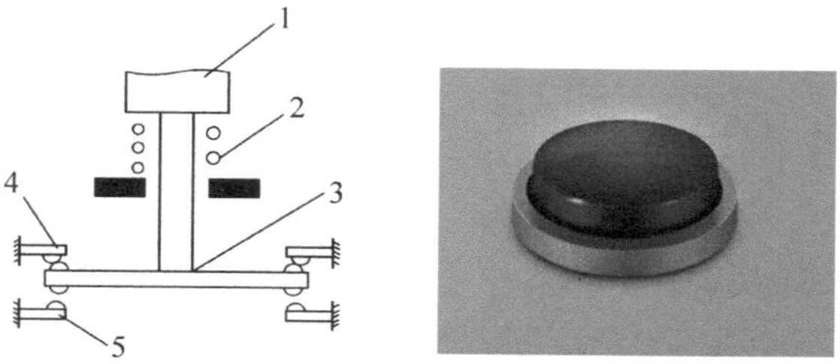

(a) 控制按钮结构示意图　　(b) 控制按钮实物

图 1-52　控制按钮图

1—按钮帽；2—复位弹簧；3—动触点；4—常闭触点；5—常开触点

我国自行设计的常用按钮有 LA2、LA4、LA10、LA18、LA19、LA20、LA25 等系列。引进国外技术生产的有 LAY3、LAY5、LAY8、LAY9 系列和 NP2、NP3、NP4、NP5、NP6 等系列。其中 LA2 系列按钮为老产品，有一对常开和一对常闭触点，具有结构简单、动作可靠、坚固耐用的优点。LA18、LA19、LA20、LA25 等系列为新产品，其中 LA18 系列按钮采用积木式结构，触点数量可按需要进行拼装成 2 常开 2 常闭，也可根据需要装成 1 常开 1 常闭至 6 常开 6 常闭的形式。LA19、LA20 系列有带指示灯和不带指示灯两种。带有指示灯可使操作人员通过灯光了解控制对象的运行状态，缩小了控制箱的体积。按钮兼作信号灯罩，用透明塑料制成。

为标明各个按钮的作用，避免误操作，通常将按钮做成红、绿、黑、蓝、白等不同颜色，以示区别。一般红色表示停止，绿色表示起动等，如表 1-13 所示。另外，为满足不同控制和操作需要，按钮的结构形式也有所不同，如按钮式、自锁式、钥匙式、旋钮式、紧急式、保护式等，其中旋钮式和钥匙式按钮也称为选择开关，有双位也有多位。选择开关和一般按钮的最大区别就是不能自动复位，其中钥匙式按钮具有安全保护功能，没有钥匙的人员不能进行开关操作。按钮形象化符号如图 1-53 所示。

表 1-13 控制按钮颜色及其含义

颜色	含义	典型应用
红色	危险情况下的操作	紧急停止
	停止或分断	停止一台或多台电动机，停止一台机器的一部分，使电器元件失电
黄色	应急或干预	抑制不正常情况或中断不理想的工作周期
绿色	起动或连通	起动一台或多台电动机，起动一台机器的一部分，使电器元件得电
蓝色	上述几种颜色未包括的任一种功能	—
黑色、灰色、白色	无专门制定功能	可用于停止和分断上述以外的任何情况

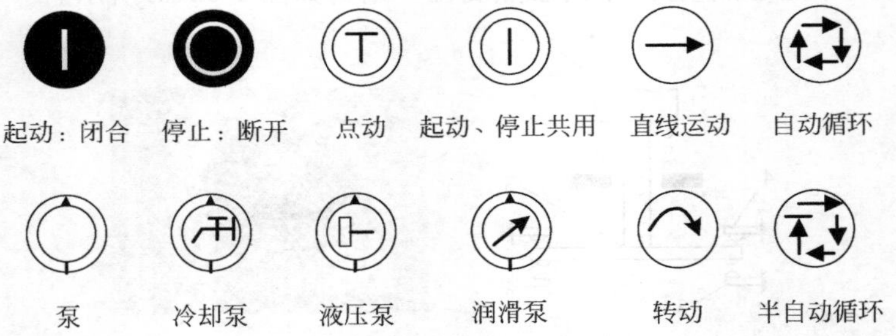

图 1-53 控制按钮形象化符号

选用按钮主要根据需要的触点对数、动作要求、是否需要带指示灯、使用场合及颜色要求等。可供选择的常用型号有 LA2、LA10、LA19、LA20 等。控制按钮型号含义如下：

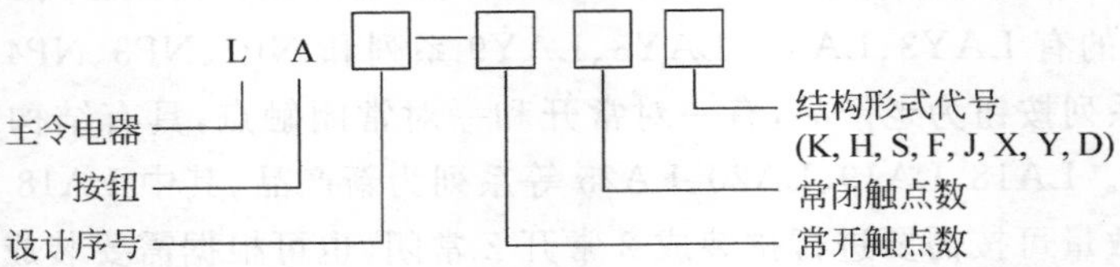

控制按钮的图形符号和文字符号见图 1-54。LA 系列控制按钮的技术数据见表 1-14。

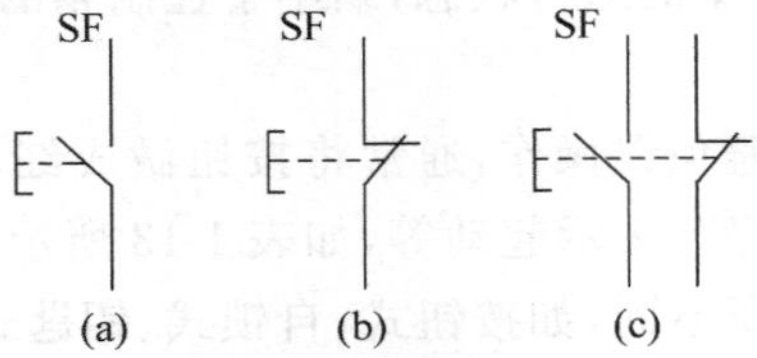

图 1-54 按钮的电气符号

表 1-14　LA 系列控制按钮技术数据

型　号	规　格	结构形式	触点对数		按　钮		
			常开	常闭	钮数	颜色	标志
LA18-22		元件	2	2	1	红或绿或黑或白	
LA18-44		元件	4	4	1	红或绿或黑或白	
LA18-66		元件	6	6	1	红或绿或黑或白	
LA18-22J		元件(紧急式)	2	2	1	红	
LA18-44J		元件(紧急式)	4	4	1	红	
LA18-66J		元件(紧急式)	6	6	1	红	
LA18-22Y		元件(钥匙式)	2	2	1	黑	
LA18-44Y		元件(钥匙式)	4	4	1	黑	
LA18-22X	500V,5A	元件(旋钮式)	2	2	1	黑	
LA18-44X		元件(旋钮式)	4	4	1	黑	
LA18-66X		元件(旋钮式)	6	6	1	黑	
LA19-11		元件	1	1	1	红或绿或黄或蓝或白	
LA19-11J		元件(紧急式)	1	1	1	红	
LA19-11D		元件(带指示灯)	1	1	1	红或绿或黄或蓝或白	
LA19-11DJ		元件(紧急式带指示灯)	1	1	1	红	
LA20-11D		元件(带指示灯)	1	1	1	红或绿或黄或蓝或白	
LA20-22D		元件(带指示灯)	2	2	1	红或绿或黄或蓝或白	

1.6.2　位置开关

位置开关包括在控制电路中的作用类似于按钮,不同之处在于按钮为手动,而位置开关是通过生产机械的运动部件(如挡铁)碰撞或接近后使其触点动作。位置开关按其结构形式有按钮式、滚轮式(单滚轮式、双滚轮式)、微动开关式之分;按其触点动作的速度有瞬动型和蠕动型之分;按其动作后的复位方式有自动复位和非自动复位之分;按其触点的形式分有触点(行程开关和微动开关)和无触点(接近开关和光电开关)。

1. 行程开关

行程开关是用来反映工作机械的行程,发布命令以控制其运动方向、速度、行程大小或位置的主令电器。行程开关经常安装在工作机械的行程终点处,以限制其行程,故又称为限位开关。

行程开关广泛应用于各类机床、起重机械以及轻工机械的行程控制,按其结构可分为直动式、滚轮式和微动式。

直动式行程开关的实物与结构如图 1-55 所示。当外部机械碰撞推杆,使其向下运动并压缩弹簧,使触点由常闭静触点接触转向常开静触点接触。当外部机械作用移除后由于弹簧的反作用触点恢复原位。

直动式行程开关的优点是结构简单、成本较低;缺点则是触点的分合速度取决于撞块移动速度。若撞块移动太慢,触点就不能瞬时切断电路,使电弧在触点上停留时间过长,易于烧蚀。

滚轮式行程开关主要有单滚轮与双滚轮之分,实物如图 1-56 所示。当运动机械的挡铁(撞块)压到滚轮上时,传动杠连同转轴一起滚动,使凸轮推进撞块,当撞块碰压到撞杆时,推

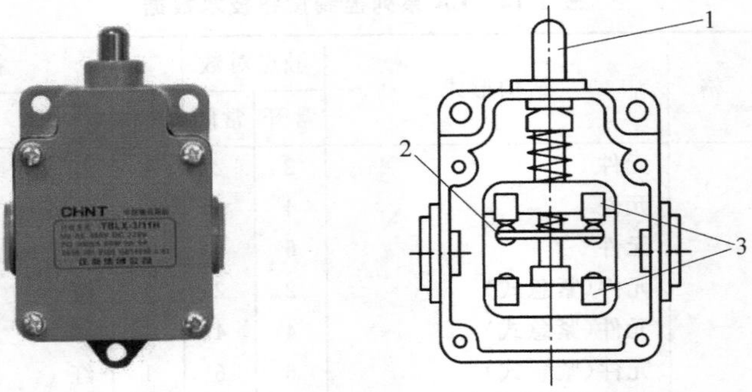

(a) 直动式行程开关实物　　(b) 直动式行程开关结构

图 1-55　直动式行程开关

1—推杆；2—动触点；3—静触点

进微动开关疾速动作。当滚轮上的挡铁移开后，复位弹簧就使行程开关复位。这种是单轮主动恢复式行程开关。而双轮旋转式行程开关不能主动恢复，它是依托运动机械反向移动时挡铁磕碰另一滚轮将其恢复。

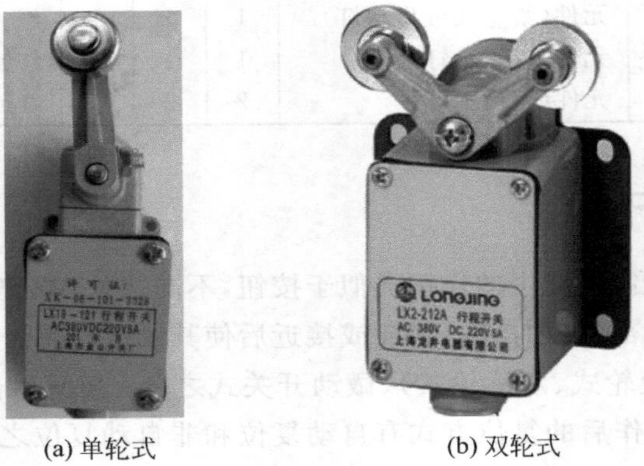

(a) 单轮式　　(b) 双轮式

图 1-56　滚轮式行程开关实物

单滚轮行程开关的结构与原理如图 1-57 所示，当被控机械上的撞块碰击带有滚轮的撞杆时，撞杆转向右边，推动凸轮滚动，顶下推杆，使微动开关中的触点敏捷动作。当运动机械返回时，在复位弹簧的作用下各部分动作部件复位。

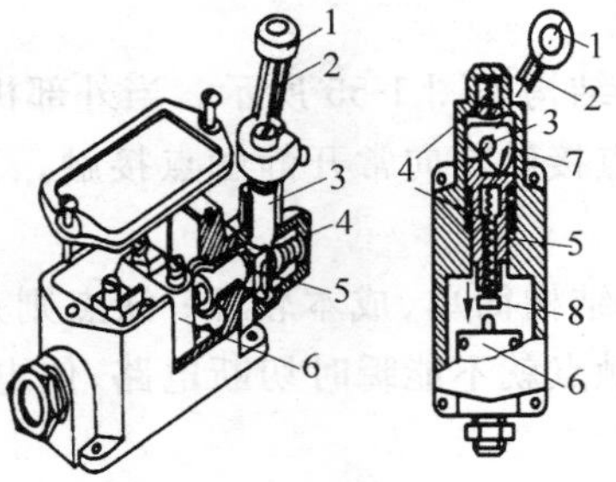

图 1-57　单滚轮式行程开关结构和原理

1—滚轮；2—杠杆；3—转轴；4—复位弹簧；5—撞块；6—微动开关；7—凸轮；8—调节螺母

滚轮式行程开关的优点是，触点的通断速度不受撞块运动速度的影响，动作快；其缺点是结构较复杂，价格较贵。常用的滚轮式行程开关有 LX1、LX19 等系列。

在选用行程开关时，主要根据机械位置对开关形式的要求、控制线路对触点数量和触点性质（常开或常闭）的要求，保护类型（限位保护或行程控制）和可靠性以及电压、电流等级确定其型号。

行程开关含义如下，文字符号与电气符号如图 1-58 所示。

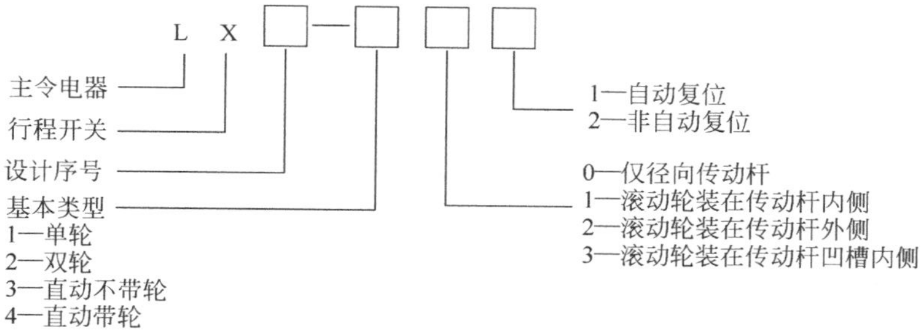

2. 微动开关

微动开关是通过一定的外力经过微小的行程使触点瞬时动作的开关。从某种意义上讲，微动开关是尺寸微小的行程开关。

图 1-59 所示为典型的微动开关构造，微动开关一般由五大类要素构成。当传动器件受到外部力时，速动机构中的导电弹簧发生形变，储存能量并产生位移，当达到预设的临界值时，速动机构连同触点产生瞬间跳跃，从而打开或关闭电气电路。同样地，当传动器件上的力减弱或消失时，弹簧会向相反的方向跳跃。

微动开关体积小、动作灵敏，适合在小型机构中应用。

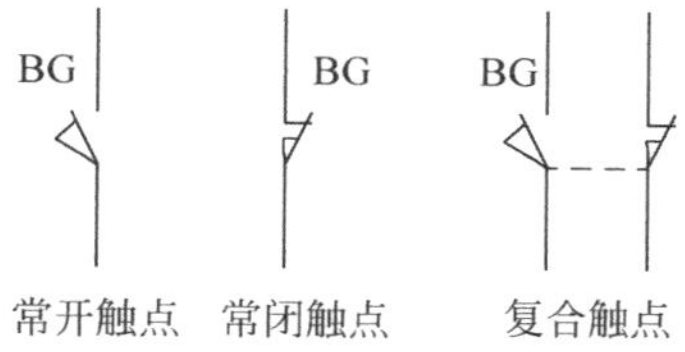

图 1-58　行程开关电气符号

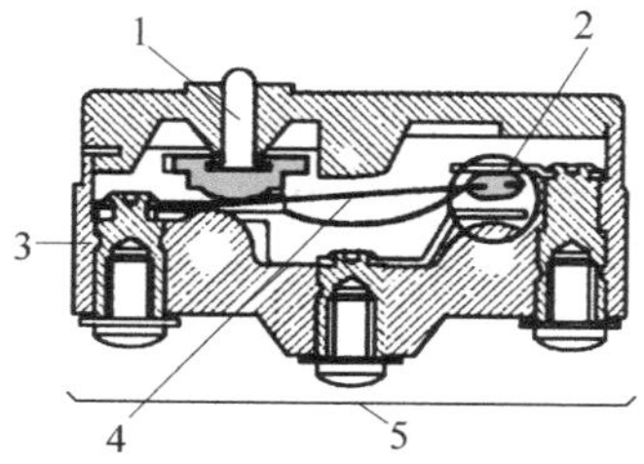

图 1-59　典型的微动开关结构

1—传动器件；2—触点；3—外壳；4—速动机构；5—端子

3. 接近开关

接近开关是一种非接触式的、无触点行程开关。当物体与之接近至一定距离时会发出动作信号，无须施加机械力，通过其感应头与被测物体间介质能量的变化来获取信号。接近开关的应用已远超出一般行程控制和限位保护的范畴，如高速计数、测速、液位控制、检测金属体以及无触点按钮等。由于它具有寿命长、消耗功率低、操作频率高以及能适应恶劣环境等特点，所以在工业生产中得到了广泛应用。

从工作原理来说，接近开关有高频振荡型、电容型、霍尔效应型、感应电桥型、永久磁铁型等。

高频振荡型最为常用，它的电路由振荡器、放大器和输出器三部分组成。其工作原理：当有金属物体进入高频振荡器的线圈磁场时，由于在该物体内部产生涡流损耗(铁磁物质中还有磁滞损耗)，使振荡回路的阻尼增大，振荡衰减直至停振。此时接近开关改变输出状态，发出控制信号。

常用的接近开关有 LJ1、LJ2 与 LXJ0 系列。图 1-60 所示为 LJ2 系列晶体管接近开关电路原理图。此开关的振荡器为电容三点式，由三极管 KF_1、振荡线圈 L 及电容 C_1、C_2 和 C_3 组成。振荡器的输出加到三极管 KF_2 的基极上，经 KF_2 放大及二极管 RA_7、RA_8 整流，该直流信号加至 KF_3 的基极使 KF_3 导通。

当金属物体远离接近开关时，三极管 KF_4 截止，KF_5 导通，KF_6 截止，开关无输出；当金属物体靠近接近开关的感应头时，在该金属物体内产生涡流损耗，使振荡回路等效电阻增加，振荡阻尼增大，振荡衰减直至停止，这时，RA_7、RA_8 整流电路无输出电压，KF_3 截止，KF_4 导通，KF_5 截止，KF_6 导通并有信号输出，该信号使接在输出端的继电器线圈吸合，从而使触点动作。

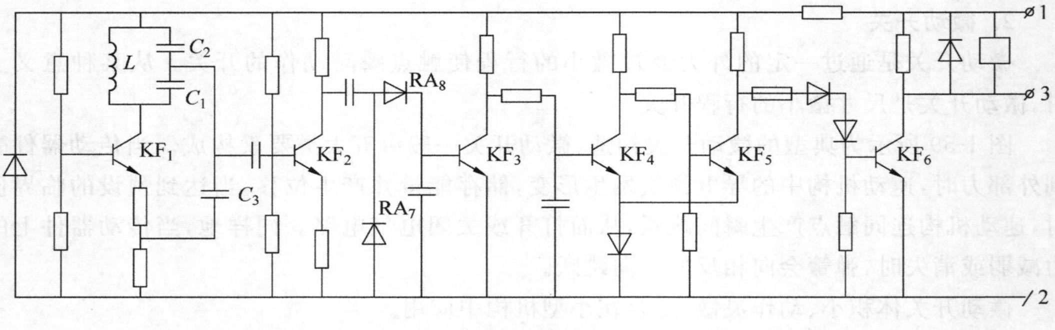

图 1-60　LJ2 系列晶体管接近开关电路

电容型接近开关主要由电容式振荡器及电子电路组成，它的电容位于传感器表面，当物体接近时，因改变了其耦合电容值，从而产生振荡和停振使输出信号发生跳变。

霍尔效应型接近开关由霍尔元件组成，是将磁信号转换为电信号输出，内部的磁敏元件对垂直于传感器端面磁场敏感；当磁极 S 正对接近开关时，接近开关的输出产生正跳变，输出为高电平。当磁极 N 正对接近开关时，输出产生负跳变，输出为低电平。

4. 光电开关

光电开关是另一种类型的非接触式检测装置，它克服了接触式行程开关的诸多不足，也克服了接近开关作用距离短、不能直接检测金属材料的缺点。光电开关具有体积小、功能多、寿命长、精度高、响应速度快、检测距离远及抗电磁干扰能力强等优点，目前已广泛应用于物位检测、液位控制、产品计数、速度检测、宽度判别、定长剪切、孔洞识别、信号延时、色标检出、安全保护等诸多领域。

光电开关有一对光发射和接收装置，按照检测方式可以分为反射式、对射式和镜面反射式 3 种类型。表 1-15 给出了光电开关的检测分类方式及特点说明。

表 1-15 光电开关的检测分类方式及特点

检测方式		光路	特点	
对射式	扩散		检测不透明体	检测距离远，也可检测半透明物体的密度(透过率)
	狭角			光束发散角小，抗邻组干扰能力强
	细束			擅长检出细微的孔径、线型和条状物
	槽形	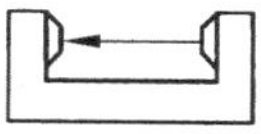		光轴固定不需调节，工作位置精度高
	光纤			适宜空间狭小、电磁干扰大、温差大、需防爆的危险环境
反射式	限距	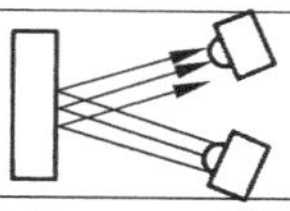	检测透明体和不透明体	工作距离限定在光束交点附近，可避免背景影响
	狭角			无限距型，可检测透明物后面的物体
	标志	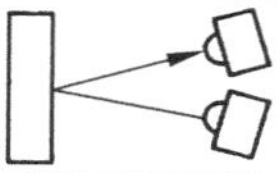		颜色标记和空隙、液滴、气泡检出，测电表、水表转速
	扩散	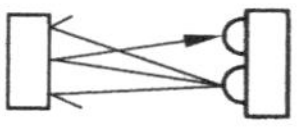		检测距离远，可检出所有物体，通用性强
	光纤	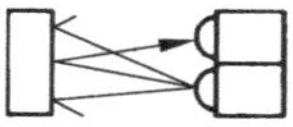		适宜空间狭小、电磁干扰大、温差大、需防爆的危险环境
镜面反射式		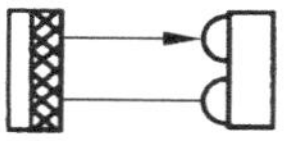		反射距离远，适宜远距离检出，还可检出透明、半透明物体

图 1-61 所示为反射式光电开关的工作原理图，其中，由振荡回路产生的调制脉冲经反射电路后，由发光管 VD 辐射出光脉冲。当被测物体进入受光器作用范围时，被反射回来的光脉冲进入光敏三极管 VT；并在接收电路中将光脉冲调制为电脉冲信号，再经放大器放大和同步选通整形，然后用数字积分或阻容积分方式排除干扰，最后经延时(或不延时)触发驱动输出光电开关控制信号。

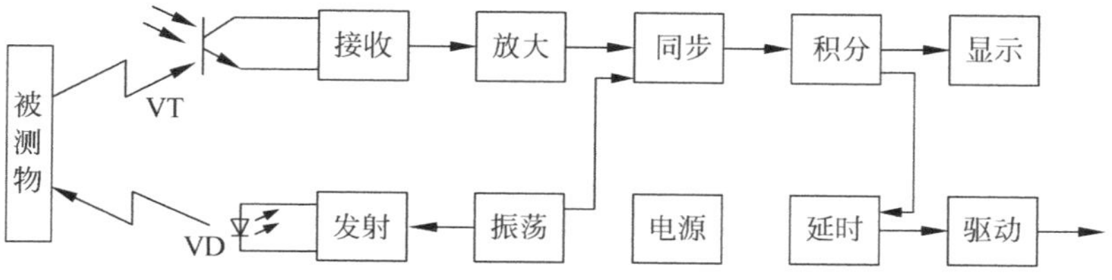

图 1-61 反射式光电开关工作原理框图

光电开关一般都具有良好的回差特性，即使被检测物在小范围内晃动也不会影响驱动器的输出状态，从而可使其保持在稳定工作区。同时，自诊断系统还可以显示受光状态和稳定工作区，以随时监视光电开关的工作。

1.6.3 万能转换开关

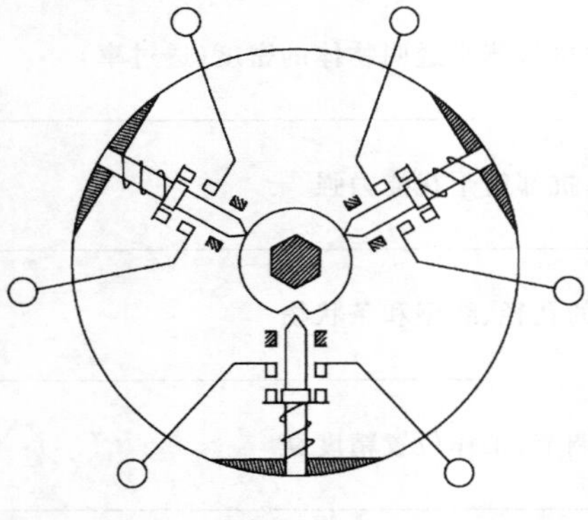

图 1-62 万能转换开关结构示意图

万能转换开关是一种多挡式、控制多回路的主令电器，一般可作为多种配电装置的远距离控制，也可作为电压表、电流表的换相开关，还可作为小容量电动机的起动、制动、调速及正反向转换的控制。由于其触点挡数多、换接线路多、用途广泛，故有"万能"之称。

目前我国生产的万能转换开关主要有 LW5、LW6 系列。LW6 系列万能转换开关的结构原理图如图 1-62所示。它由触点座、凸轮、转轴、定位机构、螺杆和手柄组成。触点座可根据需要叠装成 1～10 层，每一层触点座有 3 对触点，这 3 对触点的闭合与断开由底座中间的凸轮来控制。凸轮的凹陷部分对准某对触点时，该对触点就闭合，其余两对触点就断开。每一层的凸轮根据需要可做成不同形状，这样手柄带动凸轮转动时每层的各对触点就按需要闭合或断开。

LW6 系列万能转换开关还可以装配成双列式，列与列之间用齿轮啮合并由公共手柄进行操作，因此这种转换开关的触点最多可达 60 对。

选择万能转换开关时可以从以下几方面入手，若用于控制电动机，则应预先知道电动机的内部接线方式，根据内部接方式、接线指示牌以及所需要的转换开关断合次序表，画出电动机的接线图，只要接线图与转换开关的实际接法相符即可。其次，需要考虑额定电流是否满足要求。若用于控制其他电路时，则只需考虑额定电流、额定电压和触点对数。

1.7 其他常用电器

1.7.1 刀开关

刀开关又称闸刀开关，是结构较为简单、应用十分广泛的一类手动操作电器。它主要由操作手柄、触刀、静插座和绝缘底板等组成。

刀开关在低压电路中用于不频繁地接通和切断电源，或用于隔离线路与电源，故又称"隔离开关"。切断电源时会产生电弧，必须注意在安装刀开关时应将手柄朝上，不得平装或倒装。安装方向正确，可使作用在电弧上的电动力和热空气上升的方向一致，电弧被迅速拉长而熄灭；否则电弧不易熄灭，严重时会使触刀及刀片烧伤，甚至造成极间短路。有时还可产生误动作，引起人身和设备故障。

接线时，电源线接上端，负载接下端，拉闸以后刀片与电源隔离，可防止意外事故的发生。

刀开关的种类很多。按刀的级数可分为单极、双极和三极；按刀的转换方向可分为单掷和双掷；按操作方式可分为直接手柄操作式和远距离连杆操作式；按灭弧情况可分为有灭弧罩和无灭弧罩；按封装方式可分为开启式和封闭式。

1. 开启式负荷开关

开启式负荷开关又称为瓷底胶盖刀开关。图 1-63 所示为 HK 系列负荷开关外壳与结构。

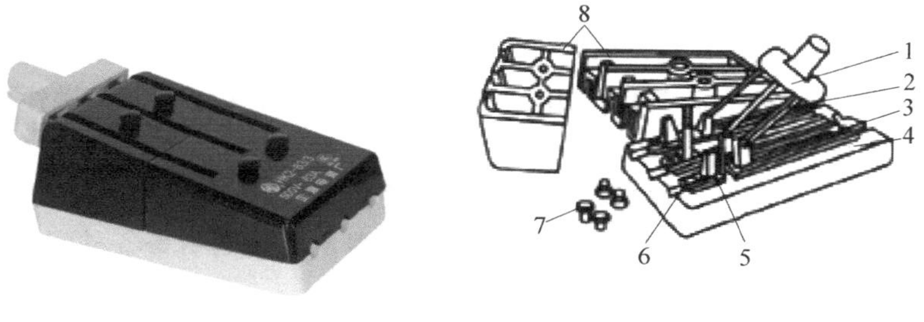

(a) 外壳　　(b) 结构

图 1-63　HK 系列负荷开关

1—瓷质手柄；2—动触点；3—出线座；4—瓷底座；5—静触点；6—进线座；7—胶盖紧固螺钉；8—胶盖

HK 系列开关是由刀开关和熔断丝组合而成的一种电器，安装在一块瓷底板上，上面覆盖胶盖以保证用电安全，结构简单，操作方便，熔断丝动作后，只要更换新熔断丝仍可继续使用，运行安全可靠。

HK 系列开启式负荷开关适用于交流 50Hz、单相 220V 或三相 380V、额定电流 10～100A 的电路中。由于其结构简单、价格低廉，常用作照明电路的电源开关，也可用来控制 5.5kW 以下异步电动机的起动和停止。但这种开关没有专门的灭弧装置，不宜用于频繁地分、合电路。使用时要垂直地安装在开关板上，并使进线孔在上方，这样才能保证更换熔断丝时不发生触电事故。

2. 封闭式负荷开关

封闭式负荷开关由触刀、熔断器、操作机构和铁外壳等构成。由于整个开关装于铁壳内，又称其为铁壳开关。铁壳开关的灭弧性能、操作及通断负载的能力和安全防护性都优于 HK 系列瓷底胶盖刀开关，但其价格也高于 HK 系列刀开关。图 1-64 所示为常用 HH 系列铁壳开关的外形与结构。

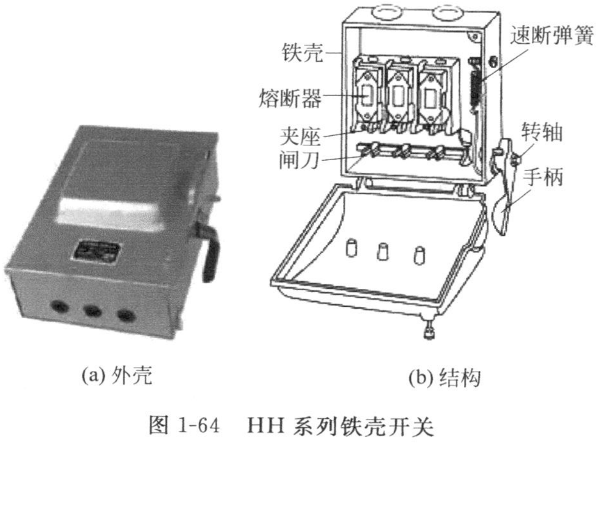

(a) 外壳　　(b) 结构

图 1-64　HH 系列铁壳开关

HH 系列铁壳开关主要由 U 形开关闸刀、静夹座、瓷插式熔断器、速断弹簧、转轴、操作手柄和开关盖等组成。铁壳开关的操作机械与 HK 系列瓷底胶盖刀开关相比有两个特点：一是采用了弹簧储能分合闸方式，其分合闸的速度与手柄的操作速度无关，从而提高了开关通断负载的能力，降低了触点系统的电气磨损，同时又延长了开关的使用寿命；其二是设有联锁装置，保证开关在合闸状态下开关盖不能开启，开关盖开启时又不能合闸。联锁装置的采用既有利于充分发挥外壳的防护作用，又保证了更换熔断丝时不因误操作合闸而产生触电事故。

HH 系列铁壳开关适合于作为机床的电源开关和直接起动与停止 15kW 以下电动机的控制，同时还可作为工矿企业电气装置、农村电力排灌及电热照明等各种配电设备的开关及短路保护之用。

刀开关的型号意义如下：

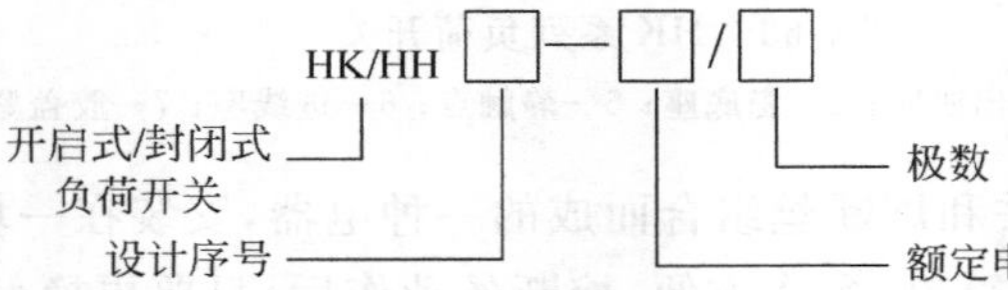

刀开关在电路中的符号如图 1-65 所示。

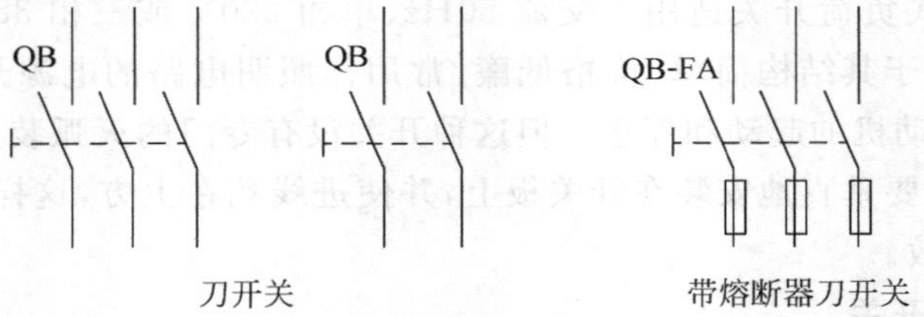

图 1-65 刀开关在电路中的符号

1.7.2 转换开关

转换开关又称组合开关，转换开关由分别装在多层绝缘件内的动、静触片组成。动触片装在附有手柄的绝缘方轴上，手柄沿任一方向每转动一定角度，触片便轮流接通或分断。为了使开关在切断电路时能迅速灭弧，在开关转轴上装有扭簧储能机构，使开关能快速接通与断开。图 1-66 所示为 HZ 系列转换开关外形与结构。

HZ 系列转换开关型号意义如下：

常用的转换开关有 HZ10 系列无限位型转换开关和 HZ3 系列有限位型转换开关。

1. HZ10 系列转换开关

HZ 系列转换开关为无限位型转换开关的代表型号。它可以在 360°范围内旋转，每旋转一次，手柄位置在空中改变 90°，可无定位及无方向限制转动。HZ 系列转换开关是由数层动、静触片分别组装于绝缘胶木盒内，动触片装于附有手柄的转轴上，随转轴旋转位置的改变而改变动、静触片的通断。由于它采用了扭簧储能机构，故能快速分断及闭合，而与操作手柄的速度无关。

HZ10 系列转换开关主要用于中、小型机床的电源隔离开关，控制线路的切换、小型直

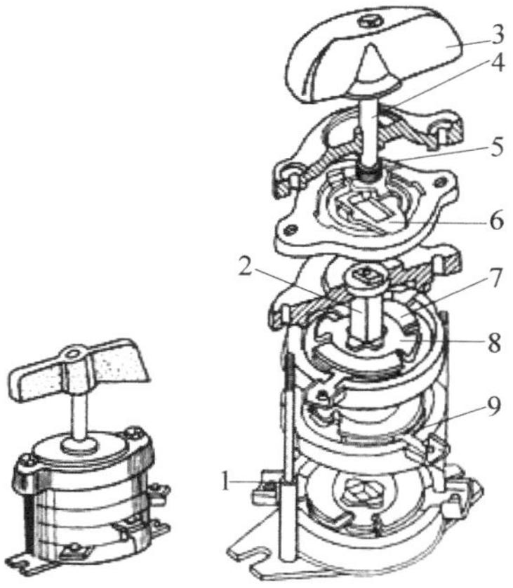

(a) 外形　　(b) 结构

图 1-66　HZ 系列转换开关

1—接线柱；2—绝缘杆；3—手柄；4—转轴；5—弹簧；6—凸轮；7—绝缘垫板；8—动触片(点)；9—静触片(点)

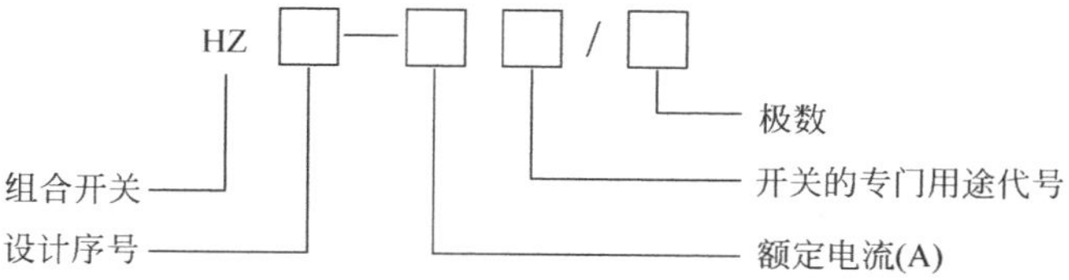

流电动机的励磁、磁性工作台的退磁等，还可以直接用于控制功率为 5.5kW 以下的电动机起动与停止。

2. HZ3 系列旋转开关

HZ3 系列旋转开关为有限位型旋转开关的代表型号。HZ3 系列旋转开关又称倒顺开关或可逆转换开关，它只能在“倒”“顺”“停”3 个位置旋转，其转动范围为 90°。从“停”挡扳至“倒”挡扳向为 45°，从“停”挡板至“顺”挡也为 45°。当作为电动机正、反转控制时，将手柄扳至“顺”挡位置，在电路上接通电动机的正转电源，电动机正转；当电动机需要反转时，将手柄扳至“倒”挡位置，HZ3 系列旋转开关在内部将两组触点相互调换，使电动机通入反转电源，电动机得电反转。

HZ3 系列旋转开关主要用于小型异步电动机的正、反转控制及双速异步电动机的变速控制。

图 1-67 所示为 HZ10 与 HZ3 系列旋转开关在电路中的符号。

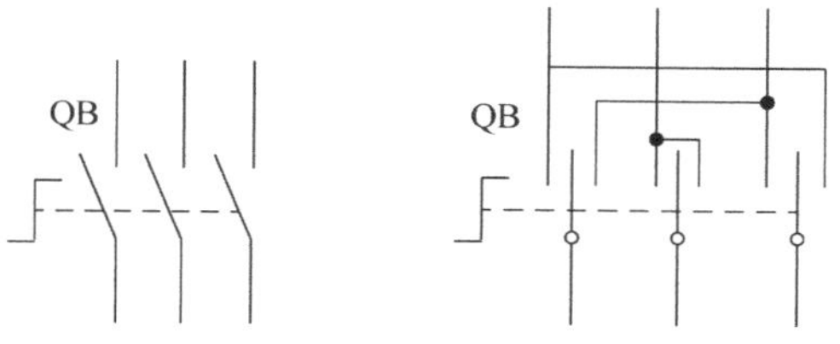

(a) HZ10系列　　(b) HZ3系列

图 1-67　旋转开关在电路中的符号

本章小结

本章主要介绍一些常见的低压电器，包括接触器、继电器、断路器、熔断器、主令电器等其他电器元件。每一种低压电器按照不同的标准可以进行分类，对于细分后的各类低压电器分别对其实现的功能、具备的特点进行了说明；通过详细的图示，从形象和抽象两方面重点阐述了各种低压电器元件的工作原理；针对实际使用，对选用原则、参数信息及图形符号进行了详细的讲解。

低压电器元件是进行控制线路设计的基础，因此本章需要重点掌握一些低压电器元件的实现原理，尤其是作为功能丰富、种类较多的继电器更需要深刻的理解和掌握，作为第2章的准备知识，同样需要熟悉每一种低压电器元件在电路中的文字符号和图形符号，以便在第2章能准确地分析和理解电气控制线路图。

习题

1-1 常用的灭弧方法有哪些？

1-2 接触器的作用是什么？根据结构特征如何区分交、直流接触器？

1-3 交流接触器在衔铁吸合前的瞬间，为什么会在线圈中产生很大的电流冲击？直流接触器会不会出现这种现象？为什么？

1-4 简述各种时间继电器的优、缺点。

1-5 热继电器在电路中的作用是什么？带断相保护和不带断相保护的三相式热继电器各用在什么场合？

1-6 说明热继电器和熔断器保护功能的不同之处。

1-7 中间继电器和接触器有什么不同？

1-8 感应式速度继电器怎样实现动作？用于什么场合？

1-9 简述固态继电器优、缺点及使用时的注意事项。

第2章 基本电气控制线路

CHAPTER 2

在各行各业广泛使用的电气设备与生产机械中，大部分都以电动机作为动力来进行拖动。电动机是通过某种自动控制方式来进行控制的，最常见的是继电接触器控制方式，又称电气控制。

电气控制线路是将各种有触点的接触器、继电器、按钮、行程开关、保护元件等器件通过导线按一定方式连接起来组成的自动控制线路。其主要作用是实现对电力拖动系统的起动、调速、反转和制动等运行性能的控制；实现对拖动系统的保护；满足生产工艺的要求；实现生产过程自动化。其特点：路线简单，设计、安装、调整、维修方便，便于掌握，价格低廉，运行可靠。因此，电气控制线路在工矿企业各种生产机械的电气控制领域中，仍然得到广泛的应用。

生产过程和加工工艺各异，所要求的控制线路也多种多样、千差万别。但是，无论哪一种控制线路，都是由一些比较简单的基本控制环节组合而成。因此，只要通过对控制线路的基本环节以及对经典线路的剖析，由浅入深、由易到难地加以认识，再结合具体的生产工艺要求，就很容易掌握复杂电气控制线路的分析阅读方法和设计方法。

2.1 电气控制线路的绘制

电气控制线路是用导线将电动机、电器、仪表等电器元件按一定的要求和方法连接起来，并实现某种控制要求的电气线路。为了表达生产设备电气控制系统的结构、原理等设计意图，便于电器元件的安装、调整、使用和维修，将电气控制线路中各电器元件及其连接线路用一定的图表达出来。在图上用不同的图形符号来表示各种电器元件，用不同的文字符号来进一步说明图形符号所代表的电器元件的基本名称、用途、主要特征及编号等。因此，电气控制线路应根据简明易懂的原则，采用统一规定的图形符号、文字符号和标准画法进行绘制。

2.1.1 常用电气图形符号和文字符号

在绘制电气线路图时，电器元件的图形符号和文字符号必须符合国家标准的规定，不能采用旧符号和任何非标准符号。一般来说，国家标准是在参照国际电工委员会(IEC)和国际标准化组织(ISO)所颁布标准的基础上制定的。近几年，有关电气图形符号和文字符号的国家标准变化比较大。《电气简图用图形符号》(GB 4728—1984)更改较大，而《电气技术的文字符号制订通则》(GB 7159—1987)早已废止。目前和电气制图有关的主要国家标准有以下几个。

(1)《电气简图用图形符号》(GB/T 4728—2005～2008)。

(2)《电气设备用图形符号》(GB/T 5465—2008～2009)。

(3)《简图用图形符号》(GB/T 20063)。

(4)《工业系统、装置与设备以及工业产品——结构原则与参照代号》(GB/T 5094—2003～2005)。

(5)《技术产品及技术产品文件结构原则字母代码——按项目用途和任务划分的主类和子类》(GB/T 20939—2007)。

(6)《电气技术用文件的编制》(GB/T 6988)。

最新的国家标准《电气简图用图形符号》(GB/T 4728)的具体内容包括以下几项。

(1) GB/T 4728.1—2005 第 1 部分：一般要求。

(2) GB/T 4728.2—2005 第 2 部分：符号要素、限定符号和其他常用符号。

(3) GB/T 4728.3—2005 第 3 部分：导体和连接件。

(4) GB/T 4728.4—2005 第 4 部分：基本无源元件。

(5) GB/T 4728.5—2005 第 5 部分：半导体管和电子管。

(6) GB/T 4728.6—2000 第 6 部分：电能的发生与转换。

(7) GB/T 4728.7—2000 第 7 部分：开关、控制和保护器件。

(8) GB/T 4728.8—2000 第 8 部分：测量仪表、灯和信号器件。

(9) GB/T 4728.9—1999 第 9 部分：电信：交换和外围设备。

(10) GB/T 4728.10—1999 第 10 部分：电信：传输。

(11) GB/T 4728.11—2000 第 11 部分：建筑安装平面布置图。

(12) GB/T 4728.1—1996 第 12 部分：二进制逻辑元件。

(13) GB/T 4728.1—1996 第 13 部分：模拟元件。

最新的国家标准《电气设备用图形符号》(GB/T 5465)的具体内容包括以下几项。

(1) GB/T 5465.1—2007 第 1 部分：原形符号的生成。

(2) GB/T 5465.2—1996 第 2 部分：电气设备用图形符号。

本书还参考了国家标准《简图用图形符号》(GB/T 20063)，和本书有关的部分有以下几项。

(1) GB/T 20063.2—2006 第 2 部分：符号的一般应用。

(2) GB/T 20063.4—2006 第 4 部分：调节器及其相关设备。

(3) GB/T 20063.5—2006 第 5 部分：测量与控制装置。

(4) GB/T 20063.6—2006 第 6 部分：测量与控制功能。

(5) GB/T 20063.7—2006 第 7 部分：基本机械构件。

(6) GB/T 20063.8—2006 第 8 部分：阀与阻尼器。

电气元器件的文字符号一般由两个字母组成。第一个字母在国家标准《工业系统、装置与设备以及工业产品——结构原则与参照代号》(GB/T 5094.2—2003)中的“项目的分类与分类码”中给出；而第二个字母在国家标准《技术产品及技术产品文件结构原则 字母代码——按项目用途和任务划分的主类和子类》(GB/T 20939—2007)中给出。本书采用最新的文字符号来标注各电气元器件。由于某些元器件的文字符号存在多个选择，若有关行业在国家标准的基础上制定一些行规，则在以后的使用中表 2-3 中的文字表示符号可能还会发生一些改变。

需要指出的是，技术的发展使得专业领域的界限趋于模糊化，机电结合越来越紧密。国家标准 GB/T 5094.2—2003 和 GB/T 20939—2007 中给出的文字符号也适用于机械、液压、气动等领域。

电气元器件的第一个字母，即 GB/T 5094.2—2003 的"项目的分类与分类码"如表 2-1 所列。

表 2-1　GB/T 5094.2—2003 中项目的字母代码(主类)

代码	项目的用途或任务
A	两种或两种以上的用途或任务
B	把某一输入变量(物理性质、条件或事件)转换为供进一步处理的信号
C	材料、能量或信息的存储
D	为将来标准化备用
E	提供辐射能或热能
F	直接防止(自动)能量流、信息流、人身或设备发生危险或意外情况，包括用于防护的系统和设备
G	起动能量流或材料流，产生用作信息载体或参考源的信号
H	产生新类型材料或产品
J	为将来标准化备用
K	处理(接收、加工和提供)信号或信息(用于保护目的的项目除外，见 F 类)
L	为将来标准化备用
M	提供用于驱动的机械能量(旋转或线性机械运动)
N	为将来标准化备用
P	信息表达
Q	受控切换或改变能量流、信号流或材料流(对于控制电路中的开关信号，见 K 类或 S 类)
R	限制或稳定能量、信息或材料的运动或流动
S	把手动操作转变为进一步处理的特定信号
T	保持能量性质不变的能量变换，已建立的信号保持信息内容不变的变换，材料形态或形状的变换
U	保持物体的指定位置
V	材料或产品的处理(包括预处理和后处理)
W	从一地到另一地导引或输送能量、信号、材料或产品
X	连接物
Y	为将来标准化备用
Z	为将来标准化备用

电气元器件的第二个字母，即 GB/T 20939—2007 中子类字母的代码如表 2-2 所示。表 2-1 中定义的主类在表 2-2 中被细分成子类。注意：其中字母代码 B 的主类的子类字母代码是按 ISO 3511—1 定义的。从表 2-2 可以看出和电气元器件关系密切的子类字母是 A～K。

表 2-2 子类字母代码的应用领域

子类字母代码	项目、任务基于	子类字母代码	项目、任务基于
A B C D E	电能	L M N P Q R S T U V W X Y	机械工程 结构工程 （非电工程）
F G H J K	信息、信号	Z	组合任务

电气控制线路中的图形和文字符号必须符合最新的国家标准。在综合几个最新的国家标准的基础上，经过筛选后在表 2-3 中列出一些常用的电气图形符号和文字符号。

表 2-3 电气控制线路中常用图形符号和文字符号

名称	图形符号	文字符号 新国标（GB/T 5094—2003）（GB/T 20939—2007）	文字符号 旧国标（GB 7159—1987）	说 明
1. 电源				
正极	+	—	—	正极
负极	—	—	—	负极
中性（中性线）	N	—	—	中性（中性线）
中间线	M	—	—	中间线
直流系统电源线	L+ L−	—	—	直流系统正电源线 直流系统负电源线
交流电源三相	L1 L2 L3	—	—	交流系统电源第一相 交流系统电源第二相 交流系统电源第三相
交流设备三相	U V W			交流系统设备端第一相 交流系统设备端第二相 交流系统设备端第三相

续表

名称	图形符号	文字符号		说明
		新国标 (GB/T 5094—2003) (GB/T 20939—2007)	旧国标 (GB 7159—1987)	
2. 接地和接地壳、等电位				
接地		XE	PE	接地一般符号 地一般符号
				保护接地
	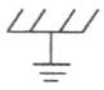			外壳接地
	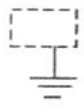			屏蔽层接地
	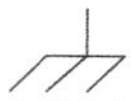			接机壳、接底板
3. 导体和连接器件				
导线	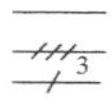	WD	W	连线、连接、连线组： 示例：导线、电缆、电线、传输通路，如用单线表示一组导线时，导线的数目可标以相应数量的短斜线或一个短斜线后加导线的数字 示例：3 根导线
	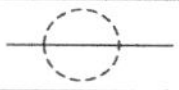			屏蔽导线
				绞合导线
端子		XD	X	连接、连接点
				端子
	水平画法 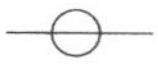			装置端子
	垂直画法 			
	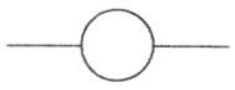			连接孔端子
4. 基本无源元件				
电阻	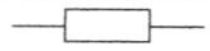	RA	R	电阻器一般符号
				可调电阻器
	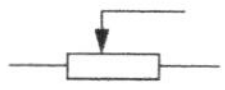			带滑动触点的电位器
	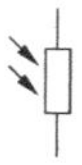			光敏电阻
电感			L	电感器、线圈、绕组、扼流圈
电容	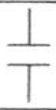	CA	C	电容器一般符号

续表

名称	图形符号	文字符号 新国标 (GB/T 5094—2003) (GB/T 20939—2007)	文字符号 旧国标 (GB 7159—1987)	说明
5. 半导体器件				
二极管		RA	VD	半导体二极管一般符号
光电二极管				光电二极管
发光二极管		PG	VL	发光二极管一般符号
三极晶体闸流管		QA	VR	反向阻断三极晶体闸流管，P型控制极(阴极侧受控)
				反向导通三极晶体闸流管，N型控制极(阳极侧受控)
				反向导通三极晶体闸流管，P型控制极(阴极侧受控)
	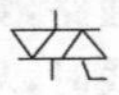			双向三极晶体闸流管
三极管	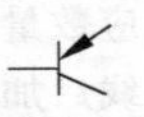	KF	VT	PNP 半导体管
				NPN 半导体管
光敏三极管			V	光敏三极管(PNP 型)
光耦合器	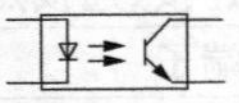			光耦合器 光隔离器
6. 电能的发生和转换				
电动机	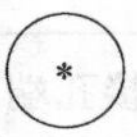	MA 电动机	M	电动机的一般符号：符号内的星号"＊"用下述字母之一代替：C—旋转变流机；G—发电机；GS—同步发电机；M—电动机；MG—能作为发电机或电动机使用的电动机；MS—同步电动机
		GA 发电机	G	
		MA	MA	三相笼型异步电动机
			M	步进电动机
			MV	三相永磁同步交流电动机

续表

名称	图形符号		文字符号 新国标 (GB/T 5094—2003) (GB/T 20939—2007)	文字符号 旧国标 (GB 7159—1987)	说　明
6. 电能的发生和转换					
双绕组变压器	样式 1		TA	T	双绕组变压器 画出铁芯
	样式 2				双绕组变压器
自耦变压器	样式 1			TA	自耦变压器
	样式 2	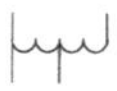			
电抗器			RA	L	扼流圈 电抗器
电流互感器	样式 1	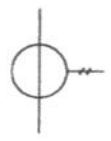	BE	TA	电流互感器 脉冲变压器
	样式 2	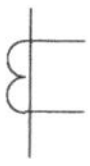			
电压互感器	样式 1			TV	电压互感器
	样式 2				
发生器			GF	GS	电能发生器一般符号 信号发生器一般符号 波形发生器一般符号
	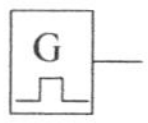				脉冲发生器
蓄电池	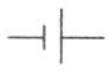		GB	GB	原电池、蓄电池、原电池或蓄电池组，长线代表阳极，短线代表阴极
			GB	GB	光电池

续表

名称	图形符号	文字符号 新国标 (GB/T 5094—2003) (GB/T 20939—2007)	文字符号 旧国标 (GB 7159—1987)	说明
6. 电能的发生和转换				
变换器		TB	B	变换器一般符号
整流器		TB	U	整流器
整流器		TB	U	桥式全波整流器
变频器	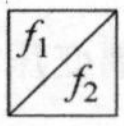	TA	—	变频器 频率由 f_1 变为 f_2，f_1 和 f_2 可用输入和输出频率数值代替
7. 触点				
触点	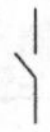	KF	KA KM KT KI KV 等	动合(常开)触点 本符号也可用作开关的一般符号
触点		KF	KA KM KT KI KV 等	动断(常闭)触点
延时动作触点	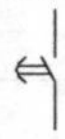	KF	KT	当操作器件被吸合时延时闭合的动合触点
延时动作触点	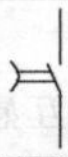	KF	KT	当操作器件被释放时延时断开的动合触点
延时动作触点		KF	KT	当操作器件被吸合时延时断开的动断触点
延时动作触点	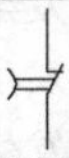	KF	KT	当操作器件被释放时延时闭合的动断触点
8. 开关及开关部件				
单级开关		SF	S	手动操作开关一般符号
单级开关	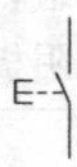	SF	SB	具有动合触点且自动复位的按钮
单级开关	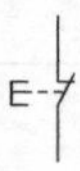	SF	SB	具有动断触点且自动复位的按钮

续表

名称	图形符号	文字符号		说　明
		新国标 (GB/T 5094—2003) (GB/T 20939—2007)	旧国标 (GB 7159—1987)	
8. 开关及开关部件				
单级开关	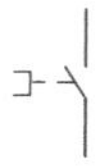	SF	SA	具有动合触点但无自动复位的拉拔开关
				具有动合触点但无自动复位的旋转开关
				钥匙动合开关
	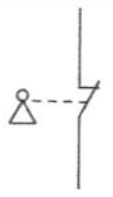			钥匙动合开关
位置开关		BG	SQ	位置开关、动合触点
				位置开关、动断触点
电力开关器件		QA	KM	接触器的主动合触点 (在非动作位置触点断开)
				接触器的主动断触点 (在非动作位置触点闭合)
			QF	断路器
		QB	QS	隔离开关
	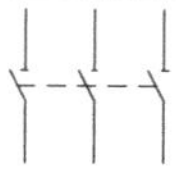			三级隔离开关
				负荷开关 负荷隔离开关
				具有由内装的量度继电器或脱扣器触发的自动释放功能的符号开关

续表

名称	图形符号	文字符号：新国标(GB/T 5094—2003)(GB/T 20939—2007)	文字符号：旧国标(GB 7159—1987)	说　明
9. 检测传感器类开关				
开关及触点	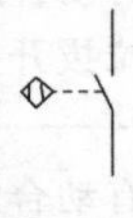	BG	SQ	接近开关
	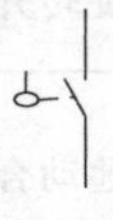		SL	液位开关
	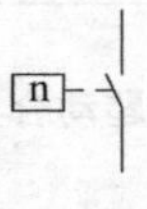	BS	KS	速度继电器触点
	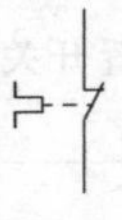	BB	FR	热继电器常闭触点
	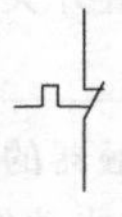	BT	ST	热敏自动开关(如双金属片)
	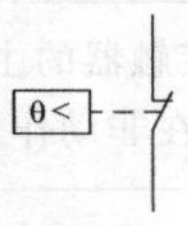			温度控制开关(当温度低于设定值时动作)，把符号“<”改为“>”后，温度开关就表示当温度高于设定值时动作
	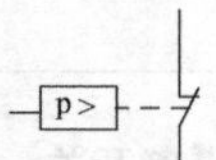	BP	SP	压力控制开关(当压力大于设定值时动作)
	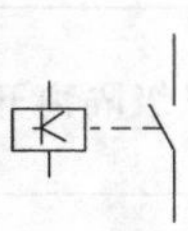	KF	SSR	固态继电器触点
	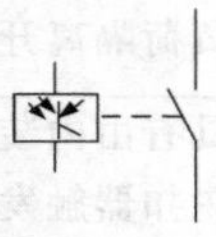		SP	光电开关

续表

名称	图形符号	文字符号 新国标 (GB/T 5094—2003) (GB/T 20939—2007)	文字符号 旧国标 (GB 7159—1987)	说明
10. 继电器操作				
线圈	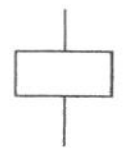	QA	KM	接触器线圈
		MB	YA	电磁铁线圈
		KF	K	电磁继电器线圈一般符号
	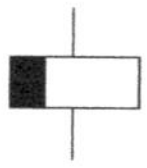		KT	延时释放继电器的线圈
	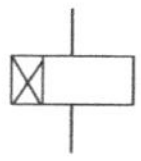			延时吸合继电器的线圈
	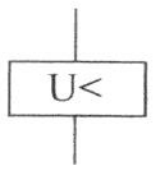		KV	欠压继电器线圈，把符号“<”改为“>”表示过压继电器线圈
	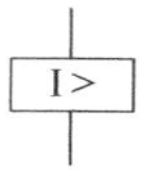		KI	过流继电器线圈，把符号“>”改为“<”表示欠流继电器线圈
	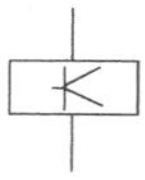		SSR	固态继电器驱动器件
	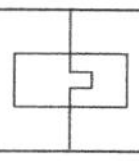	BB	FR	热继电器驱动器件
	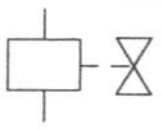	MB	YV	电磁阀
	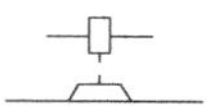		YB	电磁制动器（处于未开动状态）
11. 熔断器和熔断器式开关				
熔断器		FA	FU	熔断器一般符号
熔断器式开关		QA	QKF	熔断器式开关
				熔断器式隔离开关

续表

名称	图形符号	文字符号		说　明
		新国标（GB/T 5094—2003）（GB/T 20939—2007）	旧国标（GB 7159—1987）	
12. 指示仪表				
指示仪表		PG	PV	电压表
			PA	检流计
灯信号、器件		EA 照明灯 PG 指示灯	EL HL	灯一般符号，信号灯一般符号
	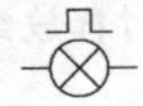	PG	HL	闪光信号灯
		PG	HA	电铃
			HZ	蜂鸣器
13. 测量传感器及变送器				
传感器	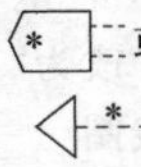	B	—	星号可用字母代替，前者还可以用图形符号代替。尖端表示感应或进入端
变送器	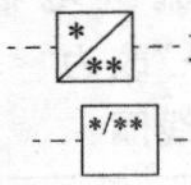	TF	—	星号可用字母代替，前者还可以用图形符号代替，后者用图形符号时放在下边空白处。双星号用输出量字母代替
压力变送器	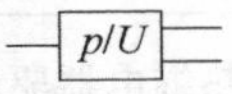	BP	SP	输出为电压信号的压力变送器通用符号。输出若为电流信号，可把图中文字改为 p/I。可在图中方框下部的空白处增加小图标表示传感器的类型
流量计	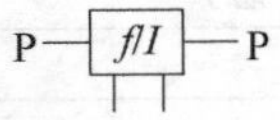	BF	F	输出为电流信号的流量计通用符号。输出若为电压信号，可把图中文字改为 f/U。图中 P 表示管线。可在图中方框下部的空白处增加小图标表示传感器的类型
温度变送器	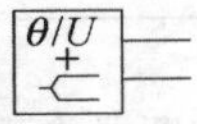	BT	ST	输出为电压信号的热电偶型温度变送器。输出若为电流信号，可把图中文字 U 改为 I

2.1.2 电气控制线路的绘制原则

电气控制线路的表示方法有两种：一种是安装图；另一种是原理图。由于它们的用途不同，绘制原则也有所差别。这里重点介绍电气原理图。

绘制电气控制线路和原理图是为了便于阅读和分析线路。它采用简明、清晰、易懂的原则，根据电气控制线路的工作原理来绘制的。图中包括所有电器元件的导电部分和接线端子，但并不按照电器元件的实际布置来绘制。

电气原理图一般分为主电路和辅助电路两个部分。主电路是电气控制线路中强电流通过的部分，是由电动机及其与它相连接的电器元件(如组合开关、接触器的主触点、热继电器的热元件、熔断器等)所组成的线路图。辅助电路包括控制电路、照明电路、信号电路及保护电路。辅助电路中通过的电流较小。控制电路是由按钮、接触器、继电器的吸引线圈和辅助触点以及热继电器的触点等组成。这种线路能够清楚地表明电路的功能，对于分析电路的工作原理十分方便。

绘制电气原理图应遵循以下原则。

(1) 所有电动机、电器等元件都采用国家统一规定的图形符号和文字符号来表示。

(2) 主电路用粗实线绘制在图面的左侧或上方，辅助电路用细实线绘制在图面的右侧或下方。无论是主电路还是辅助电路或其元件，均应按功能布置，尽可能按动作顺序排列。对因果次序清楚的简图，尤其是电路图和逻辑图，其布局顺序应该是从左到右、从上到下。

(3) 在原理图中，同一电路的不同部分(如线圈、触点)分散在图中，为了表示是同一元件，要在电器的不同部分使用同一文字符号来标明。对于几个同类电器，在表示名称的文字符号后或下标加上一个数字序号，以兹区别，如 QA1、QA2 等。

(4) 所有电器的可动部分均以自然状态画出。自然状态是指各种电器在没有通电和没有外力作用时的状态。对于接触器、电磁式继电器等是指线圈未加电压，而对于按钮、行程开关等则是指其尚未被压合。

(5) 原理图上应尽可能减少线条和避免线条交叉。各导线之间有电的联系时，在导线的交点处画一个实心圆点。根据图布置的需要，可以将图形符号旋转 90°或 180°或 45°绘制，即图面可以水平布置或者垂直布置，也可以采用斜的交叉线。

一般来说，原理图的绘制要求层次分明，各电器元件及其触点的安排要合理，并应保证电气控制线路运行可靠、节省连接导线以及施工、维修方便。

2.1.3　阅读和分析电气控制路线图的方法

阅读电气线路图的方法主要有两种，即查线读图法(直接读图法或跟踪追击法)和逻辑代数法(间接读图法)。这里重点介绍查线读图法，通过具体对某个电气控制线路的剖析，学习阅读和分析电气线路的方法。

在此有必要对执行元件、信号元件、控制元件和附加元件的作用和功能加以说明，因为电气控制线路主要是由它们组成的。执行元件主要是用来操纵机器的执行机构。这类元件包括电动机、电磁离合器、电磁阀、电磁铁等。

信号元件用于把控制线路以外的其他物理量、非电量(如机械位移、压力等)的变化转换为电信号或实现电信号的变换，以作为控制信号。这类元件有压力继电器、电流继电器和主令电器等。

控制元件对信号元件的信号以及自身的触点信号进行逻辑运算，以控制执行元件按要求进行工作。控制元件包括接触器、继电器等。在某些情况下，信号元件可用来直接控制执行元件。

附加元件主要用来改变执行元件（特别是电动机）的工作特性，这类元件有电阻器、电抗器及各类起动器等。

1. 查线读图法

1）了解生产工艺与执行电器的关系

电气线路是为生产机械和工艺过程服务的，不熟悉、不清楚被控对象和它的动作情况，就很难正确分析电气线路。因此在分析电气线路之前应该充分了解生产机械要完成哪些动作，这些动作之间又有什么联系，即熟悉生产机械的工艺情况。必要时可以画出简单的工艺流程图，明确各个动作的关系。此外，还应进一步明确生产机械的动作与执行电器的关系，给分析电气线路提供线索和方便。

例如，车床主轴转动时要求油泵先给齿轮箱供油润滑，即应保证在润滑泵电动机起动后才允许主拖动电动机起动，也就是控制对象对控制线路提出了按顺序工作的联锁要求。图 2-1 所示为主拖动电动机与润滑泵电动机的联锁控制线路图。其中电动机 M_2 是拖动油泵供油的，M_1 是拖动车床主轴的。

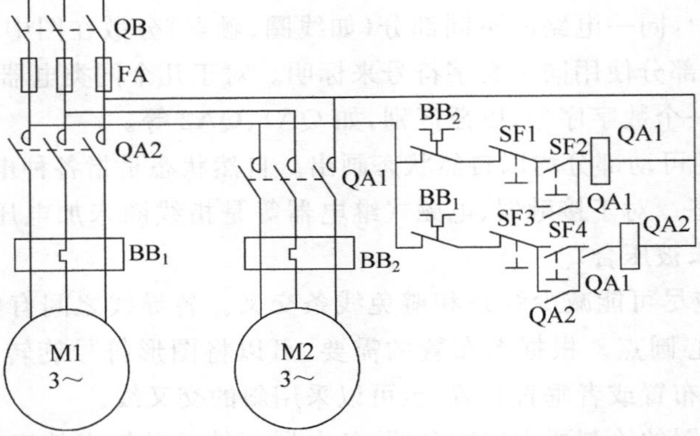

图 2-1 主拖动电动机与润滑泵电动机的联锁控制

2）分析主电路

在分析电气线路时，一般应先从电动机着手，即从主电路看有哪些控制元件的主触点、电阻等，然后根据其组合规律就大致可以判断电动机是否有正反转控制、是否制动控制、是否要求调速等。这样在分析控制电路的工作原理时，就能做到心中有数、有的放矢。

在图 2-1 所示的电气线路的主要电路中，主拖动电动机 M1 电路主要由接触器 QA2 的主触点和热继电器 BB1 组成。从图中可以断定，主拖动电动机 M1 采用全压直接起动方式。热继电器 BB1 作电动机 M1 的过载保护，并由熔断器 FA 担任短路保护。

油泵电动机 M2 电路主要是由接触器 QA1 的主触点和热继电器 BB2 组成，该电动机也是采用直接起动方式，并由热继电器 BB2 作其过载保护，由熔断器 FA 作其短路保护。

3）读图和分析控制电路

在控制电路中，根据主电路的控制元件主触点文字符号，找到有关的控制环节以及环节间的相互联系。通常对控制电路多半是由上往下或由左往右阅读。然后设想按动了操作按钮（应记住各信号元件、控制元件或执行元件的原始状态），查对线路（跟踪追击）观察有哪些元件受控制动作。逐一查看这些动作元件的触点又是如何控制其他元件动作的，进而驱动被控机械或被控对象有何运动。还要继续追查执行元件带动机械运动时，会使哪些信号元件状态发生变化，再查对线路，看执行元件如何动作……在读图过程中，特别要注意相互间的联系和制约关系，直至将线路全部看懂为止。

无论多么复杂的电气线路，都是由一些基本的电气控制环节构成的。在分析线路时要善于化整为零、积零为整，可以按主电路的构成情况把控制电路分解成与主电路相对应的几个基本环节，一个环节一个环节地分析。还应注意那些满足特殊要求的特殊部分，然后把各环节串起来，这样就不难读懂全图了。

对于图 2-1 所示电气电路的主电路，可以分成电动机 M1 和 M2 两个部分，其控制电路也可相应地分解成两个基本环节。其中，停止按钮 SF1 和起动按钮 SF2、接触器 QA1、热继电器触点 BB2 构成直接起动路；不考虑接触器 QA1 的常开触点，接触器 QA2，按钮 SF3 和 SF4 也构成电动机直接起动电路。这两个基本环节分别控制电动机 M2 和 M1。其控制过程如下：合上刀闸开关 QB，按起动按钮 QA2，控制器 QA1 吸引线圈得电，其主触点 QA1 闭合，油泵电动机 M2 起动。由于接触器的辅助触点 QA1 并接于起动按钮 SF2 上，因此当松手断开起动按钮后，吸引线圈 QA1 通过其辅助触点可以继续保持通电，维持其吸合状态。这个辅助触点通常称为自锁触点。按下停止按钮 SF1，接触器 QA1 的吸引线圈失电，其主触点断开，油泵电动机 M2 失电停转。同理，可以分析主拖动电动机 M1 的起动与停止。

工艺上要求主拖动电动机 M1 必须在油泵电动机 M2 正常运行后才能起动工作，这一特殊要求由主拖动电动机接触器 QA2 线圈电路中的特殊部分来满足。将油泵电动机接触器 QA1 的常开触点串入主拖动电动机接触器 QA2 的线圈电路中，从而保证了接触器 QA2 只有在接触器 QA1 通电后才可能通电，即只有在油泵电动机 M2 起动后主拖动电动机 M1 才可能起动，以实现按顺序工作，从而满足了工艺要求。

查线读图法的优点是直观性强、容易掌握，因而得到广泛采用；缺点是分析复杂线路时易出错，叙述也较冗长。

2. 逻辑代数法

逻辑代数法是通过对电路的逻辑表达式的运算来分析控制电路的，其关键是正确写出电路的逻辑表达式。这种读图法的优点是，各电器元件之间的联系和制约关系在逻辑表达式中一目了然。通过对逻辑函数的具体运算，一般不会遗漏或看错电路的控制功能。根据逻辑表达式可以迅速、正确地得出电路元件是如何通电的，为故障分析提供方便。

该方法的主要缺点是，对于复杂的电气线路，其逻辑表达式很烦琐、冗长，但采用逻辑代数法以后，可以对电气线路采用计算机辅助分析的方法。

2.2　三相异步电动机的起动控制线路

三相异步电动机具有结构简单、运行可靠、坚固耐用、价格便宜、维修方便等一系列优点。与同容量的直流电动机相比，异步电动机还具有体积小、重量轻、转动惯量小的特点。因此，在工矿企业中异步电动机得到了广泛的应用。三相异步电动机的控制线路大多由接触器、继电器、闸刀开关、按钮等有触点电器组合而成。三相异步电动机分为笼型异步电动机和绕线式异步电动机，二者的构造不同，起动方法也不同，其起动控制线路差别很大。下面对它们的起动控制线路分别加以介绍。

2.2.1 笼型异步电动机全压起动控制线路

据统计，在许多工矿企业中，笼型异步电动机的数量占电力拖动设备总台数的85%左右。在变压器容量允许的情况下，笼型异步电动机应该尽可能采用全电压直接起动，既可以提高控制线路的可靠性，又可以减少电器的维修工作量。

1. 单向长动控制线路

图2-2所示为三相笼型异步电动机单向长动控制线路。这是一种最常用、最简单的控制线路，能实现对电动机的起动、停止的自动控制、远距离控制、频繁操作等。

在图2-2中，主电路由隔离开关QB、熔断器FA、接触器QA的常开主触点、热继电器BB的热元件和电动机M组成。控制电路由起动按钮SF2、停止按钮SF1、接触器QA线圈和常开辅助触点、热继电器BB的常闭触点构成。

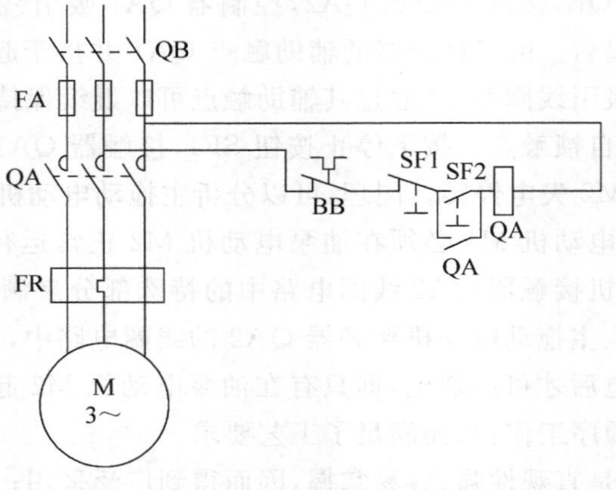

图2-2 笼型电动机单向运行电气控制线路图

1）控制线路工作原理

（1）起动电动机。合上三相隔离开关QB，按起动按钮SF2，接触器QA的吸引线圈带电，3对常开主触点闭合，将电动机M接入电源，电动机开始起动。同时，与SF2并联的QA的常开辅助触点闭合，即使松手断开SF2，吸引线圈QA通过其辅助触点可以继续保持通电，维持吸合状态。接触器（或继电器）利用自己的辅助触点来保持线圈带电，称为自锁（自保）。这个触点称为自锁（自保）触点。由于QA自锁作用，当松开SF2后，电动机M仍能继续起动，最后达到稳定运转。

（2）停止电动机。按停止按钮SF1，接触器QA的线圈失电，其主触点和辅助触点均断开，电动机脱离电源，停止运转。这时即使松开停止按钮，由于自锁触点断开，接触器QA线圈不会再通电，电动机不会自行起动。只有再次按下起动按钮SF2时，电动机方能再次起动运转。

2）线路保护环节

（1）短路保护。短路时通过熔断器FA的熔体熔断切开主电路。

（2）过载保护。通过热继电器BB实现。由于热继电器的热惯性比较大，即使热元件上流过几倍额定电流的电流，热继电器也不会立即动作。因此在电动机起动时间不太长的情况下，热继电器受到电动机起动电流的冲击而不会动作。只有在电动机长期过载下BB才动作，断开控制电路，接触器 QA 失电，切断电动机主电路，电动机停转，实现过载保护。

(3) 欠压和失压保护。通过接触器 QA 的自锁触点来实现。在电动机正常运行中，由于某种原因使电网电压消失或降低，当电压低于接触器线圈的释放电压时，接触器释放，自锁触点断开，同时主触点断开，切断电动机电源，电动机停转。如果电源电压恢复正常，由于自锁解除，电动机不会自行起动，避免了意外事故发生。只有在操作人员再次按下 SF2 后电动机才能起动。

控制线路具备了欠压和失压的保护能力以后，有以下 3 个方面的优点。

① 防止电压严重下降时电动机在重负载情况下的低压运行。

② 避免电动机同时起动而造成电压的严重下降。

③ 防止电源电压恢复时电动机突然起动运转，造成设备和人身事故。

2. 单向点动控制线路

生产机械在正常生产时需要连续运行(即长动控制或长车控制)。但在试车或进行调整工作时，就需要点动控制，尤其是绕线机或桥式吊车等需要经常作调整运动的生产机械，点动控制是必不可少的。点动的含义：操作者按下起动按钮后，电动机起动运转，松开按钮时电动机就停止转动，即点一下动一下，不点则不动。点动控制也称短车控制或点车控制，能实现点动控制的线路称为点动控制线路。

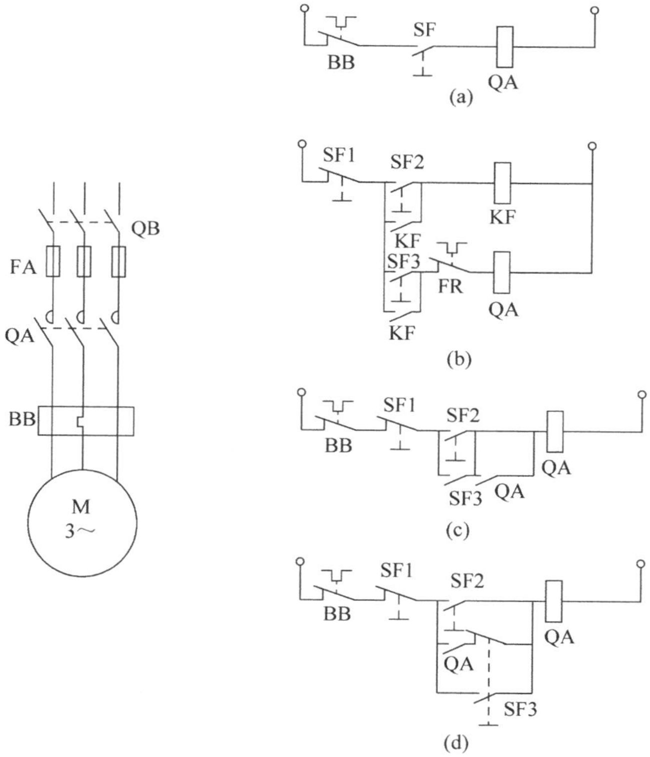

图 2-3　实现点动的控制线路

图 2-3(a)所示为最基本的点动控制线路。按下 SF，电动机起动运行；松开 SF，电动机断电停止转动。这种线路不能实现连续运行，只能实现点动控制。

图 2-3(b)所示为采用中间继电器 KF 实现点动与长动的控制线路。按下长动按钮 SF2,中间继电器 KF 得电,它的两个常开触点闭合,使接触器 QA 得电,电动机长动运行,只有按下停止按钮 SF1 时,电动机才断电停转。按下点动按钮 SF3,电动机起动运行;松开按钮 SF3,电动机断电停止转动。这种控制线路既能实现点动控制,又能实现长动控制。

图 2-3(c)所示为具有手动开关 SF3 的长动与点动控制线路。当手动开关 SF3 打开时,按下按钮 SF2,实现点动控制。合上手动开关 SF 时,按下按钮 SF2,对电动机进行长动控制。

图 2-3(d)所示的控制线路,使用了一个复合按钮 SF3 来实现点动。当需要电动机连续运行时,按下起动按钮 SF2 就可以达到目的。欲使电动机停转,按下停止按钮 SF1 即可。当需要点动时,按下点动按钮 SF3,电动机通电起动运转。由于按钮 SF3 断开了接触器 QA 的自锁回路,故松开 SF3 时电动机断电停止转动。如果在操作者进行点动操作后松开点动按钮 SF3,若 SF3 的常闭触点先闭合、常开触点后断开,则接触器 QA 仍保持接通状态,点动变成了连续运行,点动失败。这一类问题在电气控制系统中被称为"触点竞争"。触点竞争是触点在过渡状态下的一种特殊现象。若同一电器的常开触点和常闭触点同时出现在电路的相关部分,当这个电器发生状态变化(接通或断开)时,电器接触点状态的变化不是瞬间完成,需要一定时间。常开触点和常闭触点有动作先后之别,在吸合和释放过程中,继电器的常开触点和常闭触点存在一个同时断开的特殊过程。在设计电路时如果忽视了上述触点的动态过程,就可能导致产生破坏电路执行正常工作程序的触点竞争,使电路设计遭受失败。如果已存在这样的竞争,一定要从电器设计和选择上来消除。具体消除办法可参见有关书籍。

由上述分析可知,点动控制与连续运行控制的区别主要在自锁触点上。点动控制电路没有自锁触点,同时点动按钮兼起停止按钮作用,因而点动控制不另设停止按钮。与此相反,连续运行控制电路,必须设有自锁触点,并另设停止按钮,两者相结合,构成既有点动又有运行的控制电路。

2.2.2 三相笼型异步电动机降压起动线路

笼型异步电动机采用全压直接起动时,控制线路简单,维修工作量较少。但是,并不是所有异步电动机在任何情况下都可以采用全压起动。这是因为异步电动机的全压起动电流一般可以达到额定电流的 4～7 倍。过大的起动电流会降低电动机寿命,致使变压器二次电压大幅度下降,减小电动机本身的起动转矩,甚至使电动机根本无法起动,还要影响同一供电网络中其他设备的正常工作。如何判断一台电动机能否全压起动呢?一般规定,电动机容量在 10kW 以下者可直接起动。10kW 以上的异步电动机是否允许直接起动,要根据电动机容量和电源变压器容量的比值来确定。对于给定容量的电动机,一般用下面的经验公式来估计,即

$$\frac{I_q}{I_e} \leqslant \frac{3}{4} + \frac{\text{电源变压器容量(kVA)}}{4 \times \text{电动机容量(kVA)}}$$

式中:I_q 为电动机全电压起动电流(A);I_e 为电动机额定电流(A)。

若计算结果满足上述经验公式,则可以全压起动;否则不予全压起动,应考虑采用降压起动。有时为了限制和减少起动转矩对机械设备的冲击作用,允许全压起动的电动机,也多采用降压起动方式。

笼型异步电动机降压起动的方法有以下几种:定子电路串电阻或电抗降压起动、自耦

变压器减压起动、Y-△减压起动、△-△减压起动等。使用这些方法都是为了限制起动电流，(一般降低电压后的起动电流为电动机额定电流的 2～3 倍)，减小供电干线的电压降落，保障各个用户的电气设备正常运行。

1. 串电阻(或电抗)降压起动控制线路

1）线路设计思想

在电动机起动过程中，常在三相定子电路中串接电阻(电抗)来降低定子绕组上的电压使电动机在降低了的电压下起动，以达到限制起动电流的目的。一旦电动机转速接近额定值时，切除串联电阻(电抗)使电动机进入全电压正常运行。这种线路的设计思想通常都是采用时间原则按时切除起动时串入的电阻(电抗)以完成起动过程。在具体线路中可采用人工手动控制或时间继电器自动控制来加以实现。

2）典型线路介绍

(1）手动控制运行方式。

图 2-4(a)所示为手动控制线路。图中电阻 RA 用来降低起动电压、限制起动电流，称为起动电阻。

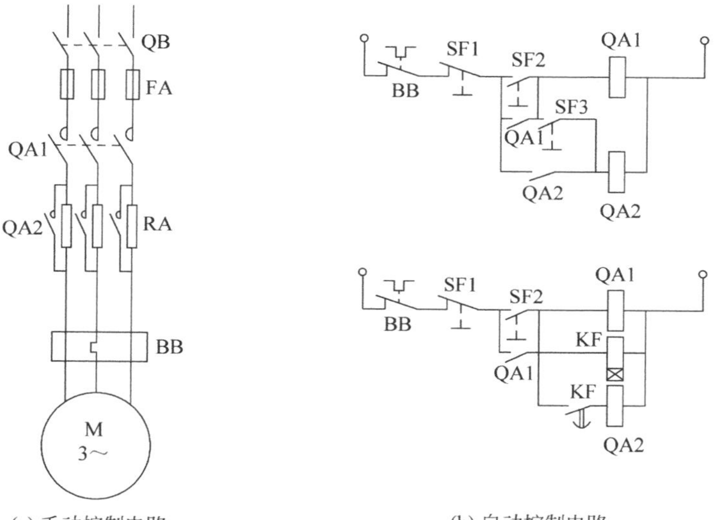

(a) 手动控制电路 (b) 自动控制电路

图 2-4 定子串电阻降压起动控制电路

线路工作原理如下。

① 闭合电源开关 QB。

② 按起动按钮 SF2：接触器 QA1 线圈得电，主触点 QA1 闭合，电动机 M 串入电阻 RA 起动，同时接触器 QA1 的常开辅助触点闭合自锁，即使释放 SF2，电动机仍然为降压起动运行状态。

③ 当电动机转速接近额定值时，再按 SF3：接触器 QA2 得电，其常开辅助触点闭合自锁，常开主触点闭合，切除电阻 RA，使电动机进入正常全压运行，即降压起动过程结束。

④ 按停止按钮 SF1：接触器 QA1、QA2 失电，电动机 M 停止运行。

(2）自动控制运行方式。

在上述手动控制线路中，短接电阻的时间要由操作者估计，不容易掌握。如果把时间估计得过长，则起动过程变慢，影响劳动生产率；如果把时间估计得太短，则过早按下 SF3 按钮将会引起过大的换接冲击电流，导致电压波动。因此在生产设备上采用时间继电器来自动切除电阻。时间继电器的延时可以较为准确地整定。整定动作时间就是电动机降压起动时间，不会出现过大的换接冲击电流，操作方便，但需多用一个时间继电器。串电阻降压起动自动控制线路如图 2-4(b)所示。

线路工作原理如下。

① 按起动按钮 SF2：接触器 QA1 线圈得电，QA1 的常开辅助触点闭合自锁，常开主触点闭合，电动机 M 串电阻 RA 起动。

② 在按下 SF2 的同时，时间继电器 KF 线圈也得电。经一定延时，其常开触点 KF 闭合，接触器 QA2 得电，QA2 的主触点闭合，短接电阻 RA，使电动机进入全电压下运行，降压起动过程结束。

③ 按停止按钮 SF1：切断 QA1、QA2 及 KF 线圈电源电路，使电动机停转。这时主电路和控制电路都恢复了常态，为下次降压起动做好了准备。

串电阻起动的优点是控制线路结构简单、成本低、动作可靠，提高了功率因数，有利于保证电网质量。但是由于定子串电阻降压起动，起动电流随定子电压成正比下降，而起动转矩则按电压下降比例的平方倍下降。同时，每次起动都要消耗大量的电能。因此，三相笼型异步电动机采用电阻降压的起动方法，仅适用于要求起动平稳的中小容量电动机以及起动不频繁的场合。大容量电动机多采用串电抗降压起动。

2. 自耦变压器降压起动控制线路

1）线路设计思想

在自耦变压器降压起动的控制线路中，限制电动机起动电流是依靠自耦变压器的降压作用来实现的。自耦变压器的初级和电源相接，自耦变压器的次级与电动机相连。自耦变压器的次级一般有 3 个抽头，可得到 3 种数值不等的电压。使用时可根据起动电流和起动转矩的要求灵活选择。电动机起动时，定子绕组得到的电压是自耦电压器的二次电压，一旦起动完毕自耦变压器便被切除，电动机直接接至电源，即得到自耦变压器的一次电压，电动机进入全电压运行。通常称这种自耦电压器为起动补偿器。这一线路的设计思想和串电阻起动线路基本相同，都是按时间原则来完成电动机起动过程的。

2）典型线路介绍

自耦变压器的切除有手动和自动控制两种方式。现只介绍自动控制方式。图 2-5 给出定子串自耦变压器降压起动线路。

线路工作原理如下。

① 闭合电源切断开关 QB。

② 按下起动按钮 SF2。接触器 QA1 和时间继电器 KF1 同时得电，QA1 常开触点闭合，电动机经星形连接的自耦变压器接至电源降压起动。

③ 时间继电器 KF1 经一定时间到达延时值，其常开延时触点 KF1 闭合，中间继电器 KF2 得电并自锁，KF2 的常闭触点断开，使接触器 QA1 线圈失电，QA1 主触点断开，将自耦变压器从电网切除，QA1 常开辅助触点断开，KF1 线圈失电，KF2 另一常开触点闭合，在 QA1 失电后，使接触器 QA2 线圈得电，QA2 主触点闭合将电动机直接接入电源，使之在全电压下正常运行。

④ 按下停止按钮 SF1，QA2 线圈失电，电动机停止转动。

在自耦变压器降压起动过程中，起动电流与起动转矩的比值按变比平方倍降低。在获得同样起动转矩的情况下，采用自耦变压器降压起动从电网获取的电流，比采用电阻降压起动要小得多，对电网电流冲击小，功率损耗小。自耦变压器之所以被称为起动补偿器，其原因就在于此。换句话说，若从电网取得同样大小的起动电流，采用自耦变压器降压起动会产生较大的起动转矩。这种起动方法常用于容量较大、正常运行为星形接法的电动机。其缺点是自耦变压器价格较贵，相对电阻结构复杂，体积庞大，且是按照非连续工作制设计制造的，故不允许频繁操作。

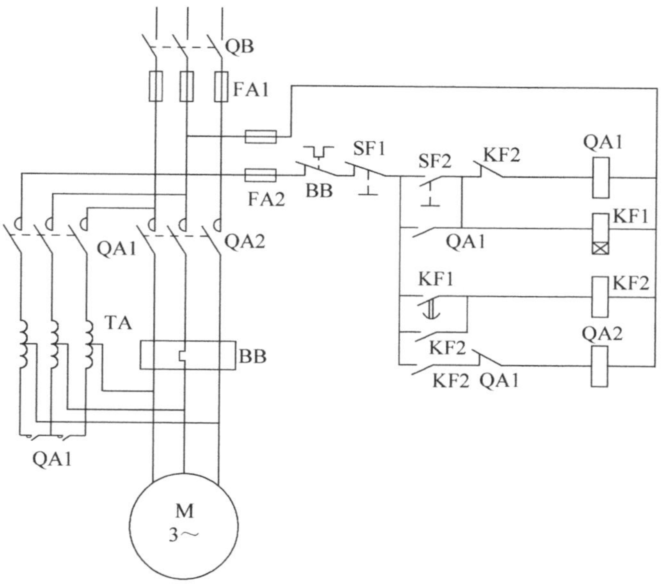

图 2-5　定子串自耦变压器降压起动控制线路

3. Y-△降压起动控制线路

1）线路设计思想

Y-△降压起动也称为星形—三角形降压起动，简称星三角降压起动。这一线路的设计思想仍是按时间原则控制起动过程。所不同的是，在起动时将电动机定子绕组接成星形，每相绕组承受的电压为电源的相电压(220V)，减小了起动电流对电网的影响。而在其起动后期则按预先整定的时间换接成三角形接法，每相绕组承受的电压为电源的线电压(380V)，电动机进入正常运行。凡是正常运行时定子绕组接成三角形的笼型异步电动机，均可采用这种线路。

2）典型线路介绍

定子绕组接成 Y-△降压起动的自动控制线路如图 2-6 所示。

图 2-6(a)的工作原理如下。

① 按下起动按钮 SF2：接触器 QA 线圈得电，电动机 M 接入电源。同时，时间继电器 KF 及接触器 QA_Y 线圈得电。

② 接触器 QA_Y 线圈得电，其常开主触点闭合，电动机 M 定子绕组在星形连接下运行。

QA_Y 的常闭辅助触点断开，保证了接触器 $QA_\triangle$ 不得电。

③ 时间继电器 KF 的常开触点延时闭合；常闭触点延时断开，切断 QA_Y 线圈电源，其主触点断开而常闭辅助触点闭合。

④ 接触器 $QA_\triangle$ 线圈得电，其主触点闭合，使电动机 M 由星形起动切换为三角形运行。

⑤ 按下停止按钮 SF1，切断控制线路电源，电动机 M 停止运转。

图 2-6(b)的工作原理如下。

① 合上电源开关 QB，将开关 SF3 置于接通位置。

② 按下起动按钮 SF2：接触器 QA_Y 和时间继电器 KF 线圈同时得电，QA_Y 的常开主触点闭合，把定子绕组连成星形；其常开辅助触点闭合，使接触器 QA 线圈得电。

③ 接触器 QA 的常开主触点闭合，将定子绕组接入电源，使电动机在星形接法下起动。QA 的常开辅助触点闭合自锁。

④ 时间继电器的常闭触点经一定延时后断开，接触器 QA_Y 线圈失电，其全部主、辅触点复位，使接触器 $QA_\triangle$ 线圈得电。

⑤ 接触器 $QA_\triangle$ 的常开主触点闭合，将定子绕组连成三角形，使电动机在全电压下正常运行。

⑥ 与 SF2 串联的 $QA_\triangle$ 常闭触点的作用：电动机正常运行时，这个常闭触点断开，切断了 KF 和 QA_Y 的联系，即使误动作按下 SF2，KF 和 QA_Y 也不会通电，以免影响电路正常运行。

⑦ 按下停止按钮 SF1，接触器 QA 和 $QA_\triangle$ 同时失电，电动机停止转动。

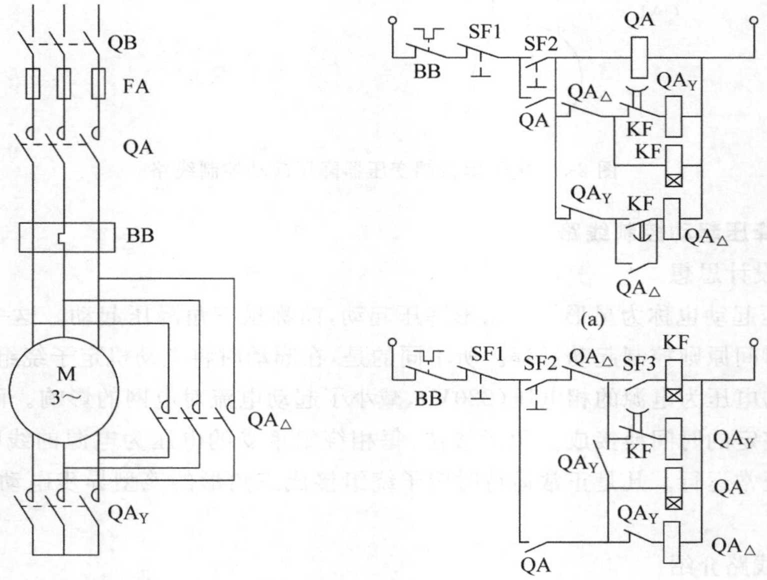

图 2-6 Y-△降压起动自动控制线路

若事先将开关 SF3 置于断开位置，则在电动机起动时定子绕组不会发生 Y-△的换接，使电动机一直在星形接法下运行，以改善在轻载时电动机的功率因数和效率。

三相笼型异步电动机采用 Y-△降压起动的优点在于：定子绕组星形接法时，起动电压为直接采用三角形接法时的 $1/\sqrt{3}$，起动电流为三角形接法时的 1/3，因而起动电流特性好，线路较简单，投资少。其缺点是起动转矩也相应下降为三角形接法的 1/3，转矩特性差。本线路适用于轻载或空载起动的场合。应当强调指出，Y-△连接时要注意其旋转方向的一致性。

4. △-△降压起动控制线路

1）线路设计思想

如前所述，Y-△降压起动有很多优点，但美中不足的是起动转矩太小。能否设计一种新的降压起动方法，兼具星形接法起动电流小，不需要专用起动设备，同时又具有三角形接法起动转矩大的优点，以期完成更为理想的起动过程呢？△-△降压起动便能满足这种要求。在起动时，将电动机定子绕组一部分接成星形，另一部分接成三角形。待起动结束后，在转换成三角形接法，其转换过程中仍按照时间原则来控制。从图 2-7 所示的绕组接线看，就是一个三角形 3 条边的延长，故也称延边三角形。

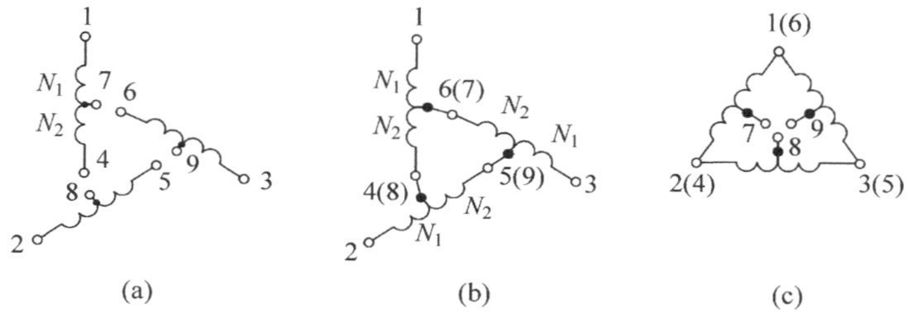

图 2-7 △-△接法电动机抽头的连接方式

图 2-7 所示为电动机定子绕组抽头连接方式。其中图 2-7(a)所示为原始状态。图 2-7(b)所示为起动时接成延边三角形的状态。图 2-7(c)所示为正常运行时状态。这种电动机共有 9 个抽线头，改变定子绕组抽头比(即 N_1 与 N_2 之比)，就能改变起动时定子绕组上电压的大小，从而改变起动电流和起动转矩。但一般来说，电动机的抽头比已经固定，所以仅在这些抽头比的范围内作有限的变动。例如，通过相量计算可知，若线电压为 380V，当 $N_1/N_2=1$ 时，则相电压 264V；当 $N_1/N_2=1/2$ 时，则相电压为 290V。

2）典型线路介绍

定子绕组呈△-△接法的线路如图 2-8 所示。

线路工作原理如下。

① 合上电源开关 QB。

② 按下起动按钮 SF2，接触器 QA、QA_Y 和时间继电器线圈同时得电。

③ QA_Y 的常开主触点闭合，接通绕组接点 4-8、5-9 和 6-7，并通过 QA 的主触点闭合将绕组接点 1、2、3 分别接至三相电源，电动机按延边三角形降压起动。

④ 时间继电器 KF 的常闭触点经延时断开，接触器 QA_Y 线圈失电；同时 KF 的常开触点延时闭合，接触器 $QA_\triangle$ 得电。

⑤ QA_Y 的主触点断开，$QA_\triangle$ 的主触点闭合，将绕组接点 1-6、2-4、3-5 相连而接成三角形，并接至三相电源，电动机全电压运行。

⑥ 按下停止按钮 SF1，切断电动机电源，电动机停止运行。

由上述分析可知，△-△降压起动，其起动转矩比采用 Y-△降压起动时大，并且可以在

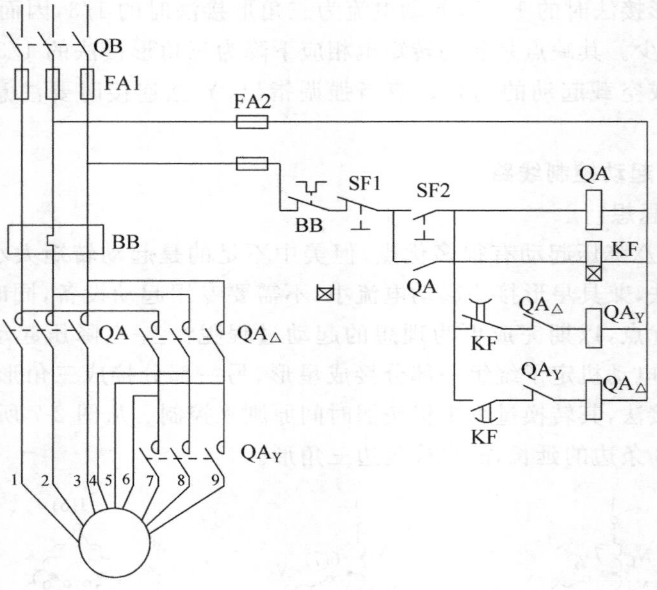

图 2-8 △-△降压起动控制线路

一定范围内进行选择。也不需要专门的起动设备，结构简单。但与自耦变压器降压起动时的最高转矩相比还存在着较大的差距；三角形接线的电动机引出线多，制造费时，在一定程度上限制了它的使用范围。

上述 4 种降压起动方法都能自动地转换为全电压正常运行，它是借助时间继电器来控制的。利用时间继电器的延时间隔来控制线路中各电器的动作顺序，完成操作任务。这种控制线路称为时间原则控制线路。这种按时间进行的控制称为时间原则自动控制，简称时间控制。

2.2.3 绕线式异步电动机起动控制线路

在大、中容量电动机的重载起动时，增大起动转矩和限制起动电流两者之间的矛盾十分突出。利用上述的笼型异步电动机降压起动也难以解决这个问题。为此，常采用绕线式异步电动机。三相绕线式电动机的优点之一是可以在转子绕组中串接外加电阻或频敏变阻器进行起动，由此达到减小起动电流、提高转子电路的功率因数和增加起动转矩的目的。一般在要求起动转矩较高的场合，绕线式异步电动机的应用非常广泛。例如，桥式起重吊机构电动机的起动控制线路，就采用了绕线式异步电动机。

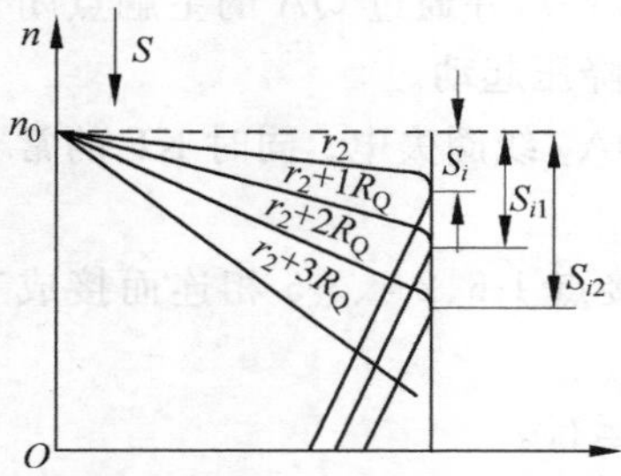

图 2-9 转子串接对称电阻时的人为特性

绕线式异步电动机转子串接对称电阻后，其人为特性如图 2-9 所示。从图中的曲线可以看出，串接电阻 R_Q 值越大，起动转矩也越大；R_Q 越大，临界转差率 S 也越大，特性曲线的倾斜度越大。因此，改变串接电阻 R_Q 可以为改变转差率调速的一种方法。这个串接的起动电阻级数越大，电动机起动时的转矩波动越小，起动越平滑。同时，电气控制线路也就越复杂。应当指出，当串接电阻大于图中所标的 $3R_Q$ 时，起动转矩反而降低。

1. 线路设计思想

三相绕线式异步电动机可采用转子串接电阻和转子串接频敏变阻器两种起动方法，这里介绍前一种起动方法。

转子绕组串接电阻后，起动时转子电流减小。但由于转子加入电阻，转子功率因数提高，只要电阻值大小选择合适，转子电流的有功分量增大，电动机的起动转矩也增大，从而具有良好的起动特性。在电动机起动过程中，起动电阻被逐段地切除，电动机转速不断升高，最后进入正常运行状态。这种控制线路的设计思想既可按时间原则组成控制线路，也可按电流原则组成控制线路。

2. 典型线路介绍

1）按时间原则组成的绕线式异步电动机起动控制线路

图 2-10 所示为按时间原则组成的绕线式异步电动机控制线路。该线路是依靠时间继电器的依次动作，自动短接起动电阻的起动控制线路。

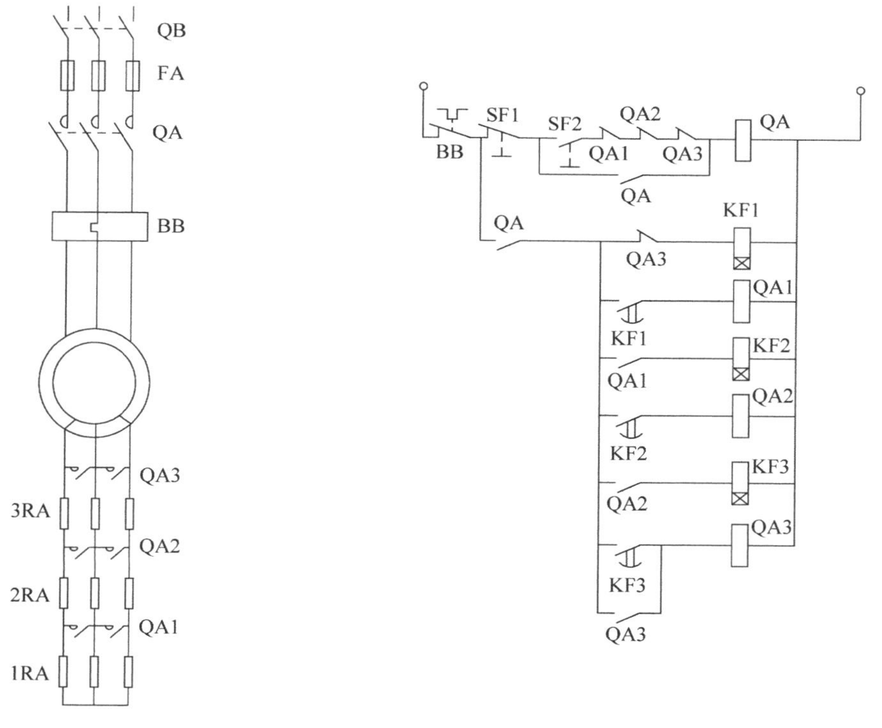

图 2-10　按时间原则组成的绕线式异步电动机起动控制线路

线路工作原理如下。

① 合上电源开关 QB。

② 按起动按钮 SF2，接触器 QA 线圈得电，其主触点闭合，将电动机转子串入全部电阻进行起动，辅助触点闭合自锁。同时时间继电器 KF1 得电。

③ 时间继电器 KF1 的常开触点经一定延时后闭合，使接触器 QA1 线圈得电吸合，切除第 1 级起动电阻 1RA。同时，时间继电器 KF2 得电。

④ 时间继电器 KF2 的常开触点经一定延时后闭合，使接触器 QA2 得电吸合，短接第 2 级起动电阻 2RA。同时，时间继电器 KF3 得电。

⑤ 时间继电器 KF3 的常开触点经一定延时后闭合，使接触器 QA3 得电吸合并自锁，短接第 3 级起动电阻 3RA。电动机转速不断升高，最后达额定值，起动过程全部结束。

⑥ 接触器 QA3 得电时，它的一对常闭辅助触点断开，切断时间继电器 KF1 线圈电源，使 KF1、QA1、KF2、QA2、KF3 依次释放。当电动机进入正常运行时，只有 QA3 和 QA 保持得电吸合状态，其他电器全部复位。

⑦ 按下停止按钮 SF1，QA 线圈失电切断电动机电源，电动机停转。

2）按电源原则组成的绕线式异步电动机起动控制线路

图 2-11 所示为按电流原则组成的绕线式异步电动机起动控制线路。该线路利用电流继电器来检测电动机起动时转子电流的变化，从而控制转子串接电阻的切除。图中，KF1、KF2、KF3 为电流继电器。这 3 个继电器线圈的吸合电流相同，但释放电流不一样，KF1 的释放电流最大，KF2 次之，KF3 最小。

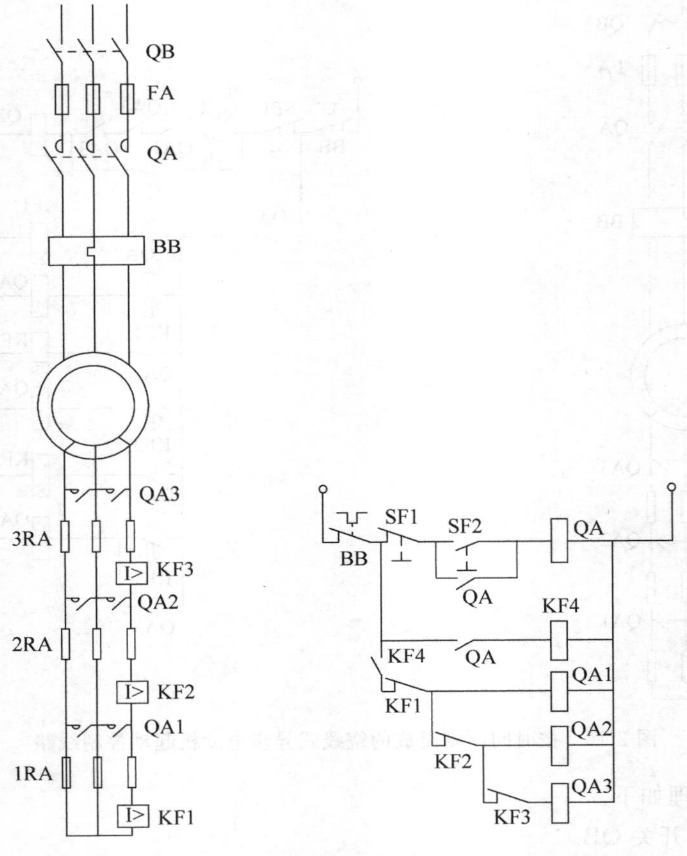

图 2-11 按电流原则组成的绕线式异步电动机起动控制线路

线路工作原理如下。

① 合上电源开关 QB。

② 按下起动按钮 SF2，接触器 QA 和中间继电器 KF4 线圈相继吸合。刚开始起动时冲

击电流很大，KF1、KF2 和 KF3 的线圈都吸合，串入控制电路中的常闭触点均断开，于是接触器 QA1、QA2、QA3 的线圈都不动作，接于转子电路中的常开触点均断开，全部电阻接入转子。

③ 当电动机速度升高后，转子电流逐渐减少，KF1 首先释放，其控制电路中的常闭触点闭合，使接触器 QA1 得电吸合，把第 1 级起动电阻 1RA 切除。

④ 当 1RA 被切除后，转子中电流又增大，随着电动机转速升高，转子电流又减小，电流继电器 KF2 释放，其常闭触点闭合，使接触器 QA2 得电吸合，把第 2 级起动电阻 2RA 短接。

⑤ 如此继续下去，直到将转子全部电阻短接，电动机起动完毕。

⑥ 中间继电器 KF4 是为保护起动时接入全部电阻而设计的。因为刚起动时，若无 KF4，电流从零值升到最大值需要一定时间，在这期间 KF1、KF2、KF3 全部可能都未动作，全部电阻都被短接，电动机处于直接起动状态。有了 KF4 后，从 QA 线圈得到 KF4 的常开触点闭合需要一段时间，这段动作时间能保证电流冲击到最大值，使 KF1、KF2、KF3 全部吸合，接于控制电路中的常闭触点全部断开，从而保证电动机串入全电阻起动。

2.3 三相异步电动机的正反转控制线路

在生产实际中，往往要求控制线路能对电动机进行正、反转控制。例如，常通过电动机的正、反转来控制机床主轴的正反转，或工作台的前进与后退，或起重机起吊重物的上升与下放，以及电梯的升降等，由此满足生产加工的要求。电动机的正、反转控制也称为可逆运行控制。电动机可逆运行控制分为手动控制和自动控制两种。

由三相异步电动机转动原理可知，若要电动机可逆运行，只需将接于电动机定子的三相电源中的任意两相对调一下即可。因为此时定子绕组的相序改变了，旋转磁场方向就相应发生变化，因而转子中感应电势、电流以及产生的电磁转矩都要改变方向，因而电动机的转子就逆转了。这也正是电动机正反转控制线路的主要任务。

2.3.1 电动机可逆运行的手动控制线路

1. 线路设计思想

电动机可逆运行控制线路，实质上是两个方向相反的单向运行电路的组合，为此采用两台接触器分别给电动机定子送入 A、B、C 相序和 C、B、A 相序的电源，电动机就能实现可逆运行。为了避免误操作而引起的电源短路，需在这两个方向相反的单向运行电路中加设必要的联锁。

2. 典型线路介绍

根据电动机可逆运行操作顺序的不同，有“正—停—反”手动控制电路与“正—反—停”手动控制电路。

1) 电动机“正—停—反”手动控制线路

图 2-12 所示为电动机“正—停—反”手动控制线路。QA2 为正转接触器，QA3 为反转接触器。

图 2-12(a)所示线路工作原理如下。

① 按下正向起动按钮 SF2，接触器 QA2 得电吸合，其常开主触点将电动机定子绕组接

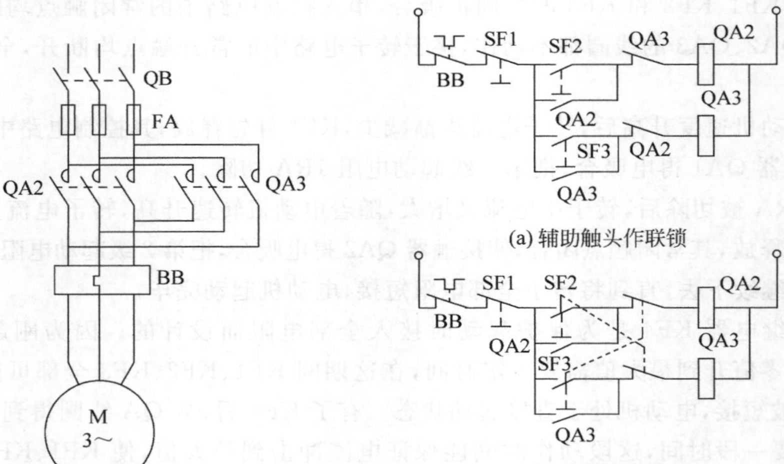

(a) 辅助触头作联锁

(b) 按钮作联锁

图 2-12　电动机可逆运行控制线路

通电源，相序为 A、B、C，电动机正向起动运行。

② 按停止按钮 SF1，QA2 失电释放，电动机停转。

③ 按反向起动按钮 SF3，QA3 得电吸合，其常开触点将相序为 C、B、A 的电源接至电动机，由于电压相序反了，所以电动机反向起动运行。

④ 按 SF1，QA3 失电释放，电动机停转。

⑤ 由于采用了 QA2、QA3 的常闭辅助触点串入对方的接触器线圈电路中，形成相互联锁。当电动机正转时，即使误按反转按钮 SF3，反向接触器 QA3 也不会得电，不会造成电源短路事故。要电动机反转必须先按停止按钮，再按反向按钮；反之亦然。

图 2-12(a)所示为以辅助触点作联锁，图 2-12(b)所示为以控制按钮 SF2、SF3 常闭触点作联锁的控制线路。其工作原理请读者按上述步骤自行加以分析。

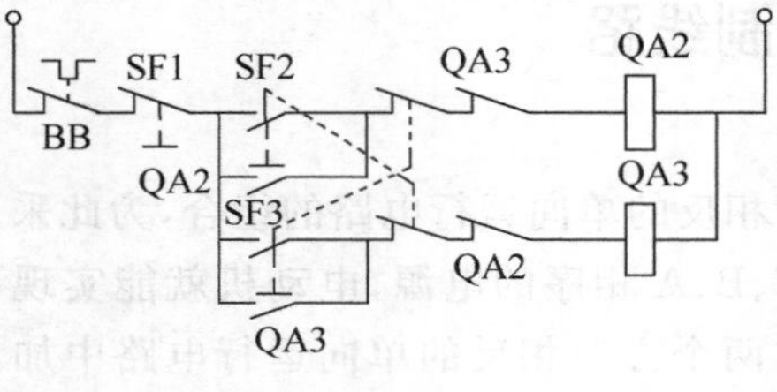

图 2-13　电动机"正—反—停"手动控制线路

2）电动机"正—反—停"手动控制线路

在实际生产过程中，为了提高劳动生产率，减少辅助工时，常要求能够直接实现正、反向转换。利用复合按钮可组成正反转控制线路，如图 2-13 所示。

线路工作原理如下。

① 按下正转按钮 SF2，电动机正转。

② 若需电动机反转，不必按停止按钮 SF1，直接按下反转按钮 SF3，使 QA2 失电释放，QA3 得电吸合，电动机先脱离电源，停止正转，然后又反向起动运行；反之亦然。

2.3.2　电动机可逆运行的自动控制线路

1. 线路设计思想

自动控制的电动机可逆运行电路，可按行程控制原则来设计。实质上就是利用行程开关来检测机件往返运动位置，自动发出控制信号，进而控制电动机的正反转，使机件往复运动。

2. 典型线路介绍

图 2-14 所示为实现刀架自动循环的控制线路。行程开关 BG1 和 BG2 安装在指定位置。

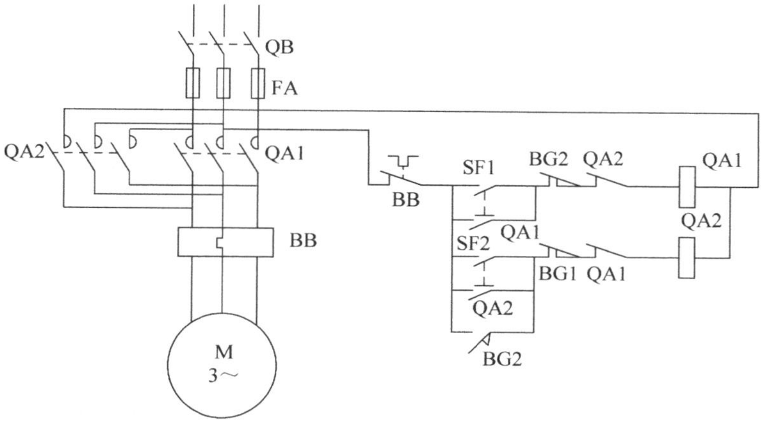

图 2-14 刀架自动循环的控制线路

线路工作原理如下。

① 按正向起动按钮 SF1,QA1 得电,电动机正向起动运行,带动刀架向前运动。

② 当刀架运行至 BG2 位置时,撞块压下 BG2,QA1 断电释放,接触器 QA2 线圈得电吸合,电动机反向起动运行,使刀架自动返回。

③ 当刀架返回到位置 1,撞块压下 BG1,QA2 失电,刀架自动停止运动。

图 2-14 所示的线路仅自动循环往复了一次,若需自动循环多次,可参看图 2-15,其线路原理留给读者分析。

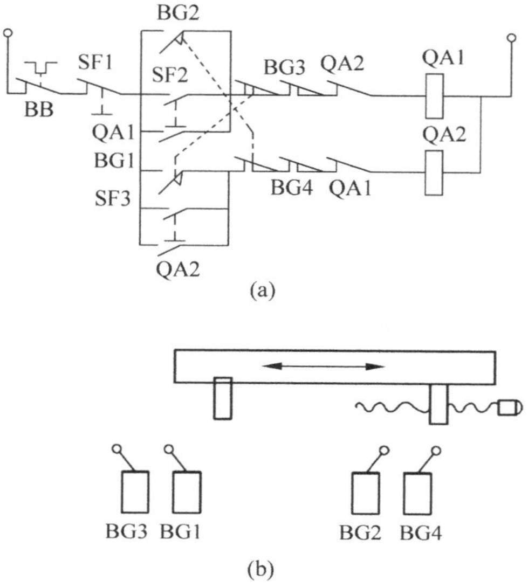

图 2-15 自动往复循环控制线路

2.4 三相异步电动机制动控制线路

三相异步电动机从切断电源到安全停止旋转，由于惯性的作用总要经过一段时间，这样就使得非生产时间拖长，影响了劳动生产率，不能适应某些生产机械的工艺要求。在实际生产中，为了保护工作设备的可靠性和人身安全，又为了实现快速、准确停车，缩短辅助时间，提高生产机械效率，对要求停转的电动机采取措施，强迫其迅速停车，这就叫“制动”。三相异步电动机的制动方法分为两类，即机械制动和电气制动。机械制动有电磁抱闸制动、电磁离合器制动等。电气制动有反接制动、能耗制动、回馈制动等。实现制动的控制线路是多种多样的，本节仅介绍几种生产机械电气设备中常用的控制线路。

2.4.1 电磁机械制动控制线路

1. 电磁抱闸制动线路

电磁抱闸制动是机械制动，其设计思想是利用外加的机械作用力，使电动机迅速停止转动。由于这个外加的机械作用力，是靠电磁制动闸紧紧抱住与电动机同轴的制动轮来产生的，所以叫做电磁抱闸制动。电磁抱闸制动又分为两种制动方式，即断电电磁抱闸制动和通电电磁抱闸制动。

1）断电电磁抱闸制动

图 2-16 所示断电电磁抱闸的制动控制线路原理图。图中 1 是电磁铁，2 是制动闸，3 是制动轮，4 是弹簧。制动轮通过联轴器直接或间接与电动机主轴相连，电动机转动时制动轮也跟着同轴转动。

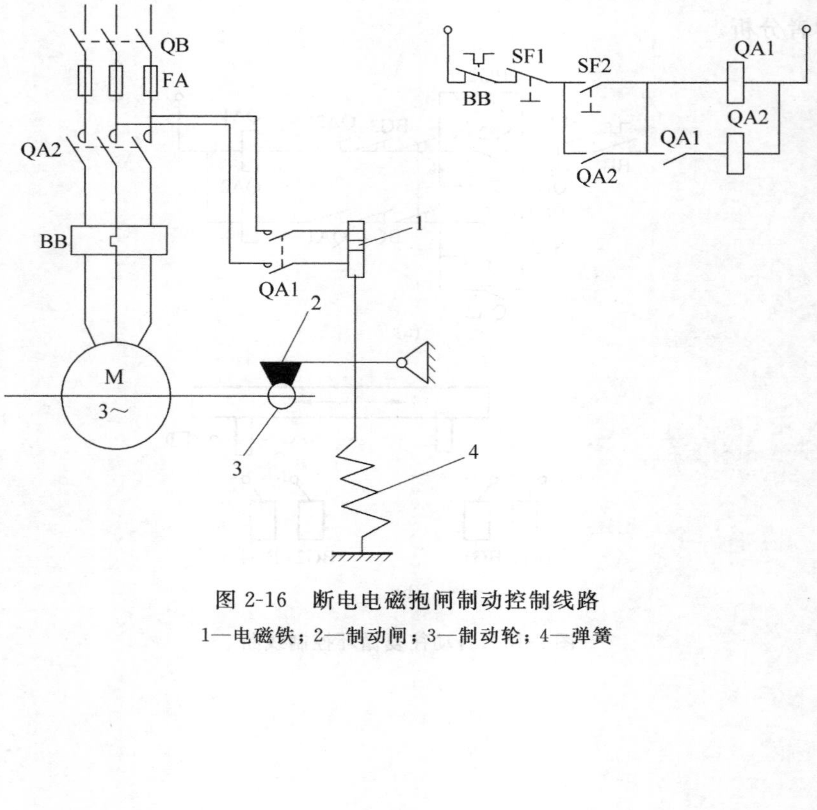

图 2-16 断电电磁抱闸制动控制线路

1—电磁铁；2—制动闸；3—制动轮；4—弹簧

线路工作原理如下。

① 合上电源开关 QB。

② 按下起动按钮 SF2，接触器 QA1 得电吸合，电磁铁绕组接入电源，电磁铁芯向上移动，抬起制动闸，松开制动轮。

③ QA1 得电后，QA2 顺序得电，吸合，电动机接入电源，起动运转。

④ 按下停止按钮 SF1，接触器 QA1、QA2 失电释放，电动机和电磁铁绕组均断电，制动闸在弹簧作用下紧压在制动上，依靠摩擦力使电动机快速停车。

由于在电路设计时是使接触器 QA1 和 QA2 顺序得电，使得电磁铁线圈先通电，待制动闸松开后电动机才接通电源。这就避免了电动机在起动前瞬时出现的“电动机定子绕组通电而转子被擎住不转的短路运行状态”。这种断电抱闸制动的结构形式，在电磁铁线圈一旦断电或未接通时电动机都处于制动状态，故称为断电制动方式。

2）通电电磁抱闸制动

图 2-17 所示为通电电磁抱闸制动控制线路。制动闸平时总是处于松开状态。

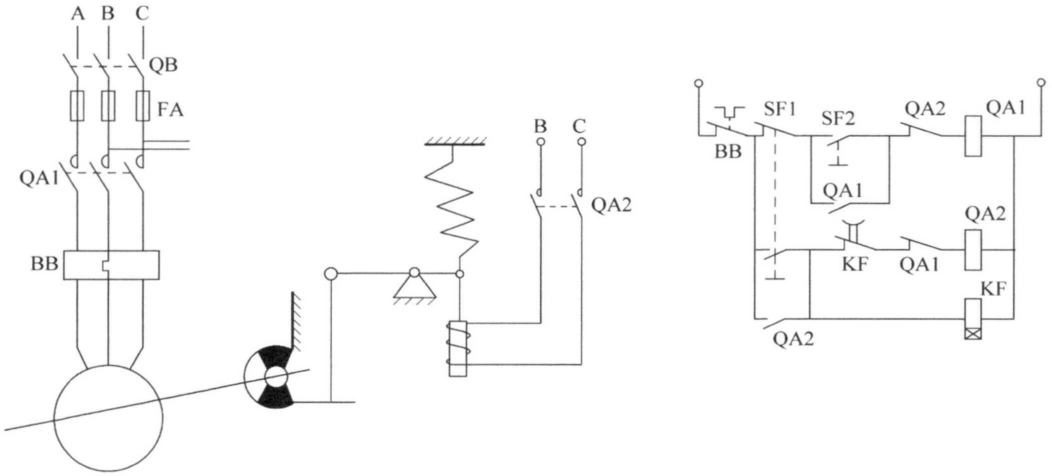

图 2-17 通电电磁抱闸制动控制线路

线路工作原理如下。

① 按下起动按钮 SF2，接触器 QA1 线圈得电吸合，电动机起动运行。

② 按停止按钮 SF1，接触器 QA1 失电复位，电动机脱离电源。

③ 接触器 QA2 线圈得电吸合，电磁铁线圈通电，铁芯向下移动，使制动闸紧紧抱住制动轮，同时时间继电器 KF 得电。

④ 当电动机惯性转速下降至零时，时间继电器 KF 的常闭触点经延时断开，使 QA2 和 KF 线圈先后失电，从而使电磁铁绕组断电，制动闸又恢复了“松开”状态。

电磁抱闸制动的优点是制动力矩大，制动迅速，安全可靠，停车准确；缺点是制动越快，冲击振动就越大，对机械设备不利。由于这种制动方法较简单、操作方便，所以在生产现场得到广泛应用。至于选用哪种电磁抱闸制动方式，要根据生产机械工艺要求来定。一般在电梯、吊车、卷扬机等一类升降机械上应采用断电电磁抱闸制动方式，而在机床等经常需要调整加工件位置的机械设备上往往采用通电电磁抱闸制动方式。

2. 电磁离合器制动线路

图 2-18 所示为电磁离合器制动控制线路。电磁离合器 YC 的线圈接入控制线路。

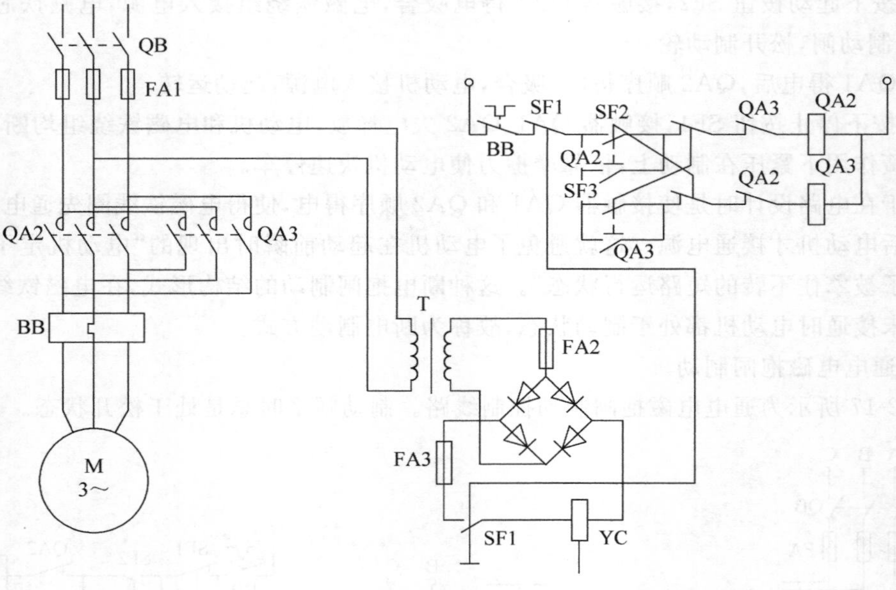

图 2-18 电磁离合器制动控制线路

线路工作原理如下。

① 当按下 SF2 或 SF3,电动机正向或反向起动。

② 由于电磁离合器的线圈 YC 没有得电,离合器不工作。

③ 按下停止按钮 SF1,SF1 的常闭触点断开,将电动机定子电源切断,SF1 的常开触点闭合使电磁离合器 YC 得电吸合,将摩擦片压紧,实现制动,电动机惯性转速迅速下降。

④ 松开按钮时,电磁离合器线圈断电,结束强迫制动,电动机停转。

电磁离合器的优点是体积小、传递转矩大、操作方便、运行可靠、制动方式比较平稳且迅速,并易于安装在机床一类的机械设备内部。

2.4.2 反接制动控制线路

1. 线路设计思想

反接制动是利用改变电动机电源电压相序,使电动机迅速停止转动的一种电气制动方法。由于电源相序改变,定子绕组产生的旋转磁场方向也发生改变,即与原方向相反。而转子仍按原方向惯性旋转,于是在转子电路中产生与原方向相反的电流。根据载流导体在磁场中受力的原理可知,此时转子要受到一个与原转动方向相反的力矩作用,从而使电动机转速迅速下降,实现制动。反接制动的关键是,当电动机转速接近零时,能自动地立即将电源切断,以免电动机反向起动。为此采用按转速原则进行制动控制,即借助速度继电器来检测电动机迅速变化,当制动到接近零速时(100r/min),由速度继电器自动切断电源。

改变电动机电源相序的反接制动,其优点是制动效果好;缺点是能量损耗大,由电网供给的电能和拖动系统的机械能全部转化为电动机转子的热损耗。在反接制动时,转子与定子旋转磁场的相对速度接近于两倍同步转速，所以定子绕组中的反接制动电流相当于全电压直接起动时电流的两倍。为避免对电动机及机械传动系统的过大冲击，延长其使用寿命，一般在 10kW 以上电动机的定子电路中串接对称电阻或不对称电阻，以限制制动转矩和制动电流。这个电阻称为反接制动电阻，如图 2-19 所示。

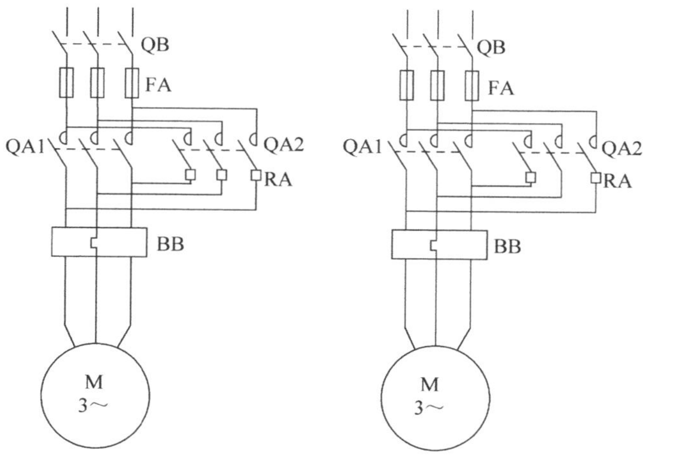

(a) 对称接法　　(b) 不对称接法

图 2-19　三相异步电动机定子串联限流电阻

2. 典型线路介绍

反接制动控制线路分为单向反接制动控制线路和可逆反接制动控制线路。

1）单向反接制动控制线路

图 2-20 所示为单向反接制动的控制线路。

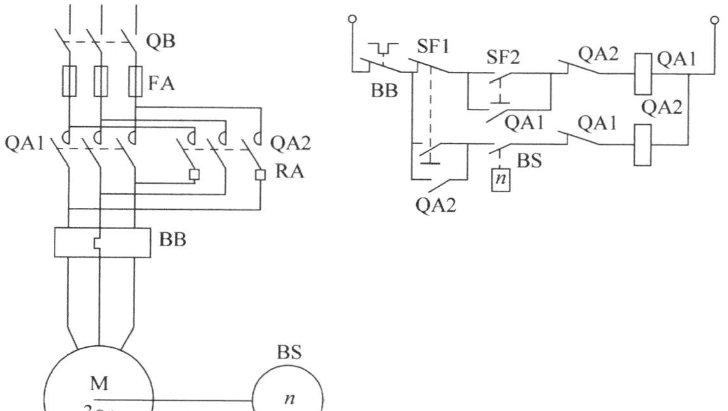

图 2-20　电动机单向反接制动控制线路

其线路工作原理如下。

① 按下起动按钮 SF2，接触器 QA1 线圈得电吸合，电动机起动运行。在电动机正常运行时速度继电器 BS 的常开触点闭合，为反接制动接触器 QA2 线圈通电准备了条件。

② 当需制动停车时，按下停止按钮 SF1，接触器 QA1 线圈失电，切断电动机三相电源。

③ 此时电动机的惯性转速仍然很高，BS 的常开触点仍闭合，接触器 QA2 线圈得电吸合，使定子绕组得到改变相序的电源，电动机进入串制动电阻 RA 的反接制动状态。

④ 当电动机转子的惯性转速接近零速(100r/min)时，速度继电器 BS 的常开触点恢复常态，接触器 QA2 线圈断电释放，制动结束。

2) 可逆反接制动控制线路

电动机可逆运行的反接制动控制线路如图 2-21 所示。

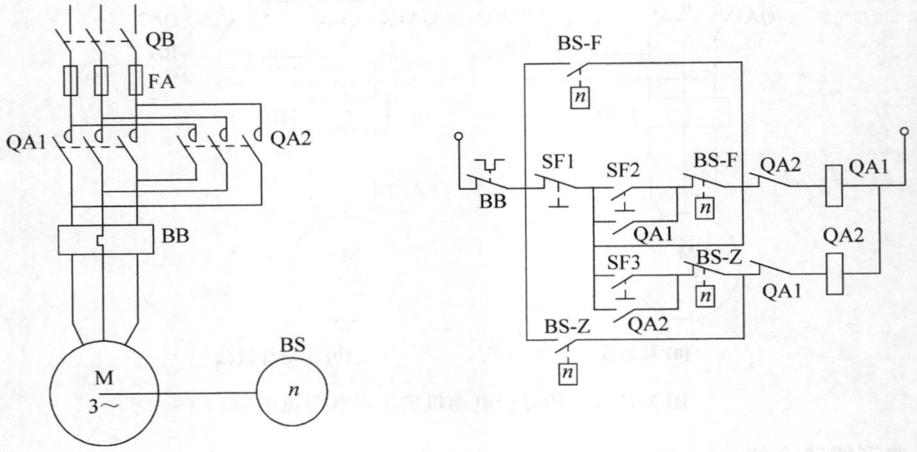

图 2-21 可逆运行的反接制动控制线路

其线路工作原理如下。

① 按下正向起动按钮 SF2，正向接触器 QA1 得电吸合，其主触点将定子绕组接至相序为 A、B、C 的三相电源，电动机正向运行。速度继电器 BS-Z 的常闭触点断开，常开触点闭合。由于在接触器 QA2 线圈电路中起联锁作用的 QA1 常闭辅助触点比 BS-Z 常开触点的动作时间早，BS-Z 常开触点的闭合，只为 QA2 线圈反接制动做好准备，不可能使它立即通电。

② 按停止按钮 SF1，QA1 线圈失电，转子惯性速度仍很高，BS-Z 常开触点仍闭合，QA2 线圈得电，使定子绕组电源相序改变为 C、B、A，电动机进入正向反接制动状态。

③ 当转子的惯性速度接近零时，BS-Z 的常闭触点和常开触点均复位为原来的常闭和常开状态，QA2 线圈失电，正向反接制动结束。

反向运行的反接制动过程如下。

① 按反向起动按钮 SF3，反向接触器 QA2 线圈得电吸合，电动机电源相序为 C、B、A，电动机反向运行。

② 速度继电器 BS-F 的常开触点和常闭触点分别闭合与断开，为 QA1 线圈的反接制动做准备。

③ 当按停止按钮 SF1 时，QA2 线圈失电，QA1 线圈得电吸合，定子绕组接至相序为 A、B、C 的电源，电动机进入反向反接制动状态。

④ 当电动机转子的反向惯性速度接近零时，BS-F 的常开触点断开，常闭触点闭合，使 QA1 线圈失电，反向反接制动过程结束。

图 2-21 所示可逆反接制动控制线路存在的缺点：当停车检修时，检修人员人为地转动

电动机转子，当转速达到 100r/min 左右时，BS-Z 或 BS-F 的常开触点有可能闭合，从而使 QA1 或 QA2 线圈得电，电动机因短时接通而引起意外事故。

图 2-22 所示为可逆反接制动控制线路，克服了图 2-21 所示线路的上述缺点。该线路中的中间继电器 KF 的作用：当操作者扳动机床主轴进行调整，或检修人员人为转动电动机转子时，不会因速度继电器常开触点 BS-Z 或 BS-F 的闭合导致电动机意外接通而反向起动的事故。该线路的工作原理请读者试作分析。

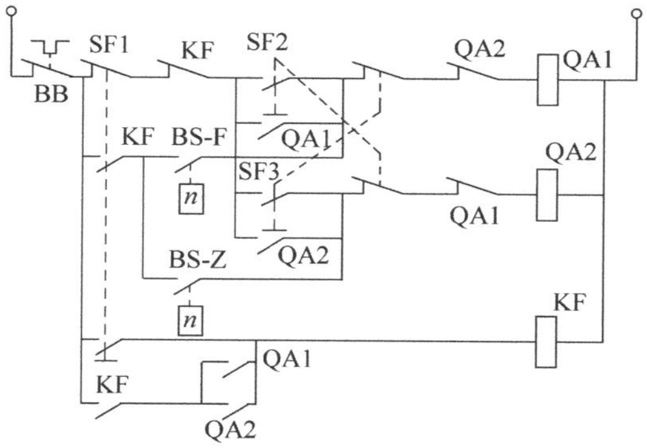

图 2-22　可逆反接制动控制线路

图 2-23 所示为定子串对称电阻可逆反接制动控制线路。该线路在电动机正反转起动和反接制动时在定子电路中都串接电阻，限流电阻 RA 起到了在反接制动时限制制动电流、在起动时限制起动电流的双重限流作用。

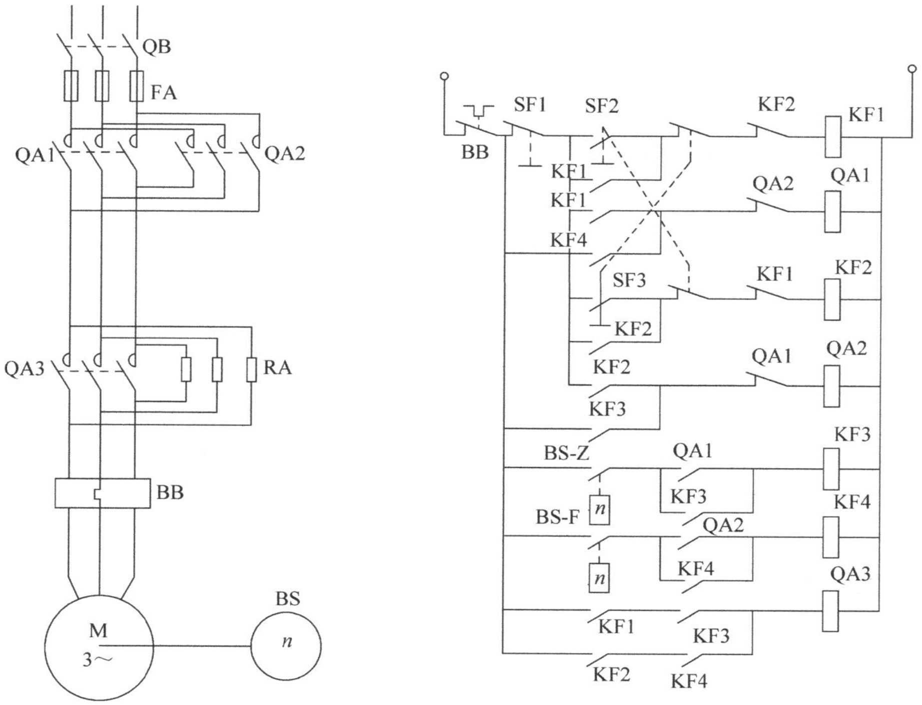

图 2-23　定子串对称电阻可逆反接制动

该线路的工作原理如下。

① 按下正向起动按钮 SF2，中间继电器 KF1 得电吸合并自锁，同时正向接触器 QA1 得电吸合，电动机正向起动。

② 刚起动时，尚未达到使速度继电器动作的转速，常开触点 BS-Z 未闭合，使中间继电器 KF3 不得电，接触器 QA3 也不得电，因而使 RA 串在定子绕组中限制起动电流。

③ 当转速升高至速度继电器动作值时，常开触点 BS-Z 闭合，QA3 线圈得电吸合，经其主触点短接电阻 RA，电动机转速不断升高，直至正常运行。

④ 按停止按钮 SF1，KF1 线圈失电，KF1 常开触点断开接触器 QA3 线圈电路，使电阻 RA 再次串入定子电路；同时，QA1 线圈失电，切断电动机三相电源。

⑤ 此时电动机惯性转速仍较高，常开触点 BS-Z 仍闭合，KF3 线圈仍保持得电状态。在 QA1 失电同时，QA2 线圈得电吸合，其主触点将电动机电源反接，电动机进行反接制动。在制动过程中，定子电路一直串有电阻 RA 以限制制动电流。

⑥ 当转速接近零时，常开触点 BS-Z 复位断开，KF3 和 QA2 相继失电，制动过程结束，电动机停转。

电动机处于任一方向运行时，若要改变其运转方向，只要按下相应的起动按钮，电路便自动完成反向的全部过程。例如，电动机正向运行时，若要使其反向运行，则按下反向起动按钮 SF3，通过 KF2 和 QA2 使电动机先进行反接制动，当转速降至零时，电动机又反向起动。不管电动机是处于正向反接制动还是反向起动，电阻 RA 均接入定子绕组，以限制制动电流和起动电流。只有当反向转速升高达到 BS-F 动作值时，常开触点 BS-F 闭合，KF4 和 QA3 线圈相继得电吸合，切除电阻 RA，转速继续升高，直至电动机进入反向正常运行。

该线路可以克服图 2-21 所示线路的缺点，不会因 BS-Z 或 BS-F 触点的偶然闭合而引起意外事故；且其操作方便，具有触点、按钮双重联锁，运行安全、可靠，是一个较完善的控制线路。

2.4.3 能耗制动控制线路

1. 线路设计思想

能耗制动是一种应用广泛的电气制动方法。该线路的设计思想是在电动机脱离三相交流电源以后，立即将直流电源接入定子绕组，利用转子感应电流与静止磁场的作用产生制动转矩，从而达到制动的目的。由于将直流电源接入定子的两相绕组，绕组中流过直流电流，产生了一个静止不动的直流磁场。此时电动机的转子由于惯性作用仍按原来的方向旋转，转子导体切割直流磁通，产生感生电流。在静止磁场和感生电流相互作用下，产生一个阻碍转子转动的制动力矩，因此电动机转速迅速下降。当转速降至零时，转子导体与磁场之间无相对运动，感生电流消失，制动力矩变为零，电动机停转，再将直流电源切除，制动结束。根据能耗制动时间控制的原则，有采用时间继电器控制与采用速度继电器控制两种形式。

2. 典型线路介绍

1）单向能耗制动控制线路

图 2-24 所示为按时间原则控制的单向能耗制动控制线路。

线路原理如下。

① 按起动按钮 SF2，接触器 QA1 得电投入工作，使电动机正常运行，接触器 QA2 和时

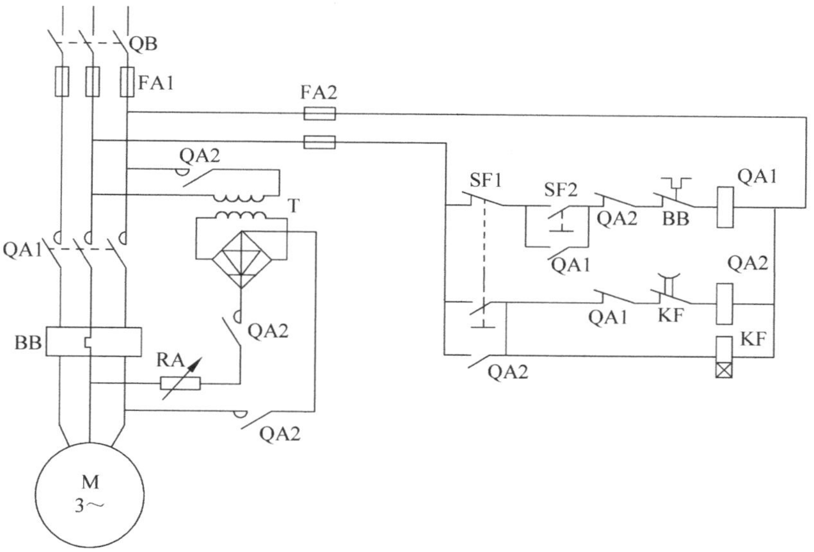

图 2-24　按时间原则控制的单向能耗制动控制线路

间继电器 KF 不得电。

② 需要电动机停止时，按下停止按钮 SF1，QA1 线圈失电，其主触点断开，电动机脱离三相交流电源。

③ 此时，QA2 与 KF 线圈相继得电，QA2 主触点闭合，将经过整流后的直流电压通过电阻 RA 接至电动机两相定子绕组上，使电动机制动。

④ 当转子的惯性速度接近零时，时间继电器 KF 的常闭触点延时断开，使接触器 QA2 线圈和 KF 线圈相继失电，切断能耗制动的直流电源，线路停止工作。

图 2-25 所示为按速度原则控制的单向能耗制动控制线路。该线路与图 2-24 所示控制线路基本相同，只是在控制电路中取消了时间继电器 KF 的线圈电路，而在电动机轴的伸出端安装了速度继电器 BS，并且用速度继电器 BS 的常开触点取代了时间继电器 KF 延时断开的常闭触点。若欲使电动机停止转动，其操作过程如下。

① 按停止按钮 SF1，QA1 线圈失电释放，切除电动机三相交流电源。

② 此时，转子的惯性速度仍然很高，速度继电器 BS 的常开触点仍闭合，接触器 QA2 得电，主触点闭合，接通整流器的输入、输出电路，向电动机定子绕组送入直流电流，电动机开始制动。

③ 待转子转速接近零时，BS 常开触点断开复位，QA2 线圈断电，能耗制动结束。

2）可逆运行能耗制动控制线路

图 2-26 所示为电动机按时间原则控制可逆运行的能耗制动控制线路。

如果在电动机正常的正向运行过程中需要停止，实现能耗制动，则其操作过程如下。

① 按下停止按钮 SF1，QA1 线圈失电，切断电动机三相交流电源，QA3 和 KF 线圈得电并自锁，接通整流器的输入、输出，使直流电压送至定子绕组，电动机进行正向能耗制动。

② QA3 常闭辅助触点断开，保证在制动时电动机起动电路不被接通。

③ 电动机正向转速迅速下降，当转速接近零时，时间继电器 KF 的常开触点经过延时

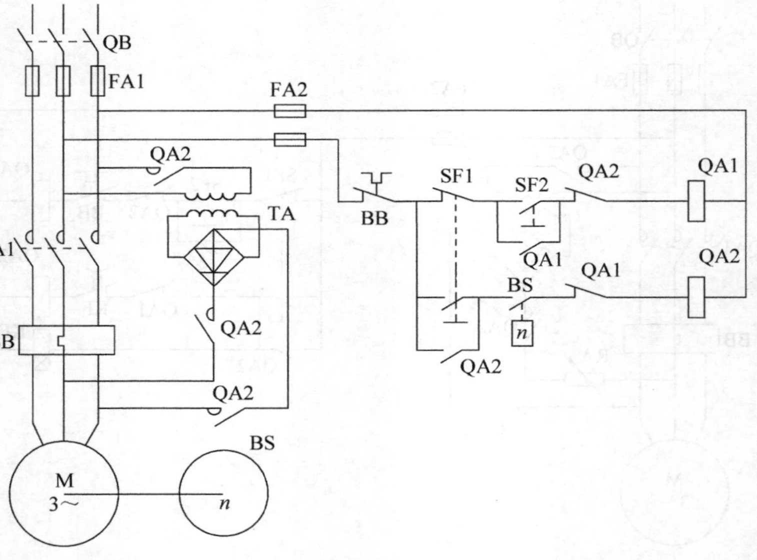

图 2-25 按速度原则控制的单向能耗制动控制线路

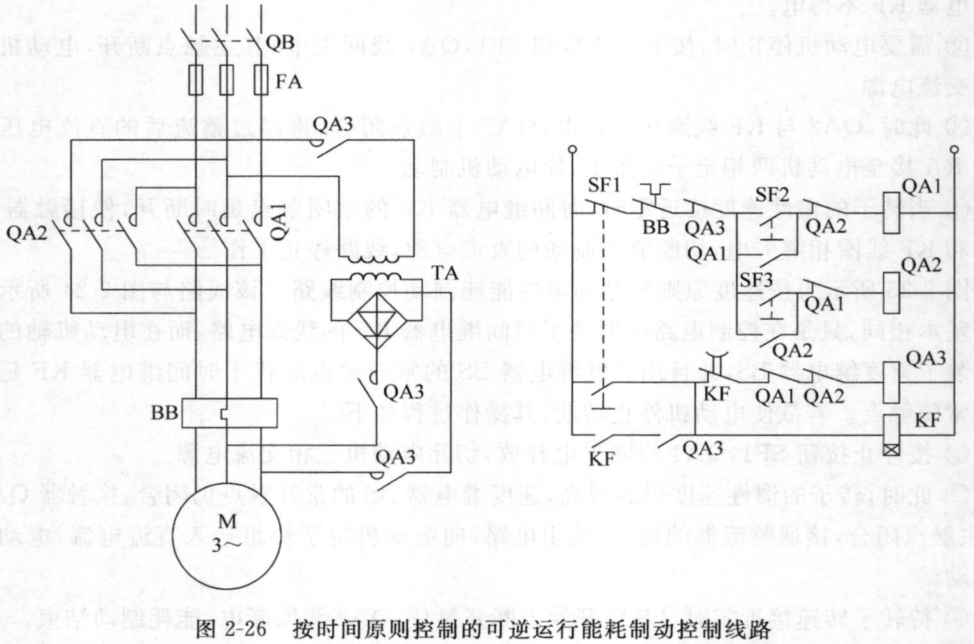

图 2-26 按时间原则控制的可逆运行能耗制动控制线路

后断开，QA3 线圈电路切除直流电源。由于 QA3 自锁常开辅助触点恢复常态，随之时间继电器 KF 线圈也失电，正向能耗制动结束。

反向起动和反向能耗制动过程与正向起动和正向能耗制动过程类同。

图 2-27 所示为按速度原则控制的可逆运行能耗制动控制线路。该线路与图 2-26 所示的控制线路基本相同。在这里同样用速度继电器 BS 取代了时间继电器 KF，由于速度继电器的触点具有方向性，所以电动机的正向能耗制动和反向能耗制动分别由速度继电器的两

对常开触点 BS-Z 和 BS-F 来控制，代替原线路中的时间继电器 KF 的一对延时断开常闭触点。常开触点 BS-Z 和 BS-F 在电路中是并联的。在该控制线路中，当电动机处于正向能耗制动时，接触器 QA3 线圈电路由于自身常开辅助触点和 BS-Z 都闭合而得电。当电动机正向惯性速度接近零时，BS-Z 常开触点复位，QA3 线圈失电，切断直流电源，电动机正向能耗制动结束。电动机处于反向能耗制动状态时，QA3 线圈依靠自身常开辅助触点和 BS-F 的共同闭合而锁住电源。当反向惯性速度接近零时，BS-F 常开触点复位，QA3 线圈断电而切除直流电源，电动机反向能耗制动结束。

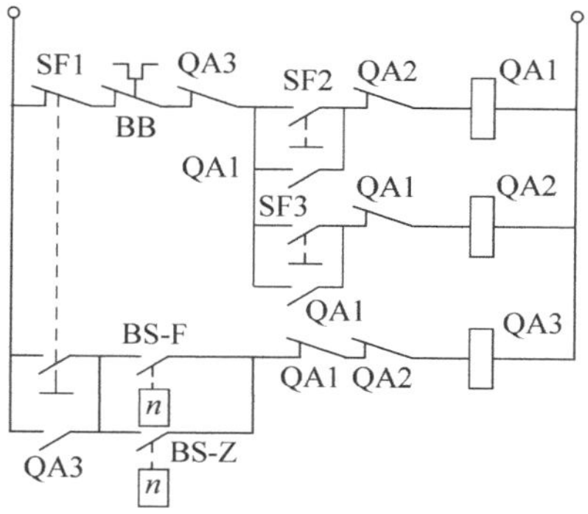

图 2-27　按速度原则控制的可逆能耗制动控制线路

从能量角度看，能耗制动是把电动机转子运转所存储的动能转变为电能，且又消耗在电动机转子的制动上，与反接制动相比，能耗损耗少。在制动时磁场静止不动，不会产生有害的反转，制动停车准确，制动过程平稳。所以，能耗制动适用于电动机容量较大，要求制动平稳和起动频繁的场合。但能耗制动需要整流电路，制动速度也较反接制动慢些。但是由于电力电子技术的迅速发展、半导体整流器件的大量生产和使用，直流电源已成为不难解决的问题了。

2.5　三相异步电动机调速控制线路

三相异步电动机的调速，可用变更定子绕组的极数和改变转子电路的电阻来实现。目前，变频调速、串级调速和电磁调速随电子技术的发展出现了新的前景，读者可参阅介绍交流调速系统的书籍。

2.5.1　变更极对数的调速控制线路

1. 线路设计思想

由异步电动机转速表达式

$$n=\frac{60f}{p}(1-s)$$

可知，电源频率 f 固定以后，电动机的转速 n 与它的极对数 p 成反比。若能变更电动机绕组的极对数，也就变更了转速。设计控制线路的指导思想就是通过改变电动机定子绕组的外部接线、改变电动机的极对数，从而达到调速的目的。速度的调节，即接线方式的改变，也是采用时间继电器按照时间原则来完成的。改变笼型异步电动机定子绕组的极对数以后，转子绕组的极对数能够随之变化，也就是说，笼型异步电动机转子绕组本身没有固定的极对数。绕线式异步电动机的定子绕组极对数改变以后，它的转子绕组必须进行相应的重新组合，而绕线式异步电动机往往无法满足这一要求，所以变更绕组极对数的调速方法一般仅适用于笼型异步电动机。

2. 变更极对数原理

通常把变更绕组极对数的调速方法简称为变极调速。变极调速是有级调速，速度变换是阶跃式的。这种调速方法简单、可靠、成本低，因此在有级调速能够满足要求的机械设备中，广泛采用多速异步电动机作为主拖动电动机，如镗床、铣床等机床都将采用多速电动机来拖动主轴。常用的变极调速方法有两种：一种是改变定子绕组的接法，即变更定子绕组每相的电流方向；另一种是在定子上设置具有不同极对数的两套互相独立的绕组。有时为了使同一台电动机获得更多的速度等级，往往同时采用上述两种方法，即在定子上设置了两套相互独立的绕组，又使每套绕组具有变更电流方向的能力。

多速电动机一般有双速、三速、四速之分。下面仅以双速异步电动机为例，说明如何使用变更绕组接线来实现改变极对数的原理。

双速电动机三相定子绕组接线示意图如图 2-28 所示。图 2-28(a)示出了△/YY 接线的变换，它属于恒功率调速。当定子绕组 D1、D2、D3 的接线端接电源，D4、D5、D6 接线端悬空时，三相定子绕组接成了三角形(低速)。此时每相绕组中的线圈①、线圈②相互串联，其电流方向如图中虚箭头所示，每组绕组具有 4 个极(即两对极)。若将定子绕组的 D4、D5、D6 这 3 个接线端接电源，D1、D2、D3 接线端短接，则把原来的三角形接线改变为双星形接线(高速)，此时每相绕组中的线圈①与线圈②并联，电流方向如图中实线箭头所示。每相绕组具有两个级(即一对极)。

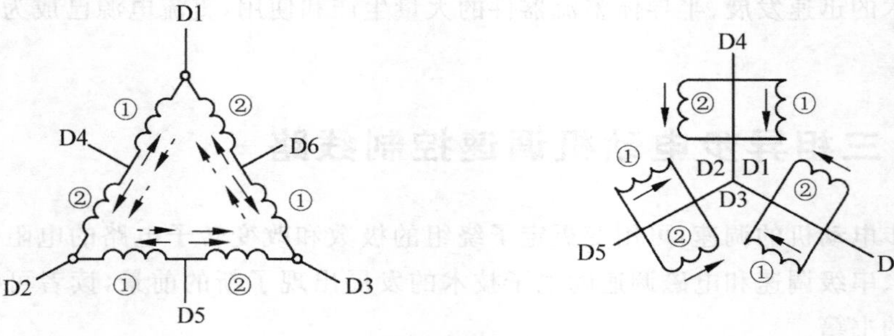

(a) △/YY变换

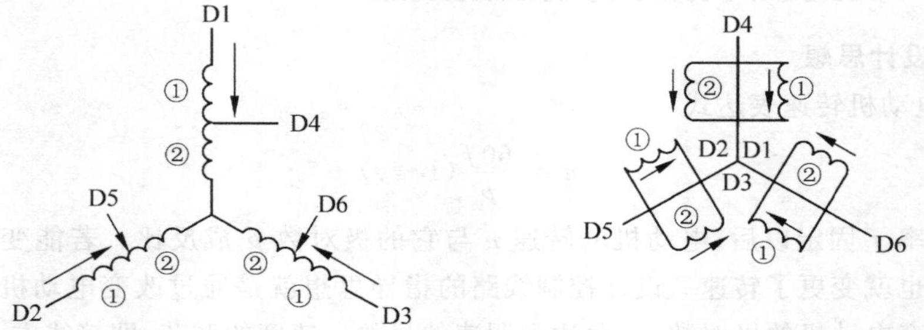

(b) Y/YY变换

图 2-28　双速电动机定子绕组接线示意图

综上可知，变更电动机定子绕组的△/YY 接线，就改变了极对数。△接线具有四极，对应低速；YY 接线具有两极，对应高速，由此改变了电动机的转速。应当强调指出，当把电动机定子绕组的△接线变更为 YY 接线时，接线的电源相序必须反相，从而保证电动机由低速度变为高速度时旋转方向的一致性。

图 2-28(b)示出了 Y/YY 的接线变换。它属于恒转调速。同理可分析，定子绕组的磁场极数从四极变为二极，对应电动机的低速和高速两个速度等级。

3. 典型线路介绍

1）双速电动机调速控制线路

图 2-29 所示为双速电动机调速控制线路，其线路工作原理如下。

① 双投开关 SF 合向“低速”位置时，接触器 QA3 线圈得电，电动机接成三角形，低速运转。

② 双投开关 SF 置于“空挡位置”，电动机停转。

③ 双投开关 SF 合向“高速”位置时，时间继电器 KF 得电，其瞬动常开触点闭合，使 QA3 线圈得电，绕组接成三角形，电动机低速起动。

④ 经一定延时，KF 的常开触点延时闭合，常闭触点延时断开，使 QA3 失电，QA2 和 QA1 线圈相继得电，电子绕组接线自动从三角形切换为双星形，电动机高速运转。

这种先低速起动，经一定延时后自动切换到高速的控制，目的是限制起动电流。

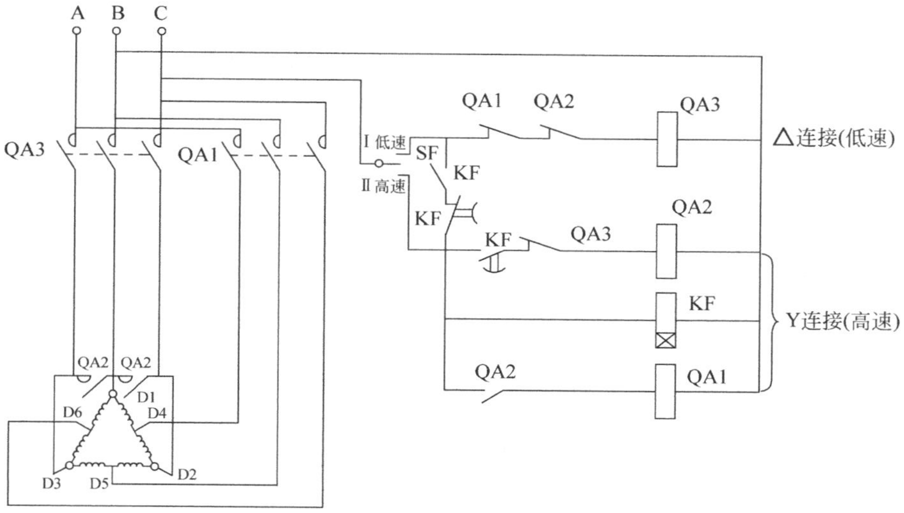

图 2-29　双速电动机调速度控制线路

2）三速异步电动机控制线路

一般三速电动机的定子绕组具有两套绕组，其中一套绕组连接成△/YY，另一套绕组连接成 Y 形，如图 2-30(a)所示。假设将 D1、D2、D3 连接端接电源时，电动机具有 8 个极，将 D4、D5、D6 接线端接电源，D1、D2、D3 相互短接时，电动机具有 4 个极；将 D7、D8、D9 接线端接电源时，电动机呈 6 个极。故将不同的端头接向电源，电动机便有 8、6、4 这 3 种级别磁极的转速。当只有单独一套绕组工作时(D7、D8、D9 接电源)，由于另一套△/YY 接法的绕组仍置身于旋转磁场中，在其△接线的线圈中肯定要流过环流电流。为避免环流产生，一般设法将绕组接成开口的三角形，如图 2-30(b)所示。

图 2-31 所示为双绕组三速异步电动机的控制线路。该线路的特点是：利用组合开关

SF5 的转换，可实现手动变速或自动加速的控制。其线路工作原理如下。

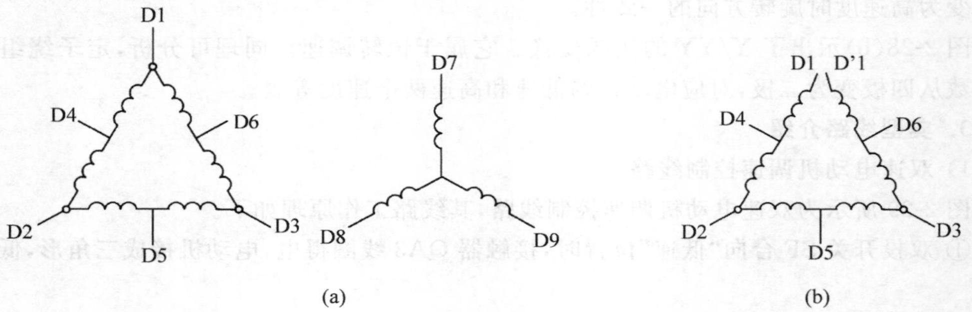

图 2-30 三速电动机定子绕组接线示意图

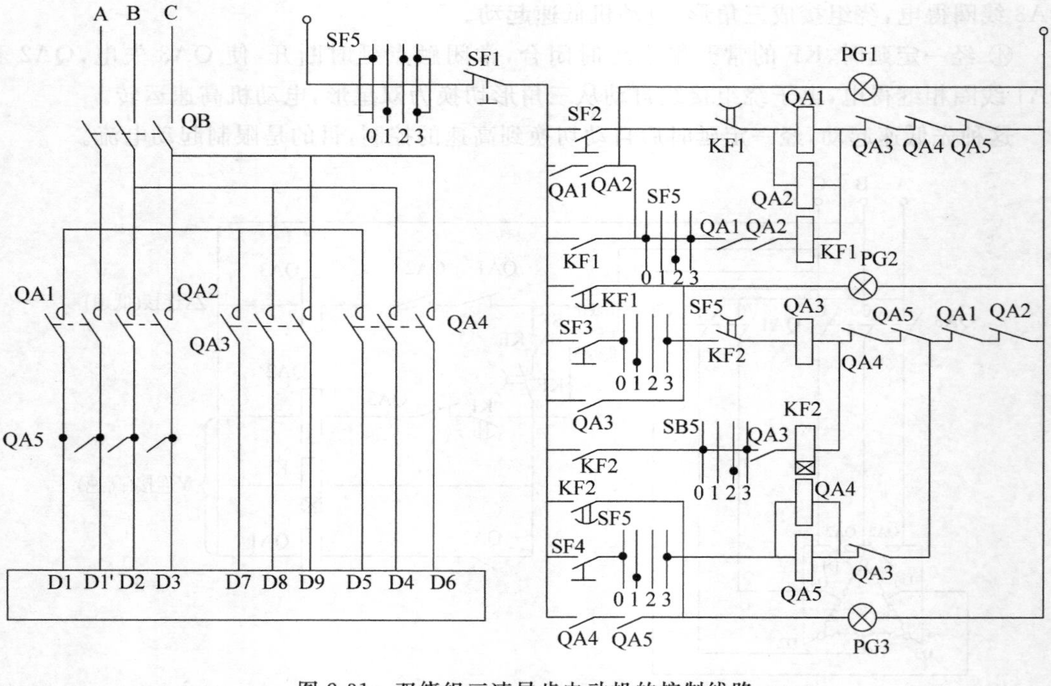

图 2-31 双绕组三速异步电动机的控制线路

① 合上电源隔离开关 QB。

② 若将组合开关 SF5 的手柄扳在位置 2，按下起动按钮 SF2，信号指示灯 PG1 亮，接触器 QA1、QA2 得电吸合，电动机定子第一套绕组的 D1、D'1、D2、D3 接向电源连成三角形，呈 8 极，电动机低速起动。同时，时间继电器 KF1 得电。

③ 经一定延时，KF1 的常闭触点延时断开 QA1、QA2 线圈电路，QA1、QA2 复位，使 D1、D'1、D2、D3 端子脱离电源，指示灯 HL1 熄灭。

④同时，KF1 的常开触点延时闭合，指示灯 PG2 亮，使接触器 QA3 和时间继电器 KF2 相继得电；电动机第二套绕组 D7、D8、D9 接线端接向电源，连成星形，呈 6 极，电动机加速运转。

⑤ 经一定延时，KF2 的常闭触点延时断开 QA3 线圈电路，QA3 释放，使 D7、D8、D9 端

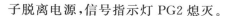

子脱离电源，信号指示灯 PG2 熄灭。

⑥ 同时，KF2 的常开触点延时闭合，接触器 QA4、QA5 得电并自锁，指示灯 PG3 亮。电动机定子第一套绕组的 D4、D5、D6 端接电源，D1、D'1、D2、D3 端短接，连成双星形、呈 4 极，电动机加速至最高转速稳定运行。

如要停车，按停止按钮 SF1 即可。

若要进行手动变速，先将组合开关 SF5 的手柄扳在位置 1，使时间继电器 KF1、KF2 不起作用。要想得到某种转速，只需按下对应的起动按钮 SF2 或 SF3 或 SF4 就能达到目的。当电动机在某种转速下稳定运行时，若要改变转速，应先按停止按钮 SF1，再按需求速度的按钮；否则，会因为接触器触点之间的相互联锁而无法实现变速。

2.5.2　变更转子外加电阻的调速控制线路

变更转子外加电阻的调速方法，只能适用于绕线式异步电动机。串入转子电路的电阻不同，电动机工作在不同的人为特性上，从而获得不同的转速，达到调速的目的。尽管这种调速方法把一部分电能消耗在电阻上，降低了电动机的效率，但是由于该方法简单、便于操作，所以目前在吊车、起重机一类生产机械上仍被普遍采用。

2.6　其他典型控制线路

2.6.1　多地点控制线路

有些机械和生产设备为了操作方便，常在两地或两个以上的地点进行控制。例如，重型龙门刨床有时在固定的操作台上控制，有时需要站在机床四周围悬挂按钮控制；有些场合为了便于集中管理，由中央控制台进行控制，但每台设备调速检修时又需要就地进行控制。

用一组按钮可在一处进行控制。不难推想，要在两地进行控制就应该有两组按钮。要在三地进行控制就应该有 3 组按钮，而且这 3 组按钮的连接原则必须是：常开起动按钮要并联，常闭停止按钮应串联。这一原则也适用于 4 个或更多地点的控制。图 2-32 所示为实现三地控制的控制电路。图中 SF-Q1 和 SF-T1，SF-Q2 和 SF-T2，SF-Q3 和 SF-T3 各组装在一起，分别固定于生产设备的 3 个地方，就可有效地进行三地控制。

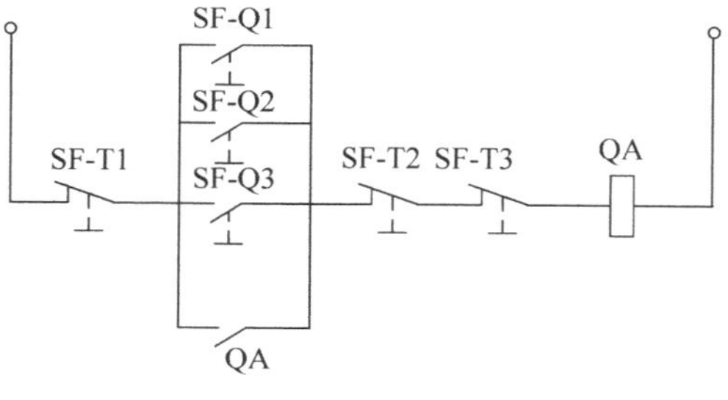

图 2-32　多地点控制线路

2.6.2　顺序起停控制线路

在机床的控制线路中，常常要求电动机的起停要有一定的顺序。例如，铣床的主轴旋转后工作台方可移动；龙门铇床在工作台移动前，导轨润滑油泵要先起动等。顺序起停控制线路，有顺序起动、同时停止控制线路；有顺序起动、顺序停止控制线路；还有顺序起动、逆序停止控制线路。

图 2-33 所示为顺序起停控制线路。接触器 QA1、QA2 分别控制电动机 M1 和 M2。

图 2-33(a)所示为顺序起动、同时停止控制线路。在该线路中，只有接触器 QA1 先得电吸合后，接触器 QA2 才能得电；即 M1 先起动 M2 后起动。按停止按钮 SF1 时，QA1 和 QA2 同时失电，即 M1 和 M2 同时停转。

图 2-33(b)所示为顺序起动、顺序停止控制线路。在该线路中，当 QA1 得电吸合后，QA2 才能通电，即 M1 先起动，M2 后起动。断电时，QA1 先复位，QA2 后复位，即先停 M1 再停 M2。

图 2-33(c)所示为顺序起动、逆序停止控制线路。起动时，先 QA1 后 QA2 顺序得电，即先 M1 后 M2 的顺序起动。断电时，先 QA2 后 QA1 顺序复位，即按先 M2 后 M1 的顺序。

顺序起停控制线路的控制规律：把控制电动机先起动的接触器常开触点，串联在控制后起动电动机的接触器线圈电路中，用两个(或多个)停止按钮控制电动机的停止顺序，或者将先停的接触常开触点与后停的停止按钮并联即可。掌握了上述规律性，设计顺序控制线路就是一件不难的事情了。

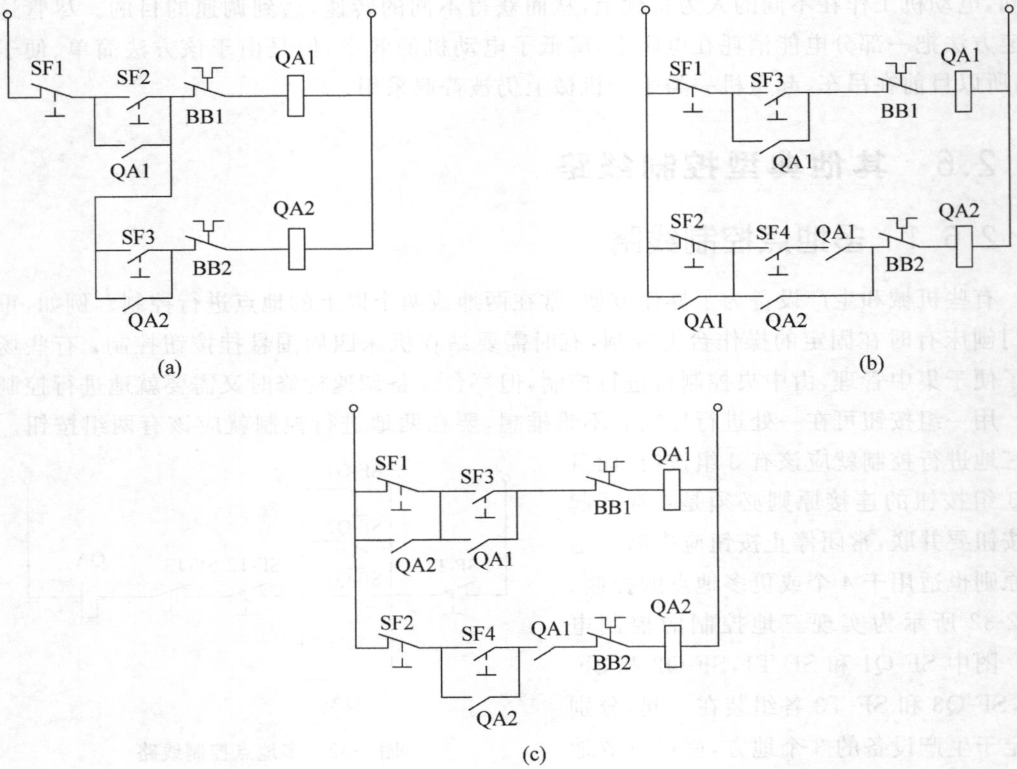

图 2-33　顺序起停控制线路

2.6.3　步进控制线路

在程序预选自动化机床以及简易顺序控制装置中，程序依次自动转换，主要依靠步进控制线路完成。图 2-34 所示为采用中间继电器组成的顺序控制 3 个程序的步进控制线路。

其中 Q1、Q2、Q3 分别代表第一至第三程序的执行电路，而每一程序的实际内容是根据具体要求另行设计的。每当程序执行完成时，分别由 SQ1、SQ2、SQ3 发出控制信号。

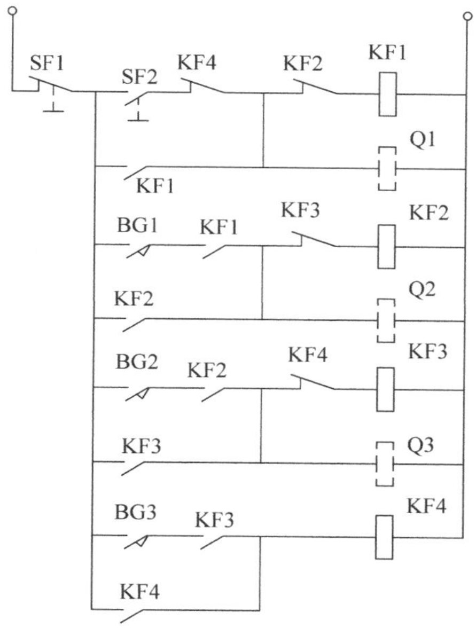

图 2-34　中间继电器组成的步进控制线路

线路工作原理如下。

① 按下起动按钮 SF2，使中间继电器 KF1 线圈得电并自锁，Q1 也将持续得电，执行第一程序；同时 KF1 的常开触点闭合，为 KF2 线圈得电做好准备。

② 当第一程序执行结束后，信号 BG1 闭合，使 KF2 线圈得电并自锁，KF2 常闭触点断开，切断 KF1 和 Q1，即切断第一程序。Q2 也持续得电，执行第二程序，而 KF2 的常开触点闭合，为 KF3 线圈得电做好准备。

③ 当第三程序执行结束时，信号 BG3 闭合，使 KF4 线圈得电并自锁，KF3 释放切断第三程序。此刻，全部程序执行完毕。

④ 按 SF1 停止按钮，为下一次起动做好准备。

该线路以一个中间继电器的“得电”和“失电”表征某一程序的开始和结束。它采用顺序控制线路，保证只有一个程序在工作，不致引起混乱。

2.6.4　多台电动机同时起停电路

组合机床通常应用动力头对工件进行多头多面同时加工(动力头是指使刀具得到旋转运动的部件)，这就要求控制电路具有对多台电动机既能实现同时起动又能实现单独调整的性能。图 2-35 所示电路可以满足上述要求。

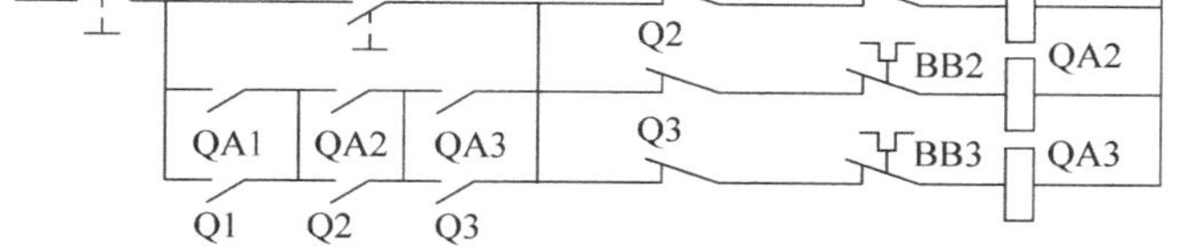

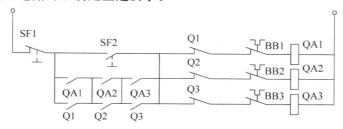

图 2-35　多台电动机同时起停控制线路

图中 QA1、QA2、QA3 分别为 3 台电动机的起动接触器；Q1、Q2、Q3 是 3 台电动机分别单独调整用的开关。

由按钮 SF2 及 SF1 控制起停。按下 SF2，QA1、QA2、QA3 均得电，3 台电动机同时起动。按下 SF1，3 台电动机同时停转。如果要对某台电动机所控制的部件单独进行调整，比如要单独调整 QA1 所控制的部件，可扳动开关 Q2、Q3，使其常闭触点分断、常开触点闭合。这时按动 SF2，仅有 QA1 得电，使 QA1 所控制的部件动作，这就达到了单独调整的目的。

本章小结

本章主要介绍几种基本的电气控制线路。作为基本知识，首先列出常用的最新电气图形符号和文字符号，以电气工程师的角度阐述电气控制线路绘制的原则，简述如何阅读和分析电气控制线路图；其次作为学习的重点，分别对三相异步电动机起动、正反转、制动和调速控制进行了详细阐述，这一部分需要深刻理解每一种电路的实现方法、工作原理，能够熟练分析出各类电器的实现功能；最后对其他典型控制电路，如多点控制、顺序起停控制、步进控制等进行了详细介绍。本章的内容主要是继电器硬件控制电路，学好本章可为后面梯形图编程打下坚实基础。

习题

2-1 笼型异步电动机在什么情况下采用降压起动？几种降压起动方法各有什么优、缺点？

2-2 如图 2-36 所示，线路能否实现正常的起动和停止？若不能，请改正。

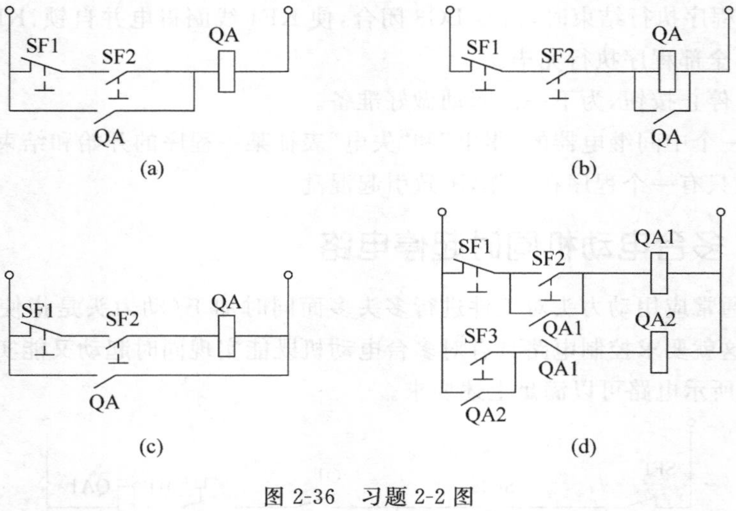

图 2-36 习题 2-2 图

2-3 热继电器能否用来作短路保护？

2-4 在图 2-2 中，若接触器 QA 的辅助常开触点损坏不能闭合，则在操作时会发生什么现象？

2-5　设计一个异步电动机的控制线路，其要求如下。

(1) 能实现可逆长动控制。

(2) 能实现可逆点动控制。

(3) 有过载、短路保护。

2-6　图 2-37 所示线路可以使一个机构向前移动到指定位置上停一段时间，再自动返回原位。试述其动作过程。

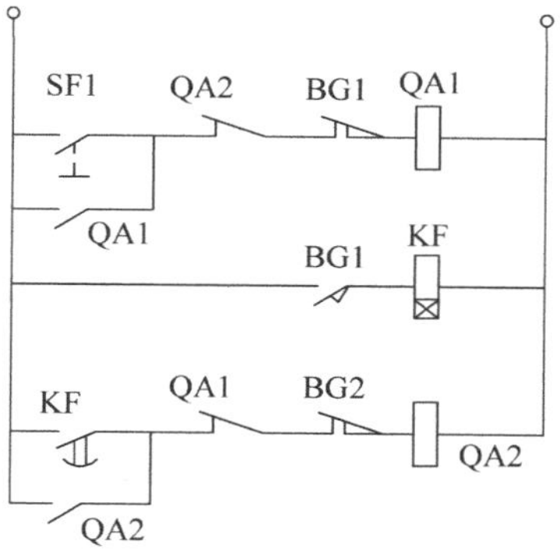

图 2-37　习题 2-6 图

2-7　试设计在甲、乙两地控制两台电动机的控制线路。

2-8　试设计某机床工作台每往复移动一次时就发生一个控制信号，以改变主轴电动机的旋转方向的控制电路。

2-9　试设计一个线路，其要求如下。

(1) M1 起动 10s 后，M2 自动起动。

(2) M2 运行 5s 后，M1 停止，同时 M3 自动起动。

(3) 再运行 15s 后，M2 和 M3 全部停止。

2-10　试分析图 2-22 所示线路的工作原理。

2-11　试设计按速度原则实现单向反接制动的控制线路。

第3章 PLC基础知识

CHAPTER 3

PLC种类很多，不同厂家的产品各有特点，它们虽有一定的区别，但作为工业典型控制设备，PLC在结构组成、工作原理和编程方法等许多方面是基本相同的。本章主要介绍PLC的一般特性，重点讲解它们的工作原理和工作方式。

3.1 PLC的产生和定义

3.1.1 PLC的产生

20世纪20年代，人们开始把各种继电器、定时器、接触器及其触点按一定的逻辑关系连接起来组成控制系统，控制各种生产机械，这就是大家熟悉的传统继电器控制系统。由于它结构简单、容易掌握、价格便宜，能满足大部分场合电气顺序逻辑控制的要求，因而在工业电气控制领域中一直占据着主导地位。但是继电接触器控制系统具有明显的缺点：设备体积大、可靠性差、动作速度慢、功能弱，且难以实现较复杂的控制，特别是由于它是靠硬接线逻辑构成的系统，接线复杂烦琐，当生产工艺或对象需要改变时原有的接线和控制柜就要更换，所以通用性和灵活性差。

到20世纪60年代，由于小型计算机的出现和大规模生产的发展，人们曾试图用小型计算机来实现工业控制的要求。但由于价格高，输入输出电路信号及容量不匹配以及编程技术复杂等原因，一直未能得到推广应用。

20世纪60年代末期，美国的汽车制造业竞争激烈，各生产厂家的汽车型号不断更新，这必然要求生产线的控制系统也随之改变，并且对整个控制系统重新配置。为抛弃传统的继电接触器控制系统的约束，适应白热化的市场竞争要求，1968年美国通用汽车公司(GM)公开招标，要求制造商为其装配线提供一种新型的通用控制器，提出了以下10项招标要求。

(1) 编程方便，可现场修改程序。

(2) 维修方便，采用插件式结构。

(3) 可靠性高于继电器控制装置。

(4) 体积小于继电器控制盘。

(5) 数据可直接送入管理计算机。

(6) 成本可与继电器控制盘竞争。

(7) 输入可以是交流115V(美国电压标准)。

(8) 输出为交流 115V，容量要求在 2A 以上，可直接驱动接触器、电磁阀等。

(9) 扩展时原系统改变最小。

(10) 用户存储器至少能扩展到 4KB。

以上的要求实际是提出了将继电接触器控制方式的简单易懂、使用方便、价格低廉的优点与计算机控制方式的功能强大、灵活性和通用性好的优点结合起来，将继电接触器控制的硬连线逻辑转变为计算机的软件编程的设想。

1969 年美国数字设备公司(DEC)根据上述要求，研制开发了世界上第一台 PLC，并在 GM 公司汽车生产线上成功使用。这是世界上第一台 PLC，型号为 PDP-14。人们把它称为可编程序逻辑控制器(Programmable Logic Controller，PLC)。当时开发 PLC 的主要目的是用来取代继电器逻辑控制系统，所以最初的 PLC 功能仅限于执行继电器逻辑、计时和计数等功能。

随着微电子技术的发展，20 世纪 70 年代中期出现了微处理器和微型计算机，人们将微机技术应用到 PLC 中，使得它能更多地发挥计算机的功能，不仅用逻辑编程取代了硬连线逻辑，还增加了运算、数据传送和处理等功能，使其真正成为一种电子计算机工业控制设备。国外工业界在 1980 年正式将其命名为可编程序控制器(Programmable Controller，PC)。但为了避免与个人计算机(Personal Computer，PC)混淆，现在依然把可编程序控制器简称为 PLC。

3.1.2 PLC 的定义

国际电工委员会(IEC)在 20 世纪 80 年代初就开始了有关 PLC 国际标准的制定工作，并发布了数稿草案。在 2003 年发布(1992 年发布第 1 稿)的 PLC 国际标准 IEC 61131—1(通用信息)中对 PLC 有一个标准定义：

“PLC 是一种数字运算操作的电子系统，专为工业环境而设计。它采用了可编程序的存储器，用来在其内部存储逻辑运算、顺序控制、定时、计数和算术运算等操作的基于用户的指令，并通过数字式和模拟式的输入和输出，控制各种类型的机器或过程。PLC 及其相关的外围设备，都应按易于与工业控制系统集成、易于实现其预期功能的原则设计。”

上述定义重点说明了 3 个概念，即 PLC 是什么、它具备什么功能，以及 PLC 及其相关外围设备的使用原则。

定义强调了 PLC 应直接应用于工业环境，它必须具有很强的抗干扰能力、广泛的适应能力和应用范围。这也是区别于一般微机控制系统的一个重要特征。定义还强调了 PLC 是“数字运算操作的电子系统”，也是一种计算机，是“专为在工业环境下应用而设计”的工业计算机。这种工业计算机采用“面向用户的指令”，编程方便，能完成逻辑运算、顺序控制、定时、计数和算术运算等操作，还具有“数字量和模拟量输入输出”功能，并且非常容易与“工业控制系统连成一体”，易于实现其预期功能。

3.2 PLC 的发展

3.2.1 PLC 的发展历史

第一台 PLC 诞生后不久，Dick Morley(被誉为 PLC 之父)的 MODICON 公司推出了 084 控制器。这种控制器的核心思想就是采用软件编程方法替代继电器控制系统的硬接线方式，并有大量的输入传感器和输出执行器接口，可以方便地在工业生产现场直接使用。这种能够取代继电控制柜的设备就是 Morley 等人提议开发的 Modular Digital Controller (MODICON)。随后，1971 年日本推出了 DSC-80 控制器，1973 年西欧国家的各种 PLC 也研制成功。虽然这些 PLC 的功能还不够强大，但它们开启了工业自动化应用技术新时代的大门。PLC 诞生不久立即显示出了其在工业控制中的重要性，在许多领域得到了广泛应用。

PLC 技术随着计算机和微电子技术的发展而迅速发展，由最初的 1 位机发展为 8 位机。随着微处理器(CPU)和微型计算机技术在 PLC 中的应用，形成了现代意义上的 PLC。进入 20 世纪 80 年代以来，随着大规模和超大规模集成电路等微电子技术的迅猛发展，以 16 位和 32 位微处理器构成的微机化 PLC 得到了惊人的发展，使 PLC 在概念、设计、性能价格比等方面均得到了新的突破，不仅控制功能增加，功耗、体积减小，成本下降，可靠性提高，编程和故障检测更为灵活方便，而且远程 I/O 和通信网络、数据处理及人机界面(HMI)也有了长足的发展。现在 PLC 不仅能得心应手地应用于制造业自动化，而且还可以应用于连续生产的过程控制系统，所有这些已经使之成为自动化技术领域的三大支柱之一，即便在现场总线技术成为自动化技术应用热点的今天，PLC 仍然是现场总线控制系统中的主体设备。

PLC 的发展历程可以总结为以下 5 个阶段。

1. 初级阶段

从第一台 PLC 问世到 20 世纪 70 年代中期。这个时期的 PLC 功能简单，主要完成一般的继电器控制系统功能，即顺序逻辑、定时和计数等，编程语言为梯形图。

2. 崛起阶段

从 20 世纪 70 年代中期到 80 年代初期。由于 PLC 在取代继电器控制系统方面的卓越表现，自从它在电气控制领域开始普及应用后便得到了飞速的发展。这个阶段的 PLC 在其控制功能方面增强了很多，如数据处理、模拟量的控制等。

3. 成熟阶段

从 20 世纪 80 年代初期到 90 年代初期。在这之前的 PLC 主要是单机应用和小规模、小系统的应用，但随着对工业自动化技术水平、控制性能和控制范围要求的提高，在大型的控制系统(如冶炼、饮料、造纸、烟草、纺织、污水处理等)中，PLC 也展示出了其强大的生命力。对这些大规模、多控制器的应用场合，就要求 PLC 控制系统必须具备通信和联网功能。这个时期的 PLC 顺应时代要求，在大型 PLC 中一般都扩展了遵守一定协议的通信接口。

4. 飞速发展阶段

从 20 世纪 90 年代初期到 90 年代末期。由于对模拟量处理功能和网络通信功能的提高，PLC 控制系统在过程控制领域也开始大面积使用。随着芯片技术、计算机技术、通信技术和控制技术的发展，PLC 的功能得到了进一步提高。现在 PLC 无论从体积上、人机界面功能、端子接线技术，还是从内在的性能(速度、存储容量等)、实现的功能(运动控制、通信网络和多机处理等)方面都远非过去的 PLC 可比。从 20 世纪 80 年代以后，是 PLC 发展最快的时期，年增长率一直都保持在 30%～40%。

5. 开放性和标准化阶段

从 20 世纪 90 年代中期以后。关于 PLC 开放性的工作其实在 20 世纪 80 年代就已经展开了,但由于受到各大公司的利益阻挠和技术标准化难度的影响,这项工作进展并不顺利。因此,PLC 诞生后的近 30 年时间内,各个 PLC 在通信标准、编程语言等方面都存在着不兼容的地方,这给工业自动化中实现互换性、互操作性和标准化都带来了极大的不便。现在随着 PLC 国际标准 IEC 61131 的逐步完善和实施,特别是 IEC 61131—3 标准编程语言的推广,使得 PLC 真正走入了一个开放性和标准化的时代。

目前,世界上有 200 多个厂家生产 300 多种 PLC 产品,比较著名的厂家有美国的 AB(被 ROCKWELL 收购)、GE、MODICON(被 SCHNEIDER 收购),日本的 MITSUBISHI、OMRON、FUJI、松下电工,德国的 SIEMENS 和法国的 SCHNEIDER 公司等。随着新一代开放式 PLC 走向市场,国内的生产厂家,如和利时、浙大中控等生产的基于 IEC 61131—3 编程语言的 PLC 可能会在未来的市场中占有一席之地。

3.2.2 PLC 的发展趋势

PLC 总的发展趋势是向高集成性、小体积、大容量、高速度、易使用、高性能、信息化、软 PLC、标准化、与现场总线技术紧密结合等方向发展。

1. 向小型化、专用化、低成本方向发展

随着微电子技术的发展,新型器件性能的大幅度提高,价格却大幅度降低,使得 PLC 结构更为紧凑,操作使用十分简便。从体积上讲,有些专用的微型 PLC 仅有一块香皂大小。PLC 的功能不断增加,将原来大、中型 PLC 才有的功能部分地移植到小型 PLC 上,如模拟量处理、复杂的功能指令和网络通信等。PLC 的价格也不断下降,真正成为现代电气控制系统中不可替代的控制装置。据统计,小型和微型 PLC 的市场份额一直保持在 70%~80%,所以对 PLC 小型化的追求不会停止。

2. 向大容量、高速度、信息化方向发展

现在大中型 PLC 采用多微处理器系统,有的采用 32 位微处理器,并集成了通信联网功能,可同时进行多任务操作,运算速度、数据交换速度及外设相应速度都有大幅度提高,存储容量大大增加,特别是增强了过程控制和数据处理的功能。为了适应工厂控制系统和企业信息管理系统日益有机结合的要求,信息技术也渗透到了 PLC 中,如设置开放的网络环境、支持 OPC(OLE for Process Control)技术等。

3. 智能化模块的发展

为了实现某些特殊的控制功能,PLC 制造商开发出了许多智能化的 I/O 模块。这些模块本身带有 CPU,使得占用主 CPU 的时间很少,减少了对 PLC 扫描速度的影响,提高了整个 PLC 控制系统的性能。它们本身具有很强的信息处理能力和控制功能,可以完成 PLC 的主 CPU 难以兼顾的功能。由于在硬件和软件方面都采取了可靠性和便利化的措施,所以简化了某些控制系统的系统设计和编程。典型的智能化模块主要有高速计数模块、定位控制模块、温度控制模块、闭环控制模块、以太网通信模块和各种现场总线协议通信模块等。

4. 人机界面(接口)的发展

HMI(Human-Machine Interface)在工业自动化系统中起着越来越重要的作用,PLC 控制系统在 HMI 方面的进展主要体现在以下几个方面。

(1) 编程工具的发展。过去大部分中小型 PLC 仅提供手持式编程器,编程人员通过编程器和 PLC 打交道。首先把编辑好的梯形图程序转换成语句程序,然后使用编程器一个字符、一个字符地输入PLC内部。另外，调试时也只能通过编程器观察很少的信息。现在编程器早已被淘汰，基于Windows的编程软件不仅可以对PLC控制系统的硬件组态，即设置设备硬件的结构、类型、各通信接口的参数等，而且可以在屏幕上直接生成和编辑梯形图、语句表、功能块图和顺序功能图程序，并且可以实现不同编程语言之间的自动转换。程序被编译后可下载到PLC，也可将用户程序上传到计算机。编程软件的调试和监控功能也远远超过手持式编程器，可以通过编程软件中的监视功能实时观察PLC内部各存储单元的状态和数据，为诊断分析PLC程序和工作过程中出现的问题带来了极大的方便。

(2) 功能强大、价格低廉的HMI。过去在PLC控制系统中进行参数的设定和显示时非常麻烦，对输入设定参数要使用大量的拨码开关组，对输出显示参数要使用数码管，它们不仅占据了大量的I/O资源，而且功能少、接线烦琐。现在各式各样单色、彩色的显示设定单元、触摸屏、覆膜键盘等应有尽有，它们不仅能完成大量数据的设定和显示，更能直观地显示动态图形画面，而且还能完成数据处理功能。

(3) 基于PC的组态软件。在大中型PLC控制系统中，仅靠简单的显示设定单元已不能解决人机界面的问题，所以基于Windows的PC成为了最佳的选择。配合有适当的通信接口或适配器，PC就可以和PLC进行信息的互换，再配合功能强大的组态软件，就能完成复杂而大量的画面显示、数据处理、报警处理、设备管理等任务。这些组态软件国外的品牌有WinCC、iFIX、Intouch、TIA Portal等，国产知名公司有亚控、力控等。现在组态软件的价格已经很低，所以在环境较好的应用市场使用PC加组态软件来取代触摸屏的方案也是一种不错的选择。

5. 在过程控制领域的使用以及PLC的冗余特性

虽然PLC的强项是在制造领域使用，但随着通信技术、软件技术和模拟量控制技术发展并不断地融合到PLC中，现在它已被广泛地应用于过程控制领域。但在过程控制系统中使用PLC，必然要求具有更高的可靠性。现在世界顶尖的自动化设备供应商提供的大型PLC中，一般都增加了安全性和冗余性的产品，并且符合IEC 61508标准的要求。该标准主要为可编程电子系统内的功能性安全设计而制定，为PLC在过程控制领域使用的可靠性和安全性设计提供了依据。现在PLC冗余性产品包括CPU系统、I/O模块以及热备份冗余软件等。大型PLC以及冗余技术一般都在大型的过程控制系统中使用。

6. 开放性和标准化

世界上大大小小的电气设备制造商几乎都推出了自己的PLC产品，但由于没有一个统一的规范和标准，所有PLC产品在使用上都存在一些差别，而这些差别的存在对PLC产品制造商和用户都是不利的。它一方面增加了制造商的开发费用；另一方面也增加了用户学习和培训的负担。这些非标准化的使用结果，使得程序的重复使用和可移植性都成为了不可能的事情。

现在的PLC采用了各种工业标准，如IEC 61131、IEEE 802.3以太网、TCP/CP、UDP/IP等，以及各种事实上的工业标准，如Windows NT、OPC等。特别是PLC的国际标准IEC 61131，为PLC从硬件设计、编程语言、通信联网等各方面都制定了详细的规范，而其中的第3部分IEC 61131—3是PLC的编程语言标准。IEC 61131—3的软件模型是现代PLC的软件基础，是整个标准的基础性理论工具。它为传统PLC突破了原有的体系结构(在一个PLC系统中装插多个CPU模块)，并为相应的软件设计奠定了基础。IEC 61131—3不仅在

PLC系统中被广泛采用,在其他的工业计算机控制系统、工业编程软件中也得到了广泛的应用。越来越多的PLC制造商都在尽量往该标准上靠拢,尽管由于受到硬件和成本等因素的制约,不同的PLC与IEC 61131—3兼容的程度有大有小,但这毕竟已成为了一种趋势。

7. 通信联网功能的增强和易用化

在中大型PLC控制系统中,需要多个PLC以及智能仪器仪表连接成一个网络进行信息的交换。PLC通信联网功能的增加使得它更容易与PC及其他智能控制设备进行互联,使系统形成一个统一的整体,实现分散控制、集中管理。现在许多小型甚至微型PLC的通信功能也十分强大。PLC控制系统的介质一般有双绞线或光纤,具备常用的串行通信功能。在提供网络接口方面PLC向两个方向发展:一是提供直接挂接到现场总线网络中的接口(如Profibus、AS-i等);二是提供Ethernet接口,使PLC可直接接入以太网。

8. 软PLC的概念

软PLC就是在PC的平台上且在Windows操作环境下,用软件来实现PLC的功能。这个概念大概在20世纪90年代中期提出。安装有组态软件的PC既然能完成人机界面的功能,为何不把PLC的功能用软件来实现呢?PC价格便宜,有很强的数学运算、数据处理、通信和人机交互的功能。如果软件功能完善,则利用这些软件可以方便地进行工业控制流程的实时和动态监控,完成报警、历史趋势和各种复杂的控制功能,同时节约控制系统的设计时间。配上远程I/O和智能I/O后,软PLC也能完成复杂的分布式控制任务。在随后的几年,软PLC的开发也呈现了上升势头。但后来软PLC并没有出现像人们希望的那样占据相当市场份额的局面,这是因为软PLC本身存在以下缺陷。

(1) 软PLC对维护和服务人员的要求比较高。

(2) 电源故障对系统影响较大。

(3) 在占绝大多数的低端应用场合软PLC没有优势可言。

(4) 可靠性方面和对工业环境的适应性方面无法和PLC比拟。

(5) PC发展速度太快,技术支持不容易得到保证。

但各有各的看法,随着生产厂家的努力和技术的发展,软PLC肯定也能在其最适合的地方得到认可。

9. PAC的概念

在工控领域,对PLC的应用情况有一个“80-20”法则,具体如下。

(1) 80%PLC应用场合都是使用简单、低成本的小型PLC。

(2) 78%(接近80%)的PLC都使用开关量(或数字量)。

(3) 80%的PLC应用使用20个左右的梯形图指令就可解决问题。

其余20%的应用要求或控制功能使用PLC无法轻松满足,而需要使用别的控制手段或PLC配合其他手段来实现。于是,一种能结合PLC的高可靠性和PC的高级软件功能的新产品应运而生。这就是PAC(Programmable Automation Controller),或基于PC架构的控制器。它包括了PLC的主要功能,以及PC-Based控制中基于对象的、开放的数据格式和网络能力。其主要特点是使用标准的IEC 61131—3编程语言、具有多控制任务处理功能,兼具PLC和PC的优点。PAC主要用来解决那些剩余20%的问题,但现在一些高端的PLC也具备了解决这些问题的能力,加之PAC是一种比较新的控制器,所以还有待市场的开发和推动。

10. PLC在现场总线控制系统中的位置

现场总线的出现标志着自动化技术步入了一个新的时代。现场总线(Fieldbus)是“安装在制造和过程区域的现场装置与控制室内的自动控制装置之间的数字式、串行、多点通信的数据总线”,是当前工业自动化的热点之一。随着3C(Computer,Control,Communication)技术的迅猛发展,使得解决自动化信息孤岛成为了可能。采用开放化、标准化的解决方案,把不同厂家遵守同一协议规范的自动化设备连接成控制网络并组成一个整体系统。现场总线采用总线通信的拓扑结构,整个系统处在全开放、全数字、全分散的控制平台上。从某种意义上说,现场总线技术给自动制造领域所带来的变化是革命性的。到今天,现场总线技术已基本走向成熟和实用化。现场总线控制系统的优点如下。

(1) 节约硬件数量和投资。

(2) 节省安装费用。

(3) 节省维护费用。

(4) 提高了系统的控制精度和可靠性。

(5) 提高了用户的自主选择权。

在现场总线控制系统(Fieldbus Control System,FCS)占据工业自动化市场主导地位的今天,虽然大中型单独的基于PLC的控制系统已大大减少,但实际上许多带有各种现场总线(如Profibus)通信接口的主站和分布式的智能化从站都是由PLC来实现的。可以预计,在未来相当长的一段时期内,PLC依然会快速发展,继续在工业自动化领域担当主角。

3.3 PLC的应用领域

初期的PLC主要应用在开关量居多的电气顺序控制中,但20世纪90年代开始后,PLC也被广泛地应用于工业自动化系统中,时至今日,PLC已成为FCS中的主角,未来其应用将会越来越广泛。

1. 中小型单机电气控制系统

这是PLC应用最为广泛的领域,如塑料机械、印刷机械、订书机械、包装机械、切纸机械、组合机床、磨床、电镀流水线及电梯控制等。这些设备对控制系统的要求大多属于逻辑顺序控制,这也是最适合PLC应用的领域。在这里PLC取代了传统的继电器顺序控制,应用于单机控制、多机群控等。

2. 制造业自动化

制造业是典型的工业类型之一,在该领域主要对物体进行品质处理、形状加工、组装,以位置、形状、速度等机械量和逻辑控制为主。其电气自动控制系统中的开关量占绝大多数,有些场合,数十台、上百台单片机控制设备组合在一起形成大规模的生产流水线,如汽车制造和装备生产线等。PLC性能的提高和通信能力的增强,使得它在制造业领域中的大中型控制系统中也占据着绝对的主导地位。

3. 运动控制

为适应高精度的位置控制,现在的PLC制造商为用户提供了功能完善的运动控制功能。这一方面体现在功能强大的主机,它可以完成多路高速计数器的脉冲采集和大量的数据处理功能;另一方面还提供了专门的单轴或多轴的控制步进电动机和伺服电动机的位置控制模块，这些智能化的模块可以实现任何对位置控制的任务要求。现在工业自动化领域基于 PLC 的运动控制系统和其他的控制手段相比，装置体积更小、功能更强大、价格更低廉、操作更方便、速度更快捷。

4. 流程工业自动化

流程工业是工业类型中的重要分支，如电力、石油、化工、造纸等，其特点是对物流（气体、液体为主）进行连续加工。过程控制系统中以压力、流量、温度、物位等参数进行自动调节为主，大部分场合还有防爆要求。从 20 世纪 90 年代以后，PLC 具有了控制大量过程参数的功能，对多路参数进行 PID 调节也变得非常容易和方便。和传统的分布式控制系统 DCS 相比，其价格方面也具有较大的优势，再加上人机界面和联网通信方面的完善和提高，PLC 控制系统在过程控制领域也占据了相当大的市场份额。

3.4 PLC 的特点

现代工业生产过程是复杂多样的，它们对控制的要求也各不相同。PLC 专为工业控制应用而设计，一经出现就受到了广大工程技术人员的欢迎。其主要特点有以下几个。

1. 抗干扰能力强、可靠性高

针对工业现场恶劣的环境因素，为提高抗干扰能力，PLC 在硬件和软件方面都采取了许多措施。在电子线路、机械机构以及软件结构上都吸取了生产厂家长期积累的生产控制经验，主要模块均采用大规模与超大规模集成电路，I/O 系统设计有完善的通道保护与信号调理电路。在结构上对耐热、防潮、防尘、抗震等都有周全的考虑；在硬件上采用隔离、屏蔽、滤波、接地等抗干扰措施；对电源部分采取了很好的调整和保护措施，如多级滤波，采用集成电压调整器等，以适应电网电压波动和过电压、欠电压的影响；在软件上采用数字滤波等抗干扰和故障诊断措施，采用信息保护和恢复技术、实时报警和运行信息显示灯。所有这些使 PLC 具有较高的抗干扰能力。PLC 的平均无故障运行时间通常在几万小时以上，这是其他的控制系统不能比拟的。

PLC 采用微电子技术，大量的开关动作由无触点的电子存储器件来完成，传统的继电器控制系统中的逻辑器件和繁杂的连线被软件程序所代替，所以 PLC 控制系统可靠性大大提高。

2. 控制系统结构简单、通用性强

大部分情况下，一个 PLC 主机就能组成一个控制系统。对于需要扩展的系统，只要选好扩展模块，经过简单的连接即可。PLC 及扩展模块品种多，可灵活组合成各种大小不同的控制系统。在 PLC 构成的控制系统中，只需要在 PLC 的端子上接入相应的输入输出信号线即可，不需要诸如继电器之类的物理电子器件和大量而又繁杂的硬接线线路。PLC 的输入输出可直接与交流 220V、直流 24V 等负载相连，并有较强的带负载能力。

PLC 控制系统实质性的好处是当控制要求改变，需要变更控制系统的功能时，只需对程序进行简单的修改，对硬件部分稍作改动即可，而不像继电器控制系统那样，在一个装配好的控制盘上，对系统进行修改几乎是不可能的事情。同一个 PLC 装置用于不同的控制对象，只是输入输出组件和应用软件不同。所以说 PLC 控制系统有极高的柔性，即通用性强。

3. 编程方便、易于使用

PLC是面向低层用户的智能控制器，因为其最初的目的就是要取代继电器逻辑，所以在PLC诞生之时，其设计者充分考虑到现场工程技术人员的技能和习惯，其编程语言采用了和传统控制系统中电气原理图类似的梯形图语言，PLC的内部元件也采用过去所熟悉的诸如中间继电器、定时器、计数器等名称。这种编程语言形象直观，容易掌握，不需要掌握专门的计算机知识和语言，只要具有一定的电气和工艺知识的人员都可在短时间内学会。

4. 功能强大、成本低

现代PLC几乎能满足所有的工业控制领域的需要。PLC控制系统可大可小，能轻松完成单机、批量控制系统，制造业自动化中的复杂逻辑顺序控制，流程工业中大量的模拟量控制，以及组成通信网络、进行数据处理和管理等任务。在今天的现场总线控制系统中，PLC也发挥着重要的作用。

由于其专为工业应用而设计，所以PLC控制系统中的I/O系统、HMI等可以直观和现场信号连接并使用。系统也不再需要进行专门的抗干扰设计，因此和其他控制系统(如DCS、IPC等)相比，其成本较低，而且这种趋势还将持续下去。

5. 设计、施工、调试的周期短

PLC的软、硬件产品齐全，设计控制系统时仅需按性能、容量(输入输出点数、内存大小)等选用组装，大量具体的程序编制工作也可在PLC到货前进行，因而缩短了设计周期，使设计和施工可同时进行。由于用软件编程取代了硬接线实现控制功能，大大减轻了繁重的安装接线工作，缩短了施工周期。因为PLC是通过程序完成任务的，采用了方便用户掌握的工业编程语言，且都具有强制和仿真功能，故程序的设计、修改和调试都很方便，这样可大大缩短设计和投运周期。

6. 维护方便

PLC的输入输出端子能够直观地反映现场信号的变化状态，通过编程工具(装有编程软件的计算机等)可以直观地观察控制程序和控制系统的运行状态，故内部工作状态、通信状态、I/O点状态、异常状态和电源状态等极大地方便了维护人员查找故障，缩短了对系统的维护时间。

3.5 PLC与其他典型控制系统的区别

3.5.1 与继电器控制系统的区别

继电器控制系统虽有较好的抗干扰能力，但使用了大量的机械触点，使设备连线复杂，且触点在开闭时易受到电弧的损害，寿命短且系统可靠性差。

PLC的梯形图与传统电气原理图非常相似，主要原因在于PLC梯形图大致沿用了继电器控制的电路元件符号和术语，仅个别之处有所不同。同时，信号的输入输出形式及控制功能也基本相同；但PLC的控制与继电器控制又有根本的不同，主要体现在以下几个方面。

1. 控制逻辑

继电器控制逻辑采用硬接线逻辑，利用继电器机械触点的串并联及时间继电器等组合成控制逻辑，其接线多而复杂、体积大、功耗大、故障率高，一旦系统构成想再改变或增加功能都很困难。此外,继电器触点数目有限,每个只有4~8对触点,因此灵活性和可扩展性很差。而PLC采用存储器逻辑,其控制逻辑以程序方式存储在内存中,要改变控制逻辑只需要改变程序即可,故称为“软接线”,因此灵活性和可扩展性都很好。

2. 工作方式

电源接通时,继电器控制线路中各继电器同时都处于受控状态,即该吸合的都应吸合,不该吸合的都因受某种条件限制不能吸合,它属于并行工作方式。而PLC的逻辑控制中,各内部器件都处于周期性循环扫描过程中,各种逻辑、数值输出的结果都是按照在程序中的前后顺序计算得出的,所以它属于串行工作方式。

3. 可靠性和可维护性

继电器控制逻辑使用了大量的机械触点,连线也多。触点开闭时会受到电弧的损坏,并有机械磨损,寿命短,因此可靠性和可维护性差。而PLC采用微电子技术,大量的开关动作由无触点的半导体电路来完成,其体积小、寿命长、可靠性高。PLC还配有自检和监督功能,能检查出自身的故障,并随时显示给操作人员;还能动态地监视控制程序的执行情况,为现场调试和维护提供了方便。

4. 控制速度

继电器控制逻辑依靠触点的机械动作实现控制,工作频率低,触点的开闭动作一般在几十毫秒数量级。此外,机械触点还会出现抖动问题。而PLC是由程序指令控制半导体电路来实现控制,属于无触点控制,速度极快,一般一条用户指令的执行时间在微秒数量级,且不会出现抖动。

5. 定时控制

继电器控制逻辑利用时间继电器进行时间控制。一般来说,时间继电器存在定时精度不高、定时范围窄且易受环境湿度和温度变化的影响、调整时间困难等问题。PLC使用半导体集成电路做定时器,时基脉冲由晶体振荡器产生,精度相当高,且定时时间不受环境的影响,定时范围最小可为0.001s,最长几乎没有限制,用户可根据需要在程序中设置定时器,然后由软件来控制定时时间。

6. 设计和施工

使用继电器控制逻辑完成一项控制工程,其设计、施工、调试必须依次进行,周期长,而且修改困难。工程越大这一弱点就越突出。而PLC完成一项控制工程,在系统设计完成以后,现场施工和控制逻辑的设计(包括梯形图设计)可以同时进行,周期短且调试和修改都很方便。

从以上几个方面比较可知,PLC在性能上比继电器控制逻辑优异,特别是可靠性高、通用性强、设计施工周期短、调试修改方便,而且体积小、功耗低、使用维护方便。但在很小的系统中,其价格高于继电器系统。

3.5.2 与单片机控制系统的区别

PLC控制系统和单片机控制系统在不少方面有较大的区别,是两个完全不同的概念。因为一般院校的电类和机电类专业都开设PLC和单片机的课程,所以这也是学生们经常问及的一个问题,在这里可从以下几个方面进行分析。

1. 本质区别

单片机控制系统是基于芯片级的系统，而PLC控制系统是基于板级或模块级的系统。其实PLC本身就是一个单片机系统，它是已经开发好的单片机产品。开发单片机控制系统属于底层开发，而设计PLC控制系统是在成品的单片机控制系统上进行二次开发。

2. 使用场合

单片机控制系统适合于在家电产品(如冰箱、空调、洗衣机、吸尘器等)、智能化仪器、玩具和批量生产的控制器产品等场合使用。

PLC控制系统适合在单机电气控制系统、工业控制领域的制造业自动化和过程控制中使用。

3. 使用过程

设计开发一个单片机控制系统，需要先设计硬件系统，画软件电路图，制作印制电路板，才能做下一步工作；需要使用专门的开发装置和低级编程语言编制控制程序，进行系统调试。

设计开发一个PLC控制系统，需要设计硬件系统，购置PLC和相关模块，进行外围电气电路设计和连接，不必操心PLC内部的计算机系统(单片机系统)是否可靠和它们的抗干扰能力，这些工作厂家已为用户做好，所以硬件工作量不大。软件设计使用工业编程语言，相对来说比较简单。进行系统调试时，因为有很好的工程工具(软件和计算机)的帮助，所以也非常容易。

4. 使用成本

因为使用场合和对象完全不同，所以这两者之间的成本没有可比性。但如果硬要对同样的工业控制项目(仅限于小型系统或装置)使用这两种系统进行比较，可以得出以下结论。

(1) 从使用的元器件总成本看，PLC控制系统要比完成同样任务的单片机控制系统成本高很多。

(2) 如果这样一个项目只有一个或不多几个，则使用PLC控制系统的成本不一定比使用单片机系统高，因为设计单片机控制系统要进行反复的硬件设计、制板、调试，其硬件成本也不低，因而工作量成本非常高。做好的系统其可靠性(和大型公司的PLC产品相比)也不一定能保证，所以日后的维护成本也会相应提高。

如果这样的控制系统是一个有批量的任务，即做一大批，这时使用单片机进行控制系统开发是比较合适的。但是在工业控制项目中，绝大部分场合还是使用PLC控制系统为好。

5. 学习的难易程度

学习单片机要具备的基础知识较多。要必须具备较好的电子技术基础和计算机控制基础以及接口技术知识，学习印制电路板设计及制作和汇编语言编程及调试，还需要了解底层的硬件和软件的配合。

学习PLC要具备传统的电气控制技术知识，需要学习PLC的工作原理，对其硬件系统组成及使用有一定的了解，要学习以梯形图为主的工业编程语言。

如果从同一起跑线出发，无论从硬件还是软件方面的学习看，单片机远比PLC需要的知识多，学习的内容与难度均大。

6. 就业方向

在一些智能仪器仪表厂、开发智能控制器和智能装置的公司、进行控制产品底层开发的公司等单位，对单片机（或嵌入式系统、DSP 等）方面的技术人才有较大的需求；在一般的厂矿企业、制造业生产流水线、流程工业、自动化系统集成公司等单位，对 PLC（或 DCS、FCS 等）方面的人才有较大需求。

3.5.3 与 DCS、FCS 控制系统的区别

1. 三大系统的要点

PLC、DCS 和 FCS 是目前工业自动化领域所使用的三大控制系统，下面简单介绍各自的特点，然后再介绍它们之间的融合。

(1) DCS。集散控制系统(Distributed Control System，DCS)是集 4C(Communication，Computer，Control，CRT)技术于一身的监控系统。它主要用于大规模的连续过程控制系统中，如石化、电力等，在 20 世纪 70 年代到 90 年代末占主导地位。它的基本要点如下。

① 从上到下的树状大系统，其中通信是关键。

② 控制站连接计算机与现场仪表、控制装置等设备。

③ 整个系统为树状拓扑和并行连线的链路结构，从控制站到现场设备之间有大量的信号电缆。

④ 信号系统为模拟信号、数字信号的混合。

⑤ 设备信号到 I/O 板一对一物理连接，然后由控制站挂接到局域网 LAN。

⑥ 可以做成很完善的冗余系统。

⑦ DCS 是控制(工程师站)、操作(操作员站)、现场仪表(现场测控站)的 3 级结构。

(2) PLC。最初 PLC 是为了代替传统的继电器控制系统而开发的，所以它最适合在以开关量为主的系统中使用。由于计算机技术和通信技术的飞速发展，使得大型 PLC 的功能极大地增强了，以至于它后来能完成 DCS 的功能。另外，加之它在价格上的优势，所以在许多过程控制系统中 PLC 也得到了广泛的应用。大型 PLC 构成的过程控制系统的要点如下。

① 从上到下的结构，PLC 既可以作为独立运行的 DCS，也可以作为 DCS 的子系统。

② 可实现连续 PID 控制等各种功能。

③ 可用一台 PLC 为主站，多台同类型 PLC 为从站，构成 PLC 网络；也可用多台 PLC 为主站，多台同类型的 PLC 为从站，构成 PLC 网络。

(3) FCS。现场总线技术以其彻底的开放性、全数字化信号系统和高性能的通信系统给工业自动化领域带来了“革命性”的冲击，其核心是总线协议，基础是数字化智能现场设备，本质是信息处理现场化。FCS 的要点如下。

① 它可以在本质安全、危险区域、易变过程等过程控制系统中使用，也可以用于机械制造业和楼宇控制系统中，应用范围非常广泛。

② 现场设备高度智能化，提供全数字信号。

③ 一条总线连接所有设备。

④ 系统通信是互联的、双向的、开放的，系统是多变量、多节点、串行的数字系统。

⑤ 控制功能彻底分散。

2. 目前 PLC、DCS 和 FCS 系统之间的融合

每种控制系统都有各自的特色和长处，在一定的时期内它们相互融合的程度可能会大大超过相互排斥的程度。这 3 个控制系统也是这样，比如 PLC 在 FCS 中仍是主要角色，许多 PLC 都配置上了总线模块和接口，使得 PLC 不仅是 FCS 主站的主要选择对象，也是从站的主要装置。DCS 也不甘落后，现在的 DCS 把现场总线技术也包容了进来，对过去 DCS 的 I/O 进行了彻底的改造，编程语言也采用了标准化的 PLC 编程语言。第四代的 DCS 既保持了其可靠性高、信息处理能力强的特点，也真正实现了低层的彻底控制。目前在中小型项目中使用的控制系统比较单一和明确，但在大型工程项目中使用的多半是 DCS、PLC 和 FCS 的混合系统。

3.6 PLC 的分类

PLC 发展到今天已有很多种类型，而且功能也不尽相同，分类时一般按以下原则来考虑。

3.6.1 按 I/O 点数容量分类

按照 PLC 的 I/O 点数的多少可将 PLC 分为三类，即小型机、中型机和大型机。

1. 小型机（含微型机）

小型 PLC 一般以处理开关量逻辑控制为主，其 I/O 点数一般在 128 点以下。现在的小型 PLC 还具有较强的通信能力和一定量的模拟量处理能力。这类 PLC 的特点是价格低廉、体积小巧，适合于控制单机设备和开发机电一体化产品。

2. 中型机

中型 PLC 的 I/O 点数在 128～2048 点之间，不仅具有极强的开关量逻辑控制功能，而其他的通信联网功能和模拟量处理能力更为强大。中型机的指令比小型机更丰富，中型机适用于复杂的逻辑控制系统以及连续生产线的过程控制场合。

3. 大型机

大型 PLC 的 I/O 点数在 2048 点以上，程序和数据存储容量最高均可达到 10MB，其性能已经与工业控制计算机相当，且具有计算、控制和调节功能，还拥有强大的网络结构和通信联网能力，有些大型 PLC 还具备冗余能力。监视系统能够表示过程的动态流程，记录各种曲线、PID 调节参数等；配备多种智能板，构成多功能的控制系统。这种系统还可以和其他型号的控制器互联，和上位机相连组成一个集中分散的生产过程和产品质量监控系统。大型 PLC 适用于设备自动化控制、过程自动化控制和过程监控系统。

以上划分没有十分严格的界限，随着 PLC 技术的飞速发展，某些小型 PLC 也具有中型或大型的功能，这也是 PLC 发展的趋势。

3.6.2 按结构形式分类

根据 PLC 结构形式的不同，它主要分为整体式和模块式两类。

1. 整体式

微型和小型 PLC 一般为整体式结构。整体式结构的特点是将 PLC 的基本部件，如

CPU 板、输入输出接口、电源板等紧凑地安装在一个标准机壳内，构成一个整体，组成 PLC 的一个基本单元（主机）。基本单元上设有扩展端口，通过扩展电缆与扩展单元（模块）相连。小型 PLC 系统还提供许多专用的特殊功能模块，如模拟量输入输出模块、热电偶、热电阻、通信模块等，以构成不同的配置，完成特殊的控制任务。整体式结构 PLC 体积小、成本低及安装方便。

2. 模块式

中、大型 PLC 多采用模块式结构，这是因为大、中型 PLC 要处理大量的 I/O 点数，故而数百、上千个 I/O 点不可能集中在一个整体式的装置上。模块式结构的 PLC 由一些模块单元构成，如 CPU 模块、输入输出模块、电源模块和各种功能模块等，模块单元就像堆积木一样，按照需要将模块插在框架或基板上。模块功能是相互独立的，外形尺寸是统一的，可根据需要灵活配置。

整体式 PLC 的每一个 I/O 点的平均价格比模块式便宜，但其整体性能要低一些，小型控制系统中一般采用整体式结构。模块式 PLC 的功能强，硬件组态方便灵活，I/O 点数的多少、输入输出点数的比例、I/O 模块的使用等方面的选择余地都比整体式 PLC 大得多，较复杂的、要求较高的系统一般选用模块化 PLC。

3.7 PLC 的系统组成

虽然目前 PLC 种类繁多，但其组成结构和工作原理基本相同。使用 PLC 进行控制，本质是按控制功能要求，通过用户程序计算出相应的输出结构，并将该结构以物理实现应用于工业现场。PLC 专为工业现场应运而生，采用了典型的计算机框架架构，主要由 CPU、电源、存储器和专门设计的输入输出接口电路等组成。PLC 的结构框图如图 3-1 所示。

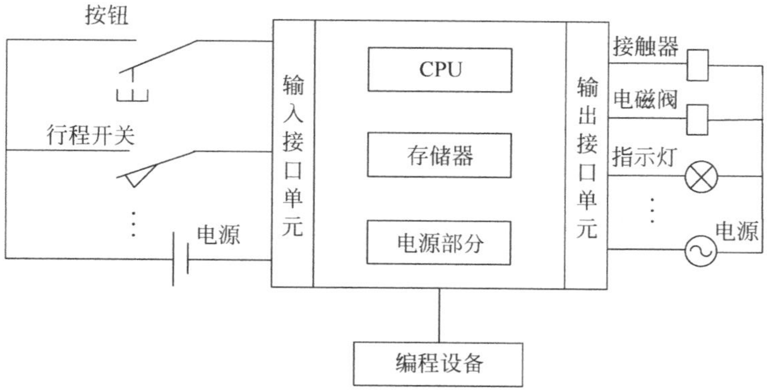

图 3-1 PLC 结构框图

1. 中央处理单元

中央处理单元（CPU）一般由控制器、运算器和寄存器组成，这些电路都集成在一个芯片内。CPU 通过数据总线、地址总线和控制总线与存储单元、输入输出接口电路相连接。

与一般计算机一样，CPU 是 PLC 的核心，按照系统程序所设计的功能控制 PLC 有条不紊地进行工作。用户程序和数据事先存入存储器中，当 PLC 处于运行状态时，CPU 按照循环扫描方式执行用户程序。

CPU的主要任务是控制用户程序及数据的接收与存储；采用循环扫描的方式通过I/O接口接收现场信号的状态和数据，并存入输入映像寄存器或数据存储器中；诊断PLC内部电路的工作故障和编程中的语法错误等；PLC进入运行状态后，从存储器逐条读取用户指令，经过命令解释后按照指令规定的任务进行数据传送、逻辑或算术运算等。根据运算结果，更新有关标志位的状态和输出映像寄存器的内容，再经输出部件实现输出控制、制表打印或数据通信等功能。

不同型号的PLC其CPU芯片是不同的，有采用通用CPU芯片的，也有采用厂家自行设计的专用CPU芯片。CPU芯片的性能关系到PLC处理控制信号的能力与速度，CPU位数越高，系统处理的信息量越大，运算速度也越快。PLC的功能随着CPU芯片技术的发展而提高和增强。现在大多数PLC都采用了32位的PLC，所以即使是小型的PLC，其性能也与过去的大、中型PLC相当。

2. 存储器

PLC的存储器包括系统存储器和用户存储器两部分。

系统存储器用来存放PLC生产厂家编写的系统程序，并固化在ROM内，用户一般不能更改。它使得PLC具有基本的功能，能完成PLC设计者规定的各项任务。系统程序内容主要包括3个部分，即系统管理程序、用户指令解释程序和标准程序模块与系统调用管理程序。

用户存储器包括程序存储器和数据存储器两部分。用户程序存储器用来存放用户针对具体控制任务而编写的应用程序；根据所选用的存储器单元类型的不同，可以是RAM、EPROM或E^2PROM存储器，其内容可以由用户任意修改或删除。用户数据存储器可以用来存放用户所使用期间的ON/OFF状态和数值、数据等。用户存储器的大小关系到用户程序容量的大小，是反映PLC性能的重要指标之一。

PLC使用的存储器有3种类型，即ROM、RAM和E^2PROM。

(1) 只读存储器(ROM)。ROM的内容只能读出，不能写入，属于非易失性的，断电后仍然能够保存存储内容。ROM一般用来存放PLC的系统程序，该类程序和数据由生产厂家直接完成，用户不能修改。

(2) 随机存取存储器(RAM)。该类存储器用来保存PLC内部元器件的实时数据。RAM是读/写存储器，其中的数据会实时改变。RAM的工作速度高，价格便宜，是易失性的存储器，断电后存储信息将会丢失。过去一般用锂电池保存RAM中的用户程序和某些数据。由于锂电池的寿命为2～5年，需要更换，所以现在大部分的PLC已改用大电容电池来完成临时的掉电保护功能。对于重要的用户程序和数据需要存储到非易性的E^2PROM中，RAM只用来存储一些不太重要的数据。

(3) 可电擦除可编程的只读存储器(E^2PROM)。E^2PROM是非易失性的，兼有ROM的非易失性和RAM的随机存取的优点。E^2PROM一般用来存放用户程序和需要长期保存的重要数据。

3. 输入输出单元

PLC的输入输出信号类型可以是开关量、模拟量。输入输出接口单元包含两部分，即与被控设备相连的接口电路和输入输出的映像寄存器。

输入单元接收来自用户设备的各种控制信号，如限位开关、操作按钮、选择开关、行程开关以及其他一些传感器信号。外部接口电路将这些信号转换为 CPU 能够识别和处理的信号,并存入输入映像寄存器。运行时 CPU 从输入映像寄存器读取输入信息并结合其他元器件最新的信息,按照用户程序进行计算,将有关输出的最新计算结果放入输出映像寄存器中。输出映像寄存器由输出点相对应的触发器组成,输出接口电路将其由弱电控制信号转换成现场需要的强电信号输出,以驱动电磁阀、接触器、指示灯等被控设备的执行元件。

下面简单介绍开关量输入输出接口电路。

> **注意:** 各图中的 COM 端为 PLC 输入端子排或输出端子排的公共接线端,它们是实际 PLC 端子排上面的"L"端或"M"端。

(1) 输入接口电路。为防止各种干扰信号和高电压信号进入 PLC,影响其可靠性或造成设备损坏,现场输入接口一般由光电耦合电路进行隔离。光电耦合电路的关键器件是光耦合器,它用于对电路进行隔离,一般由发光二极管和光电三极管组成。

通常 PLC 的输入类型可以是直流、交流或交直流,使用最多的是直流信号输入。输入电路电源可由外部供给,有时也由 PLC 自身电源提供。

开关量输入接口电路原理如图 3-2 所示,图中的 LED 发光管可以指示输入信号的状态。从图中可以看出,PLC 的输入继电器由一些电子器件电路组成有记忆功能的寄存器,若在外部给一个输入信号,它的状态就为 1,原理同传统继电器一样。

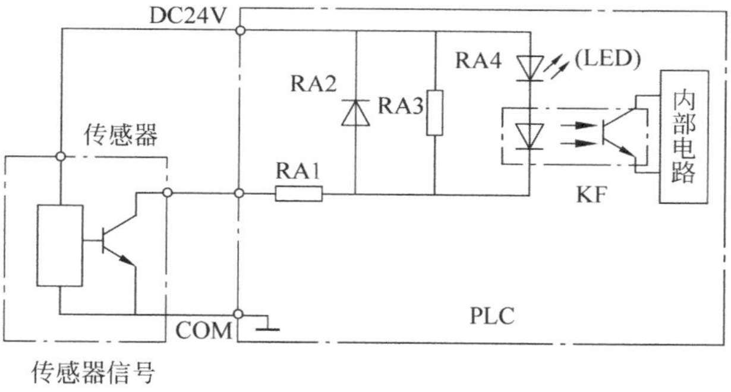

(a) 直流输入电路

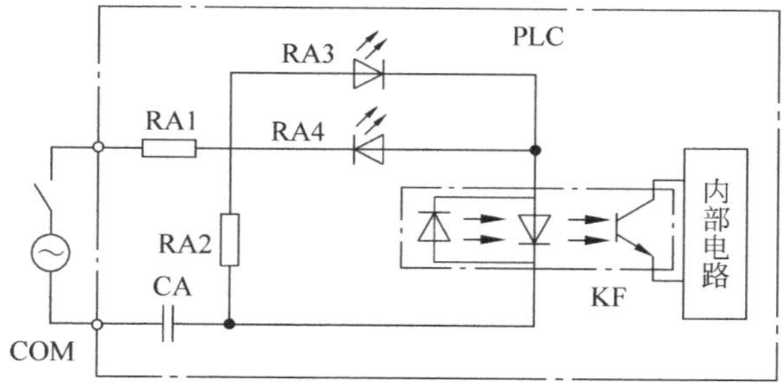

(b) 交流输入电路

图 3-2　PLC 开关量输入接口电路原理

(2) 输出接口电路。输出接口电路通常有3种类型，即继电器、晶体管和晶闸管输出型。每种输出电路都采用电气隔离技术，电源均由外部提供，输出电流一般为0.5～2A，这样的负载容量一般可以直接驱动一个常用的接触器线圈或电磁阀。PLC开关量输出接口电路原理如图3-3所示，图中的LED发光管可以指示输出信号的状态。从图中可以看出，PLC的输出继电器就是由一些电子器件电路组成的有记忆功能的寄存器，在外部提供了一对物理触点。当输出继电器为1状态时，这一对物理触点闭合；当输出继电器为0状态时，这一对物理触点打开，使用这一对触点就能控制外部电路的通断。

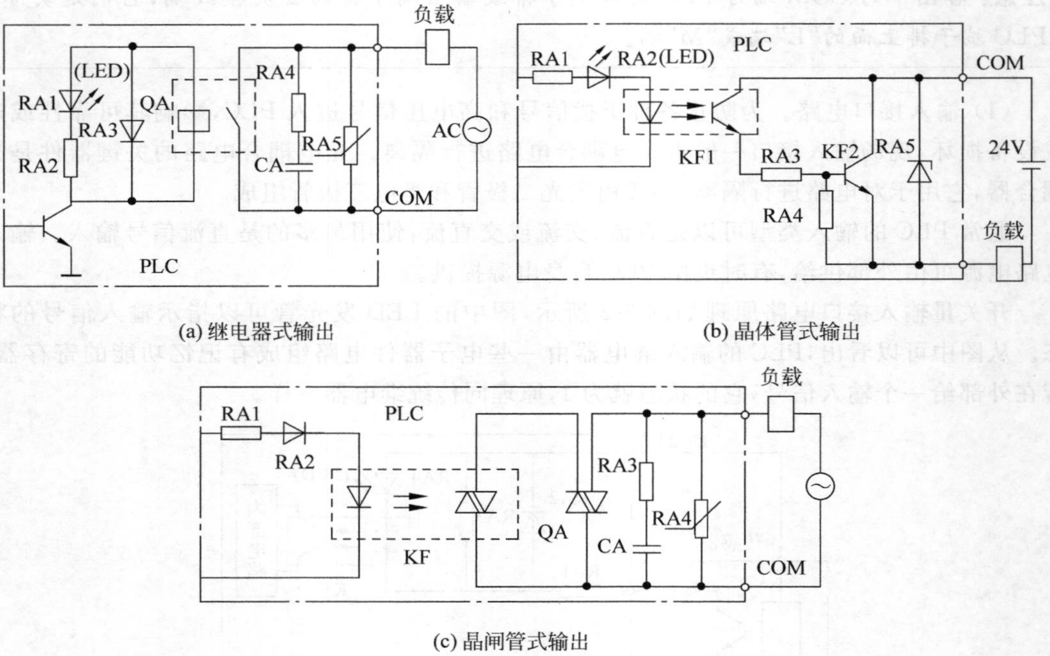

(a) 继电器式输出　　(b) 晶体管式输出

(c) 晶闸管式输出

图 3-3　PLC开关量输出接口电路原理图

具体选用哪种输出类型的PLC由实际项目的需求决定。继电器输出类型PLC最为常用，其输出接口可使用交流或直流两种电源，输出信号的通断频率不能太高；晶体管输出类型的PLC输出接口通断频率高，适合于运动控制系统(控制步进电动机等)，但只能使用直流电源；晶闸管输出类型的PLC也适用于输出接口通断频率要求较高的场合，但其电源可以为交流电源，目前使用较少。

为了避免PLC受瞬间大电流作用而损坏输出端外部接线必须采用保护措施：一是输入和输出公共端接熔断器；二是采用保护电路，对交流感性负载采用阻容吸收回路，对直流感性负载用续流二极管。

由于输入端和输出端靠光信号耦合，在电气上是完全隔离的，输出端的信号不会反馈至输入端，也不会产生地线干扰或其他干扰，因此PLC具有很高的可靠性和极强的抗干扰能力。

4. 电源部分

PLC一般使用220V交流电源或24V直流电源，内部开关电源为PLC的CPU、存储器等电路提供 5V、±12V、24V 等直流电源，整体式的小型 PLC 还提供一定容量的直流 24V 电源，供外部有源传感器等（如接近开关）使用。PLC 所采用的开关电源输入电压范围宽（如 20.4～28.8VDC 或 85～264VAC）、体积小、效率高、抗干扰能力强。

电源部件的位置形式可有多种，对于整体式结构的 PLC 通常电源封装在机壳内部；对于模块式 PLC 则多数采用单独的电源模块。

5. 扩展接口

扩展接口用于将扩展单元或功能模块与基本单元相连，使 PLC 的配置更加灵活，以满足不同控制系统的需要。

6. 通信接口

为了实现"人—机"或"机—机"之间的对话，有些 PLC 配有一定的通信接口。PLC 通过这些通信接口可以实现与显示设定单元、触摸屏、打印机等相连，提供方便的人机交互途径；也可以与其他 PLC、计算机以及现场总线网络相连，组成多机系统或工业网络控制系统。

7. 编程设备

以前的编程设备主要是编程器，功能仅限于用户程序读写与调试。读写程序只能使用最不直观的语句表达式，屏幕显示也只有 2～3 行，各种信息用一些特定的代码表示，操作烦琐不便。现在的 PLC 厂家已经摒弃了编程器，取而代之的是给用户配置了能够在 PC 上运行的 Windows 编程软件。使用软件可以在屏幕上直接生成和编辑梯形图、语句表、功能块图和顺序功能图程序，并且可以实现不同编程语言的相互转换。程序编译后可下载到 PLC，也可以将 PLC 中的程序上传至计算机。程序可以保持和打印，通过网络还可以实现远程编辑和传送。更方便的是编程软件具有强大的实时调试功能，不仅能够监视 PLC 运行过程中的各种参数和程序执行情况，还可以进行智能化的故障诊断。

8. 其他部件

PLC 出于某种需要有时也配有存储器卡、电池卡等。

3.8 PLC 的工作原理

3.8.1 PLC 的工作方式

1. 与继电器控制系统的比较

继电器控制系统是一种"硬件逻辑系统"，如图 3-4(a)所示，3 条支路属于并行工作方式，当按下按钮 SF1 时，中间继电器 KF 得电，KF 的两个触点闭合，接触器 QA1、QA2 同时得电并产生动作。

PLC 是一种工业控制计算机，工作原理建立在计算机工作基础之上，通过执行反映控制要求用户程序来实现，如图 3-4(b)所示。CPU 以分时操作的方式处理各项任务，计算机在每个瞬间只能处理一件事，所以程序的执行是按程序顺序依次完成相应的各电器动作，属串行工作方式。

2. PLC 的工作方式

PLC 工作的整个过程可用图 3-5 来表示，主要由 3 个部分组成。

(1) 上电处理。机器上电后对 PLC 系统进行一次初始化，包括硬件初始化、I/O 模块配

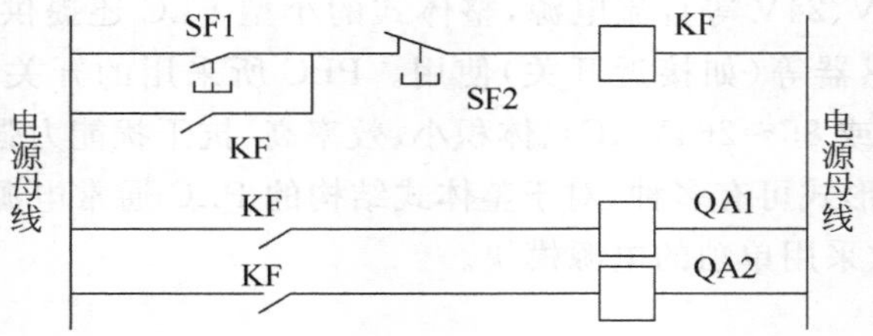

(a) 继电器控制系统简图

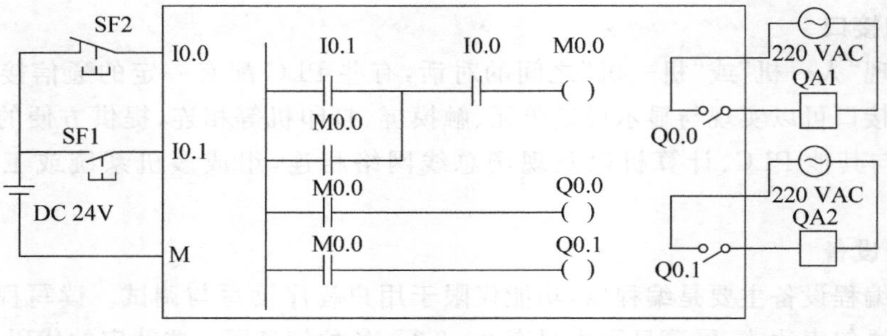

(b) PLC实现控制功能的接线示意图

图 3-4 PLC 控制系统与继电器控制系统比较

置检查、停电保持范围设定、系统通信参数配置及其他初始化处理。

(2) 扫描过程。PLC 上电处理阶段完成后便进入扫描工作过程。先完成输入处理，其次完成与其他外设的通信处理，再次进行时钟、特殊寄存器更新。当 CPU 处于 STOP 方式时，转入执行自诊断检查。当 CPU 处于 RUN 状态时，完成用户程序的执行和输出处理，再转入执行自诊断检查。

(3) 出错处理。PLC 每扫描一次就执行一次自诊断检查，确定 PLC 自身的动作是否正常，如 CPU、电池电压、程序存储器、I/O 和通信等是否异常或出错。如检查出异常，CPU 面板上的 LED 及异常继电器会接通，在特殊寄存器中会存入出错代码；当出现致命错误时，CPU 被强制为 STOP 状态，所有扫描停止。

PLC 运行正常时，扫描周期的长短与 CPU 的运算速度、I/O 点的情况、用户应用程序的长短及编程情况等有关。不同指令的执行时间也不同，从零点几微秒到上百微秒不等，选用不同指令所产生的扫描时间也将会不同。若用于高速系统要缩短扫描周期时，可从软、硬件两方面考虑。

概括而言，PLC 按照集中输入、集中输出、周期性循环扫描的方式进行工作，每扫描一次所用的时间称为扫描周期或工作时间。

3.8.2 PLC 工作过程的中心内容

上述提及，PLC 按照图 3-5 所示的框图运行工作，当 PLC 上电后处于正常运行时，将不断重复图中的工作过程，并且不断地循环往复下去。值得注意的是，第二部分扫描过程是 PLC 工作过程的中心内容，如图 3-6 所示。分析扫描过程可以发现，若对远程 I/O、特殊模块、更新时钟和通信服务、自诊断等枝叶环节暂不考虑，扫描过程就只剩下“输入采样”“程序

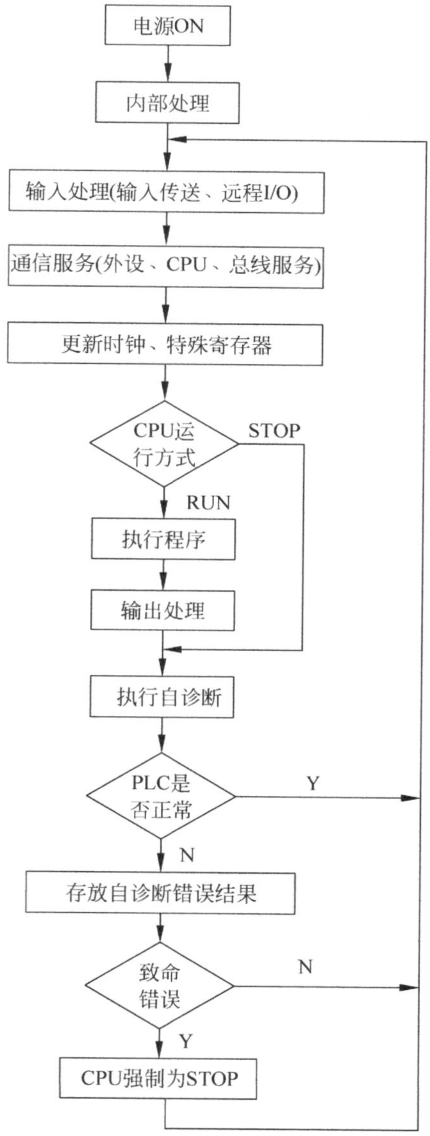

图 3-5 PLC 运行框图

执行"和"输出刷新"这 3 个阶段。而上述 3 个阶段则是 PLC 扫描过程或工作过程的中心内容，同时也是 PLC 工作原理的实质所在，理解透彻 PLC 扫描过程的三阶段是学好 PLC 的基础。下面主要对这 3 个阶段进行详细分析。

1. 输入采样阶段

PLC 在输入采样阶段首先扫描所有输入端子，并将各输入状态存入相对应的输入映像寄存器中，此时输入映像寄存器被刷新；接着系统进入程序执行阶段，在此阶段和输出刷新阶段，输入映像寄存器与外部隔离，无论输入信号如何变化，其内容均保持不变，直到下个扫描周期的输入采样阶段才会重新写入新内容。因此，一般而言，输入信号的宽度要大于一个扫描周期，或者说输入信号的频率不能太高；否则可能造成信号的丢失。

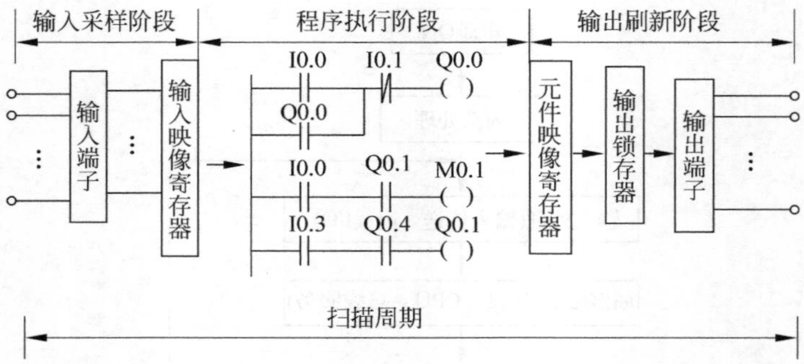

图 3-6　PLC 扫描工作过程的中心内容

2. 程序执行阶段

进入到程序执行阶段后，一般来说（还有子程序和中断程序的情况），PLC 按从左到右、从上到下的步骤顺序执行程序。当指令中涉及输入输出状态时，PLC 就从输入映像寄存器中“读入”相应的输入端子状态，从元件映像寄存器“读入”对应元件（“软继电器”）的当前状态；然后进行相应的运算，最新的运算结果马上再存入相应的元件映像寄存器中。对元件映像寄存器来说，每一个元件的状态会随着程序执行过程而刷新。

3. 输出刷新阶段

在用户程序执行完毕后，元件映像寄存器中所有输出继电器的状态（接通/断开）在输出刷新阶段一起转存到输出锁存器中，通过一定方式集中输出，最后通过输出端子驱动外部负载。在下一个输出刷新阶段开始之前，输出锁存器的状态不会改变，从而相应输出端子的状态也不会改变。

3.8.3 PLC 对输入输出的处理原则

根据上述工作特点，可以归纳出 PLC 在输入输出处理方面必须遵循以下原则。

(1) 输入映像寄存器的数据取决于各输入点在上一采样阶段的接通和断开状态。

(2) 程序执行结果取决于用户程序和输入输出映像寄存器的内容及其他各元件映像寄存器的内容。

(3) 输出映像寄存器的数据取决于输出指令的计算结果。

(4) 输出锁存器中的数据由上一次输出刷新期间输出映像寄存器中的数据决定。

(5) 输出端子的接通和断开状态由输出锁存器决定。

本章小结

本章主要介绍与 PLC 相关的基础知识，循序渐进，从 PLC 的产生和定义讲起，阐述了 PLC 的发展历程和未来发展趋势；进一步介绍 PLC 自身的应用领域和所具有的特点，将 PLC 与其他典型控制系统作比较，突出其与众不同之处；最后对 PLC 本身的分类、系统组成和工作原理进行了详细的论述，以使读者对 PLC 有一个全面的认识。

习题

3-1　目前对 PLC 的标准定义是什么？
3-2　PLC 具有哪些特点？
3-3　PLC 与继电器控制系统有哪些区别？
3-4　如何认识 PLC 与单片机？
3-5　PLC 一般由哪几部分组成？
3-6　简述 PLC 的工作流程。

第 4 章 TIA Portal 软件概述

CHAPTER 4

面对日益严峻的国际竞争压力，生产厂家或机器制造商迫切需要对其设备进行优化。在产品的全生命周期中，优化可以降低产品总体成本、缩短上市时间，并进一步提高产品质量。企业深知，质量、时间和成本之间的平衡是工业领域决定性的成功要素。

全集成自动化（Totally Integrated Automation，TIA）是一种优化系统，符合所有的需求，并实现了面向国际标准和第三方系统的开放性。TIA 拥有六大典型的系统特性，支持机器或工厂的整个生命周期。其系统框架具备优异的完整性，基于丰富的产品系列，可以为每一种自动化子领域提供整体解决方案。

TIA Portal（中文名为“博途”）组态设计框架将全部自动化组态设计系统完美地组合在一个单一的开发环境之中。这是软件开发领域的一个里程碑，是工业领域第一个带有“组态设计环境”的自动化软件。

4.1 TIA Portal 软件简介

TIA Portal 在单个跨软件平台中提供了实现自动化任务所需的所有功能。作为首个用于集成工程组态的共享工作环境，TIA Portal 在单一的软件应用程序中集成了各种 SIMATIC 系统。因此，TIA Portal 支持可靠且方便的跨系统协作，所有必需的软件包，包括从硬件组态和编程到过程可视化，都集成在一个综合的工程组态。TIA 产品在 TIA Portal 中协同工作，能够在创建自动化解决方案所需的各个方面为使用者提供支持，进一步提高生产力和效率。

典型的自动化解决方案包括：借助程序来控制过程的 PLC；用来操作和可视化过程的 HMI 设备。具体如图 4-1 所示。

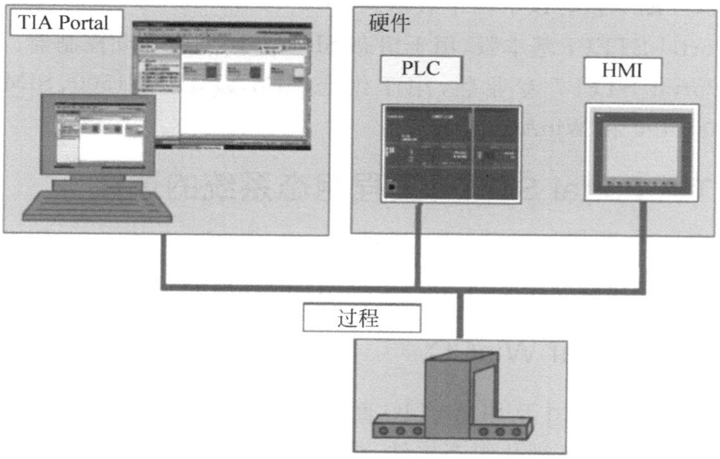

图 4-1 自动化解决方案示意图

4.2 TIA Portal 软件的组成

TIA Portal 软件包含 TIA Portal STEP7、TIA Portal WinCC、TIA Portal StartDrive 和 TIA Portal SCOUT。用户可以购买单独的产品(如单独购买 TIA Portal STEP7 V13),也可购买多种产品的组合(如同时购买 TIA Portal WinCC Advanced V13 和 STEP7 Basic V13)。任一产品中都已包含 TIA Portal 平台系统,以便于和其他产品集成。TIA Portal STEP7 和 WinCC 等所具有的功能和覆盖产品范围如图 4-2 所示。

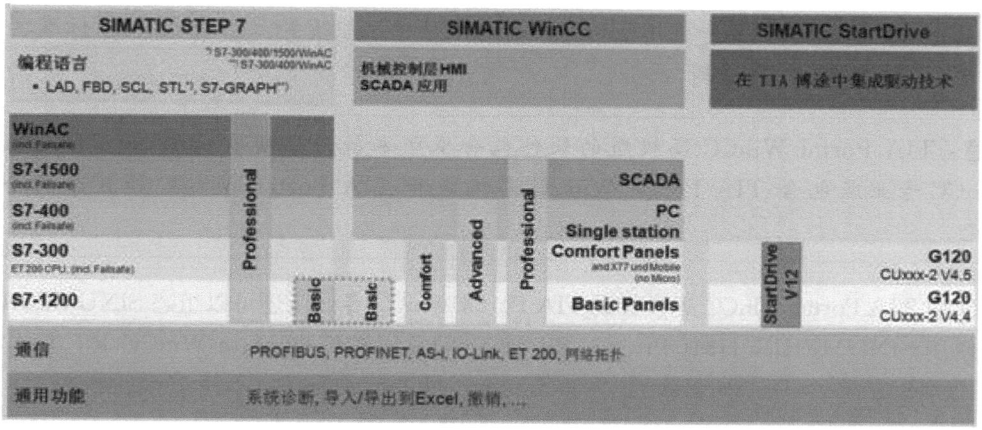

图 4-2 TIA Portal 产品版本一览

4.2.1 TIA Portal STEP7

TIA Portal STEP7 主要用于 SIMATIC S7-1500、SIMATIC S7-1200、SIMATIC S7-300/400 和 WinAC 控制器系统的工程组态。

TIA Portal STEP7 包含以下两个版本。

(1) TIA Portal STEP7 基本版,用于组态 SIMATIC S7-1200 控制器。

(2) TIA Portal STEP7 专业版,用于组态 SIMATIC S7-1500、SIMATIC S7-1200、SIMATIC S7-300/400 和 WinAC。

4.2.2 TIA Portal STEP7 工程组态系统的选件

对于安全性有较高要求的应用,可以通过 TIA Portal STEP7 Safety Basic/Advanced 选件组态 F-CPU 以及故障安全 I/O,并以 F-LAD 和 F-FBD 编写安全程序。

4.2.3 TIA Portal WinCC

TIA Portal WinCC 是用于 SIMATIC 面板、WinCC Runtime 高级版或 SCADA 系统 WinCC Runtime 专业版的可视化组态软件,在 TIA Portal WinCC 中还可以组态 SIMATIC 工业 PC 以及标准 PC 等 PC 站系统。

TIA Portal WinCC 包含以下 4 个版本。

(1) TIA Portal WinCC 基本版,用于组态精简系列面板。在 TIA Portal STEP7 中已包含此版本。

(2) TIA Portal WinCC 精致版,用于组态所有面板(包括精简面板、精致面板和移动面板)。

(3) TIA Portal WinCC 高级版,用于组态所有面板以及运行 TIA Portal WinCC Runtime 高级版的 PC。

(4) TIA Portal WinCC 专业版,用于组态所有面板以及运行 TIA Portal WinCC Runtime 高级版或 SCADA 系统 TIA Portal WinCC Runtime 专业版的 PC。TIA Portal WinCC Runtime 专业版是一种用于构建组态范围从单站系统到多站系统(包括标准客户端 Web 客户端)的 SCADA 系统。

注意: TIA Portal WinCC 高级版的软件包含低版本软件的所有功能,如 TIA Portal WinCC 专业版包含 TIA Portal WinCC 高级版和 TIA Portal WinCC 精致版的全部功能。

使用 TIA Portal WinCC 高级版或 TIA Portal WinCC 专业版还可以组态 SINUMERIK PC 以及使用 SINUMERIK HMI Pro SL RT 或 SINUMERIK Operate WinCC RT 基本版的 HMI 设备。

4.2.4 TIA Portal WinCC 工程组态系统和运行系统的选件

SIMATIC 面板、TIA Portal WinCC Runtime 高级版及 TIA Portal WinCC Runtime 专业版都包含操作员监控机器或设备的所有基本功能。此外,对应面板或不同版本的 TIA Portal WinCC Runtime 均可通过增加不同的附加选件进一步扩展新的功能。

1. 精致面板、移动面板和多功能面板

(1) TIA Portal WinCCSm@ rtServer(远程操作)。

(2) TIA Portal WinCC Audit(受管制的应用审计跟踪和电子签名)。

(3) SIMATIC Logon。

2. TIA Portal WinCC Runtime 高级版选件

(1) TIA Portal WinCCSm@ rtServer(远程操作)。

(2) TIA Portal WinCC Recipes(配方系统)。

(3) TIA Portal WinCC Logging(记录过程值和报警)。

(4) TIA Portal WinCC Audit(受管制的应用审计跟踪)。

(5) SIMATIC Logon。

(6) TIA Portal WinCC Control Development(通过视客户具体情况而定的控件进行扩展)。

3. TIA Portal WinCC Runtime 专业版选件

(1) TIA Portal WinCC Client(可构建多站系统的标准客户端)。

(2) TIA Portal WinCC Server(对 WinCC Runtime 的功能进行了补充,使之包括服务器功能)。

(3) WinCC Client for Runtime Professional ASIA。

(4) TIA Portal WinCC Recipes(配方系统,以前称为 WinCC/用户)。

(5) TIA Portal WinCC Logging(记录工程值和报警)。

(6) SIMATIC Logon。

(7) WinCC Redundancy。

(8) TIA Portal WinCC Web Navigator(基于 Web 的操作员监控)。

(9) TIA Portal WinCC Data Monitor(显示和评估过程状态和历史数据)。

(10) TIA Portal WinCC Control Development(通过视客户具体情况而定的控件进行扩展)。

4.3 TIA Portal 软件的安装

4.3.1 安装硬件要求

表 4-1 给出了安装 Siemens TIA Portal V13 软件包对计算机硬件的推荐配置。

表 4-1 计算机硬件推荐配置

硬　件	要　求
处理器	Core™ i5-3320M 3.3GHz 及以上
显示器	15.6in 宽屏,分辨率 1920×1080
内存	8GB 或更多
硬盘	300GB SSD
光驱	DL MULTISTANDARD DVD RW

4.3.2 支持的操作系统

TIA Portal STEP 7 Basic/Professional V13 分别支持的计算机操作系统如表 4-2 所示。

表 4-2 计算机操作系统要求

操作系统	
Windows 7(32/64 位)	Windows 7 Home Premium SP1(仅针对 STEP 7 Basic) Windows 7 Professional SP1 Windows 7 Enterprise SP1 Windows 7 Ultimate SP
Windows 8.1(64 位)	Microsoft Windows 8.1 Home Premium(仅针对 STEP 7 Basic) Microsoft Windows 8.1 Professional Microsoft Windows 8.1 Enterprise
Windows Server(64 位)	Microsoft Windows Server 2012 R2 Standard Microsoft Windows 2008 Server R2 Standard Edition SP2(仅针对 STEP 7 Professional)

注意:安装时进入操作系统的用户要选择 administrator 用户,安装时不能打开杀毒软件、防火墙软件、防木马软件、优化软件等,若不是系统自带的软件都需要关闭。

4.3.3 安装步骤

软件包通过安装程序自动安装。将安装盘插入光盘驱动器后,安装程序便会立即起动。如果通过硬盘软件安装,需要注意不要在安装路径中使用或者包含任何 UNICODE 字符(如中文字符)。

1. 安装要求

(1) PG/PC 的硬件和软件满足系统要求。

(2) 具有计算机的管理员权限。

(3) 关闭所有正在运行的程序。

2. 安装步骤

(1) 将安装盘插入光盘驱动器。安装程序将自动起动(除非在计算机上禁用了自动起动功能),如图 4-3 所示。

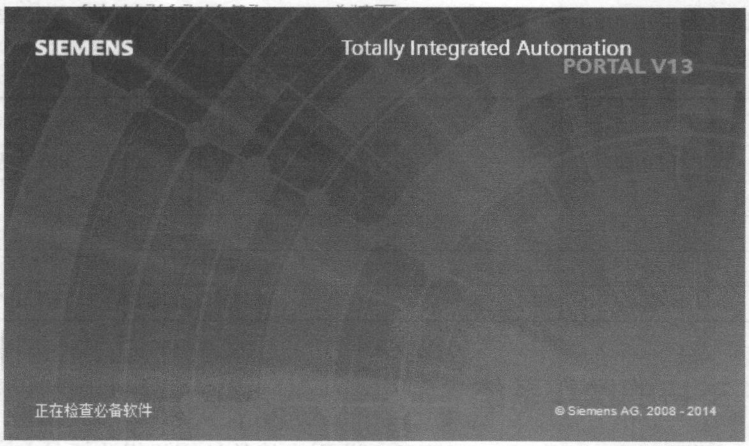

图 4-3 起动安装程序

(2) 如果安装程序没有自动起动，则可双击 Start. exe 文件手动起动。将打开选择安装语言对话框。选择希望用来显示安装程序对话框的语言，如中文，具体如图 4-4 所示。

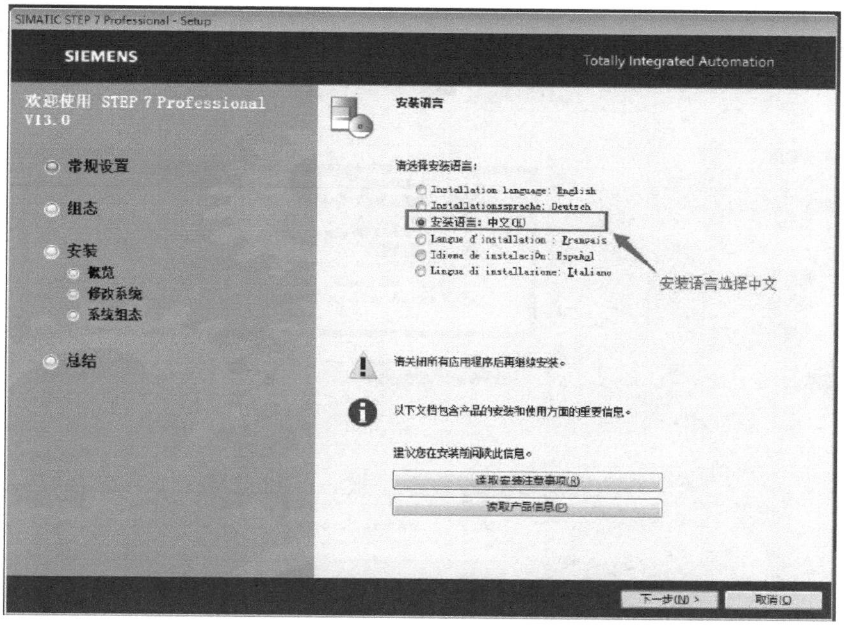

图 4-4 选择中文安装语言

(3) 安装过程中如需要阅读关于产品和安装的信息，则阅读说明后关闭帮助文件并单击“下一步”按钮。在打开选择产品语言对话框中，选择 TIA Portal 软件的用户界面使用语言，“英语”作为基本产品语言安装不可取消，如图 4-5 所示。

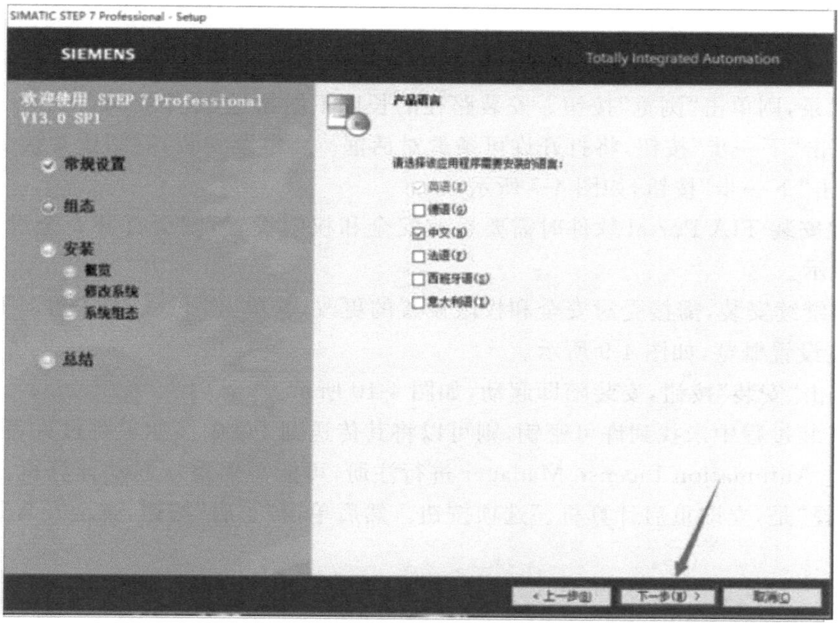

图 4-5 产品语言选择

(4) 单击"下一步"按钮,弹出选择产品组件对话框,如图 4-6 所示。

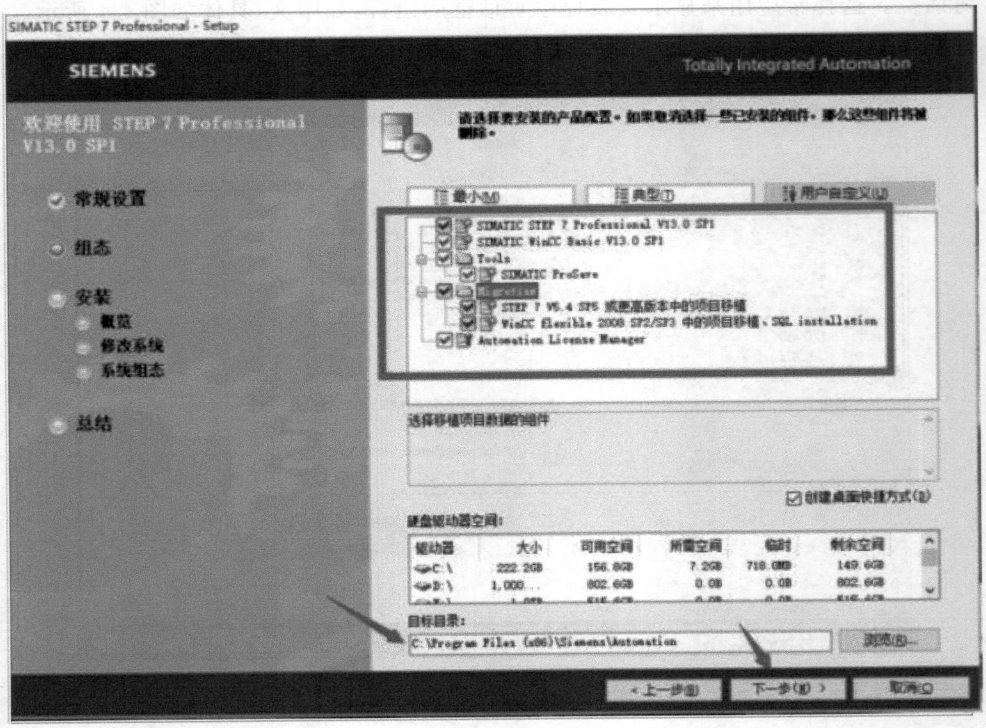

图 4-6 安装配置

如果需要以最小配置安装程序,则单击"最小"按钮。如果需要以典型配置安装程序,则单击"典型"按钮。如果需要自主选择要安装的产品,则单击"用户自定义"按钮,然后选择需要安装的产品对应的复选框。

如果需要在桌面上创建快捷方式,则选中"创建桌面快捷方式"复选框;如果要更改安装的目标目录,则单击"浏览"按钮。安装路径的长度不能超过 89 个字符。

(5) 单击"下一步"按钮,将打开许可条款对话框。要继续安装,需阅读并接受所有许可协议,并单击"下一步"按钮,如图 4-7 所示。

如果在安装 TIA Portal 软件时需要更改安全和权限设置,则会打开安全设置对话框,如图 4-8 所示。

(6) 要继续安装,需接受对安全和权限设置的更改,并单击"下一步"按钮。下一对话框将显示安装设置概览,如图 4-9 所示。

(7) 单击"安装"按钮,安装随即起动,如图 4-10 所示。

如果安装过程中未找到许可密钥,则可以将其传送到 PC 中。如果跳过许可密钥传送,稍后可通过 Automation License Manager 进行注册,可能需要重新起动计算机。在这种情况下,请选择"是,立即重启计算机。"选项按钮。然后单击"重启"按钮,直至安装完成。

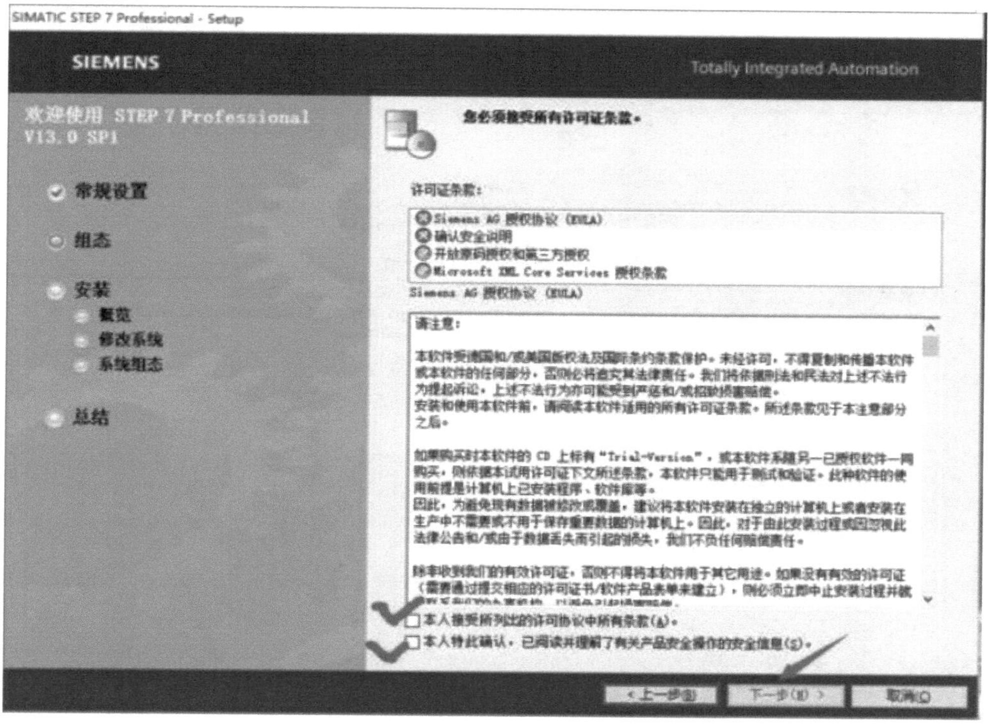

图 4-7 许可证条款确认

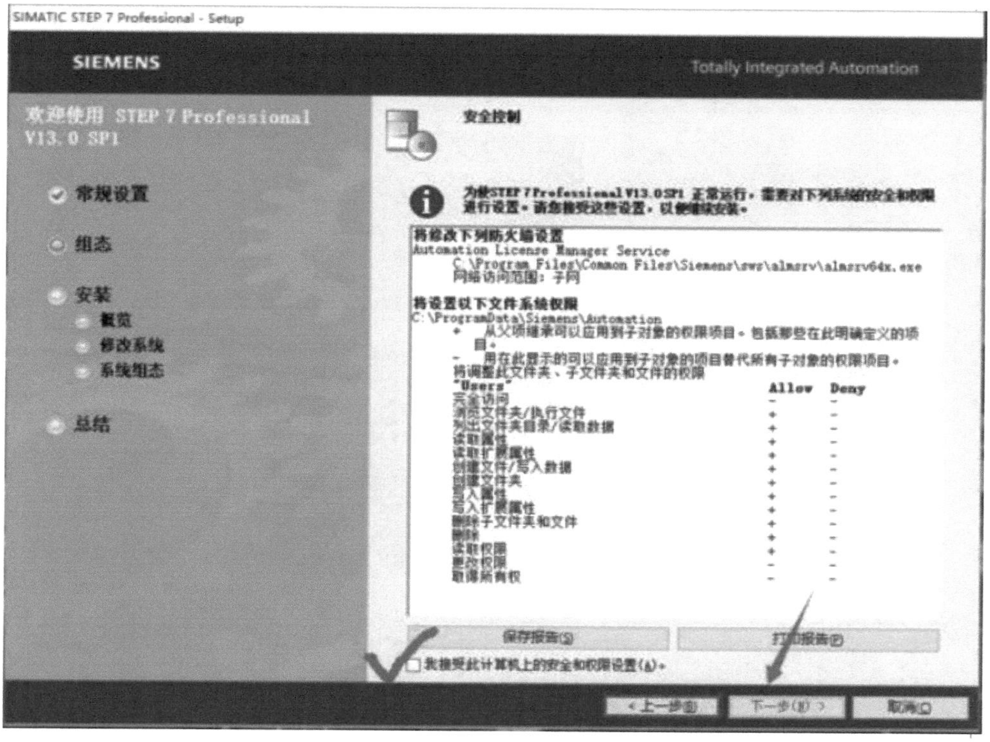

图 4-8 安全和权限设置

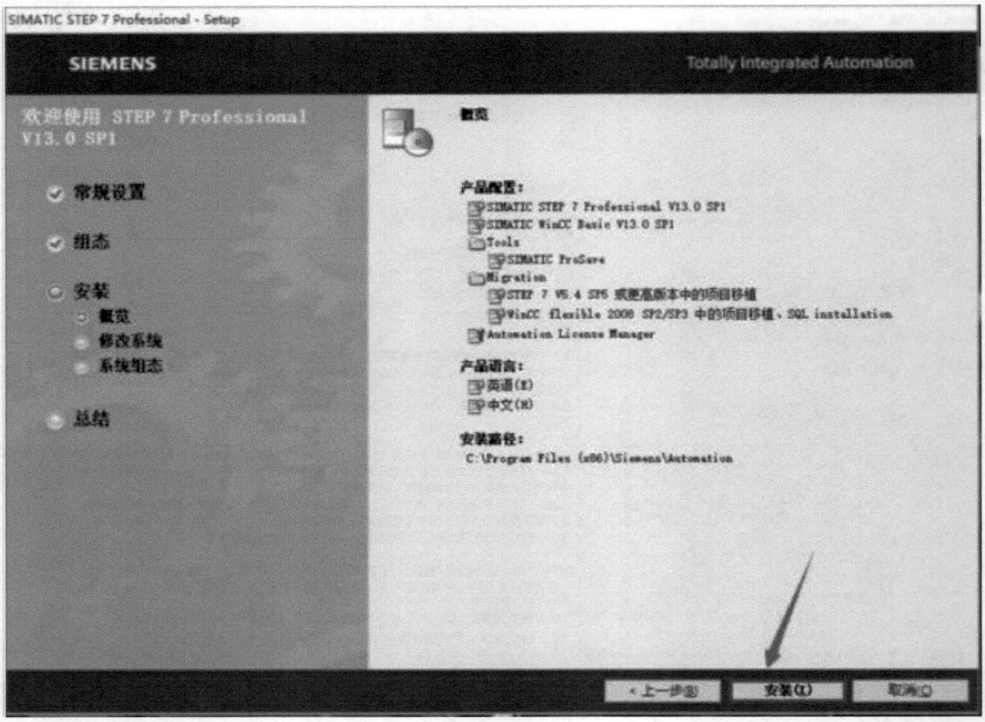

图 4-9　安装概览

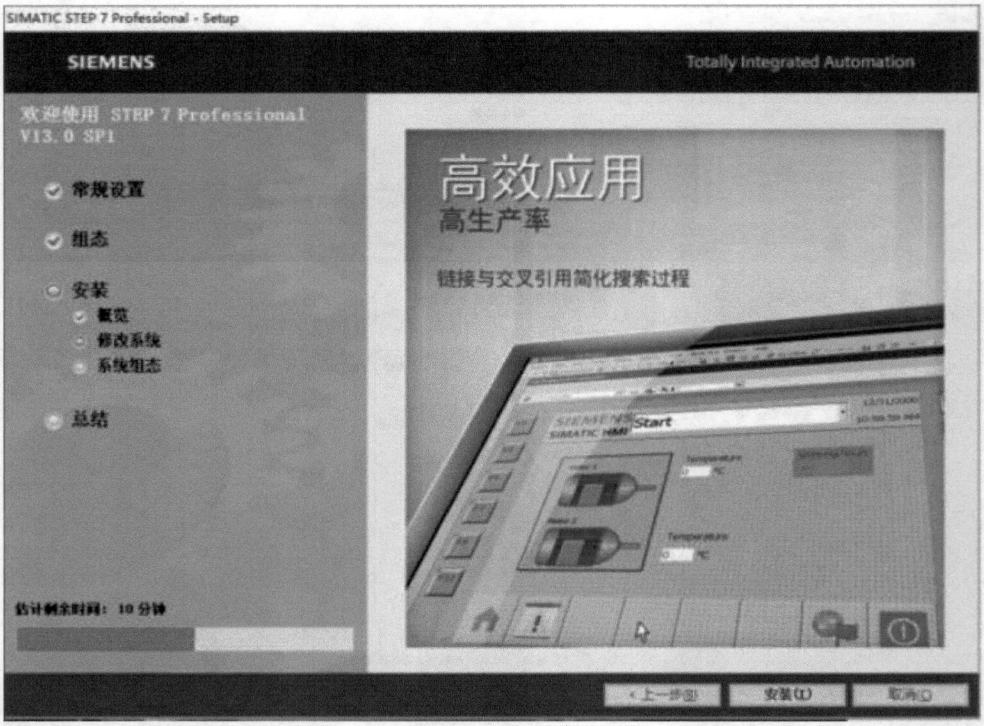

图 4-10　开始安装

4.4 TIA Portal 软件的卸载

TIA Portal 软件的卸载可以选择以下两种方式。

1. 通过控制面板删除所选组件

(1) 选择“开始”→“设置”→“控制面板”命令，打开“控制面板”窗口。

(2) 在“控制面板”窗口中双击“添加或删除程序”选项，将打开“添加或删除程序”对话框。

(3) 在“添加或删除程序”对话框中，选择要删除的软件包，如 Siemens TIA Portal V13，然后单击“删除”按钮，将打开选择安装语言对话框，显示程序删除对话框的语言，单击“下一步”按钮，将打开一个对话框，供用户选择要删除的产品，如图 4-11 所示。

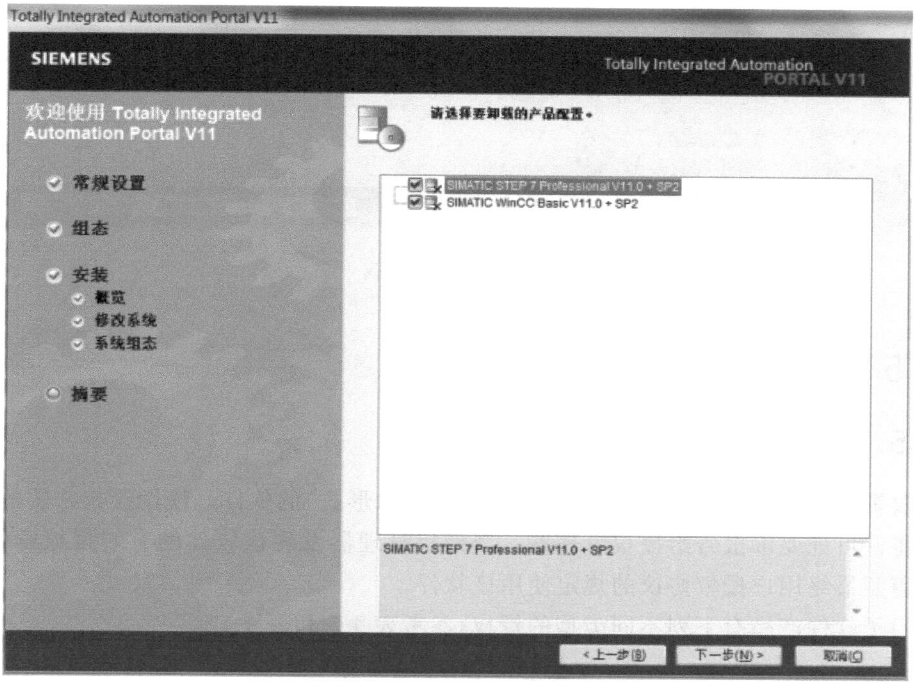

图 4-11 选择删除的产品

(4) 选中要删除的产品的复选框，并单击“下一步”按钮。在弹出对话框中用户可以检查包含了要删除产品的列表。如果要进行任何更改，则单击“上一步”按钮。如果确认没有问题，则单击“卸载”按钮，开始删除，如图 4-12 所示。

(5) 软件卸载过程中可能需要重新起动计算机。在这种情况下，请选择“是，立即重启计算机。”选项按钮。然后单击“重启”按钮，等待卸载完成，单击“关闭”按钮完成软件的卸载。

2. 使用源安装盘删除

使用源安装盘删除可将安装盘插入相应的驱动器。安装程序将自动起动(除非在 PG/PC 上禁用了自动起动功能)，如果安装程序没有自动起动，则可通过双击 Start. exe 文件手动起动。步骤与控制面板卸载一致。

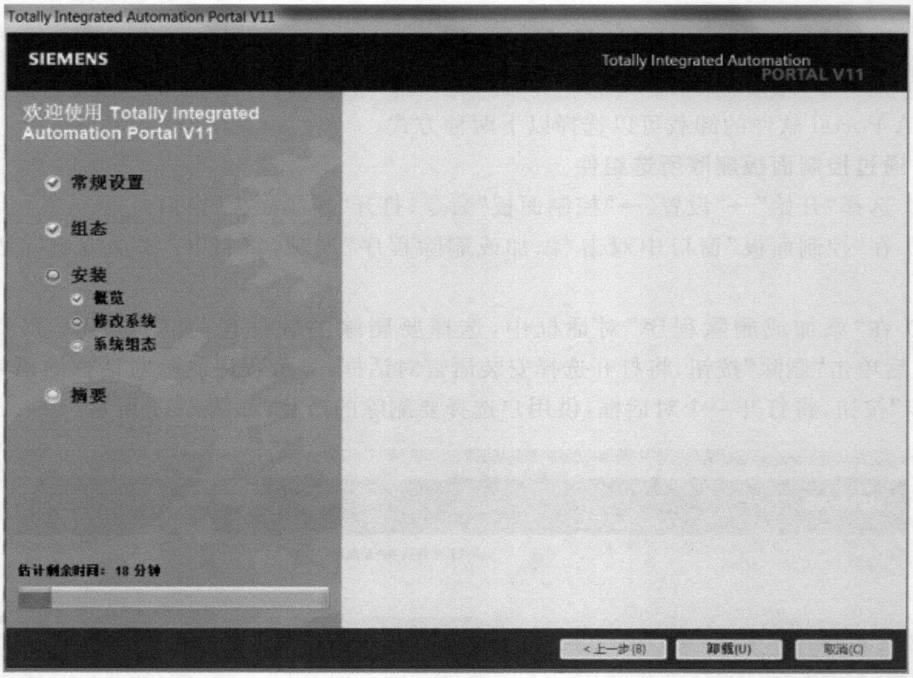

图 4-12　软件卸载

4.5　授权管理功能

4.5.1　授权的种类

授权管理器是用于管理授权密钥（许可证的技术形式）的软件。使用授权密钥的软件产品自动将许可证要求报告给授权管理器。当授权管理器发现该软件的有效授权密钥时，用户便可遵照最终用户授权协议的规定使用该软件。

西门子软件产品有下列不同类型的授权，参考表 4-3 和表 4-4。

表 4-3　标准授权类型

标准授权类型	描　述
Single	使用该授权，软件可以在任意一个单 PC（使用本地硬盘中的授权）上使用
Floating	使用该授权，软件可以安装在不同的计算机上，且可以同时被有权限的用户使用
Master	使用该授权，软件可以不受任何限制
升级类型授权	利用 Upgrade 许可证，可将旧版本的许可证转换成新版本。升级可能十分必要，如在不得不扩展组态限制时

表 4-4　授权类型

标准授权类型	描　述
无限制	使用具有此类授权的软件可不受限制
Count Relevant	使用具有此类授权的软件要受到下列限制：合同中规定的标签数量

续表

标准授权类型	描　述
Count Object	使用具有此类授权的软件要受到下列限制：合同中规定的对象的数量
Rental	使用具有此类授权的软件要受到下列限制：合同中规定的工作小时数、合同中规定的自首次使用日算起的天数、合同中规定的到期日 注意：可以在任务栏的信息区内看到关于 Rental 授权剩余时间的简短信息
Trial	使用具有此类授权的软件要受到下列限制：有效期，如最长为 14 天；自首次使用日算起的特定天数；用于测试和验证(免责声明)
Demo	使用具有此类授权的软件要受到下列限制：合同中规定的工作小时数、合同中规定的自首次使用日算起的天数、合同中规定的到期日 注意：可以在任务栏的信息区内看到关于演示版授权剩余时间的简短信息

4.5.2 授权管理器

在安装 TIA Portal 软件时，可以选择安装授权管理器，授权管理器可以传递、检测、删除授权，操作界面参考图 4-13 所示。

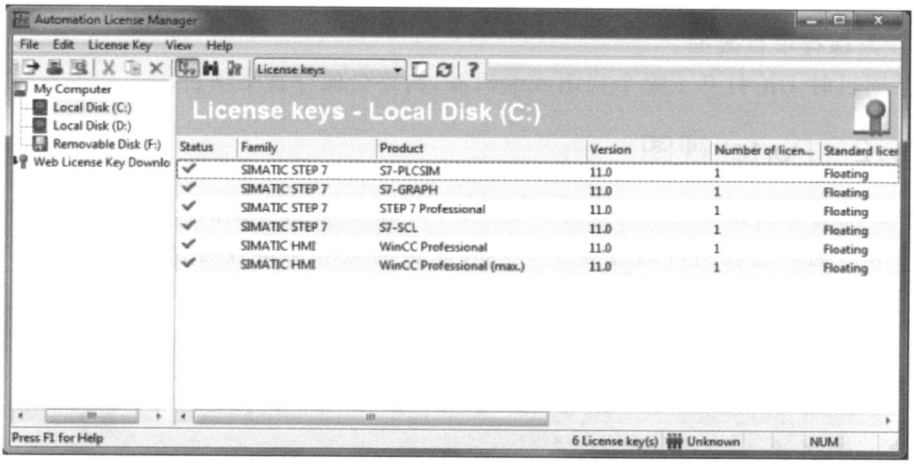

图 4-13　授权管理器操作界面

4.5.3 安装许可证密钥

用户可以在安装软件产品期间安装授权密钥，或者在安装结束后使用授权管理器进行授权操作，也可以通过授权管理软件以拖曳的方式从授权盘中转移到目标硬盘。

有些软件产品允许在安装程序本身时安装所需要的许可证密钥。计算机安装完软件，授权密钥自动安装。

注意：不能在执行安装程序时安装 Upgrade 授权密钥。

4.6 TIA Portal 中的视图

4.6.1 TIA Portal 中的导航

用户在创建项目时将使用不同的视图。接下来将简单介绍 TIA Portal 中的各种视图。

1. TIA Portal 的视图

对于自动化项目，TIA Portal 提供了两个不同的工作视图，通过它们可快速访问工具箱和各个项目组件。

(1) Portal 视图：Portal 视图支持面向任务的组态。

(2) 项目视图：项目视图支持面向对象的组态。

2. 导航

可以随时使用用户界面左下角的链接在 Portal 视图和项目视图之间切换。在组态期间，视图也会根据正在执行的任务类型自动切换。例如，如果要编辑 Portal 视图中列出的对象，应用程序会自动切换到项目视图中的相应编辑器。编辑完对象后可以切换回 Portal 视图并继续操作下一个对象或进行下一项活动。

3. 全局保存项目数据

保存项目时无论打开了哪个视图或编辑器，始终会保存整个项目。

4.6.2 Portal 视图

Portal 视图提供面向任务的工具箱视图。Portal 视图用于提供一种简单的方式来浏览项目任务和数据。这表明可通过各个 Portal 来访问处理关键任务所需的应用程序功能。图 4-14 显示了 Portal 视图的结构。

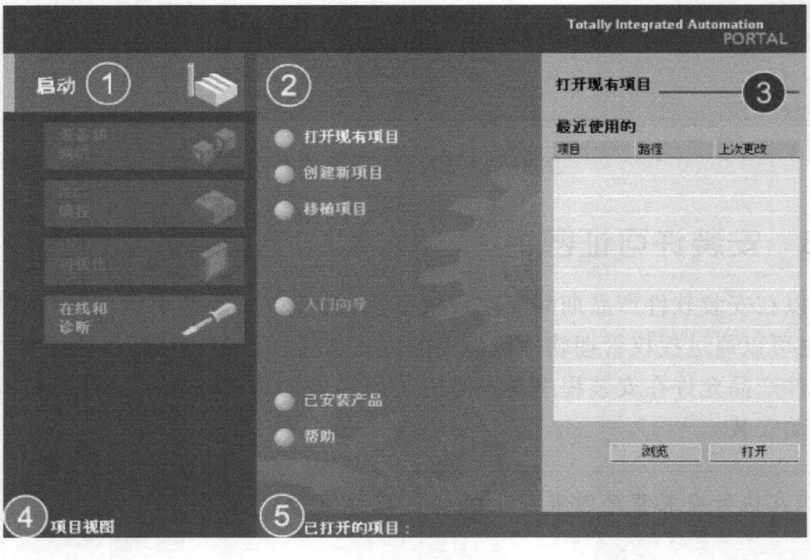

图 4-14 Portal 视图的结构

(1) 不同任务的 Portal。Portal 为各个任务区提供了基本功能，在 Portal 视图中提供的 Portal 取决于所安装的产品。

(2) 所选 Portal 对应的操作。此处提供了在所选 Portal 中可使用的操作，可在每个 Portal 中调用上下文相关的帮助功能。

(3) 为所选操作选择窗口。所有 Portal 都有选择窗口，该窗口的内容取决于用户当前的选择。

(4) 切换到项目视图。可以使用“项目视图”链接切换到项目视图。

(5) 当前打开的项目的显示区域。在此处可了解当前打开的是哪个项目。

4.6.3 项目视图

项目视图是项目所有组件的结构化视图。项目视图中提供了各种编辑器，可以用来创建和编辑相应的项目组件。图 4-15 显示了项目视图的结构。

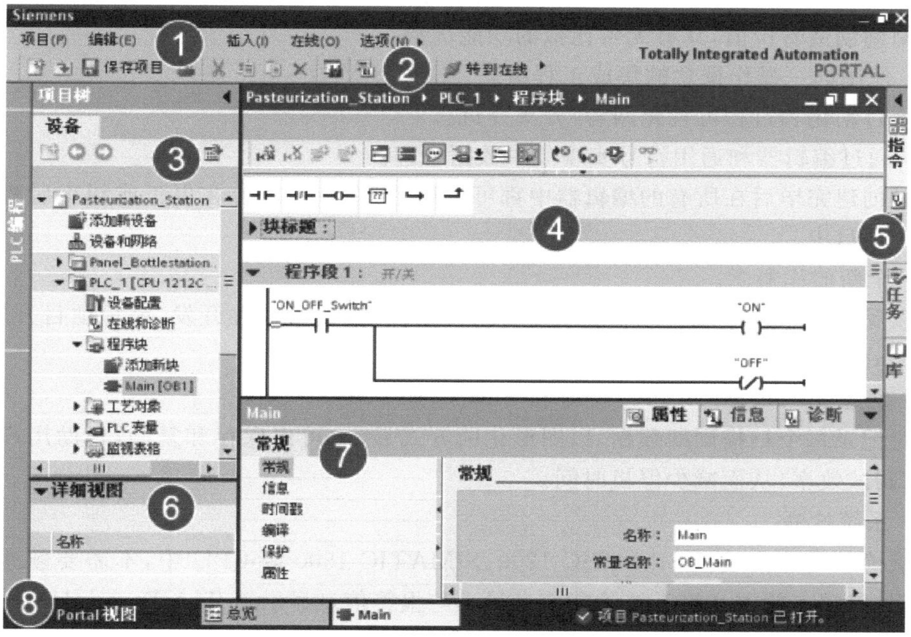

图 4-15 项目视图的结构

① 菜单栏：菜单栏包含用户工作所需的全部命令。

② 工具栏：工具栏提供了常用命令的按钮。这提供了一种比菜单更快的命令访问方式。

③ 项目树：通过项目树可以访问所有组件和项目数据。例如，可在项目树中执行以下任务，如添加新组件、编辑现有组件、扫描和修改现有组件的属性。

④ 工作区：为进行编辑而打开的对象将显示在工作区内。

⑤ 任务卡：可用的任务卡取决于所编辑或所选择的对象，在屏幕右侧的条形栏中可以找到可用的任务卡，可以随时折叠和重新打开这些任务卡。

⑥ 详细视图：在详细视图中显示所选对象的某些内容，其中可能包含文本列表或

变量。

⑦ 巡视窗口：在巡视窗口中显示有关所选对象或所执行动作的附加信息。

⑧ 切换到 Portal 视图：可以使用“Portal 视图”(Portal view)链接切换到 Portal 视图。

说明：按 Ctrl+1～5 组合键可以打开和关闭项目视图的各个窗口。在 TIA Portal 的信息系统中，可以找到关于所有组合键的概述。

4.7 TIA Portal 软件的特性

TIA Portal 软件以一致的数据管理、统一的工业通信、集成的工业信息安全和功能安全为基础，贯穿项目规划、工程研发、生产运行到服务升级等各个工程阶段，从提高效率、缩短开发周期、减少停机时间、提高生产过程的灵活性、提升项目信息的安全性等各个方面，为用户时时刻刻创造着价值，具有无可比拟的功能优势。

(1) 使用同一操作概念的集成工程组态。

过程自动化和过程可视化两者“齐头并进”。

(2) 通过编辑器和通用符号实现集中数据管理。

变量创建完毕后在所有的编辑器中都可以调用，变量的内容在更正或纠正后将自动更新到整个项目中。

(3) 全新的库概念。

可以反复使用已存在的指令及项目的现有组件，避免重复性开发，缩短项目开发周期。TIA Portal 支持“类型”的版本管理功能，便于库的统一管理。

(4) 轨迹 Trace(SIMATIC 1200 和 SIMATIC 1500)。

实时记录每个扫描周期数据，以图形化的方式显示，可以保存和复制，帮助用户快速定位，提高调试效率，从而减少停机时间。

(5) 系统诊断。

系统诊断功能集成在 SIMATIC 1200、SIMATIC 1500 等 CPU 中，不需要额外资源和程序编程，以统一的方式将系统诊断信息显示与报警信息显示于 TIA Portal、HMI、Web 浏览器或 CPU 显示屏中。

(6) 易操作性。

TIA Portal 软件提供了很多优化的功能机制，如通过拖曳的方式可将变量添加到指令、或添加到 HMI 显示界面、或添加到库中等。在变量表中单击变量名称，通过下拉功能可以按地址顺序批量生产变量。用户可以创建变量组，以便于对控制对象进行快速监控和访问。用户也可以自定义常用指令收藏夹。此外，可给程序中每条指令或输入输出对象添加注释，提高程序的易读性等。

(7) 集成信息安全。

通过程序专有技术保护、程序与 SMC 卡或 PLC 绑定等安全手段，可以有效地保护用户的知识产权，更加“安全”地操作机器。

本章小结

要想正确地使用 PLC，需先熟悉 PLC 编程所需要的软件，因此本章主要介绍用于 S7-1500 PLC 编程的 TIA Portal 软件。首先对 TIA Portal 软件作了简单介绍，罗列出 TIA Portal 所包括的各类软件，并一一做了介绍；为了便于读者实际应用，接下来以图示的方法详细讲解了 Portal 软件的安装、卸载及授权步骤；作为初步认识，对 Portal 软件操作视图进行了说明，便于后面 Portal 软件的正确使用和编程。

习题

4-1 安装 TIA Portal 软件最低的硬件要求是什么？

4-2 授权管理的目的是什么？

4-3 TIA Portal 软件有什么特点？

第 5 章

CHAPTER 5

SIMATIC S7-1500 PLC 硬件组成

新一代的 SIMATIC S7-1500 控制器经过多方面的革新，以其最高的性价比，在提升客户生产效率、缩短新产品上市时间、提高客户关键竞争力方面树立了新的标杆，并以其卓越的产品设计理念为实现工厂的可持续性发展提供强有力的保障。

SIMATICS7-1500 PLC 外形如图 5-1 所示。

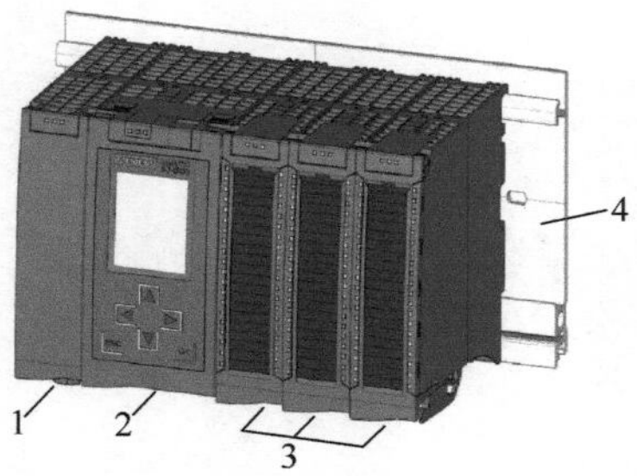

图 5-1　S7-1500 PLC 配置示例

1—系统电源；2—CPU；3—I/O 模块；4—带有集成 DIN 导轨的安装导轨

5.1　S7-1500 电源模块

SIMATIC S7-1500 电源模块是 S7-1500 PLC 系统中的一员，分为系统电源模块(Power Supply，PS)和负载电源模块(Power Module，PM)。基于 S7-1500 统一的平台设计开发和测试以及西门子在自动化领域的丰富经验，S7-1500 电源模块，其功能、安全及 EMC 完全满足系统需求，最佳匹配于 S7-1500 PLC 系统。

5.1.1　PS 电源模块

PS 电源模块连接到背板总线，并专门为背板总线提供内部所需的系统电源，这种系统电源可为模块电子元件和 LED 指示灯供电，且满足以下两点。

(1) 总线电气隔离和安全电气隔离符合 EN 61131—2 标准。

(2) 支持固件更新、标识数据 I&M0～I&M4、在 RUN 模式下组态、诊断报警和诊断中断。

5.1.2　PM 电源模块

PM 电源模块为 CPU/IM、I/O 模块、PS 电源等提供高效、稳定、可靠的直流 24V 供电，且具有以下特性。

(1) 输入交流 120V/230V 自适应，适应世界各地供电网络。

(2) 优秀的输入抗过压性能和输出过压保护功能，有效提高了系统的运行安全。

(3) 卓越的起动和缓冲能力，增强了系统的稳定性。

(4) 先进的电路设计和高品质电子器件，保证了电源的高可靠性。

(5) 符合 SELV，提高了 S7-1500 PLC 的应用安全。

(6) 优异的 EMC 兼容性能，完全符合 S7-1500 PLC 系统的 TIA 集成测试要求。

5.1.3　电源模块技术数据

PS 电源模块与 PM 电源模块的技术数据如表 5-1 和表 5-2 所示。

表 5-1　PS 电源模块的技术数据

电源型号	PS 25W 24V DC	PS 60W 24/48/60V DC	PS 60W 120/230V AC/DC
订货号	6ES7505-0KA00-0AB0	6ES7505-0RA00-0AB0	6ES7507-0RA00-0AB0
尺寸 *W*×*H*×*D*/mm	35×147×129	70×147×129	
额定输入电压/DC —范围，下限(DC) —范围，上限(DC)	24V：SELV 静态 19.2V，动态 18.5V 静态 28.8V，动态 30.2V	24V/48V/60V 静态 19.2V，动态 18.5V 静态 72V，动态 75.5V	
额定输入电压/AC —范围，下限(AC) —范围，上限(AC)	— — —		120V/230V 85V 264V
输入电压反极性保护	是		—
短路保	是		
断电缓冲时间	20ms		
额定输入电流	24V DC 额定电流 1.3A — — —	24V DC 额定电流 3A 48V DC 额定电流 1.5A 60V DC 额定电流 1.2A —	120V DC 额定电流 0.6A 230V DC 额定电流 0.3A 120V AC 额定电流 0.6A 230V AC 额定电流 0.34A
输出电流短路保护	是		
背板总线上的馈电功率	25W	60W	
额定条件下的功率损失	6.2W	12W	
状态显示	是		
质量/kg	0.35	0.6	

表 5-2　PM 电源模块技术数据

产品	PM1507	PM1507
电源型号	24V/3A	24V/8A
订货号	6EP1 332-4BA00	6EP1 333-4BA00
尺寸 *W*×*H*×*D*/mm	50×147×129	75×147×129
输入		

续表

额定输入电压 —范围	120V/230V AC 自适应 85～132V/170～264V AC	
抗过压能力	2.3×U 额定输入，1.3ms	
断电缓冲时间	20ms	
额定输入频率 —范围	50/60Hz 45～65Hz	
建议微型断路器	10A 特性曲线 B，或 6A 特性曲线 C	16A 特性曲线 B，或 10A 特性曲线 C
输出		
额定输出电压 —可调范围 —误差 —静态电网调整率/负载调整率 —最大输出纹波值	24V — ±1% 0.1% 50mV	
额定输出电流	3A	8A
瞬时过载电流/持续时间	12A/70ms；1.5 倍大功率输出，5s/min①	35A/70ms；1.5 倍大功率输出，5s/min①
额定效率	87%	90%
起动/关闭特性	U 输出无超调(软起动)	
并联配置	是	
保护		
输出过压保护	<28.8V，匹配 CPU 工作电压范围(DC 19.2～28.8V)，防止电源输出过压损坏 CPU	
输出限流保护	3.15～3.6A	8.4～9.6A
短路保护	是，电子锁闭，自动重启	
安全		
电位隔离②	EN 60950—1，EN 50178，EN 61131-2	
认证	CE、UL、CB、ATEX	
EMC		
无线干扰	EN 55022 Class B	
线路谐波抑制	EN 61000-3-2	
噪声抑制	EN 61000-6-2	
运行数据		
工作温度	−25～+70℃(0～60℃满载工作)	
存放/运输期间	−40～+85℃	
安装	S7-1500 导轨，电源右侧无须预留任何散热空间	

① 可顺利起动感性或容性负载，保持输出的稳定。

② 符合 SELV。

5.2 S7-1500 CPU 模块

全新的 S7-1500 带来了标准型和故障安全型两种不同类型的 CPU 模块。凭借快速的响应时间、集成的 CPU 显示面板以及相应的调试和诊断机制，SIMATIC S7-1500 CPU 极大地提升了生产效率，降低了生产成本。

5.2.1 S7-1500 CPU 模块所具有的功能

1. 最优性能

(1) 缩短响应时间，提高生产效率。

(2) 加快程序循环时间。

(3) CPU 位指令处理时间最短可达 1ns。

(4) 集成运动控制，可控制高达 128 轴。

2. 显示调试和诊断信息

(1) 统一纯文本诊断信息，缩短停机/诊断时间。

(2) 即插即用，无须编程。

(3) 可设置操作密码。

(4) 使用寿命长，运行时间长达 50000h。

(5) 支持自定义起动显示界面。

3. Profinet 标准

(1) PN IRT 可确保精准的响应时间以及工厂设备的高精度操作。

(2) 集成具有不同 IP 地址的标准以太网口和 Profinet 网口。

(3) 集成网络服务器，可快速浏览服务和诊断信息。

4. 创新的存储机制

(1) 灵活的存储卡机制，适合各种项目规模。

(2) 较大的存储空间。支持高达 2GB 的存储卡，可存储项目数据、归档、配方和相关文档。

(3) 优化存储的程序块，可提高处理器的访问速度。

5. 优化的诊断机制

(1) STEP7、HMI、Web Server、CPU 显示面板统一数据显示，高效故障分析。

(2) 集成系统诊断功能，模块系统诊断功能支持即插即用模式。

(3) 即便 CPU 处于停止模式，也不会丢失系统故障/报警消息。

5.2.2 CPU 模块技术数据

S7-1500 CPU 模块技术数据如表 5-3 所示。

表 5-3 CPU 模块技术数据

(a)

标准型 CPU	CPU 1511-1 PN	CPU 1513-1 PN	CPU 1515-2 PN
订货号	6ES7 511-1AK00-0AB0	6ES7 513-1AL00-0AB0	6ES7 515-2AM00-0AB0
组态/编辑软件	STEP 7 V12 及以上版本		STEP 7 V13 Update 4 及以上版本
编程语言	LAD、FBD、STL、SCL、GRAPH		
尺寸 $W\times H\times D$/mm	35×147×129		70×147×129
温度范围	0～60℃(水平安装)；0～40℃(垂直安装)		

续表

屏对角线长度/cm	3.45		6.1
额定电源电压(下限—上限)	DC 24V(DC 19.2～28.8V)		
典型功耗	5.7W		6.3W
硬件配置			
每个机架中的最大模块数量	32 个；CPU+31 个模块		
扩展 Profibus、Profinet、以太网			
扩展模块、CM 或 CP	4 个；最多总共可插接 4 个CM/CP(Profibus、Profinet、以太网)	6 个；最多总共可插接 6 个CM/CP(Profibus、Profinet、以太网)	8 个；最多总共可插接 8 个 CM/CP(Profibus、Profinet、以太网)
集成的接口数量			
Profinet 接口的数量	1 x Profinet(2 端口交换机)		1 x Profinet(2 端口交换机) 1 x Ethernet
Profibus 接口的数量	—		
接口硬件			
RJ-45(以太网)	100Mb/s		
RS 485	—		
指令执行时间			
位运算	60ns	40ns	30ns
字运算	72ns	48ns	36ns
定点运算	96ns	64ns	48ns
浮点运算	384ns	256ns	192ns
存储器			
集成工作内存	150KB	300KB	500KB
集成数据存储	1MB	1.5MB	3MB
装载存储器插槽式(SIMATIC 存储卡)最大	32G		
CPU 块总计	2000		6000
DB			
最大数	2000 个；数值范围为 1～65 535		6000 个；数值范围为 1～65 535
最大大小	1MB	1.5MB	3MB
FB			
最大数	1998 个；数值范围为 1～65 535		5998 个；数值范围为 1～65 535
最大大小	150KB	300KB	500KB
FC			
最大数	1999 个；数值范围为 1～65 535		5999 个；数值范围为 1～65 535
最大大小	150KB	300KB	500KB
分布式 I/O 模块			

续表

通过 Profibus 连接	是(通过 CM/CP)		
通过 Profinet 连接	是		
存储器、计时器、计数器、模块			
位存储器	16KB		
S7 定时/计数器数量	2048		
IEC 计时器/计数器数量	无限制(仅受工作存储器限制)		
地址区			
I/O 地址区域：输入	32KB；过程映像中的所有输入		
I/O 地址区域：输出	32KB；过程映像中的所有输出		
过程映像分区的最大数量	32		
支持的技术对象，最大值(未创建其他运动技术对象)			
转速轴数量	6	6	30
定位轴数量	6	6	30
同步轴数量	3	3	15
外部编码器数量	6	6	30

(b)

标准型 CPU	CPU 1516-3 PN/DP	CPU 1517-3 PN/DP	CPU 1518-4 PN/DP
订货号	6ES7 516-3AN00-0AB0	6ES7 517-3AP00-0AB0	6ES7 518-4AP00-0AB0
组态/编辑软件	STEP 7 V12 及以上版本	STEP 7 V13 Update 4 及以上版本	
编程语言	LAD、FBD、STL、SCL、GRAPH		
尺寸 $W \times H \times D$/mm	70×147×129		175×147×129
温度范围	0～60℃(水平安装)；0～40℃(垂直安装)		
屏对角线长度/cm	6.1		
额定电源电压(下限—上限)	DC 24V(DC 19.2～28.8V)		
典型功耗	7W	24W	
硬件配置			
每个机架中的最大模块数量	32 个；CPU+31 个模块		
扩展 Profibus、Profinet、以太网			
扩展模块、CM 或 CP	8 个；最多总共可插接 8 个 CM/CP(Profibus、Profinet、以太网)		
集成的接口数量			
Profinet 接口的数量	1 x Profinet(2 端口交换机) 1 x Ethernet		1 x Profinet(2 端口交换机) 2x Ethernet
Profibus 接口的数量	1 x Profibus		
接口硬件			
RJ-45(以太网)	100Mb/s		100Mb/s(X1,X2 口) 1000Mb/s(X3 口)
RS-485	9.6kb/s～12Mb/s		
指令执行时间			
位运算	10ns	2ns	1ns
字运算	12ns	3ns	2ns

续表

定点运算	16ns	3ns	2ns
浮点运算	64ns	12ns	6ns
存储器			
集成工作内存	1MB	2MB	4MB
集成数据存储	5MB	8MB	20MB
装载存储器插槽式(SIMATIC 存储卡)最大	32G		
CPU 块总计	6000	10 000	
DB			
最大数	6000 个；数值范围为 1～65 535	10 000 个；数值范围为 1～65 535	
最大大小	5MB	8MB	10MB
FB			
最大数	5998 个；数值范围为 1～65 535	9998 个；数值范围为 1～65 535	
最大大小	512KB	512KB	512KB
FC			
最大数	5999 个；数值范围为 1～65 535	9999 个；数值范围为 1～65 535	
最大大小	512KB		
分布式 I/O 模块			
通过 Profibus 连接	是		
通过 Profinet 连接	是		
存储器、计时器、计数器、模块			
位存储器	16KB		
S7 定时器/计数器数量	2048		
IEC 计时器/计数器数量	无限制(仅受工作存储器限制)		
地址区			
I/O 地址区域：输入	32KB；过程映像中的所有输入		
I/O 地址区域：输出	32KB；过程映像中的所有输出		
过程映像分区的最大数量	32		
支持的技术对象，最大值(未创建其他运动技术对象)			
转速轴数量	30	96	128
定位轴数量	30	96	128
同步轴数量	15	48	64
外部编码器数量	30	96	128

5.3 SIMATIC 存储卡

5.3.1 SIMATIC 存储卡概述

S7-1500 自动化系统使用 SIMATIC 存储卡作为程序存储器。SIMATIC 存储卡是与 Windows 文件系统兼容的预格式化存储卡。此存储卡具有各种存储空间大小，并可用于下列目的。

(1) 移动式数据介质。

(2) 程序卡。

(3) 固件更新卡。

需要使用市售 SD 读卡器通过 PG/PC 读/写 SIMATIC 存储卡。这样就可使用 Windows Explorer 将文件直接复制到 SIMATIC 存储卡。只有插入 SIMATIC 存储卡后才能操作 CPU。SIMATIC 存储卡如图 5-2所示。

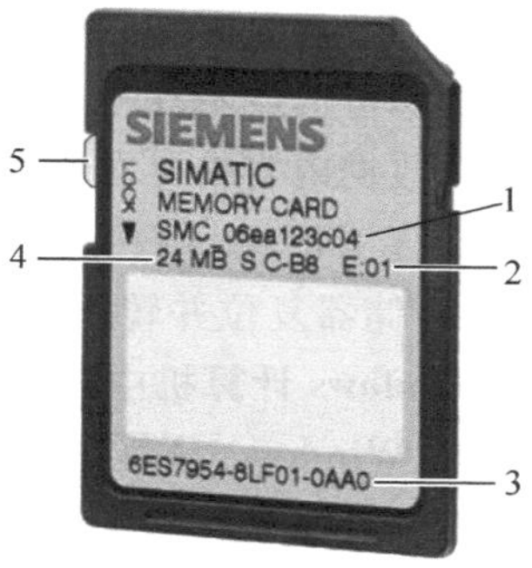

图 5-2 SIMATIC 存储卡实物

1—序列号，如 SMC_06ea123c04；2—产品版本，如 E：01；3—订货号，如 6ES7954-8LF01-0AA0；4—存储空间大小，如 24MB；5—使用写保护的滑块：滑块向上滑动表示无写保护，滑块向下滑动表示写保护

1. SIMATIC 存储卡上的文件夹和文件

SIMATIC 存储卡中可包含表 5-4 和表 5-5 所示的文件夹和文件。

表 5-4 文件夹格式

文 件 夹	描 述
FWUPDATE. S7S	CPU 和 I/O 模块的固件更新文件
SIMATIC. S7S	用户程序(即所有块(OB、FC、FB、DB)和系统块)和 CPU 中的项目数据
SIMATIC. HMI	与 HMI 相关的数据
DataLogs	数据日志文件
配方	配方文件

表 5-5 文件结构

文 件 夹	描 述
S7_JOB. S7S	作业文件
SIMATIC. HMI\Backup\ * . psb	面板备份文件
SIMATICHMI_Backups_DMS. bin	保护文件(在 TIA Portal 中使用面板备份文件时需要)
__LOG__	保护系统文件(使用卡时需要)
crdinfo. bin	保护系统文件(使用卡时需要)
* . pdf、* . txt、* . csv…	各种格式的其他文件(还可存储在 SIMATIC 存储卡的文件夹中)

2. 使用序列号进行防复制保护

对存储卡用序列号进行防复制保护，可以为 CPU 设置防复制保护，这样就可以将块的执行与特定 SIMATIC 存储卡捆绑在一起。在 STEP 7 中，可通过在块属性中选择“绑定 SIMATIC 存储卡的序列号”(Bind to serial number of the SIMATIC memory card)进行组态，这样只有在指定序列号的 SIMATIC 存储卡上才能执行该块。

3. 移除 SIMATIC 存储卡

只有在 CPU 处于 POWER OFF 或 STOP 操作模式时，才能移除 SIMATIC 存储卡。需确保在 STOP 或 POWER OFF 模式下没有执行写功能(如加载/删除块)，为此需断开通信连接。

如果在写过程期间移除了SIMATIC存储卡，则可能发生以下问题。

(1) 文件的数据内容不完整。

(2) 文件不可读或不存在。

(3) 整个数据内容中存在错误。

如果从处于STOP、STARTUP或RUN操作模式的CPU中移除SIMATIC存储卡，则CPU将执行存储器复位并转入STOP模式。

4. 从Windows计算机中移除SIMATIC存储卡

如果使用Windows环境中商用读卡器读取该存储卡，则在从读卡器中拔除该卡之前应使用“弹出”(Eject)功能；否则，数据可能会丢失。

5. 删除SIMATIC存储卡中的内容

可通过以下方式删除SIMATIC存储卡中的内容。

(1) 使用Windows文件管理器删除文件。

(2) 使用STEP 7进行格式化。

> **说明：** 如果使用Windows实用程序格式化该卡，则格式化后的SIMATIC存储卡将无法用作CPU的存储介质。可以删除存储卡中的文件和文件夹，但不能删除__LOG__和crdinfo.bin系统文件。这些文件是CPU所必需的。如果删除这些文件，则CPU将无法再使用该SIMATIC存储卡。如果删除了__LOG__和crdinfo.bin系统文件，请按照下面章节所述格式化SIMATIC存储卡。

6. 格式化SIMATIC存储卡

格式化SIMATIC存储卡只能在CPU上执行；否则，SIMATIC存储卡将不能用于S7-1500 CPU。

如果要使用STEP 7格式化SIMATIC存储卡，必须在线连接到相关CPU。而且，相关的CPU应处于STOP模式。

要格式化SIMATIC存储卡，可按以下步骤操作。

(1) 打开CPU的“在线与诊断”(Online and Diagnostics)视图(从项目环境中或通过“可访问的设备”)。

(2) 在“功能”(Functions)文件夹中选择“格式化存储卡”(Format Memory Card)组。

(3) 单击“格式化”(Format)按钮。

(4) 在确认提示窗口中单击“是”(Yes)按钮。

结果：

① 格式化SIMATIC存储卡，以便用于S7-1500 CPU。

② 将删除CPU中除了IP地址之外的数据。

7. SIMATIC存储卡的使用寿命

SIMATIC存储卡的使用寿命主要取决于以下因素。

(1) 删除或写过程的次数。

(2) 外部环境影响，如环境温度。

环境温度高达60℃时，SIMATIC存储卡上可至少进行100 000次删除/写操作。

5.3.2 设置卡类型

SIMATIC 存储卡可用作程序卡或固件更新卡。如果要设置卡的类型，则需将 SIMATIC 存储卡插入编程设备卡的读卡器中，然后从项目树中选择“SIMATIC 读卡器”文件夹。在所选 SIMATIC 存储卡的属性中指定卡类型。

1. 程序卡

可将程序卡用作 CPU 的外部装载存储器，它将包含 CPU 中的整个用户程序。用户程序从加载存储器中传送到工作存储器中，并在工作存储器中执行。如果移除了带有用户程序的 SIMATIC 存储卡，CPU 将进入 STOP 模式。

在 SIMATIC 存储卡上创建 SIMATIC. S7 文件夹。

2. 固件更新卡

可在 SIMATIC 存储卡中存储 CPU、显示屏和 I/O 模块的固件，这样就可通过专门准备的 SIMATIC 存储卡进行固件更新。

在 SIMATIC 存储卡上创建 FWUPDATE. S7S 文件夹。

5.3.3 使用 SIMATIC 存储卡进行数据传输

1. 将对象从项目传送到 SIMATIC 存储卡中

将 SIMATIC 存储卡插入编程设备或外部卡读卡器时，将以下对象从项目树（STEP 7）传送到 SIMATIC 存储卡中。

（1）单个块（可多选）。在这种情况下，可进行一致传输，即将考虑块调用时产生的块与块之间的相互关系。

（2）CPU 文件夹。在这种情况下，将所有运行时相关对象（包括块和硬件配置）都传送到 SIMATIC 存储卡中，就像执行下载操作一样。

要执行传送操作可通过拖放操作移动对象，也可以使用“项目”菜单中的命令“读卡器/USB 存储器”→“写入存储卡”（Card Reader/USB memory→Write to memory card）。

2. 通过 SIMATIC 存储卡进行固件更新

可通过以下两种方式进行固件更新。

（1）通过 STEP 7（在线）。

（2）通过 SIMATIC 存储卡（适用于 CPU、显示屏和所有集中插入的模块）。

5.4 CPU 的显示屏

S7-1500 CPU 带有一个前盖板，上面有一个显示屏和一些操作按键。在显示屏上可通过各种菜单显示控制数据和状态数据，并可执行大量组态设置。通过操作键可以在菜单之间进行切换。

5.4.1 显示屏的优点

CPU 的显示屏具有下列优点。

（1）通过纯文本形式的诊断消息缩短停机时间。

(2) 无须编程设备便可更改站点上的界面设置。

(3) 可通过 TIA Portal 对显示屏分配密码。

5.4.2 显示屏的操作温度

为了提高显示屏的服务寿命,显示屏将在达到允许的操作温度前就关闭。当显示屏再次冷却后,将再次自动打开。显示屏关闭期间,将通过 LED 指示灯指示 CPU 的状态。有关显示屏关闭及再次打开时温度的更多信息,可参见 CPU 手册的技术数据。

5.4.3 显示屏

图 5-3 举例说明了左侧 CPU 1516-3 PN/DP 和右侧 CPU 1511-1 PN 或 CPU 1513-1 PN 显示屏的视图。

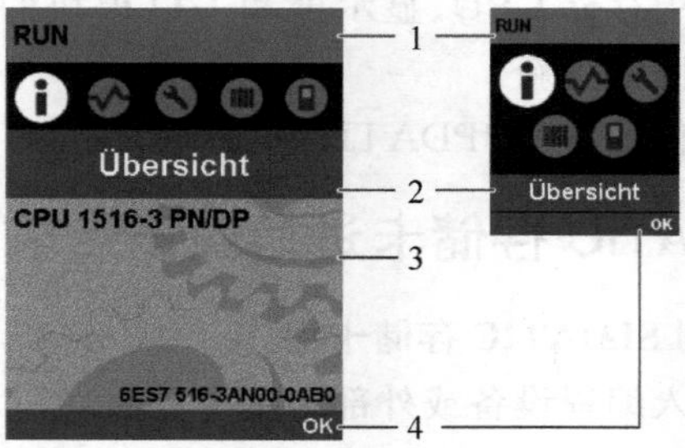

图 5-3 显示屏的示例视图

1—CPU 状态数据;2—子菜单名称;3—数据显示域;4—导航帮助,如 OK/ESC 或页码

1. CPU 状态数据

表 5-6 列出了可通过显示屏检索的 CPU 状态数据。

表 5-6 CPU 状态数据

状态数据的颜色和图标	含 义
绿色	• RUN • RUN,但有报警
黄色	STOP
红色	ERROR
白色	• 在 CPU 和显示屏之间建立连接 • 显示屏固件更新
	组态的保护等级
	中断(CPU 中至少激活一个中断)
	故障(CPU 中至少激活一个故障)
	在 CPU 中激活了强制表

2. 子菜单名称

表 5-7 列出了显示屏中的子菜单。

表 5-7 子菜单名称

主菜单项	含义	描 述
	概述	“概述”(Overview)菜单包含有关 CPU 属性的信息
	诊断	“诊断”(Diagnostics)菜单包含有关诊断消息、诊断说明和中断指示的信息。此外，还包含每个 CPU 接口的网络属性信息
	设置	在“设置”(Settings)菜单中，可以指定 CPU 的 IP 地址，设置日期、时间、时区、操作模式(RUN/STOP)和保护等级，在 CPU 上执行存储器复位和复位为出厂设置以及显示固件更新状态
	模块	“模块”(Modules)菜单则包含组态中所使用的模块信息。可以集中或外围方式部署模块。 外围部署的模块可通过 Profinet 和/或 Profibus 连接到 CPU。 可在此设置 CPU 的 IP 地址
	显示屏	在“显示”(Display)菜单中，可以组态有关显示屏的设置，如语言设置、亮度和省电模式(省电模式将使显示屏变暗，待机模式将关闭显示屏)

5.4.4 菜单图标

表 5-8 列出了菜单中显示的图标。

表 5-8 菜单图标

图 标	含 义
	可编辑的菜单项
	在此选择所需语言
	下一个较低级别的对象中存在报警
	下一个较低级别的对象中存在故障
	浏览到下一子级，或者使用“确定”(OK)和 ESC 键进行浏览
	在编辑模式中，可使用两个箭头键进行选择，向下/向上：跳至某个选择，或用于选择指定的数字/选项
	在编辑模式中，可使用 4 个箭头键进行选择 • 向下/向上：跳至某个选择或用于选择指定的数字 • 向左/向右：向前或向后跳过一个选择点

5.4.5 操作前盖板

前盖板是可移除的，在操作(RUN)或扩展操作期间可取走或更换前盖板。移除或更换显示屏不会影响 CPU 的运行。

要从 CPU 上移除前盖板，需按以下步骤操作。

(1) 向上翻开前盖板，直至前盖板与模块前部呈 90°角。

(2) 在前盖板的上方区域，同时按住锚点并向前拉动前盖板，将其从模块上卸下。

说明：*在操作(RUN)期间，也可以移除和插入显示屏。*

5.4.6 控制键

CPU 的显示屏见图 5-1，包含以下几个按键。

(1) 4 个箭头键："向上""向下""向左"和"向右"。

(2) ESC 键。

(3) "确定"键。

说明： 如果显示屏处于省电模式或待机模式，则可通过按任何键退出此模式。

图 6-3 中"确定"和 ESC 键的功能主要有以下几个。

(1) 在可输入的菜单命令中：确定→用于访问菜单命令、确认输入以及退出编辑模式；ESC→设置原始内容(即不保存更改)和退出编辑模式。

(2) 在不可输入的菜单命令中：确定→跳转到下一个子菜单项；ESC→返回到前一个菜单项。

5.4.7 语言设置

CPU 显示屏可为菜单和消息文本单独设置 6 种语言，即德语、英语、法语、西班牙语、意大利语和简体中文。

语言设置可在显示屏中的"显示"(Display)菜单或在 STEP 7 中的 CPU 硬件配置下的"用户界面语言"(User interface languages)下直接进行这些设置。

要在显示屏上显示消息文本，必须将这些文本作为软件组件加载到 CPU。为此，可在"加载预览"对话框中的"文本库"下选择"统一下载"。

5.5 S7-1500 信号模块

S7-1500 的信号模块种类更加优化，集成更多功能并支持通道级诊断，采用统一的前连接器，具有预接线功能，这些模块既可以直接在 CPU 进行集中式处理，也可以通过 ET200MP 系统进行分布式处理。

5.5.1 S7-1500 信号模块的特性

S7-1500 信号模块主要包括输入和输出模块，具体可分为数字量/模拟量输入和数字量/模拟量输出，具有以下特性。

1. 量身定做、灵活扩展

① 模块具有不同的通道数量和功能。

② 设计紧凑，I/O 模板最窄至 25mm。

③ 集成 Din 型导轨，安装更加灵活。

④ 中央机架最多可扩展 32 个模板。

2. 实现快速处理确保控制质量

① 数字量输入模块，具有 50μs 的超短输入延时。

② 模拟量模块，8 通道转换时间低至 125μs。

③ 多功能模拟量输入模块，具有自动线性化特性，适用于温度测量和限值监测。

④ 背板总线通信速度提升 40 倍，至 400MBaud。

3. 高效诊断、快速识别

① 通道级诊断消息，支持快速故障修复。

② 可读取电子识别码，快速识别所有组件。

4. 人性化设计、组装方便

① 统一 40 针前连接器。

② 集成短接片，简化接线操作。

③ 全新盖板设计，上下开启可最大化扩展电缆存放空间。

④ 自带电路接线图，方便接线。

5. 可靠的设计确保设备无错运行

① 集成电子屏蔽功能。

② 电源线与信号线分开走线。

5.5.2 S7-1500 信号模块的参数

数字量输入模块参数如表 5-9 所示。

表 5-9 数字输入模块

(a)

数字量输入模块（35mm）	DI 16x24V DC HF	DI 16x24V DC SRC BA	DI 16x230V AC BA	DI 32x24V DC HF
订货号	6ES7521-1BH00-0AB0	6ES7521-1BH50-0AA0	6ES7521-1FH00-0AA0	6ES7521-1BL00-0AB0
输入数量	16			32
尺寸 $W\times H\times D$/mm	35×147×129			
额定输入电压（下限－上限）	DC 24V(20.4～28.8V)	DC 24V	230V；120/230V AC；60/50Hz	DC 24V(20.4～28.8V)
典型功耗	2.6W	2.8W	4.9W	4.2W
输入延时（在输入额定电压时）	0.05～20ms	3ms	25ms	0.05～20ms
硬件中断	√	—	—	√
诊断中断	√	—	—	√
通道诊断 LED 指示	√红色 LED 指示灯	—	—	√红色 LED 指示灯
模块诊断 LED 指示	√红色 LED 指示灯	√；红色 LED 指示	√；红色 LED 指示	√红色 LED 指示灯
电气隔离				
• 通道之间	—	—	—	—
• 通道之间，每组个数	16	16	4	16
• 通道和背板总线之间	√	√	√	√
• 通道与电子元件的电源之间	—	—	—	—

续表

数字量输入模块(35mm)	DI 16x24V DC HF	DI 16x24V DC SRC BA	DI 16x230V AC BA	DI 32x24V DC HF
电缆长度 • 屏蔽电缆最大长度 • 未屏蔽电缆最大长度	 1000m 600m			
等时同步模式(应用程序最多同步到终端)	√	—	—	√

(b)

数字量输入模块(25mm)	DI 16x24V DCBA 紧凑型	DI 32x24V DC BA 紧凑型
订货号	6ES7521-1BH10-0AA0	6ES7521-1BL10-0AA0
输入数量	16	32
尺寸 $W \times H \times D$/mm	25×147×129	
额定输入电压	DC 24V(20.4～28.8V)	
典型功耗	1.8W	3W
输入延时(在输入额定电压时)	1.2～4.8ms	
硬件中断	—	—
诊断中断	—	—
通道诊断 LED 指示	—	—
模块诊断 LED 指示	√；红色 LED 指示	√；红色 LED 指示
电气隔离 • 通道之间 • 通道之间，每组个数 • 通道和背板总线之间 • 通道与电子元件的电源之间	 — 16 √ —	 — 16 √ —
电缆长度 • 屏蔽电缆最大长度 • 未屏蔽电缆最大长度	 1000m 600m	
等时同步模式(应用程序最多同步到终端)	—	—

数字量输出模块参数如表 5-10 所示。

表 5-10　数字输出模块

(a)

数字量输出模块(35mm)	DQ 8x230V AC/2A 标准型	DQ 8x230V AC/5A 标准型	DQ 8x24V DC/2A 高性能型	DQ 16x24V DC/0.5A 标准型
订货号	6ES7 522-5FF00-0AB0	6ES7 522-5HF00-0AB0	6ES7 522-1BF00-0AB0	6ES7 522-1BH00-0AB0
输入数量	8			16
尺寸 $W \times H \times D$/mm	35×147×129			
额定输出电压	120/230V AC；50/60Hz		DC 24V(20.4～28.8V)	
典型功耗	10.8W	5W	5.6W	2W

续表

数字量输出模块(35mm)	DQ 8x230V AC/2A 标准型	DQ 8x230V AC/5A 标准型	DQ 8x24V DC/2A 高性能型	DQ 16x24V DC/0.5A 标准型
输入类型	可控硅	继电器	晶体管	晶体管
短路保护	—	—	√;电子计时	√;电子计时
诊断中断	—	√	√	√
通道诊断 LED 指示	—	—	√;红色 LED 指示	—
模块诊断 LED 指示	√;红色 LED 指示灯	√;红色 LED 指示	√;红色 LED 指示	√红色 LED 指示灯
电气隔离		√;允许使用不同级别的开关		
• 通道之间	√		—	—
• 通道之间,每组个数	1	1	4	8
• 通道和背板总线之间	√	√	√	√
• 通道与电子元件的电源之间	√	√	—	—
电缆长度				
• 屏蔽电缆最大长度	1000m			
• 未屏蔽电缆最大长度	600m			
等时同步模式	—	—	—	√

(b)

数字量输出模块(25mm)	DQ 16x24V DC/0.5A 紧凑型	DQ 32x24V DC/0.5A 紧凑型
订货号	6ES7 522-1BH10-0AA0	6ES7 522-1BL10-0AA0
输入数量	16	32
尺寸 $W\times H\times D$/mm	25×147×129	
额定输入电压	DC 24V(20.4~28.8V)	
典型功耗	1.8W	3.8W
输出类型	晶体管	
短路保护	√	√
诊断中断	—	—
通道诊断 LED 指示	—	—
模块诊断 LED 指示	√;红色 LED 指示	√;红色 LED 指示
电气隔离		
• 通道之间	—	—
• 通道之间,每组个数	8	8
• 通道和背板总线之间	√	√
• 通道与电子元件的电源之间	—	—
电缆长度		
• 屏蔽电缆最大长度	1000m	
• 未屏蔽电缆最大长度	600m	
等时同步模式(应用程序最多同步到终端)	—	—

现代某些先进的数字量模块兼有输入和输出,具体如表 5-11 所示。

表 5-11 数字输入输出模块

数字量输入输出模块(25mm)	DI 16x24V DC/DQ 16x24V DC/0.5A 紧凑型
订货号	6ES7 523-1BL00-0AA0
输入数量	16/16
尺寸 $W\times H\times D$/mm	25×147×129
额定输入输出电压	DC 24V(20.4～28.8V)
典型功耗	3.45W
漏型/源型输入	漏型输入
输入延时(在输入额定电压时)	输入延时(在输入额定电压时)
输出类型	晶体管
诊断中断	—
硬件终端	—
通道诊断 LED 指示	—
模块诊断 LED 指示	√;红色 LED 指示
电气隔离 • 通道之间 • 通道之间,每组个数 • 通道和背板总线之间 • 通道与电子元件的电源之间	 — 8 √ —
电缆长度 • 屏蔽电缆最大长度 • 未屏蔽电缆最大长度	 1000m 600m
等时同步模式	

类似于数字量信号模块,S7-1500 的模拟量输入、输出及输入输出模块参数如表 5-12～表 5-14 所示。

表 5-12 模拟量输入模块

模拟量输入模块	AI 8xU/I/RTD/TC ST	AI 8xU/I HS	AI 4xU/I/RTD/TC ST
订货号	6ES7 531-7KF00-0AB0	6ES7 531-7NF10-0AB0	6ES7 531-7QD00-0AB0
尺寸 $W\times H\times D$/mm	35×147×129		25×147×129
典型功耗	2.7W	3.4W	2.3W
输入端数量	8(用作电阻/热电阻测量时数量为 4)		4(用作电阻/热电阻测量时数量为 2)
分辨率	包括符号在内 16 位		
测量方式	电压、电流、电阻、电阻温度计、热电偶	电压、电流	—
连接信号编码器 • 电压测量 • 2 线制变送器的电流测量 • 4 线制变送器的电流测量	 是 是 是		
通道之间的电位隔离	否		

续表

模拟量输入模块	AI 8xU/I/RTD/TC ST	AI 8xU/I HS	AI 4xU/I/RTD/TC ST
额定电源电压	DC 24V		
诊断报警	是		是
过程报警	是		否
等时同步模式	否	是	否
转换时间(各个通道)	9/23/27/107ms	125μs(每个模块，与激活的通道数无关)	9/23/27/107ms
可用于 • 集中式，S7-1500 中央模块 • 分布式，ET200MP	 是 是		
屏蔽电缆长度(最大)	U/I 时为 800m；R/RTD 时为 200m；TC 时为 50m	800m	U/I 时为 800m；R/RTD 时为 200m；TC 时为 50m

表 5-13　模拟量输出模块

模拟量输出模块	AQ 4xU/I ST	AQ 8xU/I HS	AQ 2xU/I ST
订货号	6ES7 532-5HD00-0AB0	6ES7 532-5HF00-0AB0	6ES7 532-5NB00-0AB0
尺寸 $W\times H\times D$/mm	35×147×129		25×147×129
典型功耗	4W	7W	2.7W
输出端数量	4	8	2
分辨率	包括符号在内 16 位		
输出类型	电压、电流		
执行器的连接 • 电压输出，2 线值连接 • 电压输出，4 线值连接 • 电流输出，2 线值连接	 是 是 是		
通道之间的电位隔离	否		
额定电源电压	DC 24V		
允许电位差 MANA 和 M 内部之间(UISO) S-和 MANA 之间 UCM	 75V DC/60V AC(基本绝缘) +/−8V		
诊断报警	是		
过程报警	否		
等时同步模式	否	是	否
转换时间(各个通道)	0.5ms	50μs	0.5ms
可用于 • 集中式，S7-1500 中央模块 • 分布式，ET200MP	 是 是		
屏蔽电缆长度(最大)	800m	200m	电流输出时 800m；电压输出时 200m

表 5-14 模拟量输入输出模块

模拟量输入输出模块	AI 4xU/I/RTD/TC/AQ 2xU/I ST		
订货号	6ES7 534-7QE00-0AB0		
尺寸 $W\times H\times D$/mm	25×147×129		
典型功耗	3.3W		
输入输出端数量	4(用作电阻/热电阻测量时数量为 2)/2		
分辨率	包括符号在内 16 位		
输出类型	电压、电流		
连接信号编码器 • 电压测量 • 2 线制变送器的电流测量 • 4 线制变送器的电流测量	 是 是 是		
执行器的连接 • 电压输出,2 线制连接 • 电流输出,4 线制连接 • 电流输出,2 线制连接	 是 是 是		
通道之间的电位隔离	否		
额定电源电压	DC 24V		
诊断报警	是		
过程报警	否		
等时同步模式	否	是	否
转换时间(各个通道)	AI9/23/27/107ms; AQ 0.5ms		
可用于 • 集中式,S7-1500 中央模块 • 分布式,ET200MP	 是 是		
屏蔽电缆长度(最大)	电流输出时 800m; 电压输出时 200m		

5.6 S7-1500 通信模块

通信模块集成有各种接口,可与不同接口类型设备进行通信,而通过具有安全功能的工业以太网模块,可以极大提高连接的安全性。

5.6.1 S7-1500 通信模块的类型

1. CM PtP:通过点到点连接实现串行通信

(1) 可连接数据读卡器或特殊传感器。

(2) 可集中使用,也可在分布式 ET 200MP I/O 系统中使用。

(3) 带有各种物理接口,如 RS232、RS422 或者 RS485。

(4) 可预定义各种协议,如 3964(R)、Modbus RTU 或 USS。

(5) 可使用基于 Freeport 的应用特定协议(ASCII)。

(6) 诊断报警可用于简单故障修复。

2. CP 1543-1:带有安全功能的工业以太网连接

(1) 安全:支持基于防火墙的访问保护、支持 VPN、FTPS Server/Client 和 SNMP V1,V3。

(2) 支持 IPv6(同样支持 IPv4)。

(3) FTP Server/Client。

(4) 可进行 FETCH/WRITE 访问(CP 作为服务器)。

(5) 支持 E-mail。

(6) 可网络分割。

(7) 支持 Webserver 访问(HTTP/HTTPS)。

(8) 可进行 S7-1500 通信和开放的用户通信。

3. CM 1542-5：高性能的 Profibus 模块

(1) CM 1542-5 符合 IEC 61158/61784，支持 Profibus DP 主站和从站功能。

(2) 使用附加的 Profibus 电缆，实现系统快速扩展。

(3) 可为单个自动化任务分隔不同的 Profibus 子网。

(4) 可连接其他供应商提供的 Profibus 从站。

5.6.2 S7-1500 通信模块的技术数据

S7-1500 通信模块的技术数据如表 5-15 所示。

表 5-15 通信模块数据

(a)

通信模块	CM PtP RS232 BA	CM PtP RS422/485 BA	CM PtP RS232 HF	CM PtP RS422/485 HF
订货号	6ES7540-1AD00-0AA0	6ES7540-1AB00-0AA0	6ES7541-1AD00-0AB0	6ES7 541-1AB00-0AB0
尺寸 $W \times H \times D$/mm	35×147×129			
典型功耗	0.6W			
接口	RS232	RS422/485	RS232	RS422/485
数据传输速度最大	19.2kb/s		115.2kb/s	
最大报文长度	1KB		4KB	
诊断报警	是			
过程报警	否			
支持时间同步操作	否			
支持的协议	自由口 3964(R)		自由口 3964 (R) Modbus RTU 主站 Modbus RTU 从站	
可用于 • 集中式，S7-1500 中央模块 • 分布式，ET200MP	是 是			

(b)

通信模块	S7-1500-Profibus CM 1542-5	S7-1500-Profibus CP 1542-5	S7-1500-Ethernet CP 1543-1	S7-1500-Profinet CM 1542-1
订货号	6GK7542-5DX00-0XE0	6GK7542-5FX00-0XE0	6GK7543-1AX00-0XE0	6GK7542-1AX00-0XE0
尺寸 $W \times H \times D$/mm	35×147×129			
接口方式	1 x Profibus		工业以太网	Profinet
连接方式	RS-485(母头)		RJ-45	1 x Profinet (2 端口交换机)

续表

通信模块	S7-1500-Profibus CM 1542-5	S7-1500-Profibus CP 1542-5	S7-1500-Ethernet CP 1543-1	S7-1500-Profinet CM 1542-1
波特率	9.6Kb/s～12Mb/s		10/100/1000Mb/s	10/100Mb/s
最多连接从站数量	125	32	—	128
DP从站最大输入区大小	8K	2K	—	—
支持协议	DPV1 主/从,S7 通信,PG/OP 通		TCP/IP, UDP, S7 通信, Web, FTP Client/Server, SNMP, DHCP, E-mail FETCH/WRITE 访问	Profinet, TCP/IP, UDP, S7 通信, Web
VPN	否		是	否
防火墙功能	否		是	否

5.7 S7-1500 接口模块

全新的 S7-1500 接口模块与中央处理器采用相同的 I/O 模块,为整个系统提供更好的扩展性能。

S7-1500 具有设计简单、使用灵活的特点表现为以下几个方面。

(1) 改进的硬件设计,功能组合,选型更加简单。

(2) 相同的模板类型使用相同的针脚定义,螺钉压线方式。

(3) 高速背板通信。

S7-1500 接口模块技术数据如表 5-16 所示。

表 5-16 接口模块技术数据

接口模块	IM 155-5 PN ST	IM 155-5 PN HF	IM 155-5 DP ST
订货号	6ES7 155-5AA00-0AB0	6ES7 155-5AA00-0AC0	6ES7 155-5BA00-0AB0
电源允许的电压范围	20.4～28.8V DC		25×147×129
接口	1 个 Profinet IO 接口;集成 2 端口交换机		1 x Profibus
支持等时同步实时通信	√	√	
优先化起动	√	√	
无须 PG 即可更换设备	√(LLDP;通过工具进行地址分配,如 TIA Portal)		√
介质冗余(MRP)	√	√	
支持有计划复制的冗余(MRPD)	—	√	
共享设备	√;2 个 IO 控制器	√;4 个 IO 控制器	
支持等时同步模式	√;最短周期 250μs	√;最短周期 250μs	
标识数据	I&M 0～3		
基于 S7-400H 的系统冗余	—	√;GSD 文件和 STEP 7 V5.5 SP3 或更高版本	—

5.8 S7-1500 工艺模块

工艺模块中具有硬件级的信号处理功能，可对各种传感器进行快速计数、测量和位置记录。支持定位增量式编码器和 SSI 绝对值编码器。支持集中和分布式操作。S7-1500 工艺模块具有量身定做、灵活扩展的特点，表现为以下几个方面。

(1) 高速计数和测量，快速信号预处理。

(2) 可在 S7-1500 CPU 集中操作，也可在 ET 200MP I/O 中分布式操作。

S7-1500 工艺模块技术数据如表 5-17 所示。

表 5-17 工艺模块技术数据

工艺模块	TM Count 2x24V	TM PosInput 2
订货号	6ES7 550-1AA00-0AB0	6ES7 551-1AB00-0AB0
尺寸 $W \times H \times D$/mm	35×147×129	
典型功率	4W	5.5W
可连接的编码器个数	2 个	
可连接的编码器种类	信号增量式编码器，24 V 非对称，带有/不带方向信号的脉冲编码器，正向/反向脉冲编码器	RS422 的信号增量式编码器(5V 差分信号)，带有/不带方向信号的脉冲编码器，正向/反向脉冲编码器，绝对值编码器(SSI)
最大计数频率	200kHz；800kHz(脉冲变为 4 倍时)	1MHz；4MHz(脉冲变为 4 倍时)
集成的 DI	每个计数通道 3 个 DI 用于起动、停止、捕获、同步	每个计数通道 2 个 DI 用于起动、停止、捕获、同步
集成的 DQ	两个 DQ 用于计数比较器和极限值(每个通道)	
计数功能	比较器、可调整的计数范围、增量式位置检测	
测量功能	频率、周期、速度	
诊断警报	√	
过程警报	√	
支持时钟同步操作	√	
可用于 • 集中式，S7-1500 中央模块 • 分布式，ET200MP	 √ √	

本章小结

本章主要介绍 SIMATIC S7-1500 PLC 的硬件组成，根据各个硬件安装在导轨上的顺序，依次对电源模块、CPU 模块、信号模块、接口模块、工艺模块的特征、类型、功能等进行了详细说明，同时也对 CPU 中重要的两个硬件，即存储卡和显示屏作了详细的介绍。

习题

5-1 S7-1500 是由哪些硬件部分组成的?

5-2 S7-1500 CPU 模块具有哪些功能?

5-3 S7-1500 中存储卡的作用是什么?

5-4 S7-1500 的显示屏中各种颜色代表什么?

5-5 S7-1500 信号模块的特征是什么?

5-6 S7-1500 通信模块的类型有哪几种?

第6章 数据类型和地址区

CHAPTER 6

6.1 S7-1500 PLC的数据类型

用户在编写程序时，变量的格式必须与指令的数据类型相匹配。S7系列PLC的数据类型主要分为基本数据类型、复合数据类型和参数类型，对于S7-1500 PLC还包括系统数据类型和硬件数据类型。

6.1.1 基本数据类型

基本数据类型的操作数通常是32位以内的数据。基本数据类型可以分为位数据类型、数学数据类型、字符数据类型、定时器数据类型以及日期和时间数据类型。在日期和时间数据类型中，存在超过32位的数据类型；对于S7-1500 PLC而言，还增加了许多超过32位的此类数据类型，为方便学习，将其并入基本数据类型进行介绍。

1. 位数据类型

在位数据类型中，只表示存储器中各位的状态是0(FALSE)还是1(TRUE)。其长度可以是一位(Bit)、一个字节(Byte,8位)、一个字(Word,16位)、一个双字(Double Word,32位)或一个长字(Long Word,64位)，分别对应Bool、Byte、Word、DWord和LWord类型。位数据类型通常用二进制或十六进制格式赋值，如2# 01010101、16# 283C等。需要注意的是，一位布尔型数据类型不能直接赋常数值。

位数据类型的常数表示需要在数据之前根据存储单元长度(Byte、Word、DWord、LWord)加上B#、W#、DW#或LW(Bool型除外)，所能表示的数据范围见表6-1。

表6-1 位数据类型的数据表示范围

数据类型	数据长度	数值范围
Bool	1 bit	TRUE、FALSE
Byte	8 bit	B#16#0～B#16#FF
Word	16 bit	W#16#0～W#16#FFFF
DWord	32 bit	DW#16#0～DW#16#FFFFFFFF
LWord	64 bit	LW#16#0～LW#16#FFFFFFFFFFFFFFFF

2. 数学数据类型

对于 S7-1500 PLC，数学数据类型主要有整数类型和实数类型(浮点数类型)。

1) 整数类型

整数类型又分为有符号整数类型和无符号整数类型。有符号整数类型包括短整数型(SInt)、整数型(Int)、双整数型(DInt)和长整数型(LInt)；无符号整数类型包括无符号短整数型(SInt)、无符号整数型(Int)、无符号双整数型(DInt)和无符号长整数型(LInt)。S7-300/400 PLC，仅支持整数型 Int 和双整数型 DInt。

短整数型、整数型、双整数型和长整数型数据为有符号整数，分别为 8 位、16 位、32 位和 64 位，在存储器中用二进制补码表示，最高位为符号位(0 表示正数、1 表示负数)，其余各位为数值位。而无符号短整数型、无符号整数型、无符号双整数型和无符号长整数型数据均为无符号整数，每一位均为有效值。

2) 实数类型

实数类型具体包括实数型(Real)和长实数型(LReal)，均为有符号的浮点数，分别占用 32 位和 64 位，最高位为符号位(0 表示正数、1 表示负数)，接下来的 8 位(或 11 位)为指数位，剩余位为尾数位，共同构成实数数值。实数的特点是利用有限的 32 位或 64 位可以表示一个很大的数，也可以表示一个很小的数。对于 S7-300/400 PLC，仅支持实数型 Real。

3) 字符型数据类型

原有的字符型数据类型(Char)长度为 8bit，操作数在存储器中占一个字节，以 ASCII 码格式存储单个字符。常量表示时使用单引号，如常量字符 A 表示为'A'或 CHAR＃'A'。表 6-2 列出了 Char 数据类型的属性。

表 6-2 Char 数据类型的属性

长度/bit	格式	取值范围	输入值示例
8	ASCII 字符	ASCII 字符集	'A',CHAR＃ 'A'

除了上述字符型数据外，S7-1500 PLC 还支持宽字符类型(WChar)，其操作数长度为 16bit，即在存储器中占用 2B，以 Unicode 格式存储扩展字符集中的单个字符，但只涉及整个 Unicode 范围的一部分。常量表示时需要加 WCHAR＃前缀及单引号，如常量字符 a 表示为 WCHAR＃ 'a'。控制字符在输入时，以美元符号表示。表 6-3 列出了 WChar 数据类型的属性。

表 6-3 WChar 数据类型的属性

长度/bit	格式	取值范围	输入值示例
16	Unicode 字符	＄0000～＄D7FF	WCHAR＃ 'A',WCHAR＃ '＄0041'

4) 定时器数据类型

定时器数据类型主要包括时间(Time)和 S5 时间(S5Time)数据类型。与 S7-300/400 PLC 相比，S7-1500 PLCHIA 支持长时间(LTime)数据类型。

时间(Time)数据类型为 32 位的 IEC 定时器类型，内容用毫秒(ms)为单位的双整数表示，可以是整数或负数，表示信息包括天(d)、小时(h)、分钟(m)、秒(s)和毫秒(ms)。表 6-4

列出了 Time 数据类型的属性。

表 6-4 Time 数据类型的属性

长度/bit	格式	取值范围	输入值示例
32	有符号的持续时间	T＃-24d20h31m23s648ms～ T＃＋24d20h31m23s648ms	T＃10d20h30m20s630ms， TIME＃10d20h30m20s630ms
	十六进制的数字	16＃00000000～16＃7FFFFFFF	16＃0001EB5E

S5 时间(S5 Time)数据类型变量为 16 bit，其中最高两位未用，接下来的两位为时基信息(00 表示 0.01s、01 表示 0.1s、10 表示 1s、11 表示 10s)，剩余 12 位为 BCD 码格式的时间常数，其范围为 0～999，如图 6-1 所示。该格式所表示的时间为时间常数与时基的乘积。S5 Time 的常数格式为时间之前加 S5T ＃16s100ms，以时基 0.1s 表示的时间常数为 161，故对应的变量内容为 2＃0001 0001 0110 0001。表 6-5 列出了 S5 Time 数据类型的取值范围等属性。

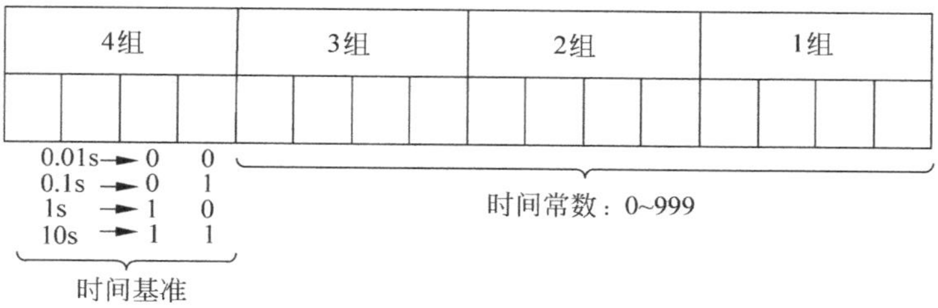

图 6-1 S5 Time 时间格式

表 6-5 S5 Time 数据类型的属性

长度/bit	格式	取值范围	输入值示例
16	10ms 增长的 S7 时间(默认值)	S5T＃0MS-S5T＃2H_46M_30S_0MS	S5T＃10s，S5TIME＃10s
	十六进制的数字	16＃0～16＃3999	16＃2

长时间(LTime)数据类型为 64 位 IEC 定时器类型，操作数内容以纳秒(ns)为单位的长整数表示，可以是正数或负数。表示信息包括天(d)、小时(h)、分钟(m)、秒(s)、毫秒(ms)、微秒(μs)和纳秒(ns)。常数表示格式为时间前加 LT＃，如 LT＃11ns。表 6-6 给出了 LTime 数据类型的属性。

表 6-6 LTime 数据类型的属性

长度/bit	格式	取值范围	输入值示例
64	有符号的持续时间	LT＃－106751d23h47m16s854ms775μs 808ns～ LT＃＋106751d23h47m16s854ms775μs 807ns	LT＃35d2h25m14s830ms652μs 315ns， LTIME＃35d2h25m14s830ms652μs 315ns
	十六进制的数字	16＃0～16＃8000000000000000	16＃2

6.1.2 复合数据类型

基本数据类型可以组合为复合数据类型。复合数据类型主要包括字符串 String、数组 Array、结构 Struct 及 PLC 数据类型(UDT)等。对于 S7-1500 PLC,还包括长日期时间(DTL)、宽字符串(WString)等数据类型。

1. 字符串

字符串(String)数据类型的操作数在一个字符串中存储多个字符,最多可包括 254 个字符。在字符串中,可使用所有 ASCII 码字符。常量字符使用单引号表示,如'ABC'。表 6-7 列出了 String 数据类型的属性。字符串也可使用特殊字符,控制字符、美元符号和单引号在表示时需在字符前加转义字符 $ 标识。表 6-8 给出了特殊字符表示法示例。

表 6-7 String 数据类型的属性

长度/B	格式	取值范围	输入值示例
$n+2$① (*n* 指定字符串的长度)	ASCII 字符串,包括特殊字符	0～254 个 ASCII 字符	'Name',STRING# 'Name'

① 数据类型为 String 的操作数在内存中占用的字节数比指定的最大长度要多 2B。

表 6-8 特殊字符在 String 数据类型中的表示法示例

字符	十六进制	含 义	示 例
$L 或 $l	0A	换行	'$LText','$0AText'
$N	0A 和 0D	断行(断行在字符串中占用两个字符)	'$NText','$0A$0DText'
$P 或 $p	0C	分页	'$PText','$0CText'
$R 或 $r	0D	回车(CR)	'$RText','$0DText'
$T 或 $t	09	切换	'$TText','$09Text'
$$	24	美元符号	'100$$','100$24'
$'	27	单引号	'$Text$'','$27Text$27'

使用时,可在关键字 STRING 后使用方括号指定操作数声明期间的字符串最大长度(如 STRING[4])。若不指定最大长度,则相应的操作数长度设置为标准的 254 个字符。如果指定字符串的实际长度小于声明的最大长度,则字符将以左对齐方式写入字符串,并将剩余的字符空间保持为未定义,在值处理过程中仅考虑已占用的字符空间。

图 6-2 所示的示例显示对输出值"AB"指定了 STRING[4]数据类型时的字节序列。

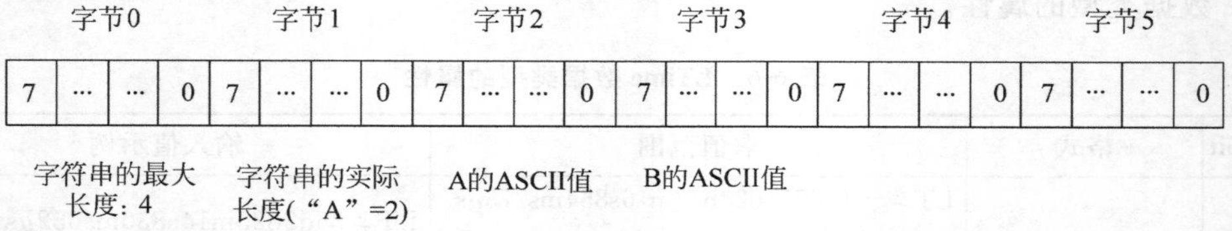

图 6-2 对输出值"AB"指定了 STRING[4]数据类型时的字节序列

2. 宽字符串

宽字符串(WString)数据类型的操作数存储一个字符串,字符串中字符的数据类型为 WChar。如果不指定长度,则字符串的长度为预置的 254 个字符。在字符串中可使用所有

Unicode格式的字符，这意味着也可在字符串中使用中文字符。

同字符串String数据类型类似，宽字符串WString数据类型的操作数也可在关键字WSTRING后使用方括号定义其长度(如WSTRING[10])，可声明最多16382个字符的长度。若不指定长度，则在默认情况下将相应的操作数长度设置为254个字符。表6-9列出了WString数据类型的属性。

表6-9　WString数据类型的属性

长度/字	格式	取值范围	输入值示例
$n+2$① (*n*指定字符串的长度)	Unicode字符串	预设值0～254个字符 可能的最大值为0～16 382	WSTRING# 'HelloWorld'

① 数据类型为WSTRING的操作数在内存中占用的字数比指定的最大长度要多两个字。

宽字符串也可使用特殊字符，其用法与字符串用法类似，表6-10给出了宽字符串中特殊字符表示法示例。

表6-10　特殊字符在WString数据类型中的表示法示例

字符	十六进制	含　义	示　例
$L或$l	000A	换行	'$LText','$000AText'
$N	000A和000D	断行(断行在字符串中占用两个字符)	'$NText','$000A$000DText'
$P或$p	000C	分页	'$PText','$000CText'
$R或$r	000D	回车(CR)	'$RText','$000DText'
$T或$t	0009	切换	'$TText','$0009Text'
$$	0024	美元符号	'100$$','100$0024'
$'	0027	单引号	'$Text$','$0027Text$0027'

3. 数组

数组(Array)数据类型表示一个由固定数目的同一种数据类型元素组成的数据结构，数组中的元素允许使用除Array外的所有数据类型。

数组元素通过下标进行寻址。对于不同型号的PLC，数组下标有16位限值和32位限值之分，S7-1200 PLC和S7-1500 PLC使用32位限值的数组。数组使用前需要声明，在数组声明中下标限值定义在Array关键字之后的方括号中，下限值不得大于上限值。一个数组最多可以包含六维，并使用逗号隔开维度限值。表6-11列出了Array数据类型的属性。表6-12给出了声明Array数据类型的操作数示例。

表6-11　数组Array数据类型的属性

长　度	格　式	下标限值
元素数量*数据类型的长度	Array[下限值..上限值]of <数据类型>	[−2 147 483 648..+2 147 483 647]

表6-12　数组Array数据类型的声明示例

数组名称	声　明	注　释
测量值	Array[1..20]of REAL	包括20个Real数据类型元素的一维数组
时间	Array[−5..5]of INT	包括11个Int数据类型元素的一维数组
字符	Array[1..2,3..4]of CHAR	包括20个Char数据类型元素的二堆数组

4. 结构

结构(Struct)数据类型表示由固定数目的多种数据类型的元素组成的数据结构。数据类型 Struct 和 Array 的元素还可以在结构中嵌套,嵌套深度最多为 8 级。结构可用于根据过程控制系统分组数据以及作为一个数据单元来传送参数。

对于 S7-1200 或 S7-1500 系列 CPU,可最多创建 65 534 个结构,其中每个结构最多可包括 252 个元素。此外,还可最多创建 65 534 个函数块、65 535 个函数和 65 535 个组织块,每个块最多具有 252 个元素。

5. S7-1500 PLC 的数据类型

PLC 的数据类型(UDT)是用户自定义数据类型。用户有时为了方便,先创建一个 UDT(和创建 db 块一样),写好数据结构。然后,在创建 db 块时,如果需要可以插入建好的 UDT(输入名字,类型输入 udt 的名字,如 udt1),如果切换到数据视图,即可看到原先创建的 udt 的结构了。

有时需要建立多个数据块,但数据块的结构和数据类型都是一样的,但又不能在同一个数据块中保存,这时可以先建一个 UDT,通过 UDT 再创建其余的几个块。

PLC 数据类型是可在程序中多次使用的数据结构模板,该结构由几个部分组成,每部分可包含不同的数据类型。PLC 数据类型不能被直接使用,但可以通过创建基于 PLC 数据类型的数据块或定义基于 PLC 数据类型的变量来使用。

对于 S7-1200 或 S7-1500 系列 CPU,可最多创建 65 534 个 PLC 数据类型。其中每个 PLC 数据类型可最多包括 252 个元素。

6. 长日期时间(DTL)

DTL 的操作数长度为 12B,以预定义结构存储日期和时间信息,DTL 数据类型中每个字节的含义见表 6-13。例如,2017 年 07 月 16 日 20 点 34 分 20 秒 250 纳秒的表示格式为 DTL＃2017-07-16-20：34：20.250。

表 6-13 DTL 数据类型中每个字节的含义

字节	含义及取值范围	数据类型
0	年(1970—2262)	UINT
1		
2	月(1—12)	USINT
3	日(1—31)	USINT
4	星期：1(星期日)—7(星期六)	USINT
5	小时(0—23)	USINT
6	分钟(0—59)	USINT
7	秒(0—59)	USINT
8	纳秒(0—999999999)	UDINT
9		
10		
11		

6.1.3 参数类型

S7-1500 PLC 参数类型是传递给被调用块的形参的数据类型。参数数据类型及其用途见表 6-14。

表 6-14 可用的参数数据类型及用途

统数据类型	长度/bit	说 明
Timer	16	可用于指定在被调用代码块中所使用的定时器。如果使用 Timer 参数类型的形参，则相关的实参必须是定时器，如 T1
Counter	16	可用于指定在被调用代码块中使用计数器。如果使用 Counter 参数类型的形参，则相关的实参必须是计数器，如 C10
BLOCK_FC、BLOCK_FB、BLOCK_DB、BLOCK_SDB、BLOCK_SFB、BLOCK_SFC、BLOCK_OB	16	可用于指定在被调用代码块中用作输入的块。参数的声明决定所要使用的块类型(如 FB、FC、DB)。如果使用 BLOCK 参数类型的形参，则将指定一个块地址作为实参，如 DB3
VOID	—	VOID 参数类型不会保存任何值。如果输出不需要任何返回值，则使用此参数类型。例如，如果不需要显示错误信息，则可以在输出 STATUS 中指定 VOID 参数类型

6.1.4 系统数据类型

S7-1500 PLC 系统数据类型(SDT)由系统提供并具有预定义结构。系统数据类型的结构由固定数目的可具有各种数据类型的元素构成。不能更改系统数据类型的结构。系统数据类型只能用于特定指令。表 6-15 给出了可用的系统数据类型及其用途。

表 6-15 系统数据类型及其用途

统数据类型	长度/B	说 明
IEC_TIMER	16	定时值为 TIME 数据类型的定时器结构，如此数据类型可用于“TP”“TOF”“TON”“TONR”“RT”和“PT”指令
IEC_LTIMER	32	定时值为 LTIME 数据类型的定时器结构，如此数据类型可用于“TP”“TOF”“TON”“TONR”“RT”和“PT”指令
IEC_SCOUNTER	3	计数值为 SINT 数据类型的计数器结构，如此数据类型用于“CTU”“CTD”和“CTUD”指令
IEC_USCOUNTER	3	计数值为 USINT 数据类型的计数器结构，如此数据类型用于“CTU”“CTD”和“CTUD”指令
IEC_COUNTER	6	计数值为 INT 数据类型的计数器结构，如此数据类型用于“CTU”“CTD”和“CTUD”指令
IEC_UCOUNTER	6	计数值为 UINT 数据类型的计数器结构，如此数据类型用于“CTU”“CTD”和“CTUD”指令
IEC_DCOUNTER	12	计数值为 DINT 数据类型的计数器结构，如此数据类型用于“CTU”“CTD”和“CTUD”指令
IEC_UDCOUNTER	12	计数值为 UDINT 数据类型的计数器结构，如此数据类型用于“CTU”“CTD”和“CTUD”指令
IEC_LCOUNTER	24	计数值为 UDINT 数据类型的计数器结构，如此数据类型用于“CTU”“CTD”和“CTUD”指令
IEC_ULCOUNTER	24	计数值为 UINT 数据类型的计数器结构，如此数据类型用于“CTU”“CTD”和“CTUD”指令

续表

统数据类型	长度/B	说　明
ERROR_STRUCT	28	编程错误信息或 I/O 访问错误信息的结构，如此数据类型用于"GET_ERROR"指令
CREF	8	数据类型 ERROR_STRUCT 的组成，在其中保存有关块地址的信息
NREF	8	数据类型 ERROR_STRUCT 的组成，在其中保存有关操作数的信息
STARTINFO	12	指定保存起动信息的数据结构，如此数据类型用于"RD_SINFO"指令
SSL_HEADER	4	指定在读取系统状态列表期间保存有关数据记录信息的数据结构，如此数据类型用于"RDSYSST"指令
CONDITIONS	52	用户自定义的数据结构，定义数据接收的开始和结束条件，如此数据类型用于"RCV_CFG"指令
TADDR_Param	8	指定用来存储那些通过 UDP 实现开放用户通信的连接说明的数据块结构，如此数据类型用于"TUSEND"和"TURSV"指令

6.1.5　硬件数据类型

S7-1500 PLC 硬件数据类型由 CPU 提供，可用硬件数据类型的数目取决于 CPU。根据硬件配置中设置的模块存储特定硬件数据类型的常量。在用户程序中插入用于控制或激活已组态模块的指令时，可将这些可用常量用作参数。表 6-16 给出了可用硬件数据类型示例及其用途。由于硬件数据类型比较多，使用时可以登录西门子下载网页查询手册。

表 6-16　可用的硬件数据类型示例及其用途

系统数据类型名称	基本数据类型	说　明
REMOTE	ANY	用于指定远程 CPU 的地址，如此数据类型用于"PUT"和"GET"指令
GEOADDR	HW_IOSYSTEM	实际地址信息
HW_ANY	WORD	任何硬件组件（如模块）的标识
HW_DEVICE	HW_ANY	DP 从站/Profinet IO 设备的标识
HW_DPMASTER	HW_INTERFACE	DP 主站标识
HW_DPSLAVE	HW_DEVICE	DP 从站的标识

6.2　S7-1500 PLC 的地址区

6.2.1　CPU 的地址区的划分及寻址方法

S7-1500 CPU 的存储器划分为不同的地址区，在程序中通过指令可以直接访问存储于地址区的数据。地址区包括过程映像输入区(I)、过程映像输出区(Q)、标志位存储区(M)、计数器(C)、定时器(T)、数据块(DB)、本地数据区(L)等。

由于 TIA 博途不允许无符号名称的变量出现，所以即使用户没有为变量定义符号名称，TIA 博途也会自动为其分配名称，默认从"Tag_1"开始分配。S7-1500 地址区域内的变量均可以进行符号寻址。地址区可访问的单位及表示方法可参考表 6-17。

表 6-17　S7-1500 PLC 的地址区

地址区域	可以访问的地址单位	S7 符号及表示方法(IEC)
过程映像输入区	输入(位)	I
	输入(字节)	IB
	输入(字)	IW
	输入(双字)	ID
过程映像输出区	输出(位)	Q
	输出(字节)	QB
	输出(字)	QW
	输出(双字)	QD
标志位存储区	存储器(位)	M
	存储器(字节)	MB
	存储器(字)	MW
	存储器(双字)	MD
定时器	定时器(T)	T
计数器	定时器(C)	C
数据块	数据块,用“OPEN DB”打开	DB
	数据位	DBX
	数据字节	DBB
	数据字	DBW
	数据双字	DBD
	数据块,用“OPEN DI”打开	DI
	数据位	DIX
	数据字节	DIB
	数据字	DIW
	数据双字	DID
本地数据区	局部数据位	L
	局部数据字节	LB
	局部数据字	LW
	局部数据双字	LD

1. 过程映像输入区(I)

过程映像输入区位于 CPU 的系统存储区。在循环执行用户程序之前,CPU 首先扫描输入模块的信息,并将这些信息记录到过程映像输入区中,与输入模块的逻辑地址相匹配。使用过程映像输入区的好处是在一个程序执行周期中保持数据的一致性。使用地址标识符“I”(不分大小写)访问过程映像输入区。如果在程序中访问输入模块中一个输入点,则在程序中表示方法如图 6-3 所示。

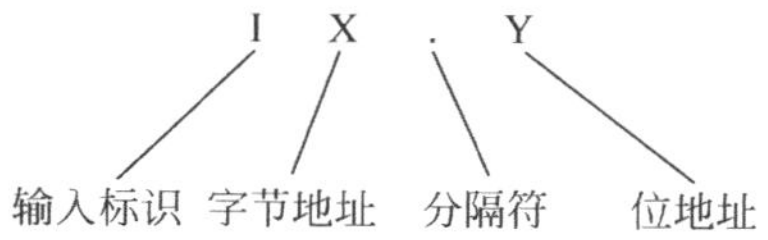

图 6-3　输入模块地址表示方法

一个字节包含 8 个位,所以位地址的取值范围为 0～7。一个输入点即为一个位信号。如果一个 32 点的输入模块设定的逻辑地址为 8,那么第 1 个点的表示方法为 I8.0;第 10 个点的表示方法为 I9.1;第 32 个点的表示方法为 I11.7。按字节访问地址表示方法为 IB8、IB9、IB10、IB11(B 为字节 Byte 的首字母);按字访问表示方法为 IW8、IW10(W 为字 Word

的首字母)；按双字访问表示方法为 ID8(D 为双字 Double Word 的首字母)。在 S7-1500 PLC 中所有的输入信号均在输入过程映像区内。

2. 过程映像输出区(Q)

过程映像输出区位于 CPU 的系统存储区。在循环执行用户程序中,CPU 将程序中逻辑运算后输出的值存放在过程映像输出区。在一个程序执行周期结束后更新过程映像输出区,并将所有输出值发送到输出模块,以保证输出模块输出的一致性。在 S7-1500 PLC 中所有的输出信号均在输出过程映像区内。

使用地址标识符“Q”(不分大小写)访问过程映像输出区,在程序中表示方法与输入信号类似。输入模块与输出模块分别属于两个不同的地址区,所以模块逻辑地址可以相同,如 IB100 和 QB100。

3. 直接访问 I/O 地址

如果将模块插入到站点中,其逻辑地址将位于 S7-1500 CPU 的过程映像区中(默认设置)。在过程映像区更新期间,CPU 会自动处理模块和过程映像区之间的数据交换。

如果希望程序直接访问模块(而不是使用过程映像区),则在 I/O 地址或符号名称后附加后缀“:P”,这种方式称为直接访问 I/O 地址的访问方式。

> **注意**：S7-1500 I/O 地址的数据也可以使用立即读或立即写的方式直接访问,访问最小单位为位。

4. 标志位存储区

标志位存储区(M)位于 CPU 的系统存储器,地址标识符为 M。对 S7-1500 而言,所有型号的 CPU 标志位存储区都是 16 384B。在程序中访问标志位存储区的表示方法与访问输入输出映像区的表示方法类似。同样,M 区的变量也可通过符号名进行访问。M 区中掉电保持的数据区大小可以在“PLC 变量”→“保持性存储器”中设置。

5. S5 定时器存储区

S5 定时器存储区(T)位于 CPU 的系统存储器,地址标识符为 T。对 S7-1500 而言,所有型号 CPU 的 S5 定时器的数量都是 2048 个。定时器的表示方法为 T X,T 表示定时器标识符,X 表示定时器编号。存储区中掉电保持的定时器个数可以在 CPU 中(如通过变量表)设置。S5 定时器也可通过符号寻址。

S7-1500 既可以使用 S5 定时器(T),也可以使用 IEC 定时器。推荐使用 IEC 定时器,这样可使程序编写更灵活,且 IEC 定时器的数量仅受 CPU 程序资源的限制。一般来说,IEC 定时器的数量远大于 S5 定时器的数量。

6. S5 计数器存储区

S5 计数器存储区(C)位于 CPU 的系统存储器,地址标识符为 C。在 S7-1500 中,所有型号 CPU 的 S5 计数器的数量都是 2048 个。计数器的表示方法为 C X,C 表示计数器的标识符,X 表示计数器编号。存储区中掉电保持的计数器个数可以在 CPU 中(如通过变量表)设置。S5 计数器也可通过符号寻址。

S7-1500 既可以使用 S5 计数器(C),也可以使用 IEC 计数器。推荐使用 IEC 计数器,这样可使程序编写更灵活,且 IEC 计数器的数量仅受 CPU 程序资源的限制。一般来说,

IEC 计数器的数量远大于 S5 计数器的数量。

> **注意**：如果程序中使用的 M 区、定时器、计数器地址超出了 CPU 规定地址区范围，编译项目时将报错。

7. 数据块存储区（DB）

数据块可以存储于装载存储器、工作存储器及系统存储器中（块堆栈），共享数据块地址标识符为 DB，函数块 FB 的背景数据块地址标识符为 IDB。

在 S7-1500 中，DB 块分两种，一种为优化的 DB，另一种为标准 DB。每次添加一个新的全局 DB 时，其默认类型为优化的 DB。可以在 DB 块的属性中修改 DB 的类型。

背景数据块 IDB 的属性是由其所属的 FB（函数块）决定的，如果该 FB（函数块）为标准 FB（函数块），则其背景 DB 就是标准 DB；如果该 FB（函数块）为优化的 FB（函数块），则其背景 DB 就是优化的 DB。

优化 DB 和标准 DB 在 S7-1500 CPU 中存储和访问的过程完全不同。标准 DB 掉电保持属性为整个 DB，DB 内变量为绝对地址访问，支持指针寻址；而优化 DB 内每个变量都可以单独设置掉电保持属性，DB 内变量只能使用符号名寻址，不能使用指针寻址。优化的 DB 块借助预留的存储空间，支持"下载无须重新初始化"功能，而标准 DB 则无此功能。图 6-4所示为标准 DB 在 S7-1500 内的存储及处理方式。

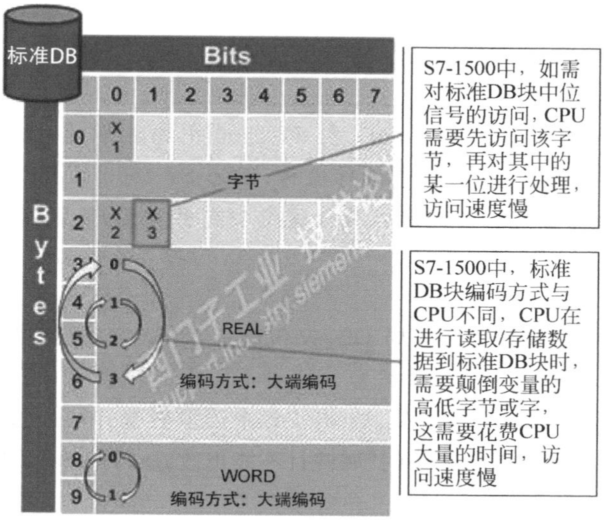

图 6-4 S7-1500 中标准 DB 块

图 6-5 所示为优化 DB 在 S7-1500 内的存储及处理方式。

从图 6-4 和图 6-5 可知，S7-1500 CPU 处理标准 DB 块内的数据时，要额外消耗 CPU 的资源，导致 CPU 效率下降，所以推荐使用优化的 DB。在优化的 DB 中，所有的变量以符号形式存储，没有绝对地址，不易出错，且数据存储的编码方式与 S7-1500 CPU 编码方式相同，效率更高。

优化的 DB 支持以下访问方式。

```
L     "Data".Setpoint              //直接装载变量"Data".Setpoint
A     "Data".Status.x0             //以片段访问的方式访问变量"Data".Status 的第 0 位
L     "Data".my_array[ # index]    //以索引的方式对数组变量"Data".my_array 实现变址访问
```

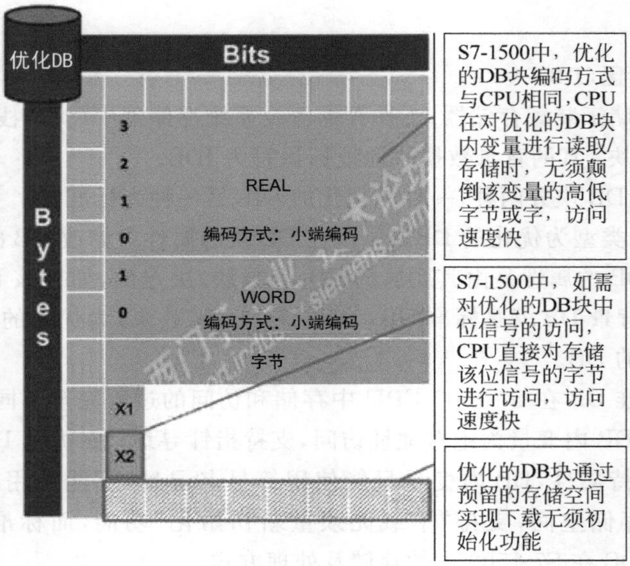

图 6-5　S7-1500 中优化 DB 块

> **注意**：无论使用优化 DB 还是标准 DB，在 S7-1500 中都应尽量避免使用“OPN DB[# DBNumber]”这样的指令来对 DB 块进行操作，因为 S7-1500 的 CPU 中没有真实的 DB 寄存器（其 DB 寄存器是虚拟的），所以执行该指令需要消耗 S7-1500 CPU 额外的性能。

8．Array DB

Array DB 是一种特殊类型的全局 DB，仅包含一个 Array 数组类型。Array 的元素可以是 PLC 数据类型或其他任何数据类型。这种 DB 不能包含除 Array 之外的其他元素。可以使用“ReadFromArrayDB”指令从 Array DB 中读取数据并写入目标区域中。

由于 Array DB 类型为“优化块访问”属性且不能更改，所以 Array DB 不支持标准访问。

9．本地数据区（L）

本地数据区位于 CPU 的系统数据区，地址标识符为“L”。本地数据区用于存储 FC（函数）、FB（函数块）的临时变量以及 OB（“标准”访问的组织块）中的开始信息、参数传送信息及梯形图编程的内部逻辑结果（仅限标准程序块）等。在程序中访问本地数据区的表示方法与访问输入输出映像区的表示方法类似。

10．Slice 访问（片段访问）

Slice 访问可以方便、快捷地访问数据类型为 Byte、Word、DWord 和 LWord 变量中的 Bit、Byte、Word 及 DWord，Slice 访问的优势是访问简单灵活、直观高效，无须对访问的目标地址单独定义。

Slice 访问支持 I/Q/DB/M 等数据区，尤其适用于优化的 DB。由于优化的 DB 内变量没有偏移地址，所以无法通过绝对地址直接访问一个变量内部的数据，如变量中的一个位信号或字节等信号。这时就可以通过 Slice 访问方式来实现。例如，DB 内变量“My_DW_Variable”是一个 DWord 类型的变量，如需访问该变量的第 2 个字，则访问格式为 My_DW_Variable. W1；“My_W_Variable”是一个 Word 数据类型的变量，访问该变量的第 1 个 bit 的访问格式为 My_W_Variable. X0，如图 6-6 所示。

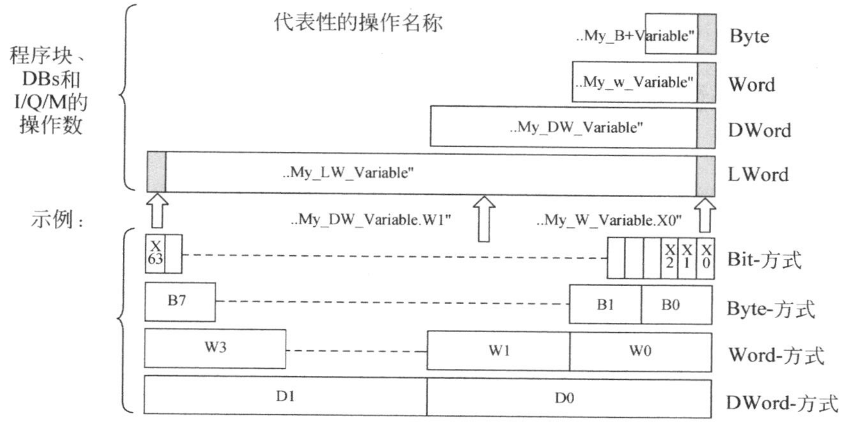

图 6-6　Slice 访问方式示例

11. AT 访问

AT 访问也称为 AT 变量覆盖，是指通过在程序块的接口数据区附加声明来覆盖所声明的变量。其优势在于无须指令即可根据需要实现变量的自由拆分，拆分后的变量可在程序中使用。可以选择对不同数据类型的已声明变量进行 AT 访问。具体使用方法可以参考图 6-7 中的示例。

图 6-7　AT 访问

首先将程序块“AT_Demo” FC 5 的访问属性修改为标准的块访问，之后在该块内定义一个类型为字符串(String)的输入变量“Message”。在变量“Message”下新建一行，在该行数据类型中输入“AT”，然后定义一个名为“AT_Message”的结构体。根据字符串“String”的数据结构，创建一个结构体变量对变量“Message”进行拆分。该结构体首个变量为“Max_Length”，类型为 SINT，对应“Message”字符串中可存储的最大字符长度；第二个变量为“Act_Length”，类型也为 SINT，对应“Message”字符串中的实际字符数量；第三个变量

"Letter"为字符数组。

这样在该程序块内部可直接访问结构体变量"AT_Message"内的各个变量，而无须再次编程对输入变量"Message"的内容进行提取。

> **注意**：以下变量支持 AT 访问。
> ① 标准访问的 FC 或 FB 的接口数据区中的变量。
> ② 优化访问 FB 的接口数据区中保持性设置为"在 IDB 中设置"的变量。

6.2.2 全局变量与局部变量

1. 全局变量

全局变量可以在该 CPU 内被所有的程序块使用，如在 OB(组织块)、FC(函数)、FB(函数块)中使用。全局变量如果在某一个程序块中赋值后，可以在其他程序中读出，没有使用限制。

全局变量包括 I、Q、M、定时器(T)、计数器(C)、数据块(DB)等数据区。

2. 局部变量

局部变量只能在该变量所属的程序块(OB、FC、FB)范围内使用，不能被其他程序块使用。

局部变量包括本地数据区(L)中的变量。

6.2.3 全局常量与局部常量

1. 全局常量

全局常量是在 PLC 变量表中定义，之后在整个 PLC 项目中都可以使用该常量。全局常量在项目树的"PLC 变量"表的"用户常量"标签页中声明。

定义完成后，在该 CPU 的整个程序中均可直接使用全局用户常量"Pi"，它的值即为"3.1415927"。如果在"用户常量"标签页下更改用户常量的数值，则在程序中引用了该常量的地方会自动对应新的值。

2. 局部常量

与全局常量相比，局部常量仅在定义该局部常量的块中有效。

局部常量是在 OB、FC、FB 块的接口数据区"Constant"下声明的常量。

定义完成后，在该 FC 程序块中可直接使用局部常量"K"，其值即为"55.78"。

本章小结

作为定义变量前的基础知识，本章主要对 S7-1500 PLC 的数据类型和地址区进行说明，将每种数据类型依次以表格的形式进行详细介绍，并对地址区中的划分与寻址方法进行阐述，最后介绍全局变量/常量与局部变量/常量的定义。

习题

6-1 数据 Bool、Byte、Word、DWord、LWord 所对应的数据长度分别是多少？

6-2 复合数据类型都包括哪些？

6-3 S7-1500 CPU 的地址区包括哪些？

6-4 如何表示定时器的输入值？

6-5 全局变量与局部变量的主要区别是什么？

第7章 S7-1500 PLC基本指令

CHAPTER 7

S7-1500 PLC支持5种编程语言，即LAD(梯形图)、FBD(功能块图)、STL(语句表)、SCL结构化控制语言)和GRAPH(图形编程语言)，而其中梯形图LAD(LAdder Diagram)被广大电气工程师所喜爱，这是一种图形编程语言，采用基于电路图的表示法，在形式上与继电接触器控制系统中的电气原理图相类似，具有简单、直观、易读、好懂的特点。

所有PLC生产厂家均支持梯形图编程语言。程序以一个或多个程序段(梯级)表示，程序段的左、右两侧各包含一条母线，分别称为左母线和右母线，程序段由各种指令组成。程序中，在绝对地址之前加"%"是Portal软件对变量绝对地址的表达方式。

7.1 位逻辑指令

7.1.1 位逻辑指令概述

位逻辑指令使用1和0两个数字。这两个数字组成了名为二进制数字系统基础。将1和0两个数字称为二进制数字或位。在触点和线圈领域中，1表示激活或激励状态，0表示未激活或未激励状态。

位逻辑指令对1和0信号状态加以解释，并按照布尔逻辑组合它们。这些组合会产生由1或0组成的结果，称为"逻辑运算结果"(RLO)。

由位逻辑指令触发的逻辑运算可以执行各种功能，具体如表7-1所示。

表7-1 常见的位逻辑指令

符　号	含　义
--┤├--	常开触点(地址)
--┤/├--	常闭触点(地址)
---(SAVE)	将RLO的状态保存到BR
XOR	逻辑"异或"
---()	输出线圈
---(#)---	中间输出
---┤NOT├---	能流取反

RLO为1时将触发表7-2所示指令。

表 7-2　RLO 为 1 时所触发的逻辑指令

符　号	含　义
--(S)	置位线圈
--(R)	重置线圈
SR	复位优先型 SR 双稳态触发器
RS	置位优先型 RS 双稳态触发器

其他指令将对上升沿或下降沿过渡做出反应，执行立即读取、写入或表 7-3 所示的功能。

表 7-3　其他位逻辑指令

符　号	含　义
--(N)--	负跳沿检测指令
--(P)--	正跳沿检测指令
NEG	地址下降沿检测指令
POS	地址上升沿检测指令

7.1.2　位逻辑指令组件

1. --| |--常开触点(地址)

常开触点符号如图 7-1 所示，指令参数如表 7-4 所示。

<address>

--| |--

图 7-1　常开触点指令符号

表 7-4　常开触点指令的参数

参数	数据类型	内存区域	说　明
<address>	BOOL	I、Q、M、L、D、T、C	选中的位

--| |--指令存储在指定<地址>的位值为 1 时(常开触点)处于闭合状态。触点闭合时梯形图轨道能流流过触点，逻辑运算结果(RLO) =1。

否则，如果指定<地址>的信号状态为 0，触点将处于断开状态。触点断开时能流不流过触点，逻辑运算结果(RLO) =0。

串联使用时，通过 AND 逻辑将--| |--与 RLO 位进行链接。并联使用时，通过 OR 逻辑将其与 RLO 位进行链接。

以图 7-2 所示为实例，满足下列条件之一时，将会通过能流：输入端 I0.0 和 I0.1 的信号状态为 1 时或输入端 I0.2 的信号状态为 1 时。

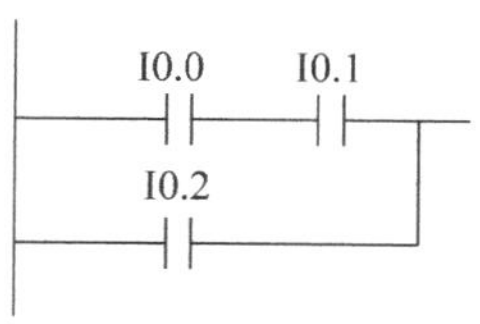

图 7-2　--| |--指令实例

2. --|/|--常闭触点(地址)

常闭触点符号表示如图 7-3 所示，指令参数如表 7-5 所示。

<address>

--|/|--

图 7-3　常闭触点指令符号

表 7-5　常闭触点指令的参数

参数	数据类型	内存区域	说　明
<address>	BOOL	I、Q、M、L、D、T、C	选中的位

--|/|--指令存储在指定<地址>的位值为 0 时，(常闭触点)处于闭合状态。触点闭合时梯形图轨道能流流过触点，逻辑运算结果(RLO) =1。

否则，如果指定<地址>的信号状态为 1，将断开触点。触点断开时能流不流过触点，逻辑运算结果(RLO) =0。

串联使用时，通过 AND 逻辑将--|/|--与 RLO 位进行链接。并联使用时，通过 OR 逻辑将其与 RLO 位进行链接。

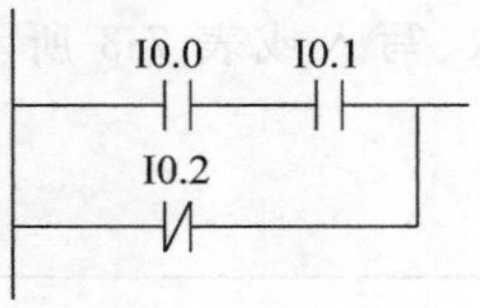

图 7-4 --|/|--指令实例

图 7-4 所示为实例，满足下列条件之一时将会通过能流：输入端 I0.0 和 I0.1 的信号状态为 1 时或输入端 I0.2 的信号状态为 0 时。

3. XOR 逻辑“异或”

逻辑“异或”函数由图 7-5 所示，创建由常开触点和常闭触点组成的程序段，其指令参数如表 7-6 所示。

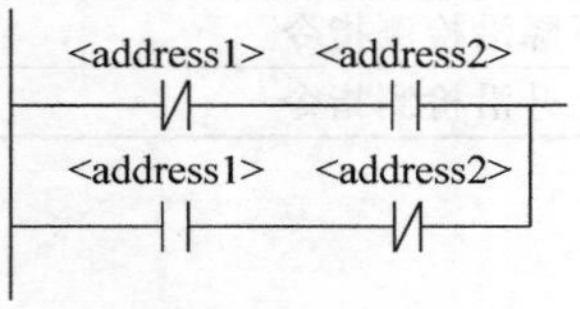

图 7-5 XOR 函数程序图

表 7-6 XOR 函数指令表

参数	数据类型	内存区域	说　明
<address1>	BOOL	I、Q、M、L、D、T、C	扫描的位
<address2>	BOOL	I、Q、M、L、D、T、C	扫描的位

XOR(逻辑“异或”)中，如果两个指定位的信号状态不同，则创建状态为 1 的 RLO。图 7-6所示为 XOR 函数的实例，如果(I0.0=0 且 I0.1=1)或者(I0.0=1 且 I0.1=0)，输出 Q4.0 将是 1。

4. --|NOT|--能流取反

能流取反符号为--|NOT|--，主要是对前面的 RLO 位取反。图 7-7 所示为--|NOT|--指令的实例，若满足下列条件之一时输出端 Q4.0 的信号状态将是 0：输入端 I0.0 的信号状态为 1 时；或当输入端 I0.1 和 I0.2 的信号状态为 1 时。

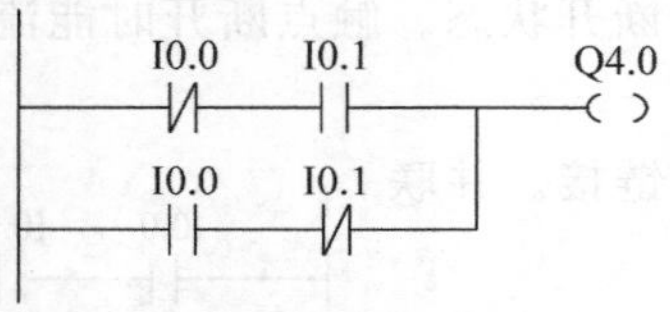

图 7-6 XOR 函数程序实例

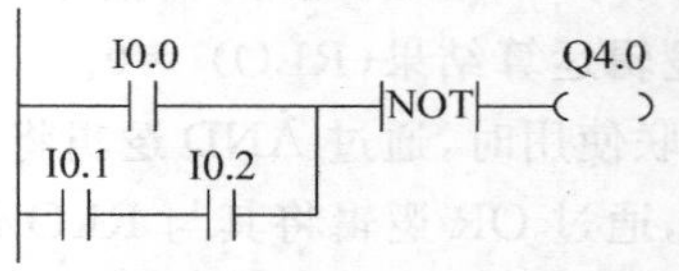

图 7-7 --|NOT|--指令实例

5. --()输出线圈

输出线圈符号如图 7-8 所示，指令参数如表 7-7 所示。

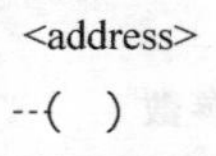

图 7-8 输出线圈符号

表 7-7 输出线圈参数

参数	数据类型	内存区域	说　明
<address>	BOOL	I、Q、M、L、D	分配位

--()(输出线圈)的工作方式与继电器逻辑图中线圈的工作方式类似。如果有能流通

过线圈(RLO=1),将置位<地址>位置的位为 1。如果没有能流通过线圈(RLO =0),将置位<地址>位置的位为 0。只能将输出线圈置于梯级的右端。可以有多个(最多 16 个)输出单元(请参见实例)。使用--|NOT|--(能流取反)单元可以创建取反输出。

--()指令实例如图 7-9 所示,满足下列条件之一时输出端 Q4.0 的信号状态将是 1:输入端 I0.0 和 I0.1 的信号状态为 1 时;或输入端 I0.2 的信号状态为 0 时。满足下列条件之一时输出端 Q4.1 的信号状态将是 1:输入端 I0.0 和 I0.1 的信号状态为 1 时;或输入端 I0.2 的信号状态为 0、输入端 I0.3 的信号状态为 1 时。

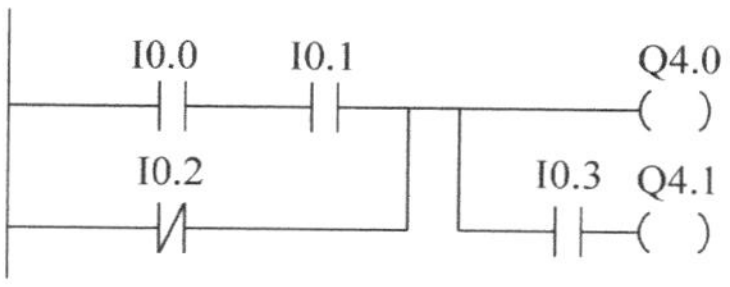

图 7-9　--()指令实例

6. --(#)--中间输出

中间输出的符号如图 7-10 所示,指令参数如表 7-8 所示。

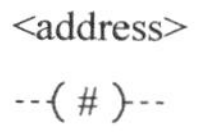

图 7-10　中间输出线圈的符号

表 7-8　中间输出线圈参数

参数	数据类型	内存区域	说　明
< address >	BOOL	I、Q、M、* L、D	分配位

注:* 表示只有在逻辑块(FC、FB、OB)的变量声明表中将 L 区地址声明为 TEMP 时才能使用 L 区地址。

--(#)--(中间输出)是中间分配单元,它将 RLO 位状态(能流状态)保存到指定<地址>。中间输出单元保存前面分支单元的逻辑结果。以串联方式与其他触点连接时,可以像插入触点那样插入--(#)--,不能将--(#)--单元连接到电源轨道、直接连接在分支连接的后面或连接在分支的尾部。使用--|NOT|--(能流取反)单元可以创建取反--(#)--。

图 7-11 所示为--(#)--指令的实例,其中 M 0.0 为 I 1.0 与 I 1.1 的逻辑"与"运算结果;M 1.1 为 I 1.0、I 1.1、I 2.2 和 I 1.3 的逻辑"与"运算后取反;M 2.2 的状态为前面所有位逻辑运算的结果。

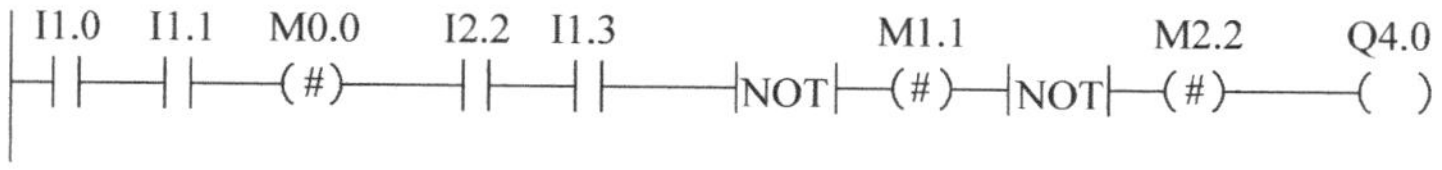

图 7-11　--(#)--指令的实例

7. --(R)复位线圈

复位线圈的符号如图 7-12 所示,指令参数如表 7-9 所示。

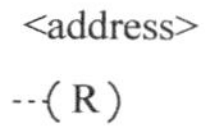

图 7-12　复位线圈的符号

表 7-9　复位线圈参数

参数	数据类型	内存区域	说　明
< address >	BOOL	I、Q、M、L、D、T、C	复位

只有在前面指令的 RLO 为 1(能流通过线圈)时,才会执行--(R)(复位线圈)。如果能流通过线圈(RLO 为 1),将把单元的指定<地址>复位为 0。RLO 为 0(没有能流通过线圈)将不起作用,单元指定地址的状态将保持不变。<地址>也可以是值复位为 0 的定时器(T 编号)或值复位为 0 的计数器(C 编号)。

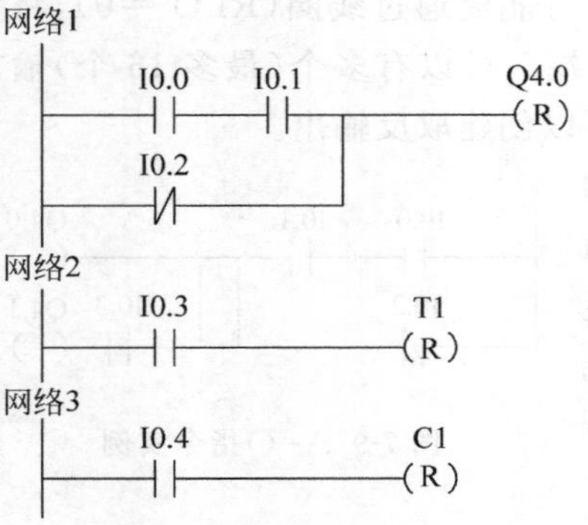

图 7-13 --(R)指令实例

图 7-13 所示为--(R)指令的实例，当满足下列条件之一时将把输出端 Q4.0 的信号状态复位为 0：输入端 I0.0 和 I0.1 的信号状态为 1 时；或输入端 I0.2 的信号状态为 0 时。如果 RLO 为 0，输出端 Q4.0 的信号状态将保持不变。满足下列条件时才会复位定时器 T1 的信号状态：输入端 I0.3 的信号状态为 1 时。满足下列条件时才会复位计数器 C1 的信号状态：输入端 I0.4 的信号状态为 1 时。

8. ---(S)置位线圈

置位线圈的符号如图 7-14 所示，指令参数如表 7-10所示。

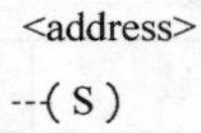

图 7-14 置位线圈的符号

表 7-10 置位线圈参数

参数	数据类型	内存区域	说　明
< address >	BOOL	I、Q、M、L、D	置位

只有在前面指令的 RLO 为 1(能流通过线圈)时才会执行---(S)(置位线圈)。如果 RLO 为 1，将把单元的指定<地址>置位为 1。RLO＝0 将不起作用，单元的指定地址的当前状态将保持不变。

图 7-15 所示为--(S)指令实例，当满足下列条件之一时输出端 Q4.0 的信号状态将是 1：输入端 I0.0 和 I0.1 的信号状态为 1 时；或输入端 I0.2 的信号状态为 0 时。如果 RLO 为 0，输出端 Q4.0 的信号状态将保持不变。

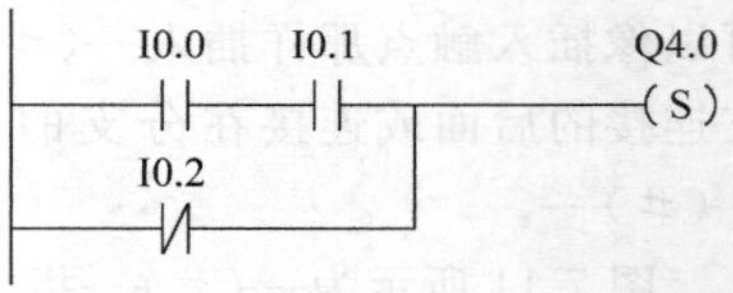

图 7-15 --(S)指令实例

9. RS 置位优先型 RS 双稳态触发器

置位优先型 RS 双稳态触发器符号如图 7-16 所示，指令参数如表 7-11 所示。

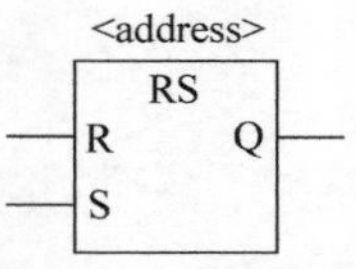

图 7-16 RS 双稳态触发器符号

表 7-11 置位优先型 RS 双稳态触发器参数

参　数	数 据 类 型	内 存 区 域	说明
< address >	BOOL	I、Q、M、L、D	置位或复位位
S	BOOL	I、Q、M、L、D	启用置位指令
R	BOOL	I、Q、M、L、D	启用复位指令
Q	BOOL	I、Q、M、L、D	<地址>的信号状态

如果 R 输入端的信号状态为 1，S 输入端的信号状态为 0，则复位 RS(置位优先型 RS 双稳态触发器)；否则，如果 R 输入端的信号状态为 0、S 输入端的信号状态为 1，则置位触发器。如果两个输入端的 RLO 均为 1，则指令的执行顺序是最重要的。RS 触发器先在指定<地址>执行复位指令，然后执行置位指令，以使该地址在执行余下的程序扫描过程中保持置位状态。

只有在 RLO 为 1 时才会执行 S(置位)和 R(复位)指令。这些指令不受 RLO 为 0 的影响，指令中指定的地址保持不变。

图 7-17 所示为 RS 指令实例，如果输入端 I0.0 的信号状态为 0，I0.1 的信号状态为 1，则置位存储器位 M0.0，输出 Q4.0 将是 1；否则，如果输入端 I0.0 的信号状态为 1，I0.1 的信号状态为 0，则复位存储器位 M0.0，输出 Q4.0 将是 0。如果两个信号状态均为 0，则不会发生任何变化。如果两个信号状态均为 1，将因顺序关系执行置位指令；置位 M0.0，Q4.0 将是 1。

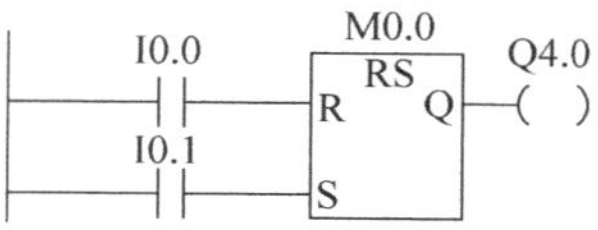

图 7-17 RS 指令实例

10. SR 复位优先型 SR 双稳态触发器

复位优先型 SR 双稳态触发器符号如图 7-18 所示，指令参数如表 7-12 所示。

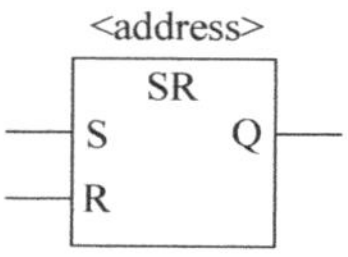

图 7-18 复位优先型 SR 双稳态触发器符号

表 7-12 复位优先型 SR 双稳态触发器参数

参数	数据类型	内存区域	说明
<address>	BOOL	I、Q、M、L、D	置位或复位位
S	BOOL	I、Q、M、L、D	启用置位指令
R	BOOL	I、Q、M、L、D	启用复位指令
Q	BOOL	I、Q、M、L、D	<地址>的信号状态

如果 S 输入端的信号状态为 1，R 输入端的信号状态为 0，则置位 SR（复位优先型 SR 双稳态触发器）；否则，如果 S 输入端的信号状态为 0，R 输入端的信号状态为 1，则复位触发器。如果两个输入端的 RLO 均为 1，则指令的执行顺序是最重要的。SR 触发器先在指定<地址>执行置位指令，然后执行复位指令，以使该地址在执行余下的程序扫描过程中保持复位状态。

只有在 RLO 为 1 时才会执行 S（置位）和 R（复位）指令。这些指令不受 RLO 为 0 的影响，指令中指定的地址保持不变。

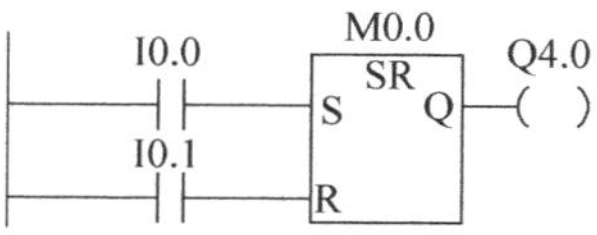

图 7-19 SR 指令实例

图 7-19 所示为 SR 指令实例，如果输入端 I0.0 的信号状态为 1，I0.1 的信号状态为 0，则置位存储器位 M0.0，输出 Q4.0 将是 1；否则，如果输入端 I0.0 的信号状态为 0，I0.1 的信号状态为 1，则复位存储器位 M0.0，输出 Q4.0 将是 0。如果两个信号状态均为 0，则不会发生任何变化。如果两个信号状态均为 1，将因顺序关系执行复位指令；复位 M0.0，Q4.0 将是 0。

11. ---(N)--- RLO 负跳沿检测

负跳沿检测符号如图 7-20 所示，参数如表 7-13 所示。

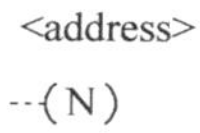

图 7-20 RLO 负跳沿检测符号

表 7-13 RLO 负跳沿检测参数

参数	数据类型	内存区域	说明
<address>	BOOL	I、Q、M、L、D	边沿存储位，存储 RLO 的上一信号状态

---(N)---（RLO 负跳沿检测）检测地址中 1 到 0 的信号变化，并在指令后将其显示为 RLO=1。将 RLO 中的当前信号状态与地址的信号状态（边沿存储位）进行比较。如果在执行指令前地址的信号状态为 1，RLO 为 0，则在执行指令后 RLO 将是 1（脉冲），在所有其他情况下将是 0。指令执行前的 RLO 状态存储在地址中。

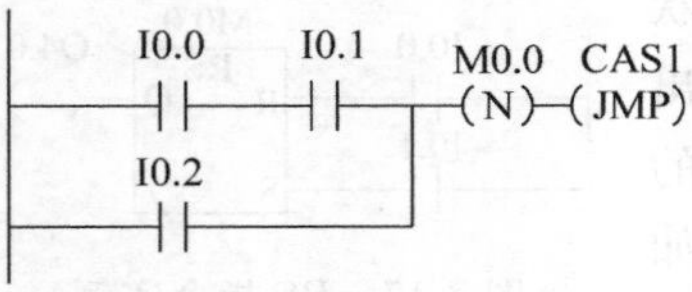

图 7-21 ---(N)---指令实例

---(N)---指令实例如图 7-21 所示，其中边沿存储位 M0.0 保存 RLO 的先前状态。RLO 的信号状态从 1 变为 0 时，程序将跳转到标号 CAS1。

12. ---(P)--- RLO 正跳沿检测

正跳沿检测符号如图 7-22 所示，参数如表 7-14 所示。

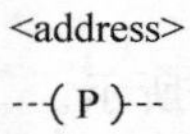

图 7-22 RLO 正跳沿检测符号

表 7-14 RLO 正跳沿检测参数

参　数	数据类型	内存区域	说　明
< address >	BOOL	I、Q、M、L、D	边沿存储位，存储 RLO 的上一信号状态

---(P)---(RLO 正跳沿检测)检测地址中 0 到 1 的信号变化，并在指令后将其显示为 RLO＝1。将 RLO 中的当前信号状态与地址的信号状态(边沿存储位)进行比较。如果在执行指令前地址的信号状态为 0，RLO 为 1，则在执行指令后 RLO 将是 1(脉冲)，在所有其他情况下将是 0。指令执行前的 RLO 状态存储在地址中。

图 7-23 所示为---(P)---指令的实例，其中边沿存储位 M0.0 保存 RLO 的先前状态。RLO 的信号状态从 0 变为 1 时，程序将跳转到标号 CAS1。

13. ---(SAVE)将 RLO 状态保存到 BR

保存线圈的符号为---(SAVE)。---(SAVE)将 RLO 保存到状态字的 BR 位。未复位第一个校验位/FC。因此，BR 位的状态将包含在下一程序段的 AND 逻辑运算中。

指令“SAVE”(LAD、FBD、STL)适用下列规则，手册及在线帮助中提供的建议用法并不适用：建议用户不要在使用 SAVE 后在同一块或从属块中校验 BR 位，因为这期间执行的指令中有许多会对 BR 位进行修改。建议用户在退出块前使用 SAVE 指令，因为 ENO 输出(＝BR 位)届时已设置为 RLO 位的值，所以可以检查块中是否有错误。

---(SAVE)指令的实例如图 7-24 所示，SAVE 指令将梯级(＝RLO)的状态保存到 BR 位。

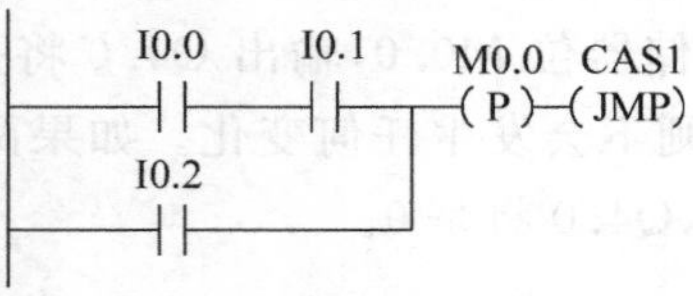

图 7-23 ---(P)--- 指令实例

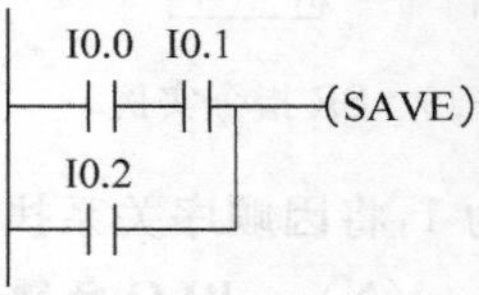

图 7-24 SAVE 指令实例

14. NEG 地址下降沿检测

地址下降沿检测符号如图 7-25 所示，参数如表 7-15 所示。

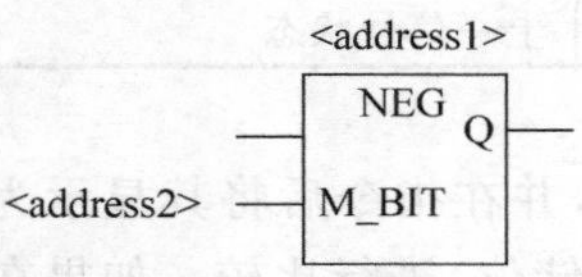

图 7-25 地址下降沿检测符号

表 7-15 地址下降沿检测参数

参　数	数据类型	内存区域	说　明
< address1 >	BOOL	I,Q,M,L,D	已扫描信号
< address2 >	BOOL	I,Q,M,L,D	M_ BIT 边沿存储位，存储 < address1 >的前一个信号状态
Q	BOOL	I,Q,M,L,D	单触发输出

NEG(地址下降沿检测)比较< address1 >的信号状态与前一次扫描的信号状态(存储在< address2 >中)。如果当前 RLO 状态为 0 且其前一状态为 1(检测到上升沿),执行此指令后 RLO 位将是 1。

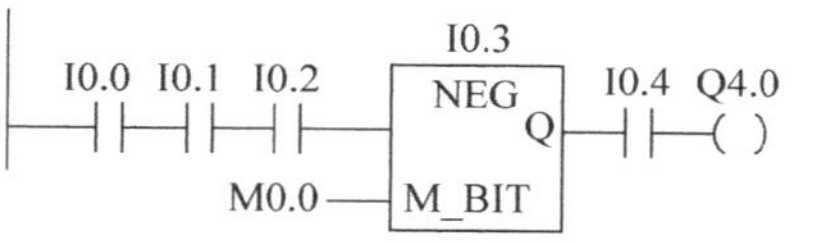

图 7-26　NEG 程序实例

图 7-26 所示为 NEG 的实例。当满足下列条件时输出 Q4.0 的信号状态将为 1：输入 I0.0、I0.1 和 I0.2 的信号状态为 1；输入 I0.3 有下降沿；输入 I0.4 的信号状态为 1。

15. POS 地址上升沿检测

地址上升沿检测符号如图 7-27 所示,参数如表 7-16 所示。

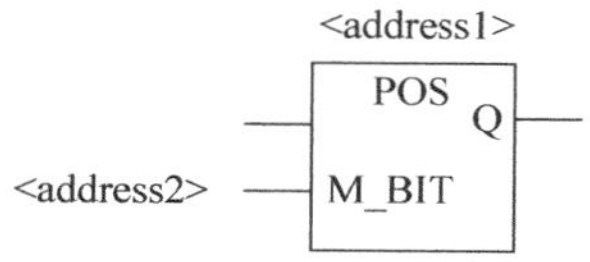

图 7-27　地址上升沿检测符号

表 7-16　地址上升沿检测参数

参　　数	数据类型	内存区域	说　　明
< address1 >	BOOL	I、Q、M、L、D	已扫描信号
< address2 >	BOOL	I、Q、M、L、D	M_BIT 边沿存储位,存储< address1 >的前一个信号状态
Q	BOOL	I、Q、M、L、D	单触发输出

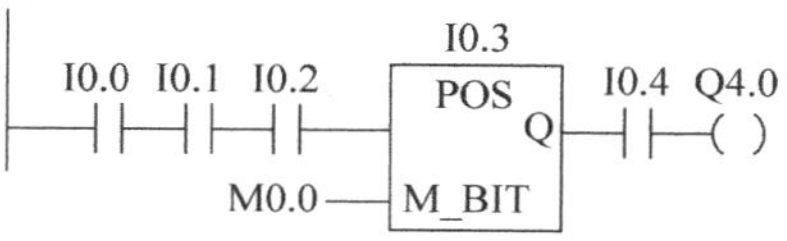

图 7-28　POS 程序实例

POS(地址上升沿检测)比较< address1 >的信号状态与前一次扫描的信号状态(存储在< address2 >中)。如果当前 RLO 状态为 1 且其前一状态为 0(检测到上升沿),执行此指令后 RLO 位将是 1。

图 7-28 所示为 POS 的程序实例。当满足下列条件时输出 Q4.0 的信号状态将是 1：输入 I0.0、I0.1 和 I0.2 的信号状态是 1；输入 I0.3 有上升沿；输入 I0.4 的信号状态为 1。

16. 立即读取

对于“立即读取”功能,必须按以下实例创建符号程序段。

对于对时间要求苛刻的应用程序,对数字输入的当前状态的读取可能要比正常情况下每 OB1 扫描周期一次的速度快。“立即读取”在扫描“立即读取”梯级时从输入模块中获取数字输入的状态；否则,必须等到下一 OB1 扫描周期结束,届时将以 P 存储器状态更新 I 存储区。

要从输入模块立即读取一个输入(或多个输入),可使用外设输入(PI)存储区来代替输入(I)存储区。可以字节、字或双字形式读取外设输入存储区。因此,不能通过触点(位)元素读取单一数字输入。

根据立即输入的状态有条件地传递电压。

(1) CPU 读取包含相关输入数据的 PI 存储器的字。

(2) 如果输入位处于接通状态(为 1),将对 PI 存储器的字与某个常数执行产生非零结果的 AND 运算。

(3) 测试累加器的非零条件。

图 7-29 所示的立即读取实例可以立即读取外设输入 I1.1 的梯形图程序段。

WAND_W 指令说明如下。

```
PIW1    0000000000101010
W＃16＃   0002 0000000000000010
结果    0000000000000010
```

在此实例中，立即输入 I1.1 与 I4.1 和 I4.5 串联。字 PIW1 包含 I1.1 的立即状态。对 PIW1 与 W＃16＃0002 执行 AND 运算。如果 PB1 中的 I1.1(第二位)为真(1)，则结果不等于零；如果 WAND_W 指令的结果不等于零，触点 A<>0 时将传递电压。

17. 立即写入

对于“立即写入”功能，必须按以下实例创建符号程序段。

对于对时间要求苛刻的应用程序，将数字输出的当前状态发送给输出模块的速度必须快于正常情况下在 OB1 扫描周期结束时发送一次的速度。“立即写入”将在扫描“立即写入”梯级时将数字输出写入输入模块；否则，必须等到下一 OB1 扫描周期结束，届时将以 P 存储器状态更新 Q 存储区。

要将一个输出(或多个输出)立即写入输出模块，可使用外设输出(PQ)存储区来代替输出(Q)存储区。可以字节、字或双字形式读取外设输出存储区。因此，不能通过线圈单元更新单一数字输出。要立即向输出模块写入数字输出的状态，将根据条件把包含相关位的 Q 存储器的字节、字或双字复制到相应的 PQ 存储器(直接输出模块地址)中。

图 7-30 所示为立即写入外设数字输出模块 5 通道 1 的等价梯形图程序段。可以修改寻址输出 Q 字节(QB5)的状态位，也可以将其保持不变。程序段 1 中给 Q5.1 分配 I0.1 信号状态。将 QB5 复制到相应的直接外设输出存储区(PQB5)。

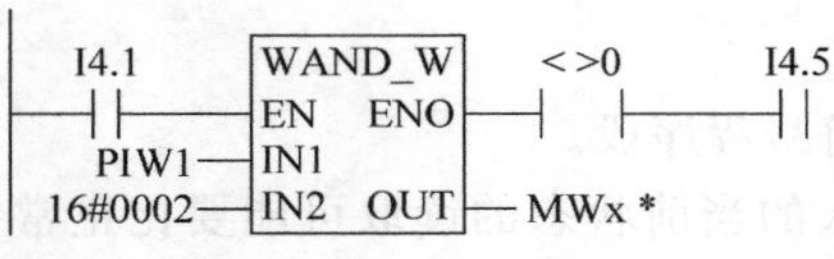

图 7-29　立即读取实例

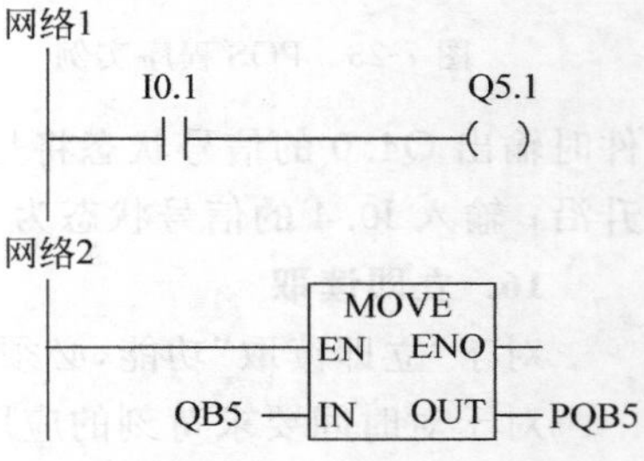

图 7-30　立即写入实例

注：必须指定 MWx 才能存储程序段。x 可以是允许的任何数。

字 PIW1 包含 I1.1 的立即状态。对 PIW1 与 W＃16＃0002 执行 AND 运算。如果 PB1 中的 I1.1(第二位)为真(1)，则结果不等于零。如果 WAND_W 指令的结果不等于零，触点 A<>0 时将传递电压。

在此实例中，Q5.1 为所需的立即输出位。字节 PQB5 包含 Q5.1 位的立即输出状态。MOVE(复制)指令还会更新 PQB5 的其他 7 位。

7.2　定时器指令

7.2.1　定时器指令概述

定时器用于设置和选择正确时间的信息，定时器包括表 7-17 所示指令。

表 7-17 定制器指令

指 令	含 义
S_PULSE	脉冲 S5 定时器
S_PEXT	扩展脉冲 S5 定时器
S_ODT	接通延时 S5 定时器
S_ODTS	保持接通延时 S5 定时器
S_OFFDT	断开延时 S5 定时器
--(SP)	脉冲定时器线圈
--(SE)	扩展脉冲定时器线圈
--(SD)	接通延时定时器线圈
--(SS)	保持接通延时定时器线圈
--(SA)	断开延时定时器线圈

7.2.2 存储器中定时器的位置

1. 存储器中的区域

在 CPU 的存储器中有一个区域是专为定时器保留的，此存储区域为每个定时器地址保留一个 16 位字。梯形图逻辑指令集支持 256 个定时器。要确定可用的定时器字数，可参考 CPU 的技术信息。

下列功能可访问定时器存储区。

① 定时器指令。

② 通过定时时钟更新定时器字。当 CPU 处于 RUN 模式时此功能按以时间基准指定的时间间隔，将给定的时间值递减一个单位，直至时间值等于零。

2. 时间值

定时器字的 0～9 位包含二进制编码的时间值，时间值指定单位数。时间更新操作按以时间基准指定的时间间隔，将时间值递减一个单位，直至递减至时间值等于零。可以用二进制、十六进制或以二进制编码的十进制(BCD)格式，将时间值装载到累加器 1 的低位字中。

定时器可以使用以下任意一种格式预先装载时间值。

① W＃16＃wxyz。

其中，w ＝时间基准(即时间间隔或分辨率)。

xyz ＝以二进制编码的十进制格式表示的时间值。

② S5T＃aH_bM_cS_dMS。

其中，H ＝小时，M ＝分钟，S ＝秒，MS ＝毫秒；a、b、c、d 由用户定义。

时间基准是自动选择的，数值会根据时间基准四舍五入到下一个较低数。

可以输入的最大时间值是 9990 秒或 2 小时_46 分钟_30 秒，时间值格式例如：

```
S5TIME＃4S = 4 秒
s5t＃2h_15m = 2 小时 15 分钟
S5T＃1H_12M_18S = 1 小时 12 分钟 18 秒
```

3. 时间基准

定时器字的 12、13 位包含二进制编码的时间基准。时间基准定义将时间值递减一个单位所用的时间间隔。最小的时间基准是 10 毫秒；最大的时间基准是 10 秒，具体如表 7-18 所示。

表 7-18 时间基准

时间基准	时间基准的二进制编码
10 毫秒	00
100 毫秒	01
1 秒	10
10 秒	11

定时器不接受超过 2 小时 46 分 30 秒的数值。其分辨率超出范围限制的值(如 2 小时 10 毫秒)将被舍入到有效的分辨率。用于 S5TIME 的通用格式对范围和分辨率的限制如表 7-19 所示。

表 7-19 分辨率范围

分辨率/秒	范围/毫秒
0.01	10～9990
0.1	100～9990
1	1000～9990
10	9990～10000

4. 时间单元中的位组态

定时器起动时定时器单元的内容用作时间值。定时器单元的 0～11 位容纳二进制编码的十进制时间值(BCD 格式：4 位一组，包含一个用二进制编码的十进制值)。

12、13 位存储二进制编码的时间基准。

图 7-31 显示装载了时间值 127，时间基准 1 秒的定时器单元的内容。

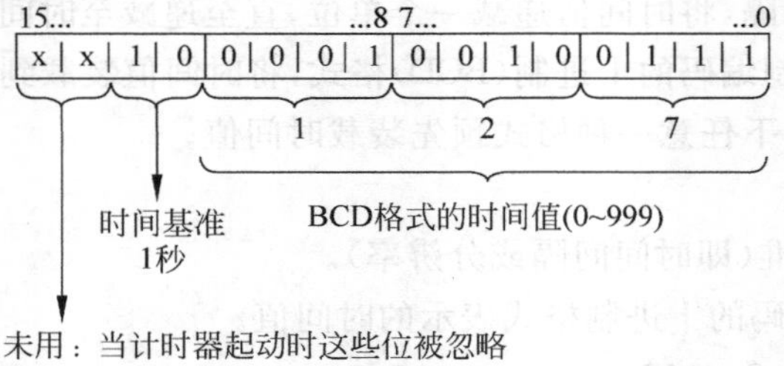

图 7-31 时间值 127 的存储格式

5. 读取时间和时间基准

每个定时器逻辑框提供两种输出，即 BI 和 BCD，从中可指示一个字位置。BI 输出提供二进制格式的时间值。BCD 输出提供二进制编码的十进制(BCD)格式的时间基准和时间值。

6. 选择合适的定时器

图 7-32 以时序图的方式显示每种定时器的作用方式，其中 t 为定时器的设定时间，表 7-20罗列出各种定时器的功能。

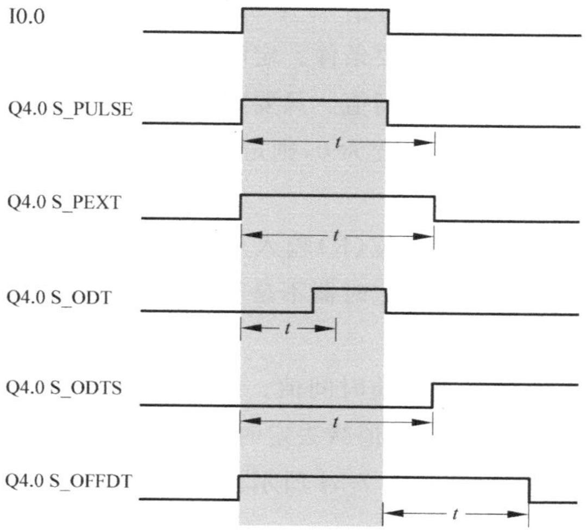

图 7-32 定时器的时序图

表 7-20 定时器的功能

定 时 器	说 明
S_PULSE 脉冲定时器	输出信号保持为 1 的最大时间与设定的时间值 t 相同。如果输入信号变为 0，则输出信号在较短的时间内保持为 1
S_PEXT 扩展脉冲定时器	输出信号在设定的时间长度内保持为 1，无论输入信号保持 1 多长时间
S_ODT 接通延时定时器	只有在设定的时间已过且输入信号仍为 1 时，输出信号才变为 1
S_ODTS 保持接通延时定时器	只有在设定的时间已过时输出信号才从 0 变为 1，无论输入信号保持 1 多长时间
S_OFFDT 断开延时定时器	输入信号变为 1 或定时器运行时输出信号变为 1。输入信号从 1 变为 0 时时间起动

7.2.3 定时器的组件

下面将详细介绍每一种定时器的功能。

1. S_PULSE 脉冲 S5 定时器

脉冲 S5 定时器的符号如图 7-33 所示，参数如表 7-21 所示。

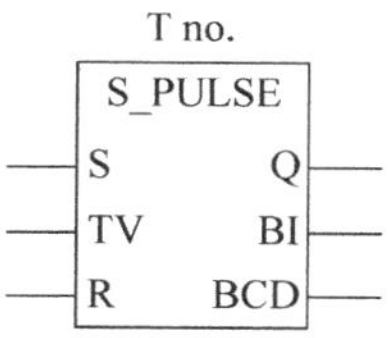

图 7-33 脉冲 S5 定时器的符号

表 7-21 脉冲 S5 定时器参数

参数	数据类型	内存区域	说 明
T 编号	TIMER	T	定时器标识号，范围取决于 CPU
S	BOOL	I、Q、M、L、D	开始输入
TV	S5TIME	I、Q、M、L、D	预设时间值
R	BOOL	I、Q、M、L、D	复位输入
BI	WORD	I、Q、M、L、D	剩余时间值，整型格式
BCD	WORD	I、Q、M、L、D	剩余时间值，BCD 格式
Q	BOOL	I、Q、M、L、D	定时器的状态

如果在起动(S)输入端有一个上升沿，S_PULSE(脉冲 S5 定时器)将起动指定的定时器。信号变化始终是启用定时器的必要条件。定时器在输入端 S 的信号状态为 1 时运行，但最长周期是由输入端 TV 指定的时间值。只要定时器运行，输出端 Q 的信号状态就为 1。如果在时间间隔结束前 S 输入端从 1 变为 0，则定时器将停止。这种情况下输出端 Q 的信号状态为 0。

如果在定时器运行期间定时器复位(R)输入从 0 变为 1 时，则定时器将被复位。当前时间和时间基准也被设置为零。如果定时器不是正在运行，则定时器 R 输入端的逻辑 1 没有任何作用。

可在输出端 BI 和 BCD 上扫描当前时间值。时间值在 BI 端是二进制编码，在 BCD 端是 BCD 编码。当前时间值为初始 TV 值减去定时器起动后经过的时间。

S_PULSE 指令相应的时序图如图 7-34 所示。

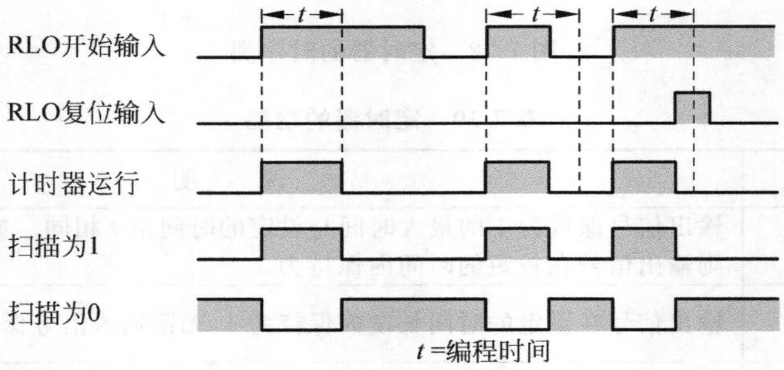

图 7-34 S_PULSE 指令时序图

下面给出 S_PULSE 指令的一个实例，如图 7-35 所示。其中，如果输入端 I0.0 的信号状态从 0 变为 1(RLO 中的上升沿)，则定时器 T5 将起动。只要 I0.0 为 1，定时器就将继续运行指定的两秒(2s)时间。如果定时器达到预定时间前，I0.0 的信号状态从 1 变为 0，则定时器将停止。如果输入端 I0.1 的信号状态从 0 变为 1，而定时器仍在运行，则时间复位。

只要定时器运行，输出端 Q4.0 就是逻辑 1，如果定时器预设时间结束或复位，则输出端 Q4.0 变为 0。

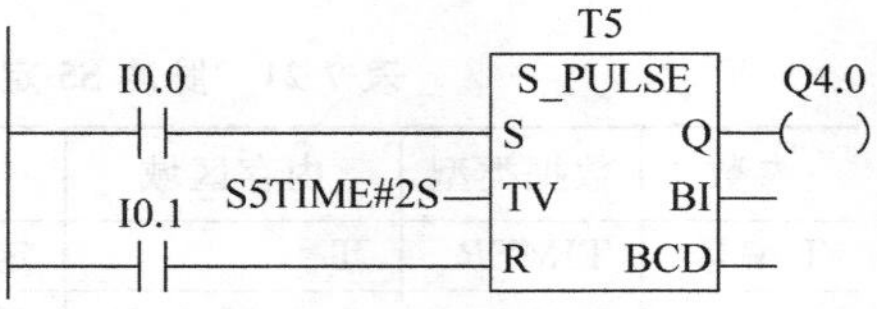

图 7-35 S_PULSE 指令实例

2. S_PEXT 扩展脉冲 S5 定时器

扩展脉冲 S5 定时器的符号如图 7-36 所示，参数如表 7-22 所示。

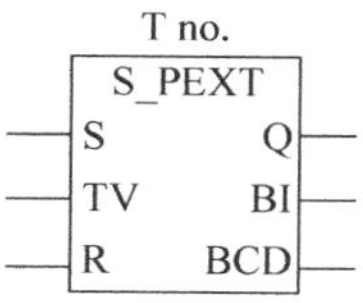

图 7-36　扩展脉冲 S5 定时器的符号

表 7-22　扩展脉冲 S5 定时器参数

参数	数据类型	内存区域	说　明
T 编号	TIMER	T	定时器标识号，范围取决于 CPU
S	BOOL	I、Q、M、L、D	开始输入
TV	S5TIME	I、Q、M、L、D	预设时间值
R	BOOL	I、Q、M、L、D	复位输入
BI	WORD	I、Q、M、L、D	剩余时间值，整型格式
BCD	WORD	I、Q、M、L、D	剩余时间值，BCD 格式
Q	BOOL	I、Q、M、L、D	定时器的状态

如果在起动(S)输入端有一个上升沿，S_PEXT(扩展脉冲 S5 定时器)将起动指定的定时器。信号变化始终是启用定时器的必要条件。定时器以在输入端 TV 指定的预设时间间隔运行，即使在时间间隔结束前，S 输入端的信号状态变为 0。只要定时器运行，输出端 Q 的信号状态就为 1。如果在定时器运行期间输入端 S 的信号状态从 0 变为 1，则将使用预设的时间值重新起动("重新触发")定时器。

如果在定时器运行期间复位(R)输入从 0 变为 1，则定时器复位。当前时间和时间基准被设置为零。

可在输出端 BI 和 BCD 上扫描当前时间值。时间值在 BI 处为二进制编码，在 BCD 处为 BCD 编码。当前时间值为初始 TV 值减去定时器起动后经过的时间。

S_PEXT 指令相应的时序图如图 7-37 所示。

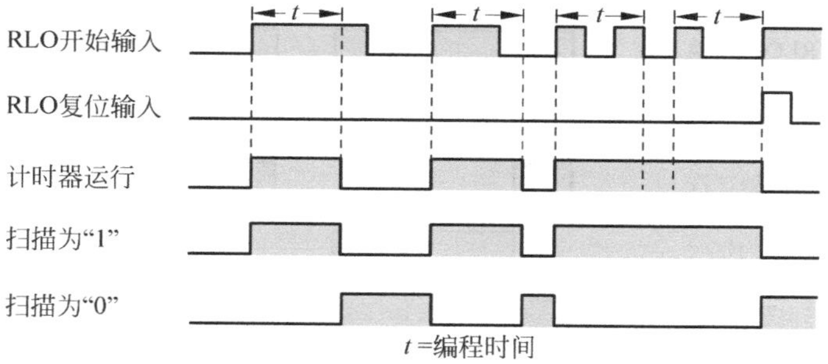

图 7-37　S_PEXT 指令的时序图

下面给出 S_PEXT 指令的一个实例，如图 7-38 所示。其中，如果输入端 I0.0 的信号状态从 0 变为 1(RLO 中的上升沿)，则定时器 T5 将起动。定时器将继续运行指定的两秒(2 秒)时间，而不会受到输入端 S 处下降沿的影响。如果在定时器达到预定时间前 I0.0 的信号状态从 0 变为 1，则定时器将被重新触发。只要定时器运行输出端 Q4.0 就为逻辑 1。

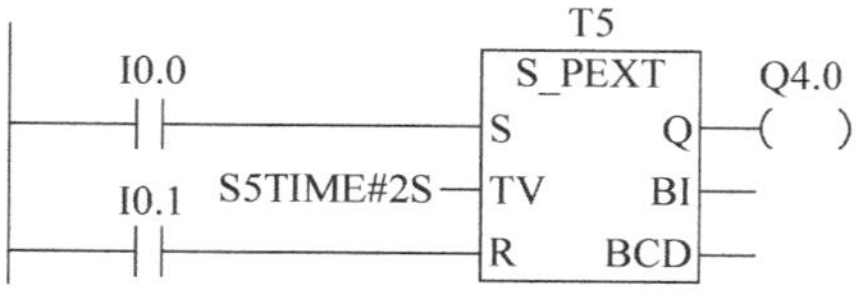

图 7-38　S_PEXT 指令实例

3. S_ODT 接通延时 S5 定时器

接通延时 S5 定时器的符号如图 7-39 所示，参数如表 7-23 所示。

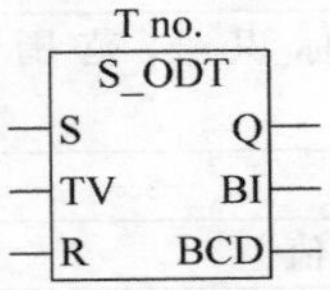

图 7-39 接通延时 S5 定时器的符号

表 7-23 接通延时 S5 定时器参数

参数	数据类型	内存区域	说明
T 编号	TIMER	T	定时器标识号，范围取决于 CPU
S	BOOL	I、Q、M、L、D	开始输入
TV	S5TIME	I、Q、M、L、D	预设时间值
R	BOOL	I、Q、M、L、D	复位输入
BI	WORD	I、Q、M、L、D	剩余时间值，整型格式
BCD	WORD	I、Q、M、L、D	剩余时间值，BCD 格式
Q	BOOL	I、Q、M、L、D	定时器的状态

如果在起动(S)输入端有一个上升沿，S_ODT(接通延时 S5 定时器)将起动指定的定时器。信号变化始终是启用定时器的必要条件。只要输入端 S 的信号状态为正，定时器就以在输入端 TV 指定的时间间隔运行。定时器达到指定时间而没有出错，并且 S 输入端的信号状态仍为 1 时，输出端 Q 的信号状态为 1。如果定时器运行期间输入端 S 的信号状态从 1 变为 0，定时器将停止。这种情况下，输出端 Q 的信号状态为 0。

如果在定时器运行期间复位(R)输入从 0 变为 1，则定时器复位。当前时间和时间基准被设置为零。然后，输出端 Q 的信号状态变为 0。如果在定时器没有运行时 R 输入端有一个逻辑 1，并且输入端 S 的 RLO 为 1，则定时器也复位。

可在输出端 BI 和 BCD 上扫描当前时间值。时间值在 BI 处为二进制编码；在 BCD 处为 BCD 编码。当前时间值为初始 TV 值减去定时器起动后经过的时间。

S_ODT 指令相应的时序图如图 7-40 所示。

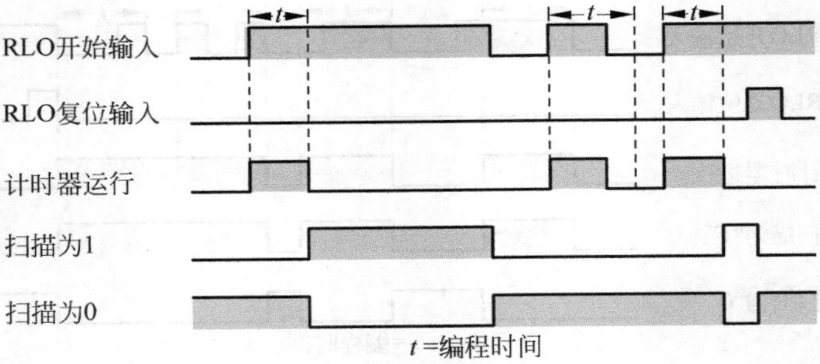

图 7-40 S_ODT 指令的时序图

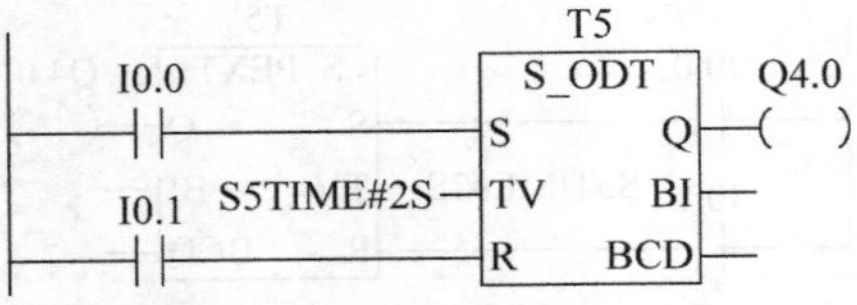

图 7-41 S_ODT 指令实例

下面给出 S_ODT 指令的一个实例，如图 7-41 所示。其中，如果 I0.0 的信号状态从 0 变为 1(RLO 中的上升沿)，则定时器 T5 将起动。如果指定的两秒时间结束并且输入端 I0.0 的信号状态仍为 1，则输出端 Q4.0 将为 1。如果 I0.0 的信号状态从 1 变为 0，则定时器停止，并且 Q4.0 将为 0(如果 I0.1 的信号状态从 0 变为 1，则无论定时器是否运行，时间都复位)。

4. S_ODTS 保持接通延时 S5 定时器

保持接通延时 S5 定时器的符号如图 7-42 所示，参数如表 7-24 所示。

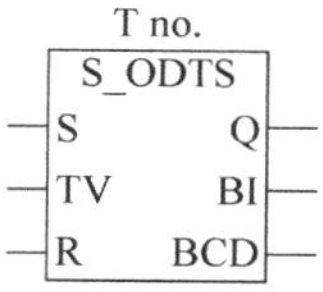

图 7-42 保持接通延时 S5 定时器的符号

表 7-24 保持接通延时 S5 定时器参数

参数	数据类型	内存区域	说明
T 编号	TIMER	T	定时器标识号，范围取决于 CPU
S	BOOL	I、Q、M、L、D	开始输入
TV	S5TIME	I、Q、M、L、D	预设时间值
R	BOOL	I、Q、M、L、D	复位输入
BI	WORD	I、Q、M、L、D	剩余时间值，整型格式
BCD	WORD	I、Q、M、L、D	剩余时间值，BCD 格式
Q	BOOL	I、Q、M、L、D	定时器的状态

如果在起动(S)输入端有一个上升沿，S_ODTS(保持接通延时 S5 定时器)将起动指定的定时器。信号变化始终是启用定时器的必要条件。定时器以在输入端 TV 指定的时间间隔运行，在时间间隔结束前，输入端 S 的信号状态变为 0。定时器预定时间结束时，无论输入端 S 的信号状态如何，输出端 Q 的信号状态均为 1。如果在定时器运行时输入端 S 的信号状态从 0 变为 1，则定时器将以指定的时间重新起动(重新触发)。

如果复位(R)输入从 0 变为 1，则无论 S 输入端的 RLO 如何，定时器都将复位。然后，输出端 Q 的信号状态变为 0。

可在输出端 BI 和 BCD 上扫描当前时间值。时间值在 BI 端是二进制编码，在 BCD 端是 BCD 编码。当前时间值为初始 TV 值减去定时器起动后经过的时间。

S_ODTS 指令相应的时序图如图 7-43 所示。

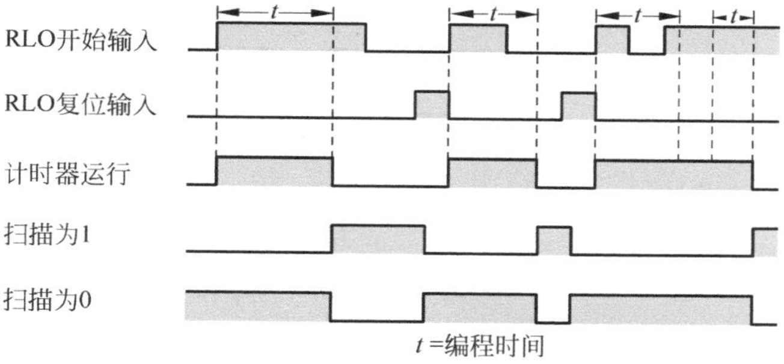

图 7-43 S_ODTS 指令时序图

S_ODTS 指令的实例如图 7-44 所示，其中如果 I0.0 的信号状态从 0 变为 1(RLO 中的上升沿)，则定时器 T5 将起动。无论 I0.0 的信号是否从 1 变为 0，定时器都将运行。如果在定时器达到指定时间前，I0.0 的信号状态从 0 变为 1，则定时器将重新触发。如果定时器达到指定时间，则输出端 Q4.0 将变为 1(如果输入端 I0.1 的信号状态从 0 变为 1，则无论 S 处的 RLO 如何，时间都将复位)。

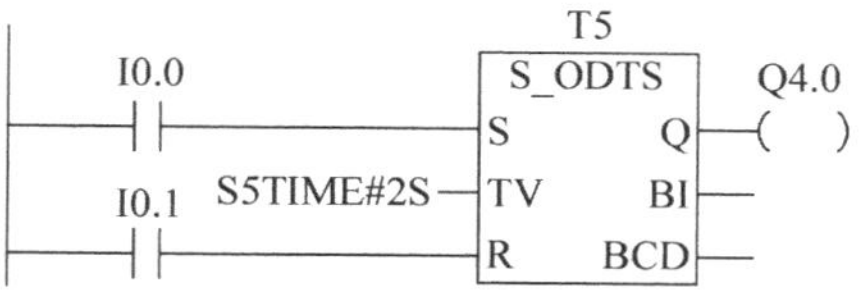

图 7-44 S_ODTS 指令实例

5. S_OFFDT 断开延时 S5 定时器

断开延时 S5 定时器的符号如图 7-45 所示，参数如表 7-25 所示。

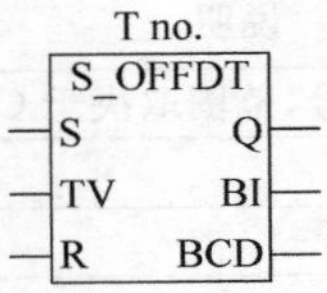

图 7-45　断开延时 S5 定时器的符号

表 7-25　断开延时 S5 定时器的参数

参数	数据类型	内存区域	说　明
T 编号	TIMER	T	定时器标识号，范围取决于 CPU
S	BOOL	I、Q、M、L、D	开始输入
TV	S5TIME	I、Q、M、L、D	预设时间值
R	BOOL	I、Q、M、L、D	复位输入
BI	WORD	I、Q、M、L、D	剩余时间值，整型格式
BCD	WORD	I、Q、M、L、D	剩余时间值，BCD 格式
Q	BOOL	I、Q、M、L、D	定时器的状态

如果在起动(S)输入端有一个下降沿，S_OFFDT(断开延时 S5 定时器)将起动指定的定时器。信号变化始终是启用定时器的必要条件。如果 S 输入端的信号状态为 1，或定时器正在运行，则输出端 Q 的信号状态为 1。如果在定时器运行期间输入端 S 的信号状态从 0 变为 1 时，定时器将复位。输入端 S 的信号状态再次从 1 变为 0 后，定时器才能重新起动。

如果在定时器运行期间复位(R)输入从 0 变为 1 时，定时器将复位。

可在输出端 BI 和 BCD 上扫描当前时间值。时间值在 BI 端是二进制编码，在 BCD 端是 BCD 编码。当前时间值为初始 TV 值减去定时器起动后经过的时间。S_OFFDT 指令相应的时序图如图 7-46 所示。

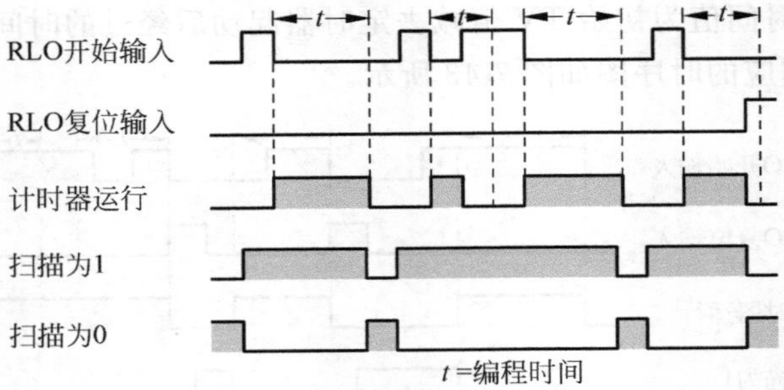

图 7-46　S_OFFDT 指令时序图

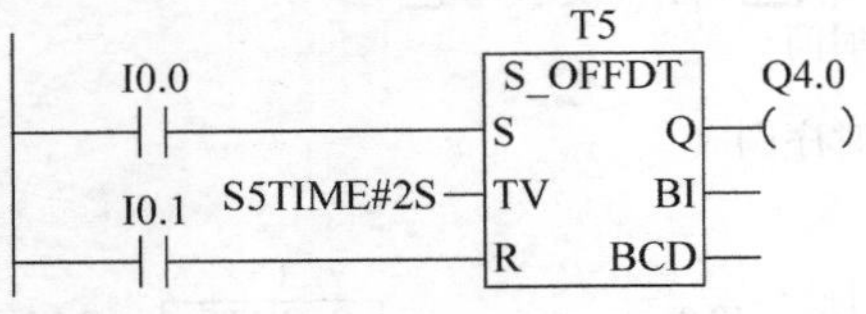

图 7-47　S_OFFDT 指令实例

S_OFFDT 指令的实例如图 7-47 所示，其中如果 I0.0 的信号状态从 1 变为 0，则定时器起动。I0.0 为 1 或定时器运行时 Q4.0 为 1(如果在定时器运行期间 I0.1 的信号状态从 0 变为 1，则定时器复位)。

6. ---(SP)脉冲定时器线圈

脉冲定时器线圈的符号如图 7-48 所示，参数如表 7-26 所示。

<T 编号>
--(SP)
<时间值>

图 7-48　脉冲定时器线圈的符号

表 7-26　脉冲定时器线圈的参数

参数	数据类型	内存区域	说明
<T 编号>	TIMER	T	定时器标识号，范围取决于 CPU
<时间值>	S5TIME	I、Q、M、L、D	预设时间值

如果 RLO 状态有一个上升沿，--(SP)（脉冲定时器线圈）将以该<时间值>起动指定的定时器。只要 RLO 保持正值(1)，定时器就继续运行指定的时间间隔。只要定时器运行，计数器的信号状态就为 1。如果在达到时间值前，RLO 中的信号状态从 1 变为 0，则定时器将停止。在这种情况下，对于 1 的扫描始终产生结果 0。

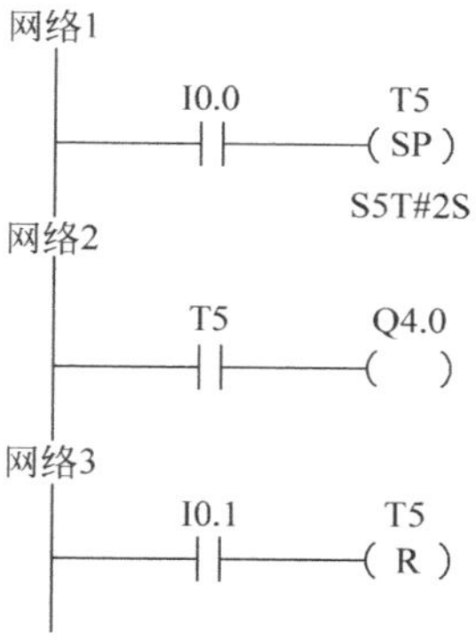

图 7-49　--(SP)指令实例

--(SP)指令的实例如图 7-49 所示，其中如果输入端 I0.0 的信号状态从 0 变为 1(RLO 中的上升沿)，则定时器 T5 起动。只要输入端 I0.0 的信号状态为 1，定时器就继续运行指定的两秒时间。如果在指定的时间结束前输入端 I0.0 的信号状态从 1 变为 0，则定时器停止。只要定时器运行，输出端 Q4.0 的信号状态就为 1。如果输入端 I0.1 的信号状态从 0 变为 1，定时器 T5 将复位，定时器停止并将时间值的剩余部分清为 0。

7. --(SE)扩展脉冲定时器线圈

扩展脉冲定时器线圈的符号如图 7-50 所示，参数如表 7-27 所示。

图 7-50　扩展脉冲定时器线圈的符号

表 7-27　扩展脉冲定时器线圈的参数

参数	数据类型	内存区域	说　明
<T 编号>	TIMER	T	定时器标识号，范围取决于 CPU
<时间值>	S5TIME	I、Q、M、L、D	预设时间值

如果 RLO 状态有一个上升沿，--(SE)（扩展脉冲定时器线圈）将以指定的<时间值>起动指定的定时器。定时器继续运行指定的时间间隔，即使定时器达到指定时间前 RLO 变为 0。只要定时器运行，计数器的信号状态就为 1。如果在定时器运行期间 RLO 从 0 变为 1，则将以指定的时间值重新起动定时器（重新触发）。

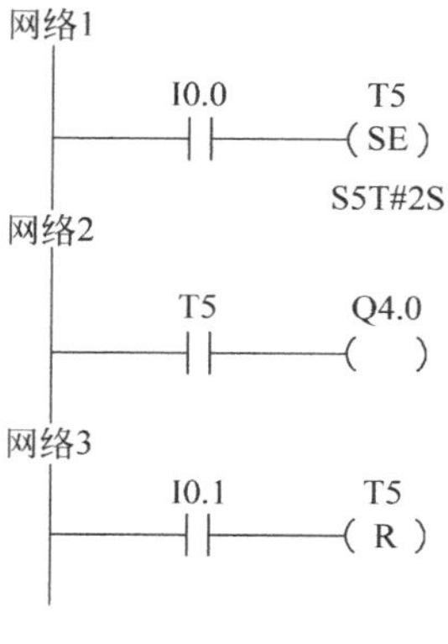

图 7-51　--(SE)指令实例

--(SE)指令的实例如图 7-51 所示，其中如果输入端 I0.0 的信号状态从 0 变为 1(RLO 中的上升沿)，则定时器 T5 起动。定时器继续运行，而无论 RLO 是否出现下降沿。如果在定时器达到指定时间前 I0.0 的信号状态从 0 变为 1，则定时器重新触发。只要定时器运行输出端 Q4.0 的信号状态就为 1。如果输入端 I0.1 的信号状态从 0 变为 1，定时器 T5 将复位，定时器停止并将时间值的剩余部分清为 0。

8. --(SD)接通延时定时器线圈

接通延时定时器线圈的符号如图 7-52 所示，参数如表 7-28 所示。

图 7-52　接通延时定时器线圈的符号

表 7-28　接通延时定时器线圈的参数

参数	数据类型	内存区域	说　明
<T 编号>	TIMER	T	定时器标识号，范围取决于 CPU
<时间值>	S5TIME	I、Q、M、L、D	预设时间值

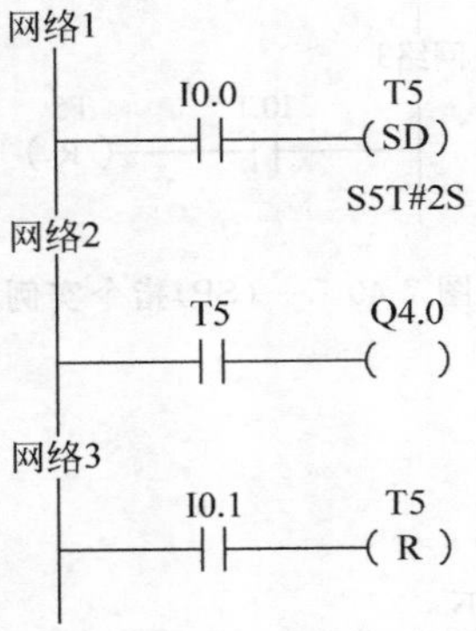

图 7-53　---(SD)指令实例

如果 RLO 状态有一个上升沿，---(SD)(接通延时定时器线圈)将以该<时间值>起动指定的定时器。如果达到该<时间值>而没有出错，且 RLO 仍为 1，则定时器的信号状态为 1。如果在定时器运行期间 RLO 从 1 变为 0，则定时器复位。在这种情况下，对于 1 的扫描始终产生结果 0。

---(SD)指令的实例如图 7-53 所示，其中如果输入端 I0.0 的信号状态从 0 变为 1(RLO 中的上升沿)，则定时器 T5 起动。如果指定时间结束而输入端 I0.0 的信号状态仍为 1，则输出端 Q4.0 的信号状态将为 1。如果输入端 I0.0 的信号状态从 1 变为 0，则定时器保持空闲，并且输出端 Q4.0 的信号状态将为 0。如果输入端 I0.1 的信号状态从 0 变为 1，定时器 T5 将复位，定时器停止并将时间值的剩余部分清为 0。

9. ---(SS)保持接通延时定时器线圈

保持接通延时定时器线圈的符号如图 7-54 所示，参数如表 7-29 示。

图 7-54　保持接通延时定时器线圈的符号

表 7-29　保持接通延时定时器线圈的参数

参数	数据类型	内存区域	说　明
<T 编号>	TIMER	T	定时器标识号，范围取决于 CPU
<时间值>	S5TIME	I、Q、M、L、D	预设时间值

如果 RLO 状态有一个上升沿，---(SS)(保持接通延时定时器线圈)将起动指定的定时器。如果达到时间值，定时器的信号状态为 1。只有明确进行复位，定时器才可能重新起动。只有复位才能将定时器的信号状态设为 0。如果在定时器运行期间 RLO 从 0 变为 1，则定时器以指定的时间值重新起动。

---(SS)指令的实例如图 7-55 所示，其中如果输入端 I0.0 的信号状态从 0 变为 1(RLO 中的上升沿)，则定时器 T5 起动。如果在定时器达到指定时间前输入端 I0.0 的信号状态从 0 变为 1，则定时器将重新触发。如果定时器达到指定时间，则输出端 Q4.0 将变为 1。输入端 I0.1 的信号状态 1 将复位定时器 T5，使定时器停止并将时间值的剩余部分清为 0。

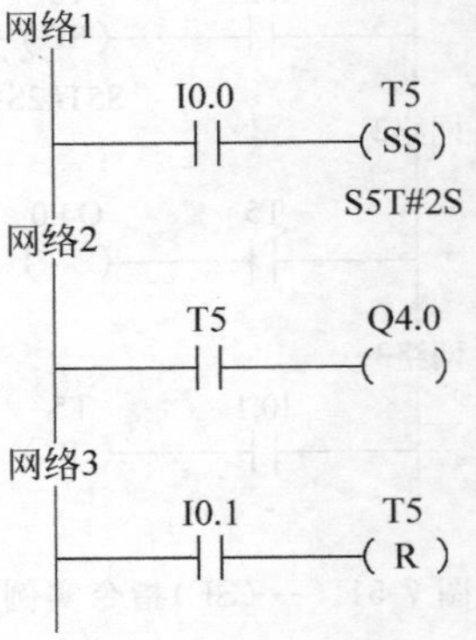

图 7-55　---(SS)指令实例

10. ---(SF)断开延时定时器线圈

断开延时定时器线圈的符号如图 7-56 所示，参数如表 7-30 所示。

<T 编号>
--(SF)
<时间值>

图 7-56　断开延时定时器线圈的符号

表 7-30　断开延时定时器线圈的参数

参数	数据类型	内存区域	说　明
<T 编号>	TIMER	T	定时器标识号，范围取决于 CPU
<时间值>	S5TIME	I、Q、M、L、D	预设时间值

如果 RLO 状态有一个下降沿，---(SF)（断开延时定时器线圈）将起动指定的定时器。当 RLO 为 1 时或只要定时器在<时间值>时间间隔内运行，定时器就为 1。如果在定时器运行期间 RLO 从 0 变为 1，则定时器复位。只要 RLO 从 1 变为 0，定时器即会重新起动。

---(SF)指令的实例如图 7-57 所示，其中如果输入端 I0.0 的信号状态从 1 变为 0，则定时器起动。如果输入端 I0.0 为 1 或定时器正在运行，则输出端 Q4.0 的信号状态为 1。如果输入端 I0.1 的信号状态从 0 变为 1，定时器 T5 将复位，定时器停止并将时间值的剩余部分清为 0。

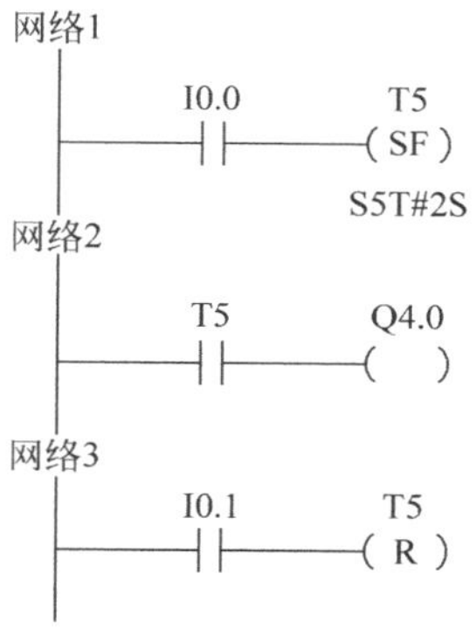

图 7-57　---(SF)指令实例

7.3 计数器指令

7.3.1 计数器指令概述

在用户 CPU 的存储器中有为计数器保留的存储区，此存储区为每个计数器地址保留一个 16 位字。梯形图指令集支持 256 个计数器。计数器指令是仅有的可访问计数器存储区的函数。

计数器字中的 0～9 位包含二进制代码形式的计数值。当设置某个计数器时，计数值移至计数器字。计数值的范围为 0～999。用户可使用表 7-31 中的计数器指令在此范围内改变计数值。

表 7-31　计数器指令

指　令	含　义
S_CUD	双向计数器
S_CD	降值计数器
S_CU	升值计数器
---(SC)	设置计数器线圈
---(CU)	升值计数器线圈
---(CD)	降值计数器线圈

计数器中的位组态过程，用户可输入从 0～999 的数字，为计数器提供预设值，如使用下列格式输入 127：C＃127。其中 C＃代表二进制编码十进制格式（BCD 格式：4 位一组，包

含一个用二进制编码的十进制值)。计数器中的 0～11 位包含二进制编码十进制格式的计数值。

图 7-58 显示了加载计数值 127 之后计数器的内容,以及设置计数器之后计数器单元中的内容。

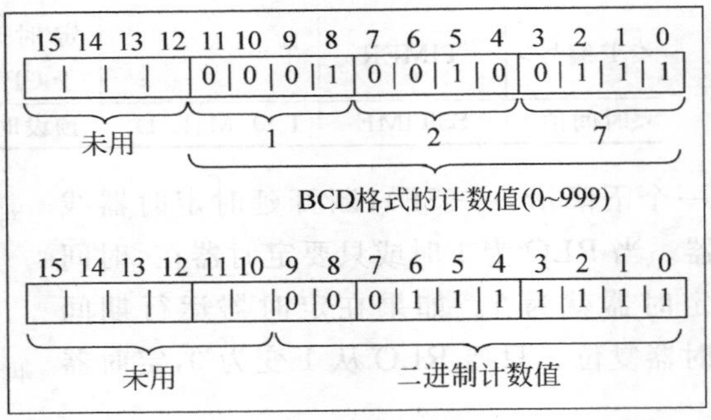

图 7-58 加载计数值 127 后计数器的内容

7.3.2 计数器的组件

1. S_CUD 双向计数器

双向计数器指令的符号如图 7-59 所示,其参数如表 7-32 所示。

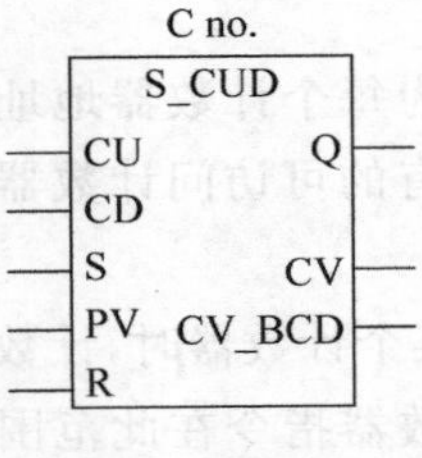

图 7-59 双向计数器指令的符号

表 7-32 双向计数器指令的参数

参数	数据类型	内存区域	说明
C 编号	COUNTER	C	计数器标识号,其范围依赖于 CPU
CU	BOOL	I、Q、M、L、D	升值计数输入
CD	BOOL	I、Q、M、L、D	递减计数输入
S	BOOL	I、Q、M、L、D	为预设计数器设置输入
PV	WORD	I、Q、M、L、D 或常数	将计数器值以“C#<值>”的格式输入(范围为 0～999)
PV	WORD	I、Q、M、L、D	预置计数器的值
R	BOOL	I、Q、M、L、D	复位输入
CV	WORD	I、Q、M、L、D	当前计数器值,十六进制数字
CV_BCD	WORD	I、Q、M、L、D	当前计数器值,BCD 码
Q	BOOL	I、Q、M、L、D	计数器状态

如果输入 S 有上升沿,S_CUD(双向计数器)预置为输入 PV 的值。如果输入 R 为 1,则计数器复位,并将计数值设置为零。如果输入 CU 的信号状态从 0 切换为 1,并且计数器的值小于 999,则计数器的值增 1。如果输入 CD 有上升沿,并且计数器的值大于 0,则计数器的值减 1。

如果两个计数输入都有上升沿,则执行两个指令,并且计数值保持不变。

如果已设置计数器，并且输入 CU/CD 的 RLO=1，则即使没有从上升沿到下降沿或从下降沿到上升沿的切换，计数器也会在下一个扫描周期进行相应的计数。如果计数值大于等于零(0)，则输出 Q 的信号状态为 1。

图 7-60 所示为 S_CUD 指令的实例，其中如果 I0.2 从 0 变为 1，则计数器预设为 MW10 的值。如果 I0.0 的信号状态从 0 改变为 1，则计数器 C10 的值将增加 1(当 C10 的值等于"999"时除外)。如果 I0.1 从 0 改变为 1，则 C10 减少 1(但当 C10 的值为 0 时除外)。如果 C10 不等于零，则 Q4.0 为 1。

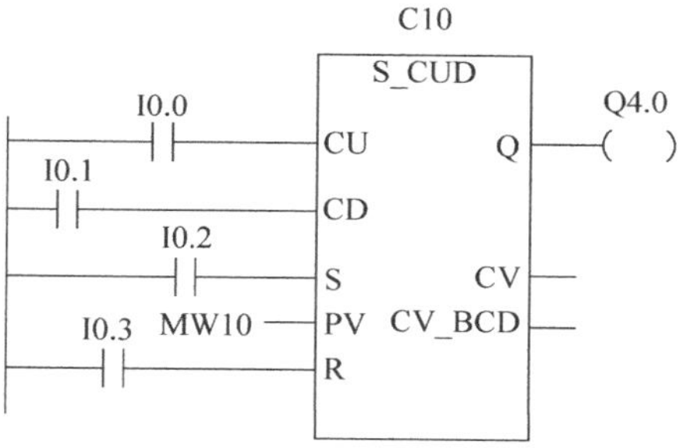

图 7-60　S_CUD 指令的实例

2. S_CU 升值计数器

升值计数器指令的符号如图 7-61 所示，其参数如表 7-33 所示。

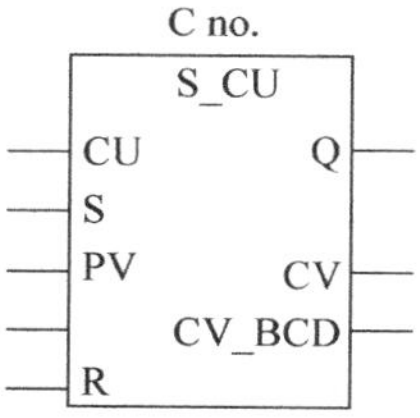

图 7-61　升值计数器指令的符号

表 7-33　升值计数器指令的参数

参数	数据类型	内存区域	说　明
C 编号	COUNTER	C	计数器标识号，其范围依赖于 CPU
CU	BOOL	I、Q、M、L、D	升值计数输入
S	BOOL	I、Q、M、L、D	为预设计数器设置输入
PV	WORD	I、Q、M、L、D 或常数	将计数器值以"C#<值>"的格式输入(范围 0～999)
PV	WORD	I、Q、M、L、D	预置计数器的值
R	BOOL	I、Q、M、L、D	复位输入
CV	WORD	I、Q、M、L、D	当前计数器值，十六进制数字
CV_BCD	WORD	I、Q、M、L、D	当前计数器值，BCD 码
Q	BOOL	I、Q、M、L、D	计数器状态

如果输入 S 有上升沿，则 S_CU(升值计数器)预置为输入 PV 的值。如果输入 R 为 1，则计数器复位，并将计数值设置为零。如果输入 CU 的信号状态从 0 切换为 1，并且计数器的值小于 999，则计数器的值增 1。如果已设置计数器，并且输入 CU 的 RLO=1，则即使没有从上升沿到下降沿或从下降沿到上升沿的切换，计数器也会在下一个扫描周期进行相应的计数。如果计数值大于等于零(0)，则输出 Q 的信号状态为 1。

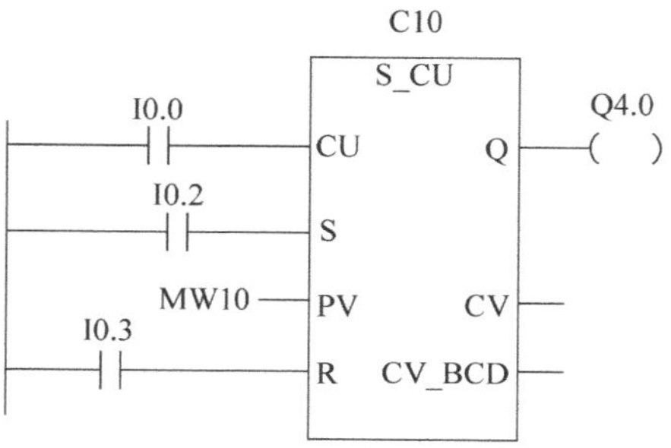

图 7-62　S_CU 指令的实例

图 7-62 所示为 S_CU 指令的实例，其中如果 I0.2 从 0 变为 1，则计数器预设为 MW10 的值。如果 I0.0 的信号状态从 0 改变为 1，则计数器 C10 的值将增加 1 (当 C10 的值等于

"999"时除外)。如果 C10 不等于零,则 Q4.0 为 1。

3. S_CD 降值计数器

降值计数器指令的符号如图 7-63 所示,其参数如表 7-34 所示。

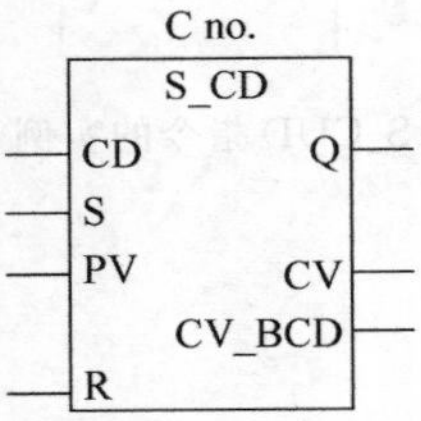

图 7-63 降值计数器指令的符号

表 7-34 降值计数器指令的参数

参数	数据类型	内存区域	说明
C 编号	COUNTER	C	计数器标识号,其范围依赖于 CPU
CD	BOOL	I、Q、M、L、D	递减计数输入
S	BOOL	I、Q、M、L、D	为预设计数器设置输入
PV	WORD	I、Q、M、L、D 或常数	将计数器值以"C#<值>"的格式输入(范围 0～999)
PV	WORD	I、Q、M、L、D	预置计数器的值
R	BOOL	I、Q、M、L、D	复位输入
CV	WORD	I、Q、M、L、D	当前计数器值,十六进制数字
CV_BCD	WORD	I、Q、M、L、D	当前计数器值,BCD 码
Q	BOOL	I、Q、M、L、D	计数器状态

如果输入 S 有上升沿,则 S_CD(降值计数器)设置为输入 PV 的值。如果输入 R 为 1,则计数器复位,并将计数值设置为零。如果输入 CD 的信号状态从 0 切换为 1,并且计数器的值大于零,则计数器的值减 1。

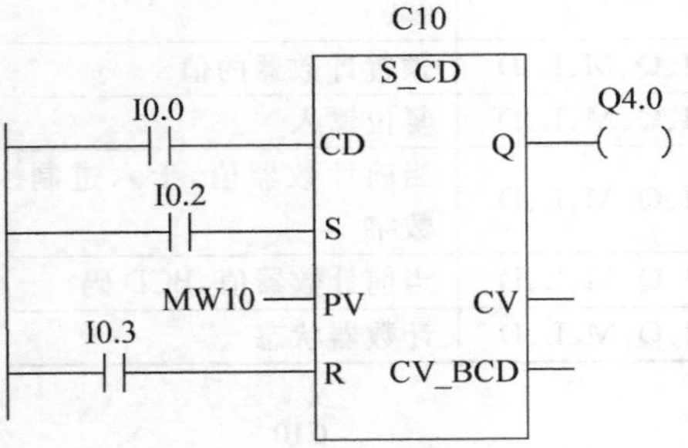

图 7-64 S_CD 指令的实例

如果已设置计数器,并且输入 CD 的 RLO=1,则即使没有从上升沿到下降沿或从下降沿到上升沿的改变,计数器也会在下一个扫描周期进行相应的计数。如果计数值大于等于零(0),则输出 Q 的信号状态为 1。

图 7-64 所示为 S_CD 指令的实例,其中如果 I0.2 从 0 变为 1,则计数器预设为 MW10 的值。如果 I0.0 的信号状态从 0 改变为 1,则计数器 C10 的值将减 1(当 C10 的值等于 0 时除外)。如果 C10 不等于零,则 Q4.0 为 1。

4. ---(SC)设置计数器值

设置计数器值指令的符号如图 7-65 所示,其参数如表 7-35 所示。

图 7-65 设置计数器值指令的符号

表 7-35 设置计数器指令的参数

参数	数据类型	内存区域	说 明
<C 编号>	COUNTER	C	要预置的计数器编号
<预设值>	WORD	I、Q、M、L、D 或常数	预置 BCD 的值(0～999)

设置计数器值指令仅在 RLO 中有上升沿时，--(SC)(设置计数器值)才会执行。此时，预设值被传送至指定的计数器。

图 7-66 所示为--(SC)指令的实例，其中如在 I0.0 有上升沿(从 0 改变为 1)，则计数器 C5 预置为 100。如果没有上升沿，则计数器 C5 的值保持不变。

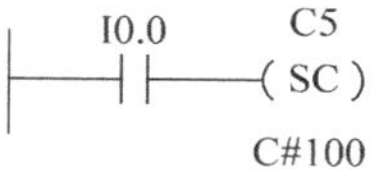

图 7-66　--(SC)指令的实例

5. --(CU)升值计数器线圈

升值计数器线圈指令的符号如图 7-67 所示，其参数如表 7-36 所示。

<C 编号>

--(CU)

图7-67　升值计数器线圈指令的符号

表 7-36　升值计数器线圈指令的参数

参数	数据类型	内存区域	说　　明
<C 编号>	COUNTER	C	计数器标识号，其范围依赖于 CPU

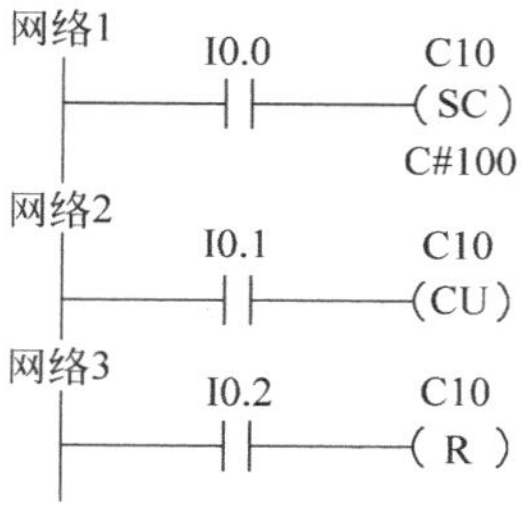

图 7-68　--(CU)指令的实例

如在 RLO 中有上升沿，并且计数器的值小于 999，则--(CU)(升值计数器线圈)将指定计数器的值加 1。如果 RLO 中没有上升沿，或者计数器的值已经是 999，则计数器值不变。

图 7-68 所示为--(CU)指令的实例，其中如果输入 I0.0 的信号状态从 0 改变为 1(RLO 中有上升沿)，则将预设值 100 载入计数器 C10。如果输入 I0.1 的信号状态从 0 改变为 1(在 RLO 中有上升沿)，则计数器 C10 的计数值将增加 1(当 C10 的值等于“999”时除外)。如果 RLO 中没有上升沿，则 C10 的值保持不变。如果 I0.2 的信号状态为 1，则计数器 C10 复位为 0。

6. --(CD)降值计数器线圈

降值计数器线圈指令的符号如图 7-69 所示，其参数如表 7-37 所示。

<C 编号>

--(CD)

图 7-69　降值计数器线圈指令的符号

表 7-37　降值计数器线圈指令的参数

参数	数据类型	内存区域	说　　明
<C 编号>	COUNTER	C	计数器标识号，其范围依赖于 CPU

如果 RLO 状态中有上升沿，并且计数器的值大于 0，则--(CD)(降值计数器线圈)将指定计数器的值减 1。如果 RLO 中没有上升沿，或者计数器的值已经是 0，则计数器值不变。

图 7-70 所示为--(CD)指令的实例，其中如果输入 I0.0 的信号状态从 0 改变为 1(RLO 中有上升沿)，则将预设值 100 载入计数器 C10。如果输入 I0.1 的信号状态从 0 改变为 1(在 RLO 中有上升沿)，则计数器 C10 的计数值将减 1(当 C10 的值等于 0 时除外)。如果 RLO 中没有上升沿，则 C10 的值保持不变。如果计数值为 0，则接通 Q4.0。如果

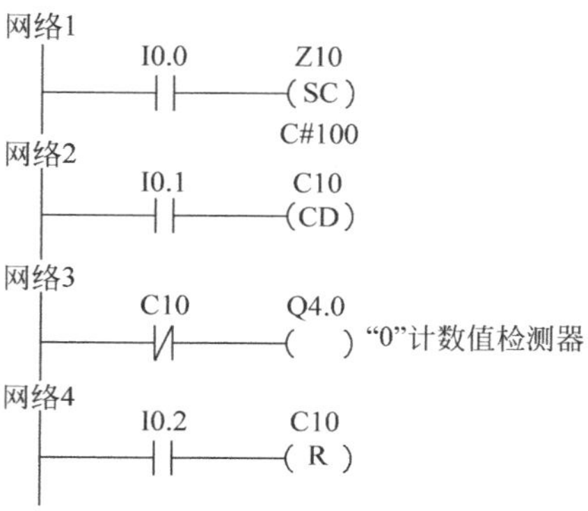

图 7-70　--(CD)指令的实例

输入 I0.2 的信号状态为 1，则计数器 C10 复位为 0。

7.4 比较指令

7.4.1 比较指令概述

比较指令主要根据用户选择的比较类型比较 IN1 和 IN2。

== IN1 等于 IN2。

<> IN1 不等于 IN2。

> IN1 大于 IN2。

< IN1 小于 IN2。

>= IN1 大于或等于 IN2。

<= IN1 小于或等于 IN2。

如果比较结果为“真”，则函数的 RLO 为 1。如果以串联方式使用比较单元，则使用“与”运算将其链接至梯级程序段的 RLO；如果以并联方式使用该框，则使用“或”运算将其链接至梯级程序段的 RLO。

可供使用的比较指令如表 7-38 所示。

表 7-38 比较指令

指 令	含 义
CMP ? I	整数比较
CMP ? D	比较双精度整数
CMP ? R	比较实数

7.4.2 比较指令组件

1. CMP ? I 比较整数

CMP ? I 比较整数的符号如图 7-71 所示，参数如表 7-39 所示。

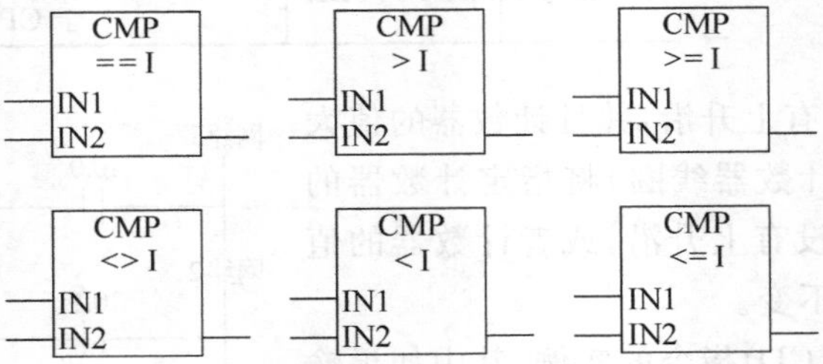

图 7-71 CMP ? I 比较整数的符号

表 7-39 CMP ? I 比较整数的参数

参数	数据类型	内存区域	说 明
输入框	BOOL	I、Q、M、L、D	上一逻辑运算的结果
输出框	BOOL	I、Q、M、L、D	比较的结果，仅在输入框的 RLO=1 时才进一步处理

续表

参数	数据类型	内 存 区 域	说　　明
IN1	INT	I、Q、M、L、D 或常数	要比较的第一个值
IN2	INT	I、Q、M、L、D 或常数	要比较的第二个值

CMP ？I（整数比较）的使用方法与标准触点类似。它可位于任何可放置标准触点的位置。可根据用户选择的比较类型比较 IN1 和 IN2。如果比较结果为“真”，则函数的 RLO 为 1。如果以串联方式使用该框，则使用“与”运算将其链接至整个梯级程序段的 RLO；如果以并联方式使用该框，则使用“或”运算将其链接至整个梯级程序段的 RLO。

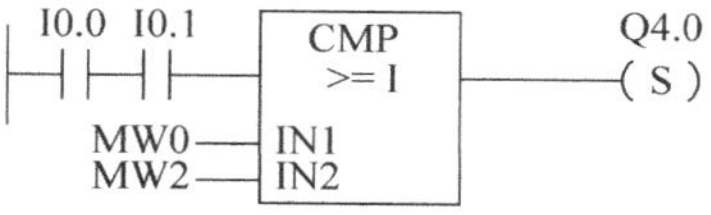

图 7-72　CMP ？I 指令的实例

图 7-72 所示为 CMP ？I 指令的实例，如果满足下列条件，则输出 Q4.0 置位：输入 I0.0 和 I0.1 的信号状态为 1 并且 MW0 ≥ MW2。

2. CMP ？D 比较双精度整数

CMP ？D 比较双精度整数的符号如图 7-73 所示，参数如表 7-40 所示。

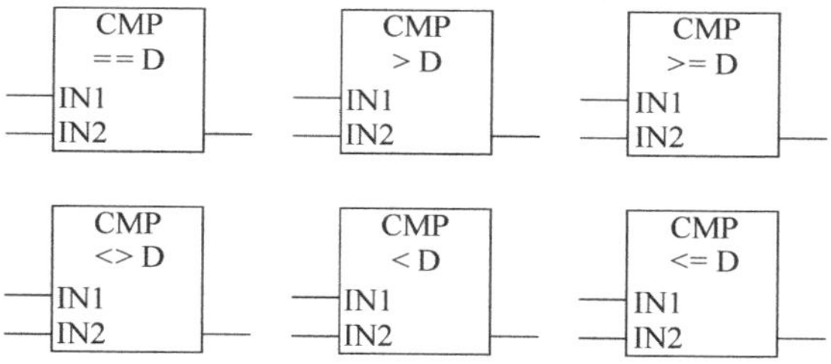

图 7-73　CMP ？D 指令符号

表 7-40　CMP ？D 比较双精度整数参数

参数	数据类型	内 存 区 域	说　　明
输入框	BOOL	I、Q、M、L、D	上一逻辑运算的结果
输出框	BOOL	I、Q、M、L、D	比较的结果，仅在输入框的 RLO=1 时才进一步处理
IN1	DINT	I、Q、M、L、D 或常数	要比较的第一个值
IN2	DINT	I、Q、M、L、D 或常数	要比较的第二个值

CMP ？D（比较双精度整数）的使用方法与标准触点类似。它可位于任何可放置标准触点的位置。可根据用户选择的比较类型比较 IN1 和 IN2。如果比较结果为“真”，则函数的 RLO 为 1。如果以串联方式使用比较单元，则使用“与”运算将其链接至梯级程序段的 RLO；如果以并联方式使用该框，则使用“或”运算将其链接至梯级程序段的 RLO。

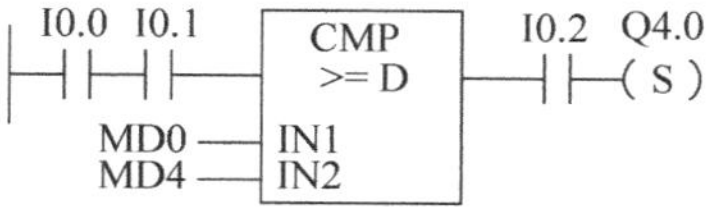

图 7-74　CMP ？D 指令实例

图 7-74 所示为 CMP ？D 指令的实例，其中如果满足下列条件，则输出 Q4.0 置位：输入 I0.0 和 I0.1 的信号状态为 1 并且 MD0≥ MD4，同时输入 I0.2 的信号状态为 1。

3. CMP ？R 比较实数

CMP ？R 比较实数的符号如图 7-75 所示，参数如表 7-41 所示。

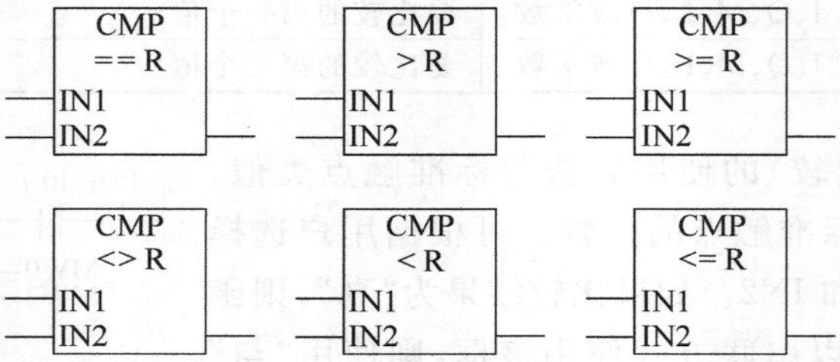

图 7-75　CMP ？R 比较实数的符号

表 7-41　CMP ？R 比较实数的参数

参数	数据类型	内 存 区 域	说　明
输入框	BOOL	I、Q、M、L、D	上一逻辑运算的结果
输出框	BOOL	I、Q、M、L、D	比较的结果，仅在输入框的 RLO=1 时才进一步处理
IN1	REAL	I、Q、M、L、D 或常数	要比较的第一个值
IN2	REAL	I、Q、M、L、D 或常数	要比较的第二个值

CMP ？R(实数比较)的使用方法类似标准触点，它可位于任何可放置标准触点的位置。可根据用户选择的比较类型比较 IN1 和 IN2。

如果比较结果为“真”，则函数的 RLO 为 1。如果以串联方式使用该框，则使用“与”运算将其链接至整个梯级程序段的 RLO；如果以并联方式使用该框，则使用“或”运算将其链接至整个梯级程序段的 RLO。

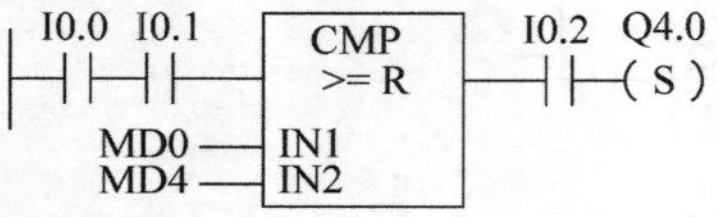

图 7-76　CMP ？R 指令实例

图 7-76 所示为 CMP ？R 指令的实例，如果满足下列条件则输出 Q4.0 置位：输入 I0.0 和 I0.1 的信号状态为 1 并且 MD0≥MD4，同时输入 I0.2 的信号状态为 1。

7.5　转换指令

7.5.1　转换指令概述

转换指令读取参数 IN 的内容，然后进行转换或改变其符号。可通过参数 OUT 查询结果。

可供使用的转换指令如表 7-42 所示。

表 7-42　转换指令

指　　令	含　　义
BCD_I	BCD 码转换为整数
I_BCD	整型转换为 BCD 码
BCD_DI	BCD 码转换为双精度整数
I_DINT	整型转换为长整型

续表

指　　令	含　　义
DI_BCD	长整型转换为 BCD 码
DI_REAL	长整型转换为浮点型
INV_I	二进制反码整型
INV_DI	二进制反码长整型
NEG_I	二进制补码整型
NEG_DI	二进制补码长整型
NEG_R	浮点数取反
ROUND	取整为长整型
TRUNC	截断长整型部分
CEIL	向上取整
FLOOR	向下取整

7.5.2　转换指令组件

1. BCD_I BCD 码转换为整数

BCD 码转换为整数的符号如图 7-77 所示，其参数如表 7-43 所示。

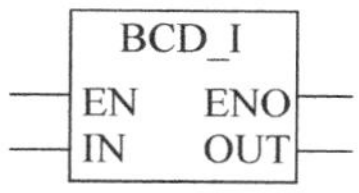

图 7-77　BCD 码转换为整数的指令符号

表 7-43　BCD 码转换为整数指令的参数

参数	数据类型	内存区域	说　　明
EN	BOOL	I、Q、M、L、D	使能输入
ENO	BOOL	I、Q、M、L、D	使能输出
IN	WORD	I、Q、M、L、D	BCD 码数字
OUT	INT	I、Q、M、L、D	BCD 码数字的整型值

BCD_I(BCD 码转换为整数)将参数 IN 的内容以 3 位 BCD 码数字(+/−999)读取，并将其转换为整型值(16 位)。整型值的结果通过参数 OUT 输出。ENO 始终与 EN 的信号状态相同。

图 7-78 所示为 BCD_I 指令的实例，其中如果输入 I0.0 的状态为 1，则将 MW10 中的内容以 3 位 BCD 码数字读取，并将其转换为整型值。结果存储在 MW12 中。如果未执行转换(ENO=EN=0)，则输出 Q4.0 的状态为 1。

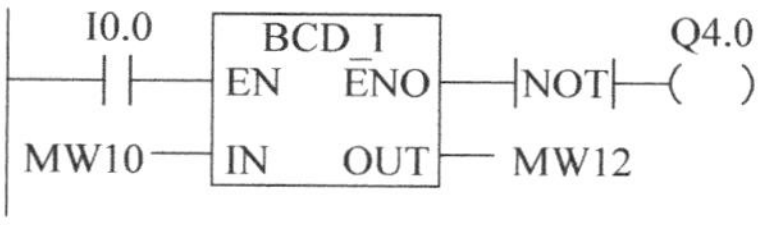

图 7-78　BCD_I 指令实例

2. I_BCD 整型转换为 BCD 码

整型转换为 BCD 码指令的符号如图 7-79 所示，其参数如表 7-44 所示。

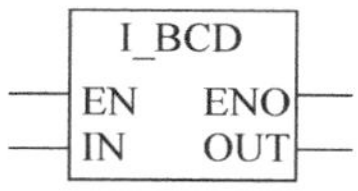

图 7-79　整型转换为 BCD 码的指令符号

表 7-44　整型转换为 BCD 码指令的参数

参数	数据类型	内存区域	说　　明
EN	BOOL	I、Q、M、L、D	使能输入
ENO	BOOL	I、Q、M、L、D	使能输出
IN	INT	I、Q、M、L、D	整数
OUT	WORD	I、Q、M、L、D	整数的 BCD 码

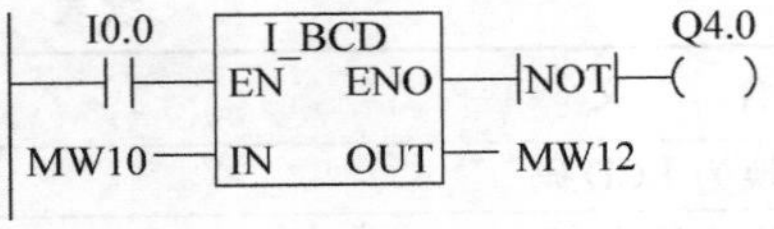

图 7-80 I_BCD 指令的实例

I_BCD(整型转换为 BCD 码)将参数 IN 的内容以整型值(16 位)读取,并将其转换为 3 位 BCD 码数字(+/-999)。结果由参数 OUT 输出。如果产生溢出,则 ENO 的状态为 0。

图 7-80 所示为 I_BCD 指令的实例,其中如果 I0.0 的状态为 1,则将 MW10 的内容以整型值读取,并将其转换为 3 位 BCD 码数字。结果存储在 MW12 中。如果产生溢出或未执行指令(I0.0=0),则输出 Q4.0 的状态为 1。

3. I_DINT 整型转换为长整型

整型转换为长整型指令的符号如图 7-81 所示,其参数如表 7-45 所示。

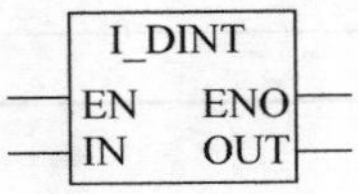

图 7-81 整型转换为长整型指令的符号

表 7-45 整型转换为长整型指令的参数

参数	数据类型	内存区域	说 明
EN	BOOL	I、Q、M、L、D	使能输入
ENO	BOOL	I、Q、M、L、D	使能输出
IN	INT	I、Q、M、L、D	要转换的整型值
OUT	DINT	I、Q、M、L、D	长整型结果

I_DINT(整型转换为长整型)将参数 IN 的内容以整型(16 位)读取,并将其转换为长整型(32 位)。结果由参数 OUT 输出。ENO 始终与 EN 的信号状态相同。

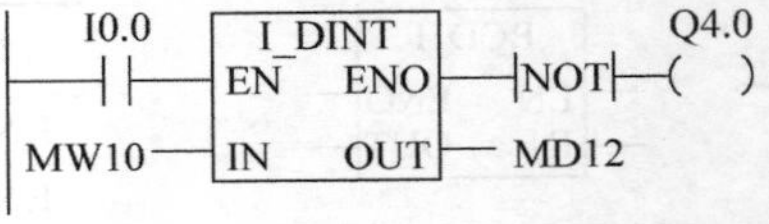

图 7-82 I_DINT 指令实例

图 7-82 所示为 I_DINT 指令的实例,其中如果 I0.0 为 1,则 MW10 的内容以整型读取,并将其转换为长整型。结果存储在 MD12 中。如果未执行转换(ENO=EN=0),则输出 Q4.0 的状态为 1。

4. BCD_DI BCD 码转换为双精度整数

BCD 码转换为双精度整数指令的符号如图 7-83 所示,其参数如表 7-46 所示。

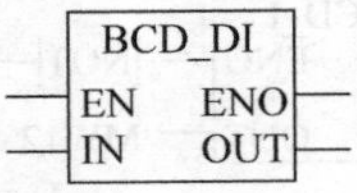

图 7-83 BCD 码转换为双精度整数指令的符号

表 7-46 BCD 码转换为双精度整数指令的参数

参数	数据类型	内存区域	说 明
EN	BOOL	I、Q、M、L、D	使能输入
ENO	BOOL	I、Q、M、L、D	使能输出
IN	DWORD	I、Q、M、L、D	BCD 码数字
OUT	DINT	I、Q、M、L、D	BCD 码数字的长整型值

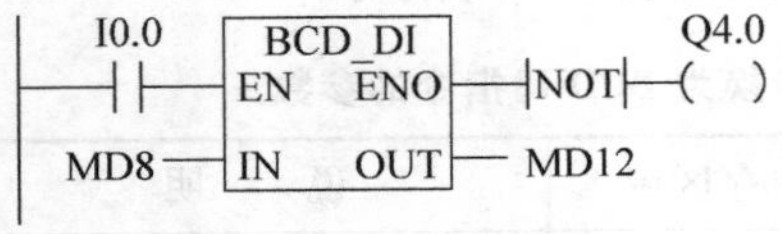

图 7-84 BCD_DI 指令实例

BCD_DI(将 BCD 码转换为双精度整数)将参数 IN 的内容以 7 位 BCD 码(+/-9999999)数字读取,并将其转换为长整型值(32 位)。长整型值的结果通过参数 OUT 输出。ENO 始终与 EN 的信号状态相同。

图 7-84 所示为 BCD_DI 指令的实例,其中如果I0.0 的状态为 1,则将 MD8 的内容以 7 位 BCD 码数字读取,并将其转换为长整型值,结果存储在 MD12 中。如果未执行转换(ENO=EN=0),则输出 Q4.0 的状态为 1。

5. DI_BCD 长整型转换为 BCD 码

长整型转换为 BCD 码指令的符号如图 7-85 所示，其参数如表 7-47 所示。

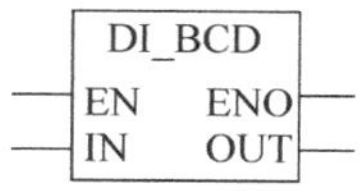

图 7-85　长整型转换为 BCD 码指令的符号

表 7-47　长整型转换为 BCD 码指令的参数

参数	数据类型	内存区域	说明
EN	BOOL	I、Q、M、L、D	使能输入
ENO	BOOL	I、Q、M、L、D	使能输出
IN	DINT	I、Q、M、L、D	长整数
OUT	DWORD	I、Q、M、L、D	长整数的 BCD 码值

DI_BCD(长整型转换为 BCD 码)将参数 IN 的内容以长整型值(32 位)读取，并将其转换为 7 位 BCD 码数字(＋/－9999999)。结果由参数 OUT 输出。如果产生溢出，ENO 的状态为 0。

图 7-86 所示为 DI_BCD 指令的实例，其中如果 I0.0 的状态为 1，则将 MD8 的内容以长整型读取，并将其转换为 7 位 BCD 码数字，结果存储在 MD12 中。如果产生溢出或未执行指令(I0.0＝0)，则输出 Q4.0 的状态为 1。

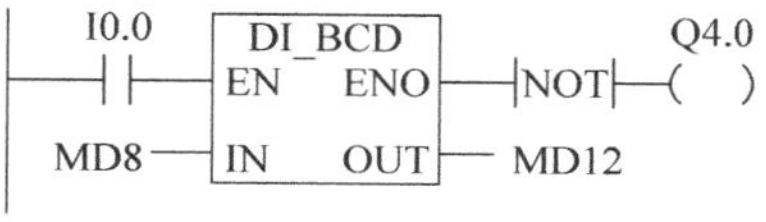

图 7-86　DI_BCD 指令实例

6. DI_REAL 长整型转换为浮点型

长整型转换为浮点型指令的符号如图 7-87 所示，其参数如表 7-48 所示。

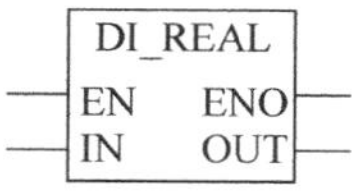

图 7-87　长整型转换为浮点型指令的符号

表 7-48　长整型转换为浮点型指令的参数

参数	数据类型	内存区域	说　明
EN	BOOL	I、Q、M、L、D	使能输入
ENO	BOOL	I、Q、M、L、D	使能输出
IN	DINT	I、Q、M、L、D	要转换的长整型值
OUT	REAL	I、Q、M、L、D	浮点数结果

DI_REAL(长整型转换为浮点型)将参数 IN 的内容以长整型读取，并将其转换为浮点数。结果由参数 OUT 输出。ENO 始终与 EN 的信号状态相同。

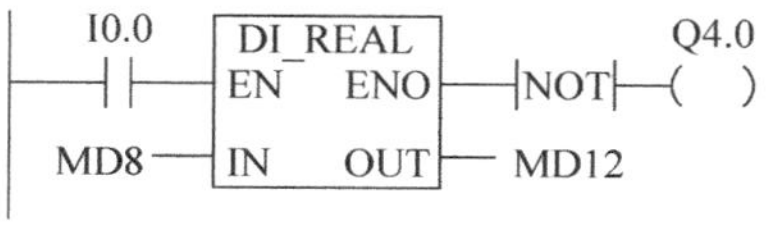

图 7-88　DI_REAL 指令实例

图 7-88 所示为 DI_REAL 指令的实例，其中如果 I0.0 的状态为 1，则将 MD8 中的内容以长整型读取，并将其转换为浮点数，结果存储在 MD12 中。如果未执行转换(ENO＝EN＝0)，则输出 Q4.0 的状态为 1。

7. INV_I 对整数求反码

对整数求反码指令的符号如图 7-89 所示，其参数如表 7-49 所示。

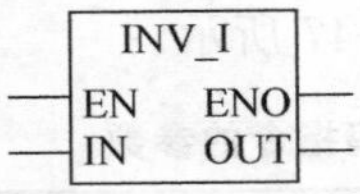

图 7-89　对整数求反码指令的符号

表 7-49　对整数求反码的参数

参数	数据类型	内存区域	说　明
EN	BOOL	I、Q、M、L、D	使能输入
ENO	BOOL	I、Q、M、L、D	使能输出
IN	INT	I、Q、M、L、D	整型输入值
OUT	INT	I、Q、M、L、D	整型 IN 的二进制反码

INV_I(对整数求反码)读取 IN 参数的内容，并使用十六进制掩码 W＃16＃FFFF 执行布尔“异或”运算。此指令将每一位变成相反状态。ENO 始终与 EN 的信号状态相同。

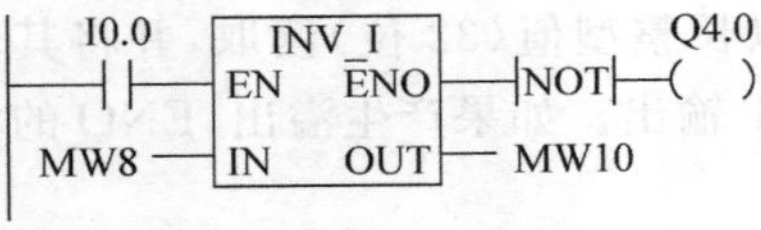

图 7-90　INV_I 指令实例

图 7-90 所示为 INV_I 指令的实例，其中如果 I0.0 为 1，则将 MW8 的每一位都取反，例如，MW8＝01000001 10000001，取反结果为 MW10＝10111110 01111110。如果未执行转换(ENO＝EN＝0)，则输出 Q4.0 的状态为 1。

8. INV_DI 对长整数求反码

对长整数求反码指令的符号如图 7-91 所示，其参数如表 7-50 所示。

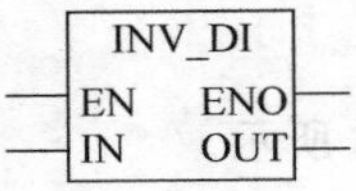

图 7-91　对长整数求反码指令的符号

表 7-50　对长整数求反码的参数

参数	数据类型	内存区域	说　明
EN	BOOL	I、Q、M、L、D	使能输入
ENO	BOOL	I、Q、M、L、D	使能输出
IN	DINT	I、Q、M、L、D	长整型输入值
OUT	DINT	I、Q、M、L、D	长整型 IN 的二进制反码

INV_DI(对长整数求反码)读取 IN 参数的内容，并使用十六进制掩码 W＃16＃FFFFFFFF 执行布尔“异或”运算。此指令将每一位转换为相反状态。ENO 始终与 EN 的信号状态相同。

图 7-92 所示为 INV_DI 指令的实例，其中如果 I0.0 为 1，则 MD8 的每一位都取反，例如，MD8＝F0FF FFF0，取反结果为 MD12＝0F00 000F。如果未执行转换(ENO＝EN＝0)，则输出 Q4.0 的状态为 1。

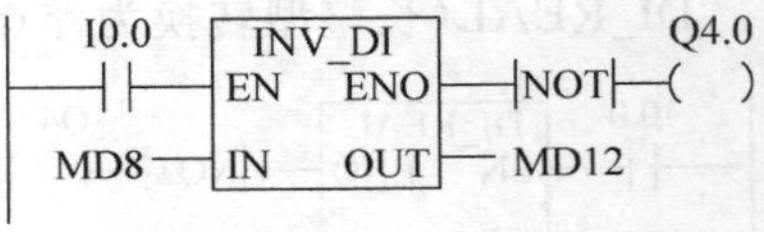

图 7-92　INV_DI 指令实例

9. NEG_I 对整数求补码

对整数求补码指令的符号如图 7-93 所示，其参数如表 7-51 所示。

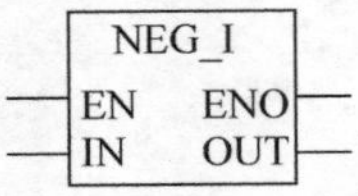

图 7-93　对整数求补码指令的符号

表 7-51　对整数求补码的参数

参数	数据类型	内存区域	说　明
EN	BOOL	I、Q、M、L、D	使能输入
ENO	BOOL	I、Q、M、L、D	使能输出
IN	INT	I、Q、M、L、D	整型输入值
OUT	INT	I、Q、M、L、D	整型 IN 的二进制补码

NEG_I(对整数求补码)读取 IN 参数的内容并执行求二进制补码指令。二进制补码指令等同于乘以－1 后改变符号(如从正值变为负值)。ENO 始终与 EN 的信号状态相同,以下情况例外:如果 EN 的信号状态为 1 并产生溢出,则 ENO 的信号状态为 0。

图 7-94 所示为 NEG_I 指令的实例。其中如果 I0.0 为 1,则由 OUT 参数将 MW8 的值(符号相反)输出到 MW10。MW8＝＋10 结果为 MW10＝－10。如果未执行转换(ENO＝EN＝0),则输出 Q4.0 的状态为 1。如果 EN 的信号状态为 1 并产生溢出,则 ENO 的信号状态为 0。

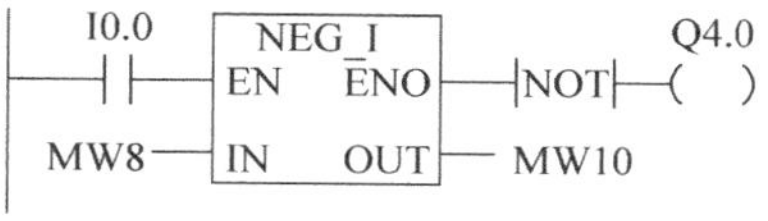

图 7-94 NEG_I 指令实例

10. NEG_DI 对长整数求补码

对长整数求补码指令的符号如图 7-95 所示,其参数如表 7-52 所示。

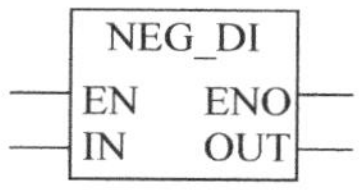

图 7-95 对长整数求补码指令的符号

表 7-52 对长整数求补码的参数

参数	数据类型	内存区域	说　明
EN	BOOL	I、Q、M、L、D	使能输入
ENO	BOOL	I、Q、M、L、D	使能输出
IN	DINT	I、Q、M、L、D	长整型输入值
OUT	DINT	I、Q、M、L、D	长整型 IN 的二进制补码

NEG_DI(对长整数求补码)读取参数 IN 的内容并执行二进制补码指令。二进制补码指令等同于乘以－1 后改变符号(如从正值变为负值)。ENO 始终与 EN 的信号状态相同,以下情况例外:如果 EN 的信号状态＝1 并产生溢出,则 ENO 的信号状态＝0。

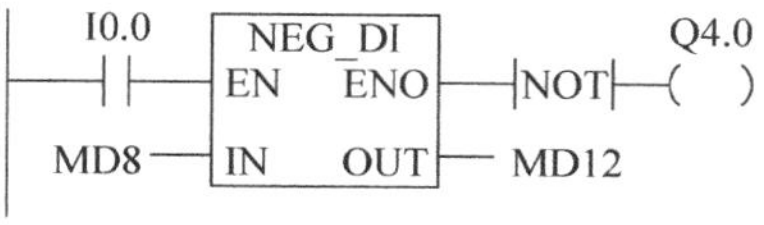

图 7-96 NEG_DI 指令实例

图 7-96 所示为 NEG_DI 指令的实例,其中如果 I0.0 为 1,则由 OUT 参数将 MD8 的值(符号相反)输出到 MD12。MD8＝＋1000 结果为 MD12＝－1000。如果未执行转换(ENO＝EN＝0),则输出 Q4.0 的状态为 1。如果 EN 的信号状态＝1 并产生溢出,则 ENO 的信号状态＝0。

11. NEG_R 浮点数取反

浮点数取反指令的符号如图 7-97 所示,其参数如表 7-53 所示。

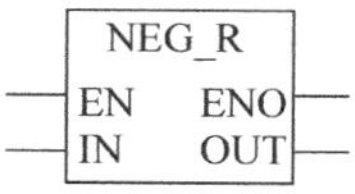

图 7-97 浮点数取反指令的符号

表 7-53 浮点数取反指令的参数

参数	数据类型	内存区域	说　明
EN	BOOL	I、Q、M、L、D	使能输入
ENO	BOOL	I、Q、M、L、D	使能输出
IN	REAL	I、Q、M、L、D	浮点数输入值
OUT	REAL	I、Q、M、L、D	浮点数 IN 取反带符号

NEG_R(浮点数取反)读取参数 IN 的内容并改变符号。指令等同于乘以－1 后改变符号(如从正值变为负值)。ENO 始终与 EN 的信号状态相同。

图 7-98 所示为 NEG_R 指令的实例,其中如果 I0.0 为 1,则由 OUT 参数将 MD8 的值

(符号相反)输出到 MD12。MD8＝＋6.234 结果为 MD12＝－6.234。如果未执行转换(ENO＝EN＝0),则输出 Q4.0 的状态为 1。

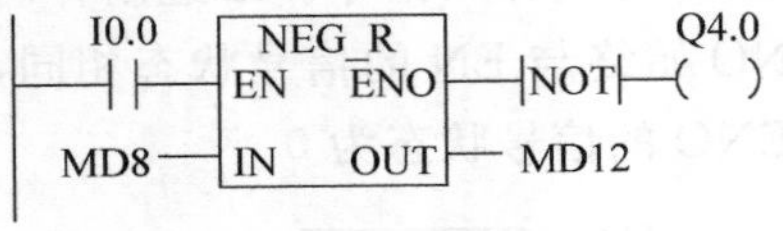

图 7-98　NEG_R 指令实例

12. ROUND 取整为长整型

取整为长整型指令的符号如图 7-99 所示,其参数如表 7-54 所示。

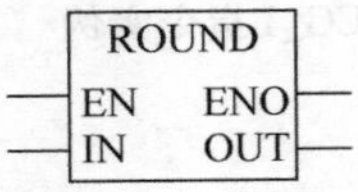

图 7-99　取整为长整型指令的符号

表 7-54　取整为长整型指令的参数

参数	数据类型	内存区域	说　明
EN	BOOL	I、Q、M、L、D	使能输入
ENO	BOOL	I、Q、M、L、D	使能输出
IN	REAL	I、Q、M、L、D	要取整的值
OUT	DINT	I、Q、M、L、D	将 IN 取整至最接近的整数

ROUND(取整为长整型)将参数 IN 的内容以浮点数读取,并将其转换为长整型(32 位)。结果为最接近的整数("取整到最接近值")。如果浮点数介于两个整数之间,则返回偶数。结果由参数 OUT 输出。如果产生溢出,ENO 的状态为 0。

图 7-100 所示为 ROUND 指令的实例,其中如果 I0.0 的状态为 1,则将 MD8 中的内容以浮点数读取,并将其转换为最接近的长整数。函数"取整为最接近值"的结果存储在 MD12 中。如果产生溢出或未执行指令(I0.0＝0),则输出 Q4.0 的状态为 1。

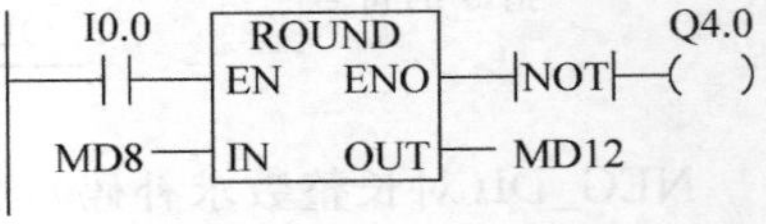

图 7-100　ROUND 指令实例

13. TRUNC 截取长整数部分

截取长整数部分指令的符号如图 7-101 所示,其参数如表 7-55 所示。

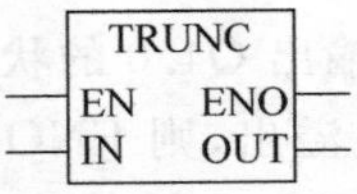

图 7-101　截取长整数部分指令的符号

表 7-55　截取长整数部分指令的参数

参数	数据类型	内存区域	说　明
EN	BOOL	I、Q、M、L、D	使能输入
ENO	BOOL	I、Q、M、L、D	使能输出
IN	REAL	I、Q、M、L、D	要转换的浮点值
OUT	DINT	I、Q、M、L、D	IN 值的所有数字部分

TRUNC(截取长整型)将参数 IN 的内容以浮点数读取,并将其转换为长整型(32 位)向零取整模式。长整型结果由参数 OUT 输出。如果产生溢出,ENO 的状态为 0。

图 7-102 所示为 TRUNC 指令的实例,其中如果 I0.0 的状态为 1,则将 MD8 中的内容以实型数字读取,并将其转换为长整型值。结果为浮点数的整型部分,并存储在 MD12 中。如果产生溢出或未执行指令(I0.0＝0),则输出 Q4.0 的状态为 1。

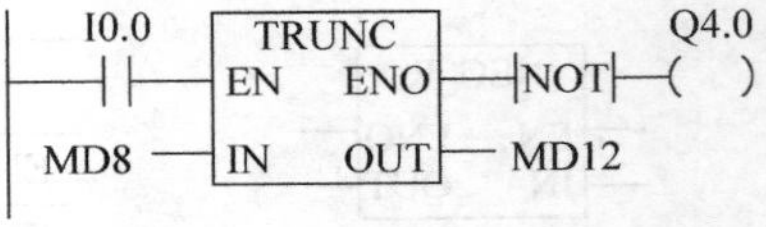

图 7-102　TRUNC 指令实例

14. CEIL 向上取整

向上取整指令的符号如图 7-103 所示,其参数如表 7-56 所示。

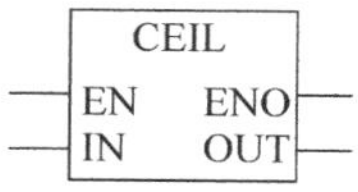

图 7-103 向上取整指令的符号

表 7-56 向上取整指令的参数

参数	数据类型	内存区域	说明
EN	BOOL	I、Q、M、L、D	使能输入
ENO	BOOL	I、Q、M、L、D	使能输出
IN	REAL	I、Q、M、L、D	要转换的浮点值
OUT	DINT	I、Q、M、L、D	大于长整型的最小值

CEIL(向上取整)将参数 IN 的内容以浮点数读取，并将其转换为长整型(32 位)。结果为大于该浮点数的最小整数(“取整到＋无穷大”)。如果产生溢出，ENO 的状态为 0。

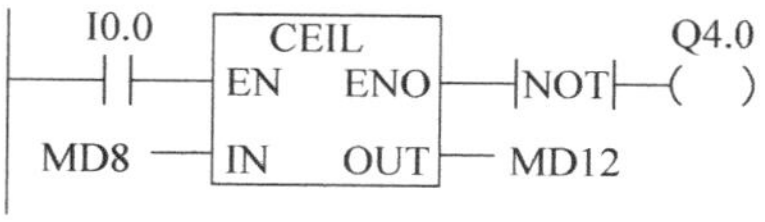

图 7-104 CEIL 指令实例

图 7-104 所示为 CEIL 指令的实例，其中如果 I0.0 为 1，则将 MD8 的内容作为浮点数读取，并使用取整函数将其转换为长整型。结果存储在 MD12 中如果出现溢出或未处理指令(I0.0＝0)，则输出 Q4.0 的状态为 1。

15. FLOOR 向下取整

向下取整指令的符号如图 7-105 所示，其参数如表 7-57 所示。

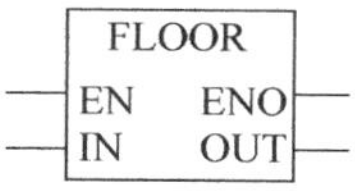

图 7-105 向下取整指令的符号

表 7-57 向下取整指令的参数

参数	数据类型	内存区域	说明
EN	BOOL	I、Q、M、L、D	使能输入
ENO	BOOL	I、Q、M、L、D	使能输出
IN	REAL	I、Q、M、L、D	要转换的浮点值
OUT	DINT	I、Q、M、L、D	小于长整型的最大值

FLOOR(向下取整)将参数 IN 的内容以浮点数读取，并将其转换为长整型(32 位)。结果为小于该浮点数的最大整数部分(“取整为－无穷大”)。如果产生溢出，ENO 的状态为 0。

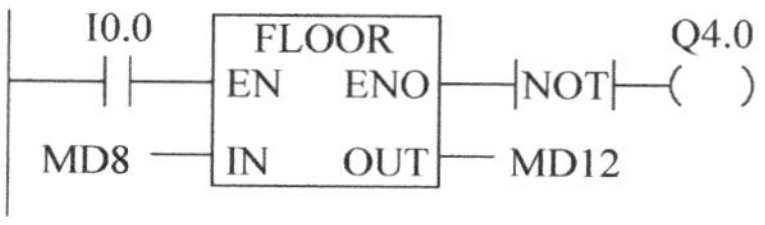

图 7-106 FLOOR 指令的实例

图 7-106 所示为 FLOOR 指令的实例，其中如果 I0.0 为 1，则将 MD8 的内容作为浮点数读取，并按取整到负无穷大模式将其转换为长整型。结果存储在 MD12 中。如果产生溢出或未执行指令(I0.0＝0)，则输出 Q4.0 的状态为 1。

7.6 数据块指令

打开数据块指令的符号如图 7-107 所示，其参数如表 7-58 所示。

<DB编号>或<DI编号>

--(OPN)

图 7-107 打开数据块指令符号

表 7-58 打开数据块指令的参数

参数	数据类型	内存区域	说明
<DB 编号> <DI 编号>	BLOCK_DB	DB、DI	DB/DI 编号；编号范围取决于 CPU

--(OPN)(打开数据块)打开共享数据块(DB)或情景数据块(DI)。--(OPN)函数是一种对数据块的无条件调用。将数据块的编号传送到 DB 或 DI 寄存器中。后续的 DB 和 DI 命令根据寄存器内容访问相应的块。

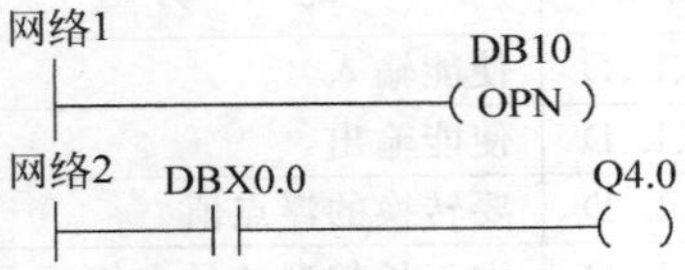

图 7-108 --(OPN)指令实例

图 7-108 所示为--(OPN)指令的实例，打开数据块 10(DB10)。触点地址(DBX0.0)引用包含在 DB10 中的当前数据记录的数据字节零的第零位，将此位的信号状态分配给输出 Q4.0。

7.7 逻辑控制指令

7.7.1 逻辑控制指令概述

逻辑控制指令可以在所有逻辑块(组织块(OB)、功能块(FB)和功能(FC))中使用逻辑控制指令。

逻辑控制指令如表 7-59 所示。

表 7-59 逻辑控制指令

指　　令	含　　义
--(JMP)--	无条件跳转
--(JMP)--	有条件跳转
--(JMPN)--	若"否"则跳转

跳转指令的地址是标号。标号最多可以包含 4 个字符。第一个字符必须是字母表中的字母，其他字符可以是字母或数字(如 SEG3)。跳转标号指示程序将要跳转到的目标。

目标标号必须位于程序段的开头。可以通过从梯形图浏览器中选择 LABEL，在程序段的开头输入目标标号。在显示的空框上输入标号的名称。在框中输入标签的名称，如图 7-109所示。

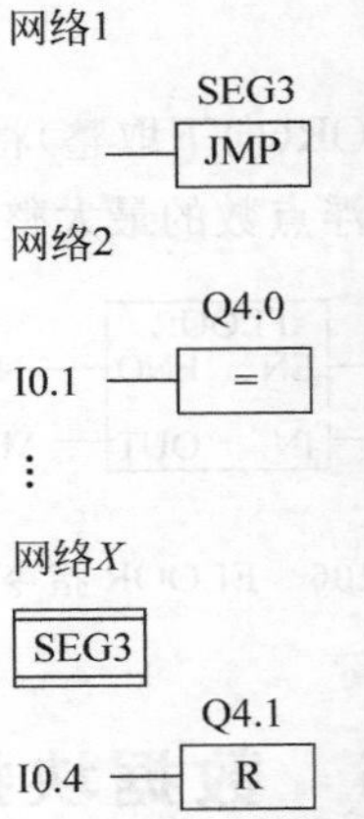

图 7-109 标号作为目标实例

7.7.2 逻辑控制指令组件

1. --(JMP)--无条件跳转

无条件跳转指令的符号如图 7-110 所示。

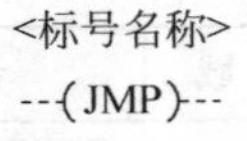

图 7-110 无条件跳转指令的符号

--(JMP)--(为 1 时在块内跳转)当左侧电源轨道与指令间没有其他梯形图元素时执行的是绝对跳转(图 7-111)。每个--(JMP)--还都必须有与之对应的目标(LABEL)，跳转指令和标号间的所有指令都不予执行。

在图 7-111 中，始终执行跳转，并忽略跳转指令和跳转标号间的指令。

2. --(JMP)--有条件跳转

有条件跳转指令的符号如图 7-112 所示。

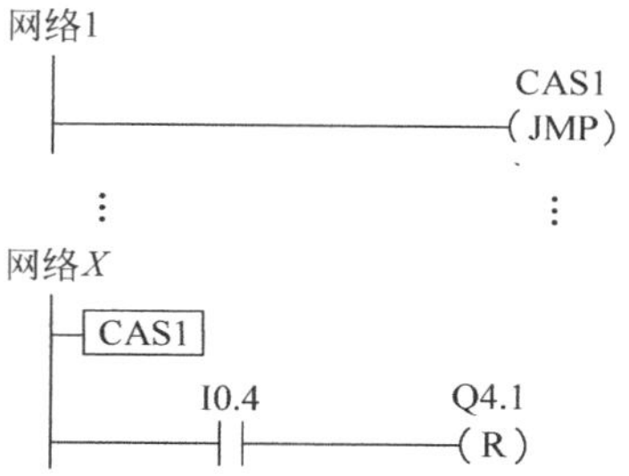

图 7-111 --(JMP)--指令实例

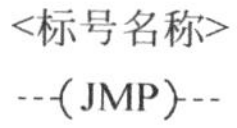

图 7-112 有条件跳转指令符号

--(JMP)--(为 1 时在块内跳转)当前一逻辑运算的 RLO 为 1 时执行的是条件跳转。每个--(JMP)--都必须有与之对应的目标(LABEL),跳转指令和标号间的所有指令都不予执行。如果未执行条件跳转,RLO 将在跳转指令执行后变为 1。

图 7-113 所示为--(JMP)--指令实例,如果 I0.0=1,则执行跳转到标号 CAS1。由于此跳转的存在,即使 I0.3 处有逻辑 1,也不会执行复位输出 Q4.0 的指令。

3. --(JMPN)--若“否”则跳转

若“否”则跳转指令的符号如图 7-114 所示。

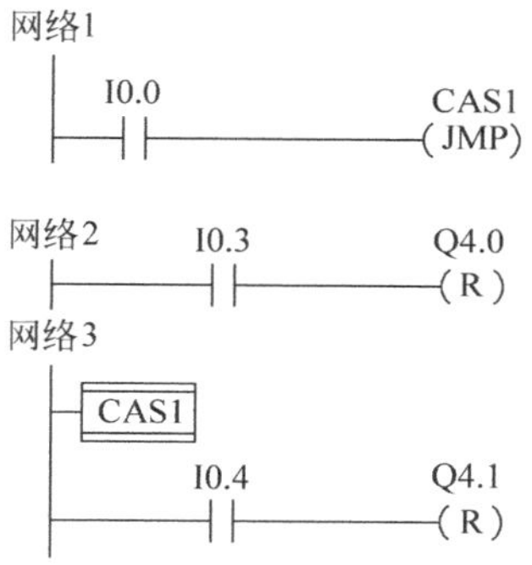

图 7-113 --(JMP)--指令实例

图 7-114 有条件跳转指令符号

--(JMPN)--(若“否”则跳转)相当于在 RLO 为 0 时执行的“转到标号”功能。每个--(JMPN)--还都必须有与之对应的目标(LABEL),跳转指令和标号间的所有指令都不予执行。如果未执行条件跳转,RLO 将在执行跳转指令后变为 1。

图 7-115 所示为--(JMPN)--指令实例,如果 I0.0=0,则执行跳转到标号 CAS1。由于此跳转的存在,即使 I0.3 处有逻辑 1 也不会执行复位输出 Q4.0 的指令。

4. LABEL 标号

LABEL 标号指令的符号如图 7-116 所示。

LABEL 是跳转指令目标的标识符。第一个字符必须是字母表中的字母;其他字符可以是字母或数字(如 CAS1)。每个--(JMP)--或--(JMPN)--都必须有与之对应的跳转标号(LABEL)。

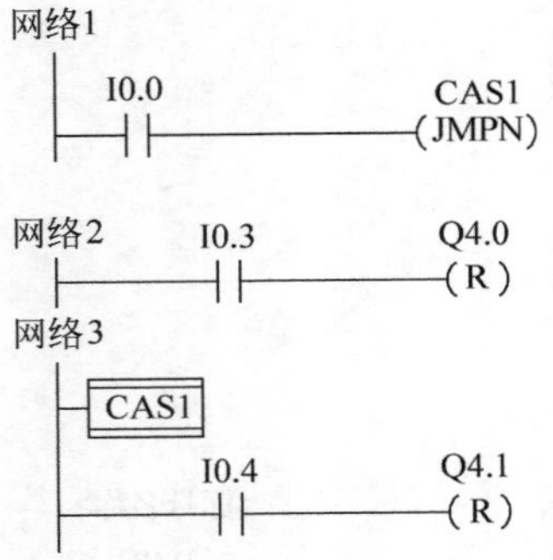

图 7-115　---(JMPN)---指令实例

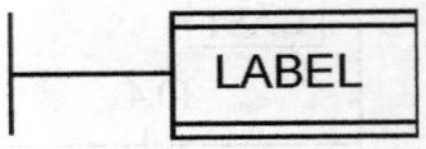

图 7-116　LABEL 标号指令符号

图 7-117 所示为 LABEL 标号指令的实例，其中若 I0.0＝1，则执行跳转到标号 CAS1。由于此跳转的存在，即使 I0.3 处有逻辑 1 也不会执行复位输出 Q4.0 的指令。

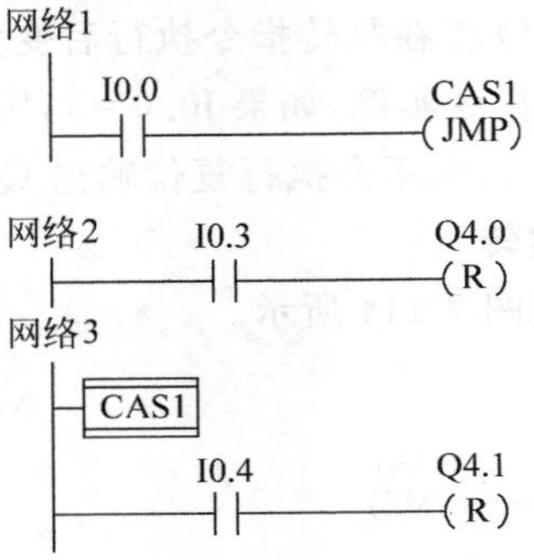

图 7-117　LABEL 标号指令的实例

7.8　整型数学运算指令

7.8.1　整型数学运算指令概述

利用整数运算可以完成对两个整数(16 位和 32 位)的数学运算，具体如表 7-60 所示。

表 7-60　整型数学运算指令

指　令	含　义
ADD_I	整数加
SUB_I	整数减
MUL_I	乘整型
DIV_I	除整型
ADD_DI	加双精度整数
SUB_DI	减长整型
MUL_DI	乘长整型
DIV_DI	除长整型
MOD_DI	返回分数长整型

7.8.2 使用整数算术指令计算状态字的位

整数运算指令影响状态字中的以下位，即 CC1 和 CC0、OV 和 OS。表 7-61 显示整数(16 位和 32 位)运算指令运算结果的状态字中位的信号状态。

表 7-61 整数算术指令计算状态字的位

(a)

结果的有效范围	CC 1	CC0	OV	OS
0(零)	0	0	0	*
16 位：−32 768≤结果＜ 0(负数) 32 位：−2 147 483 648≤结果＜ 0(负数)	0	1	0	*
16 位：32 767≥结果＞ 0(正数) 32 位：2 147 483 647≥结果＞ 0(正数)	1	0	0	*

注：* OS 位不受指令运算结果的影响。

(b)

结果的范围无效	A1	A0	OV	OS
下溢(加) 16 位：结果＝−65 536 32 位：结果＝−4 294 967 296	0	0	1	1
下溢(乘) 16 位：结果＜−32 768(负数) 32 位：结果＜ −2 147 483 648(负数)	0	1	1	1
溢出(加，减) 16 位：结果＞ 32 767(正数) 32 位：结果＞ 2 147 483 647(正数)	0	1	1	1
溢出(乘，除) 16 位：结果＞ 32 767(正数) 32 位：结果＞ 2 147 483 647(正数)	1	0	1	1
下溢(加，减) 16 位：结果＜ −32 768(负数) 32 位：结果＜ −2 147 483 648(负数)	1	0	1	1
0 作除数	1	1	1	1

(c)

操作	A1	A0	OV	OS
+D：结果−4 294 967 296	0	0	1	1
/D 或 MOD：除以 0	1	1	1	

7.8.3 整数算术指令组件

1. ADD_I 整数加

整数加的符号如图 7-118 所示，其参数如表 7-62 所示。

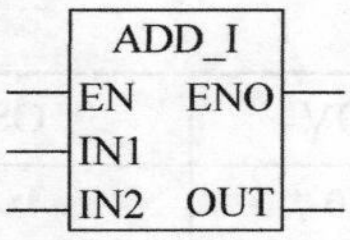

图 7-118 整数加的符号

表 7-62 整数加的参数

参数	数据类型	内存区域	说　明
EN	BOOL	I、Q、M、L、D	使能输入
ENO	BOOL	I、Q、M、L、D	使能输出
IN1	INT	I、Q、M、L、D 或常数	被加数
IN2	INT	I、Q、M、L、D 或常数	加数
OUT	INT	I、Q、M、L、D	加法结果

在启用(EN)输入端通过一个逻辑 1 来激活 ADD_I(整数加)。IN1 和 IN2 相加，结果通过 OUT 查看。如果该结果超出了整数(16 位)允许的范围，OV 位和 OS 位将为 1 并且 ENO 为逻辑 0，这样便不执行此数学框后由 ENO 连接的其他函数(层叠排列)。

图 7-119 所示为 ADD_I 指令的实例，其中如果 I0.0＝1，则激活 ADD_I 框。MW0 ＋ MW2 的结果输出到 MW10。如果结果超出整数的允许范围，则设置输出 Q4.0。

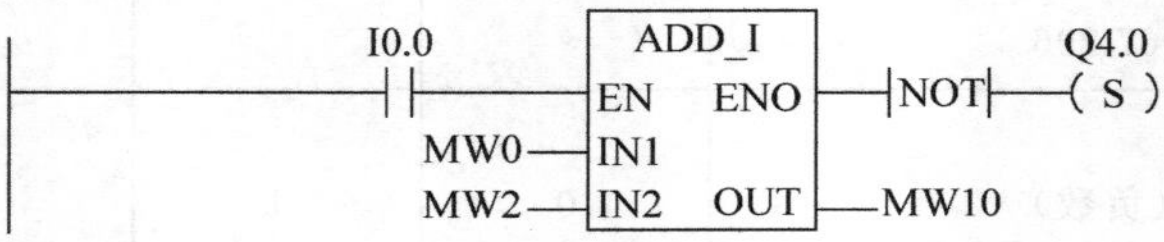

图 7-119 ADD_I 指令的实例

2. SUB_I 整数减

整数减的符号如图 7-120 所示，其参数如表 7-63 所示。

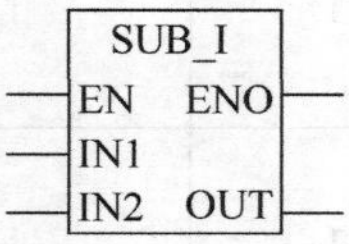

图 7-120 整数减的符号

表 7-63 整数减的参数

参数	数据类型	内存区域	说　明
EN	BOOL	I、Q、M、L、D	使能输入
ENO	BOOL	I、Q、M、L、D	使能输出
IN1	INT	I、Q、M、L、D 或常数	被减数
IN2	INT	I、Q、M、L、D 或常数	减数
OUT	INT	I、Q、M、L、D	减法结果

在启用(EN)输入端通过逻辑 1 激活 SUB_I(整数减)。IN1 减去 IN2，结果可通过 OUT 查看。如果该结果超出了整数(16 位)允许的范围，OV 位和 OS 位将为 1 并且 ENO 为逻辑 0，这样便不执行此数学框后由 ENO 连接的其他函数(层叠排列)。

图 7-121 所示为 SUB_I 指令的实例，其中如果 I0.0＝1，则激活 SUB_I 框。MW0－MW2 的结果输出到 MW10。如果结果超出整数允许范围，或者 I0.0 信号状态＝0，则设置输出 Q4.0。

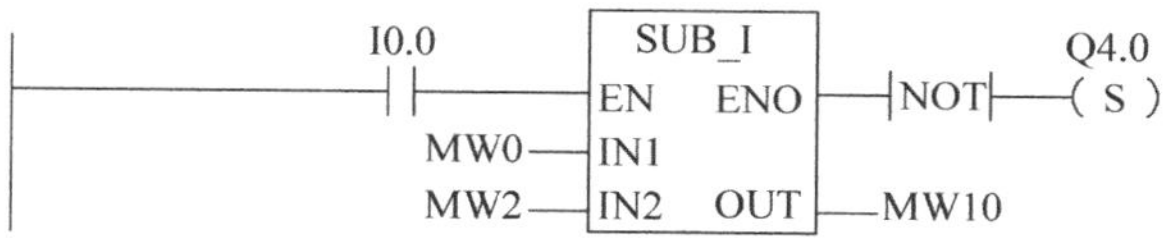

图 7-121 SUB_I 指令的实例

3. MUL_I 整数乘

整数乘的符号如图 7-122 所示，其参数如表 7-64 所示。

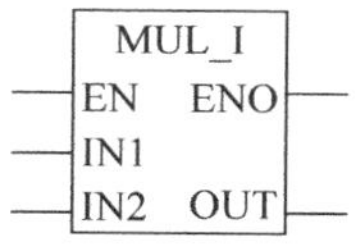

图 7-122 整数乘的符号

表 7-64 整数乘的参数

参数	数据类型	内存区域	说　明
EN	BOOL	I、Q、M、L、D	使能输入
ENO	BOOL	I、Q、M、L、D	使能输出
IN1	INT	I、Q、M、L、D 或常数	被乘数
IN2	INT	I、Q、M、L、D 或常数	第二个乘运算值
OUT	INT	I、Q、M、L、D	乘运算结果

在启用(EN)输入端通过逻辑 1 激活 MUL_I(整数乘)。IN1 和 IN2 相乘，结果通过 OUT 查看。如果该结果超出了整数(16 位)允许的范围，OV 位和 OS 位将为 1 并且 ENO 为逻辑 0，这样便不执行此数学框后由 ENO 连接的其他函数(层叠排列)。

图 7-123 所示为 MUL_I 指令的实例，其中如果 I0.0=1，则激活 MUL_I 框。MW0×MW2 的结果输出到 MW10。如果结果超出整数的允许范围，则设置输出 Q4.0。

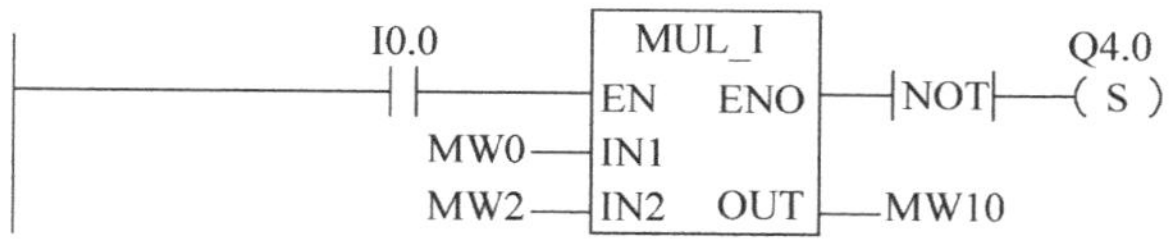

图 7-123 MUL_I 指令的实例

4. DIV_I 整数除

整数除的符号如图 7-124 所示，其参数如表 7-65 所示。

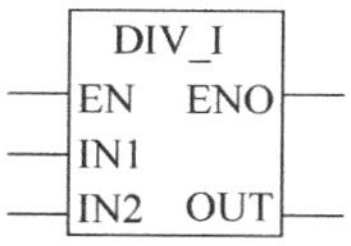

图 7-124 整数除指令的符号

表 7-65 整数除指令的参数

参数	数据类型	内存区域	说　明
EN	BOOL	I、Q、M、L、D	使能输入
ENO	BOOL	I、Q、M、L、D	使能输出
IN1	INT	I、Q、M、L、D 或常数	被除数
IN2	INT	I、Q、M、L、D 或常数	除数
OUT	INT	I、Q、M、L、D	除法结果

在启用(EN)输入端通过逻辑 1 激活 DIV_I(整数除)。IN1 除以 IN2，结果可通过 OUT 查看。如果该结果超出了整数(16 位)允许的范围，OV 位和 OS 位将为 1 并且 ENO 为逻辑 0，这样便不执行此数学框后由 ENO 连接的其他函数(层叠排列)。

图 7-125 所示为 DIV_I 指令的实例，其中如果 I0.0=1，则激活 DIV_I 框。MW0 除以

MW2 的结果输出到 MW10。如果结果超出整数的允许范围，则设置输出 Q4.0。

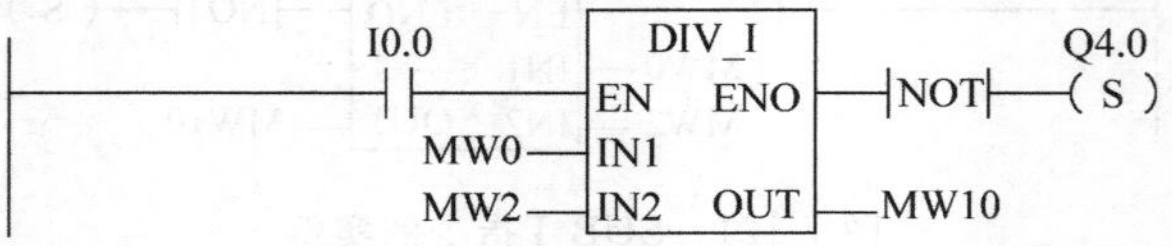

图 7-125　DIV_I 指令的实例

5. ADD_DI 长整数加

长整数加指令的符号如图 7-126 所示，其参数如表 7-66 所示。

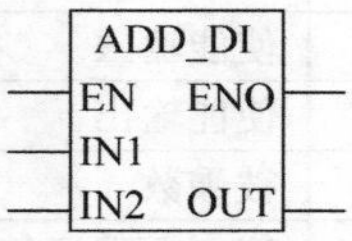

图 7-126　长整数加指令的符号

表 7-66　长整数加指令的参数

参数	数据类型	内存区域	说　明
EN	BOOL	I、Q、M、L、D	使能输入
ENO	BOOL	I、Q、M、L、D	使能输出
IN1	DINT	I、Q、M、L、D 或常数	被加数
IN2	DINT	I、Q、M、L、D 或常数	加数
OUT	DINT	I、Q、M、L、D	加法结果

在启用(EN)输入端通过逻辑 1 激活 ADD_DI(长整数加)。IN1 和 IN2 相加，结果通过 OUT 查看。如果该结果超出了长整数(32 位)允许的范围，OV 位和 OS 位将为 1 并且 ENO 为逻辑 0，这样便不执行此数学框后由 ENO 连接的其他函数(层叠排列)。

图 7-127 所示为 ADD_DI 指令的实例，其中如果 I0.0=1，则激活 ADD_DI 框。MD0+MD4 的结果输出到 MD10。如果结果超出长整数的允许范围，则设置输出 Q4.0。

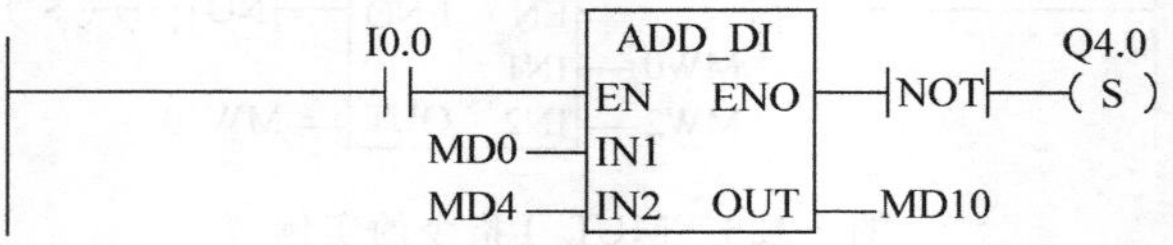

图 7-127　ADD_DI 指令的实例

6. SUB_DI 长整数减

长整数减指令的符号如图 7-128 所示，其参数如表 7-67 所示。

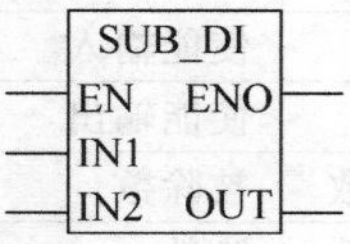

图 7-128　长整数减指令的符号

表 7-67　长整数减指令的参数

参数	数据类型	内存区域	说　明
EN	BOOL	I、Q、M、L、D	使能输入
ENO	BOOL	I、Q、M、L、D	使能输出
IN1	DINT	I、Q、M、L、D 或常数	被减数
IN2	DINT	I、Q、M、L、D 或常数	减数
OUT	DINT	I、Q、M、L、D	减法结果

在启用(EN)输入端通过逻辑 1 激活 SUB_DI(长整数减)。IN1 减去 IN2，结果可通过 OUT 查看。如果该结果超出了长整数(32 位)允许的范围，OV 位和 OS 位将为 1 并且 ENO 为逻辑 0，这样便不执行此数学框后由 ENO 连接的其他函数(层叠排列)。

图7-129所示为SUB_DI指令的实例，其中如果I0.0=1，则激活SUB_DI框。MD0－MD4的结果输出到MD10。如果结果超出长整数的允许范围，则设置输出Q4.0。

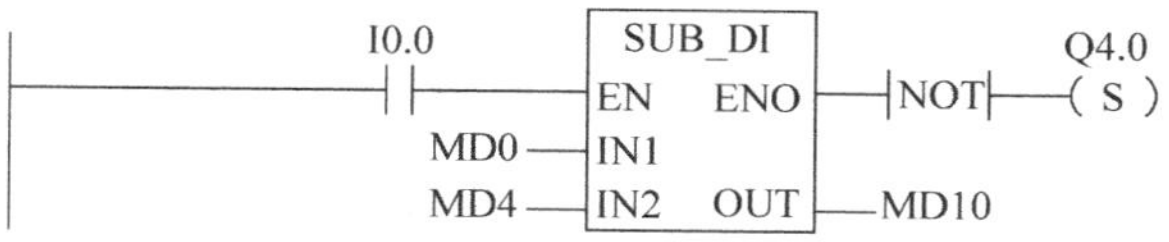

图7-129 SUB_DI指令的实例

7. MUL_DI长整数乘

长整数乘指令的符号如图7-130所示，其参数如表7-68所示。

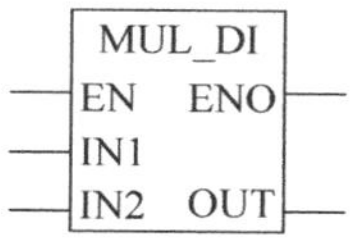

图7-130 长整数乘指令的符号

表7-68 长整数乘指令的参数

参数	数据类型	内存区域	说明
EN	BOOL	I、Q、M、L、D	使能输入
ENO	BOOL	I、Q、M、L、D	使能输出
IN1	DINT	I、Q、M、L、D或常数	被乘数
IN2	DINT	I、Q、M、L、D或常数	第二个乘运算值
OUT	DINT	I、Q、M、L、D	乘运算结果

在启用(EN)输入端通过逻辑1激活MUL_DI(长整数乘)。IN1和IN2相乘，结果通过OUT查看。如果该结果超出了长整数(32位)允许的范围，OV位和OS位将为1并且ENO为逻辑0，这样便不执行此数学框后由ENO连接的其他函数(层叠排列)。

图7-131所示为MUL_DI指令的实例，其中如果I0.0=1，则激活MUL_DI框。MD0×MD4的结果输出到MD10。如果结果超出长整数的允许范围，则设置输出Q4.0。

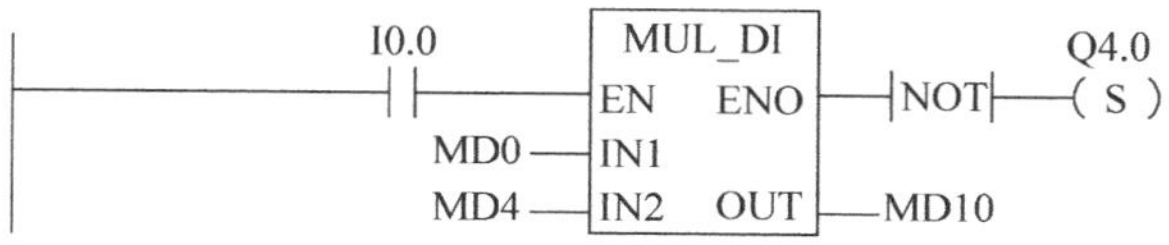

图7-131 MUL_DI指令的实例

8. DIV_DI长整数除

长整数除指令的符号如图7-132所示，其参数如表7-69所示。

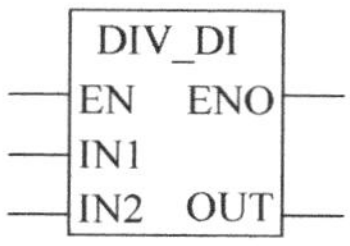

图7-132 长整数除指令的符号

表7-69 长整数除指令的参数

参数	数据类型	内存区域	说明
EN	BOOL	I、Q、M、L、D	使能输入
ENO	BOOL	I、Q、M、L、D	使能输出
IN1	DINT	I、Q、M、L、D或常数	被除数
IN2	DINT	I、Q、M、L、D或常数	除数
OUT	DINT	I、Q、M、L、D	除法的整数结果

在启用(EN)输入端通过逻辑1激活DIV_DI(长整数除)。IN1除以IN2，结果可通过OUT查看。长整型除法不产生余数。如果该结果超出了长整数(32位)允许的范围，OV

位和 OS 位将为 1 并且 ENO 为逻辑 0，这样便不执行此数学框后由 ENO 连接的其他函数(层叠排列)。

图 7-133 所示为 DIV_DI 指令的实例，其中如果 I0.0＝1，则激活 DIV_DI 框。MD0 与 MD4 相除的结果输出到 MD10。如果结果超出长整数的允许范围，则设置输出 Q4.0。

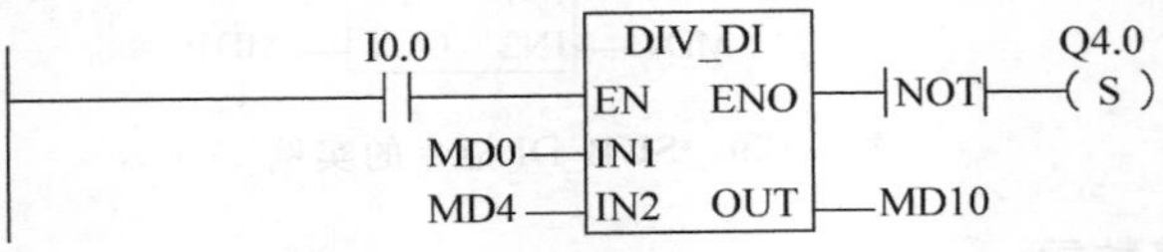

图 7-133 DIV_DI 指令的实例

9. MOD_DI 返回长整数余数

返回长整数余数指令的符号如图 7-134 所示，其参数如表 7-70 所示。

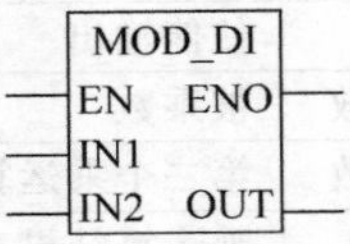

图 7-134 返回长整数余数指令的符号

表 7-70 返回长整数余数指令的参数

参数	数据类型	内存区域	说明
EN	BOOL	I、Q、M、L、D	使能输入
ENO	BOOL	I、Q、M、L、D	使能输出
IN1	DINT	I、Q、M、L、D 或常数	被除数
IN2	DINT	I、Q、M、L、D 或常数	除数
OUT	DINT	I、Q、M、L、D	除运算的余数

在启用(EN)输入端通过逻辑 1 激活 MOD_DI(返回长整数余数)。IN1 除以 IN2，余数可通过 OUT 查看。如果该结果超出了长整数(32 位)允许的范围，OV 位和 OS 位将为 1 并且 ENO 为逻辑 0，这样便不执行此数学框后由 ENO 连接的其他函数(层叠排列)。

图 7-135 所示为 MOD_DI 指令的实例，其中如果 I0.0＝1，则激活 DIV_DI 框。MD0 与 MD4 相除的余数输出到 MD10。如果余数超出长整数的允许范围，则设置输出 Q4.0。

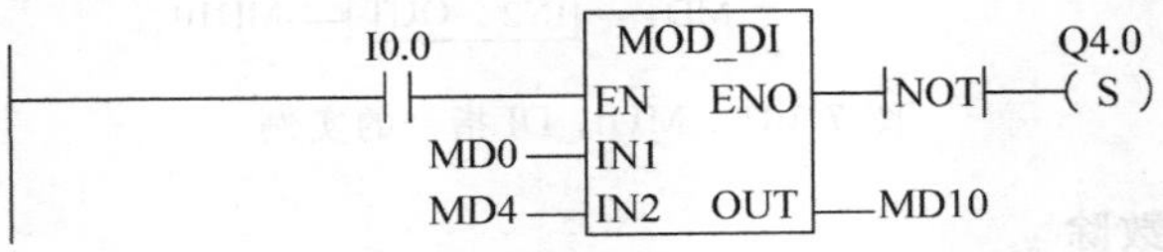

图 7-135 MOD_DI 指令的实例

7.9 浮点型数学运算指令

7.9.1 浮点运算指令概述

IEEE 32 位浮点数属于 REAL 数据类型，使用浮点运算指令可以对 32 位 IEEE 浮点数执行表 7-71 所示的运算指令。

表 7-71 浮点型数学运算指令

指令	含义
ADD_R	实数加
SUB_R	实数减
MUL_R	实数乘
DIV_R	实数除
ABS	求绝对值
SQR	求平方
SQRT	求平方根
LN	求自然对数
EXP	以 e (=2.718 28)为底求指数值
SIN、ASIN	求正弦和反正弦函数值
COS、ACOS	求余弦和反余弦函数值
TAN、ATAN	求正切和反正切函数值

7.9.2 判断浮点运算指令状态字的位

浮点型指令影响状态字中的下列位，即 CC 1 和 CC 0，OV 和 OS。表 7-72 显示了浮点数(32 位)指令的运算结果的状态字中位的信号状态。

表 7-72 浮点运算指令状态字的位

(a)

结果的有效范围	CC 1	CC0	OV	OS
+0，-0(零)	0	0	0	*
-3.402 823E+38 <结果<-1.175 494E-38(负值)	0	1	0	*
+1.175 494E-38 <结果< 3.402 824E+38(正值)	1	0	0	*

注：* OS 位不受指令运算结果的影响。

(b)

结果的无效区域	CC1	CC0	OV	OS
下溢-1.175 494E-38 <结果<-1.401 298E-45(负值)	0	0	1	1
下溢+1.401 298E-45 <结果< +1.175 494E-38(正值)	0	0	1	1
溢出结果< -3.402 823E+38(负值)	0	1	1	1
溢出结果> 3.402 823E+38(正值)	1	0	1	1
无效的浮点数或非法指令(输入值超出了有效范围)	1	1	1	1

7.9.3 基本指令

1. ADD_R 实数加

实数加指令的符号如图 7-136 所示，其参数如表 7-73 所示。

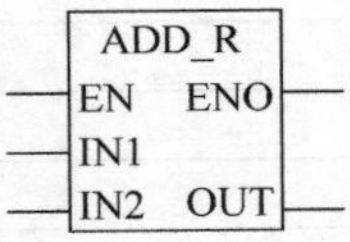

图 7-136 实数加指令的符号

表 7-73 实数加指令的参数

参数	数据类型	内存区域	说明
EN	BOOL	I、Q、M、L、D	使能输入
ENO	BOOL	I、Q、M、L、D	使能输出
IN1	REAL	I、Q、M、L、D 或常数	被加数
IN2	REAL	I、Q、M、L、D 或常数	加数
OUT	REAL	I、Q、M、L、D	加法结果

在启用(EN)输入端通过一个逻辑 1 来激活 ADD_R(实数加)。IN1 和 IN2 相加，结果通过 OUT 查看。如果结果超出了浮点数允许的范围(溢出或下溢)，OV 位和 OS 位将为 1 并且 ENO 为 0，这样便不执行此数学框后由 ENO 连接的其他功能(层叠排列)。

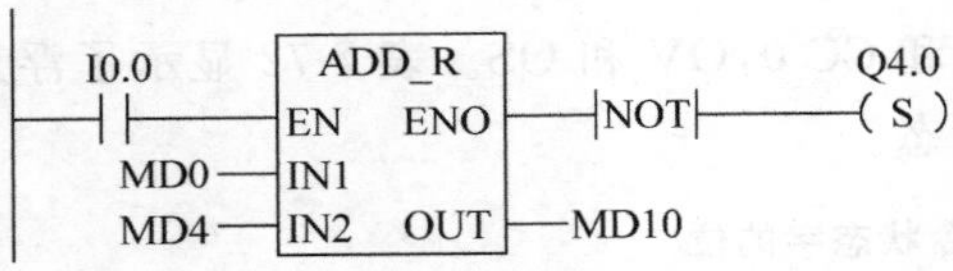

图 7-137 ADD_R 指令的实例

ADD_R 指令的实例如图 7-137 所示，其中由 I0.0 处的逻辑 1 激活 ADD_R 框。MD0+MD4 的结果输出到 MD10。如果结果超出了浮点数的允许范围，或者如果没有处理该程序语句(I0.0=0)，则设置输出 Q4.0。

2. SUB_R 实数减

实数减指令的符号如图 7-138 所示，其参数如表 7-74 所示。

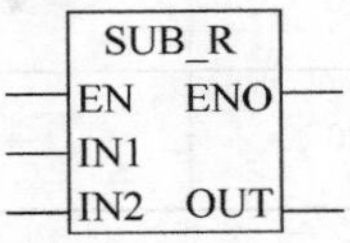

图 7-138 实数减指令的符号

表 7-74 实数减指令的参数

参数	数据类型	内存区域	说明
EN	BOOL	I、Q、M、L、D	使能输入
ENO	BOOL	I、Q、M、L、D	使能输出
IN1	REAL	I、Q、M、L、D 或常数	被减数
IN2	REAL	I、Q、M、L、D 或常数	减数
OUT	REAL	I、Q、M、L、D	减法结果

在启用(EN)输入端通过一个逻辑 1 来激活 SUB_R(实数减)。IN1 减去 IN2，结果可通过 OUT 查看。如果该结果超出了浮点数允许的范围(溢出或下溢)，OV 位和 OS 位将为 1 并且 ENO 为逻辑 0，这样便不执行此数学框后由 ENO 连接的其他函数(层叠排列)。

SUB_R 指令的实例如图 7-139 所示，其中在 I0.0 处由逻辑 1 激活 SUB_R 框。MD0－MD4 的结果输出到 MD10。如果结果超出了浮点数的允许范围，或者如果没有处理该程序语句，则设置输出 Q4.0。

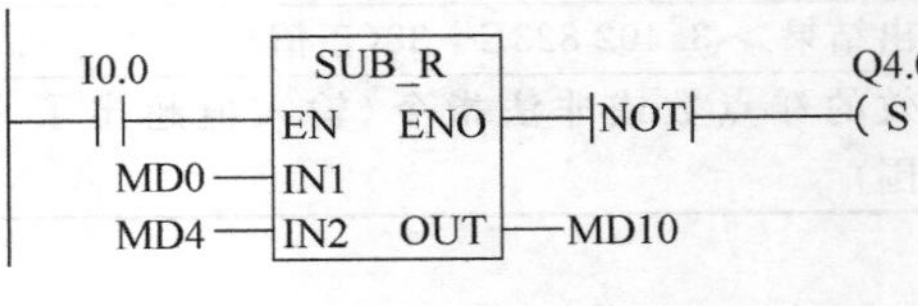

图 7-139 SUB_R 指令的实例

3. MUL_R 实数乘

实数乘指令的符号如图 7-140 所示,其参数如表 7-75 所示。

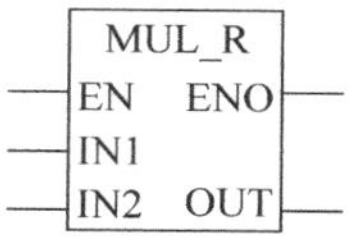

图 7-140　实数乘指令的符号

表 7-75　实数乘指令的参数

参数	数据类型	内存区域	说　明
EN	BOOL	I、Q、M、L、D	使能输入
ENO	BOOL	I、Q、M、L、D	使能输出
IN1	REAL	I、Q、M、L、D 或常数	被乘数
IN2	REAL	I、Q、M、L、D 或常数	第二个乘运算值
OUT	REAL	I、Q、M、L、D	乘运算结果

在启用(EN)输入端通过一个逻辑 1 来激活 MUL_R(实数乘)。IN1 和 IN2 相乘,结果通过 OUT 查看。如果该结果超出了浮点数允许的范围(溢出或下溢),OV 位和 OS 位将为 1 并且 ENO 为逻辑 0,这样便不执行此数学框后由 ENO 连接的其他函数(层叠排列)。

MUL_R 指令的实例如图 7-141 所示,其中在 I0.0 处由逻辑 1 激活 MUL_R 框。MD0×MD4 的结果输出到 MD10。如果结果超出了浮点数的允许范围,或者如果没有处理该程序语句,则设置输出 Q4.0。

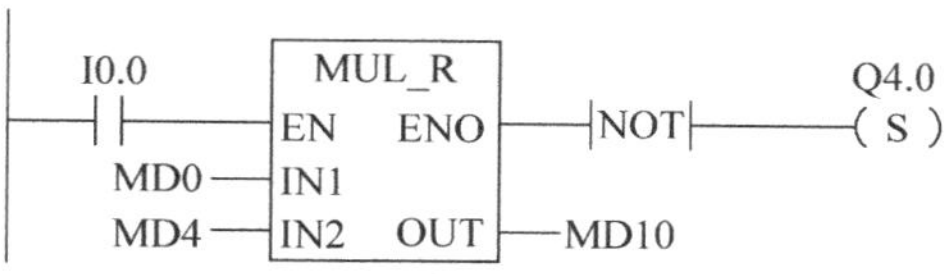

图 7-141　MUL_R 指令的实例

4. DIV_R 实数除

实数除指令的符号如图 7-142 所示,其参数如表 7-76 所示。

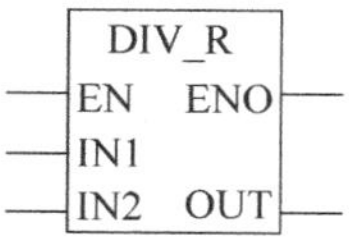

图 7-142　实数除指令的符号

表 7-76　实数除指令的参数

参数	数据类型	内存区域	说　明
EN	BOOL	I、Q、M、L、D	使能输入
ENO	BOOL	I、Q、M、L、D	使能输出
IN1	REAL	I、Q、M、L、D 或常数	被除数
IN2	REAL	I、Q、M、L、D 或常数	除数
OUT	REAL	I、Q、M、L、D	除法结果

在启用(EN)输入端通过一个逻辑 1 来激活 DIV_R(实数除)。IN1 除以 IN2,结果可通过 OUT 查看。如果该结果超出了浮点数允许的范围(溢出或下溢),OV 位和 OS 位将为 1 并且 ENO 为逻辑 0,这样便不执行此数学框后由 ENO 连接的其他函数(层叠排列)。

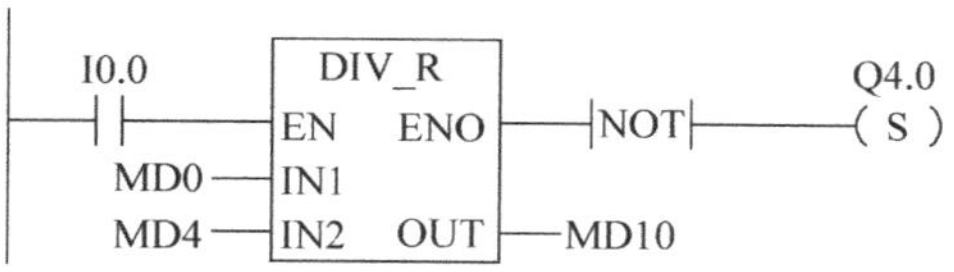

图 7-143　DIV_R 指令的实例

DIV_R 指令的实例如图 7-143 所示,其中由 I0.0 处的逻辑 1 激活 DIV_R 框。MD0 除以 MD4 的结果输出到 MD10。如果结果超出了浮点数的允许范围,或者如果没有处理该程序语句,则设置输出 Q4.0。

5. ABS 得到浮点型数字的绝对值

求浮点型数字的绝对值指令的符号如图 7-144 所示，其参数如表 7-77 所示。

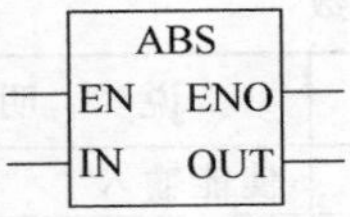

图 7-144 求浮点型数字的绝对值指令的符号

表 7-77 求浮点型数字的绝对值指令的参数

参数	数据类型	内存区域	说明
EN	BOOL	I、Q、M、L、D	使能输入
ENO	BOOL	I、Q、M、L、D	使能输出
IN	REAL	I、Q、M、L、D 或常数	输入值：浮点数
OUT	REAL	I、Q、M、L、D	输出值：浮点数的绝对值

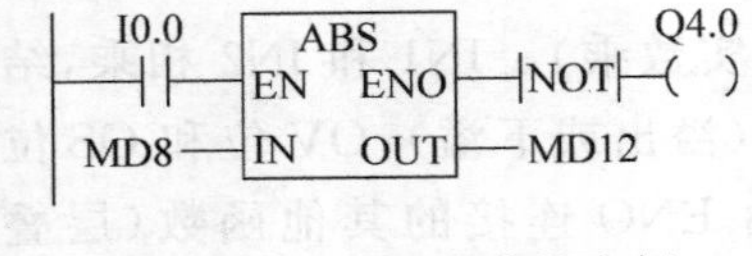

图 7-145 ABS 指令的实例

ABS 得到浮点型数字的绝对值。ABS 指令的实例如图 7-145 所示，其中如果 I0.0 ＝1，则 MD8 的绝对值在 MD12 输出。由 MD8＝＋6.234 得到 MD12＝6.234。如果未执行该转换(ENO＝EN＝0)，则输出 Q4.0 为 1。

7.9.4 扩展指令

1. SQR 求平方

求平方指令的符号如图 7-146 所示，其参数如表 7-78 所示。SQR 用于求浮点数的平方。

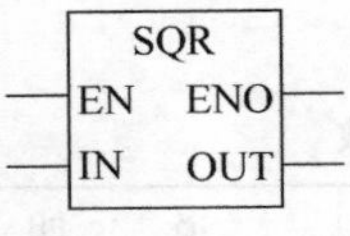

图 7-146 求平方指令的符号

表 7-78 求平方指令的参数

参数	数据类型	内存区域	说明
EN	BOOL	I、Q、M、L、D	使能输入
ENO	BOOL	I、Q、M、L、D	使能输出
IN	REAL	I、Q、M、L、D 或常数	输入值：浮点数
OUT	REAL	I、Q、M、L、D	输出值：浮点数的二次方

2. SQRT 求平方根

求平方根指令的符号如图 7-147 所示，其参数如表 7-79 所示。

图 7-147 求平方根指令的符号

表 7-79 求平方根指令的参数

参数	数据类型	内存区域	说明
EN	BOOL	I、Q、M、L、D	使能输入
ENO	BOOL	I、Q、M、L、D	使能输出
IN	REAL	I、Q、M、L、D 或常数	输入值：浮点数
OUT	REAL	I、Q、M、L、D	输出值：浮点数的平方根

SQRT 求浮点数的平方根。当地址大于 0 时此指令得出一个正的结果。唯一例外的是：－0 的平方根是－0。

3. EXP 求指数值

求指数值指令的符号如图 7-148 所示，其参数如表 7-80 所示。EXP 求浮点数的以

e(＝2.718 28…)为底的指数值。

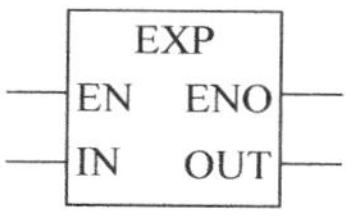

图 7-148 求指数值指令的符号

表 7-80 求指数值指令的参数

参数	数据类型	内存区域	说　明
EN	BOOL	I、Q、M、L、D	使能输入
ENO	BOOL	I、Q、M、L、D	使能输出
IN	REAL	I、Q、M、L、D 或常数	输入值：浮点数
OUT	REAL	I、Q、M、L、D	输出值：浮点数的指数值

4. LN 求自然对数

求自然对数指令的符号如图 7-149 所示，其参数如表 7-81 所示。LN 求浮点数的自然对数。

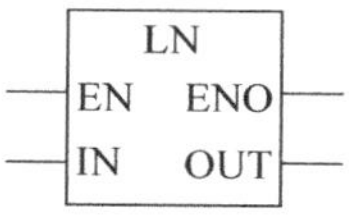

图 7-149 求自然对数指令的符号

表 7-81 求自然对数的参数

参数	数据类型	内存区域	说　明
EN	BOOL	I、Q、M、L、D	使能输入
ENO	BOOL	I、Q、M、L、D	使能输出
IN	REAL	I、Q、M、L、D 或常数	输入值：浮点数
OUT	REAL	I、Q、M、L、D	输出值：浮点数的自然对数值

5. SIN 求正弦值

求正弦值指令的符号如图 7-150 所示，其参数如表 7-82 所示。SIN 求浮点数的正弦值。这里浮点数代表一个以弧度为单位的角度。

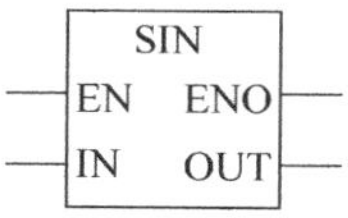

图 7-150 求正弦值指令的符号

表 7-82 求正弦值指令的参数

参数	数据类型	内存区域	说　明
EN	BOOL	I、Q、M、L、D	使能输入
ENO	BOOL	I、Q、M、L、D	使能输出
IN	REAL	I、Q、M、L、D 或常数	输入值：浮点数
OUT	REAL	I、Q、M、L、D	输出值：浮点数的正弦

6. COS 求余弦值

求余弦值指令的符号如图 7-151 所示，其参数如表 7-83 所示。COS 求浮点数的余弦值。这里浮点数代表一个以弧度为单位的角度。

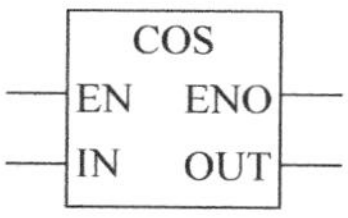

图 7-151 求余弦值指令的符号

表 7-83 求余弦值指令的参数

参数	数据类型	内存区域	说　明
EN	BOOL	I、Q、M、L、D	使能输入
ENO	BOOL	I、Q、M、L、D	使能输出
IN	REAL	I、Q、M、L、D 或常数	输入值：浮点数
OUT	REAL	I、Q、M、L、D	输出值：浮点数的余弦

7. TAN 求正切值

求正切值指令的符号如图 7-152 所示，其参数如表 7-84 所示。TAN 求浮点数的正切值。这里浮点数代表一个以弧度为单位的角度。

图 7-152 求正切值指令的符号

表 7-84 求正切值指令的参数

参数	数据类型	内存区域	说明
EN	BOOL	I、Q、M、L、D	使能输入
ENO	BOOL	I、Q、M、L、D	使能输出
IN	REAL	I、Q、M、L、D 或常数	输入值：浮点数
OUT	REAL	I、Q、M、L、D	输出值：浮点数的正切

8. ASIN 求反正弦值

求反正弦值指令的符号如图 7-153 所示，其参数如表 7-85 所示。

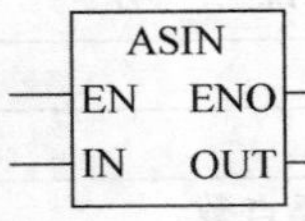

图 7-153 求反正弦值指令的符号

表 7-85 求反正弦值指令的参数

参数	数据类型	内存区域	说明
EN	BOOL	I、Q、M、L、D	使能输入
ENO	BOOL	I、Q、M、L、D	使能输出
IN	REAL	I、Q、M、L、D 或常数	输入值：浮点数
OUT	REAL	I、Q、M、L、D	输出值：浮点数的反正弦

ASIN 求一个定义在 $-1\leqslant$输入值$\leqslant 1$ 范围内的浮点数的反正弦值。结果代表下式范围内的一个以弧度为单位的角度，即

$$-\frac{\pi}{2}\leqslant \text{输出值}\leqslant +\frac{\pi}{2}\quad \pi=3.1415\cdots$$

9. ACOS 求反余弦值

求反余弦值指令的符号如图 7-154 所示，其参数如表 7-86 所示。

图 7-154 求反余弦值指令的符号

表 7-86 求反余弦值指令的参数

参数	数据类型	内存区域	说明
EN	BOOL	I、Q、M、L、D	使能输入
ENO	BOOL	I、Q、M、L、D	使能输出
IN	REAL	I、Q、M、L、D 或常数	输入值：浮点数
OUT	REAL	I、Q、M、L、D	输出值：浮点数的反余弦

ACOS 求一个定义在 $-1\leqslant$输入值$\leqslant 1$ 范围内的浮点数的反余弦值。结果代表下式范围内的一个以弧度为单位的角度，即

$$-\frac{\pi}{2}\leqslant \text{输出值}\leqslant +\frac{\pi}{2}\quad \pi=3.1415\cdots$$

10. ATAN 求反正切值

求反正切值指令的符号如图 7-155 所示，其参数如表 7-87 所示。

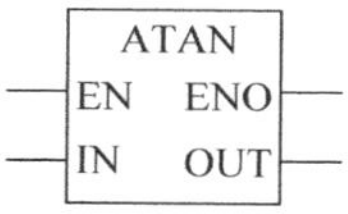

图 7-155 求反正切值指令的符号

表 7-87 求反正切值指令的参数

参数	数据类型	内存区域	说　　明
EN	BOOL	I、Q、M、L、D	使能输入
ENO	BOOL	I、Q、M、L、D	使能输出
IN	REAL	I、Q、M、L、D 或常数	输入值：浮点数
OUT	REAL	I、Q、M、L、D	输出值：浮点数的反正切

ATAN 求浮点数的反正切值。结果代表下式范围内的一个以弧度为单位的角度，即

$$-\frac{\pi}{2} \leqslant \text{输出值} \leqslant +\frac{\pi}{2} \quad \pi = 3.1415\cdots$$

7.10 传送指令

MOVE 分配值指令的符号如图 7-156 所示，其参数如表 7-88 所示。

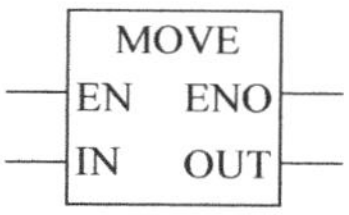

图 7-156 MOVE 分配值指令的符号

表 7-88 MOVE 分配值指令的参数

参数	数据类型	内存区域	说　　明
EN	BOOL	I、Q、M、L、D	使能输入
ENO	BOOL	I、Q、M、L、D	使能输出
IN	所有长度为 8、16 或 32 位的基本数据类型	I、Q、M、L、D 或常数	源值
OUT	所有长度为 8、16 或 32 位的基本数据类型	I、Q、M、L、D	目标地址

MOVE(分配值)通过启用 EN 输入来激活。在 IN 输入指定的值将复制到在 OUT 输出指定的地址。ENO 与 EN 的逻辑状态相同。MOVE 只能复制 BYTE、WORD 或 DWORD 数据对象。用户自定义数据类型（如数组或结构）必须使用系统功能“BLKMOVE”(SFC 20)来复制。

> **注意**：将某个值传送给不同长度的数据类型时会根据需要截断或以零填充高位字节，如表 7-89 所示。

表 7-89 MOVE 传送不同长度数据类型示例

实例：双字	1111 1111	0000 1111	1111 0000	0101 0101
MOVE	结果			
到双字：	1111 1111	0000 1111	1111 0000	0101 0101
到字节：				0101 0101
到字：			1111 0000	0101 0101

实例：字节				1111 0000
MOVE	结果			
到字节：				1111 0000
到字：			0000 0000	1111 0000
到双字：	0000 0000	0000 0000	0000 0000	1111 0000

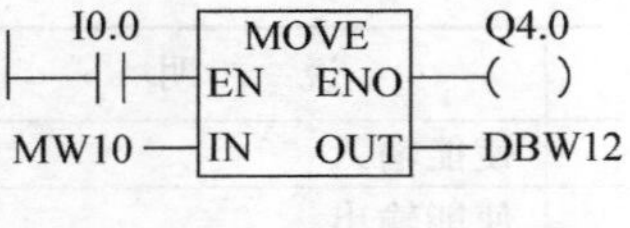

图 7-157 MOVE 指令的实例

MOVE 指令的实例如图 7-157 所示，其中如果 I0.0 为 1，则执行指令。把 MW10 的内容复制到当前打开 DBW12，如果执行了指令，则 Q4.0 为 1。

7.11 移位和循环移位指令

7.11.1 移位指令

1. 移位指令概述

使用移位指令可逐位向左或向右移动输入端 IN 的内容(可参见 CPU 寄存器)。向左移 n 位会将输入 IN 的内容乘以 2 的 n 次幂(2^n)；向右移 n 位则会将输入 IN 的内容除以 2 的 n 次幂(2^n)。例如，如果将十进制值 3 的等效二进制数向左移 3 位，则在累加器中将得到十进制值 24 的等效二进制数。如果将十进制值 16 的等效二进制数向右移两位，则在累加器中将得到十进制值 4 的等效二进制数。

用户为输入参数 N 提供的数值指示要移动的位数。由移位指令移空的位会用零或符号位的信号状态(0 表示正，1 表示负)补上。最后移动的位的信号状态会被载入状态字的 CC 1 位中。状态字的 CC 0 位和 OV 位会被复位为 0。可以使用跳转指令来评估 CC 1 位。

位移指令如表 7-90 所示。

表 7-90 位移指令

指令	含义
SHR_I	整数右移
SHR_DI	右移长整数
SHL_W	字左移
SHR_W	字右移
SHL_DW	双字左移
SHR_DW	双字右移

2. SHR_I 整数右移

整数右移指令的符号如图 7-158 所示，参数如表 7-91 所示。

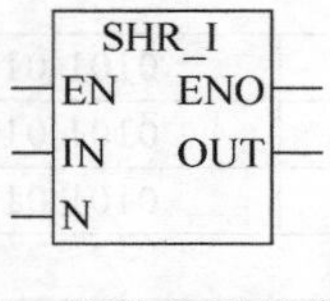

图 7-158 整数右移指令的符号

表 7-91 整数右移指令的参数

参数	数据类型	内存区域	说明
EN	BOOL	I、Q、M、L、D	使能输入
ENO	BOOL	I、Q、M、L、D	使能输出
IN	INT	I、Q、M、L、D	要移位的值
N	WORD	I、Q、M、L、D	要移动的位数
OUT	INT	I、Q、M、L、D	移位指令的结果

SHR_I(整数右移)指令通过使能(EN)输入位置上的逻辑 1 来激活。如图 7-159 所示，SHR_I 指令用于将输入 IN 的 0～15 位逐位向右移动。16～31 位不受影响。输入 N 用于

指定移位的位数。如果 $N>16$，命令将按照 $N=16$ 的情况执行。自左移入的、用于填补空出位的位将被赋予位 15 的逻辑状态(整数的符号位)。这意味着当该整数为正时，这些位将被赋值 0，而当该整数为负时，则被赋值为 1。可在输出 OUT 位置扫描移位指令的结果。如果 N 不等于 0，则 SHR_I 会将 CC 0 位和 OV 位设置为 0。ENO 与 EN 具有相同的信号状态。

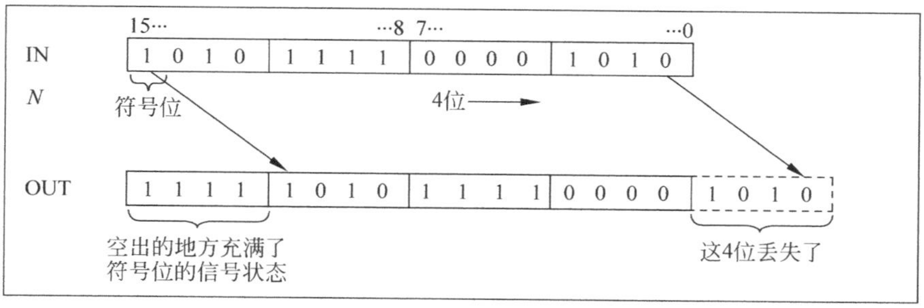

图 7-159 SHR_I 指令功能实现

SHR_I 指令实例如图 7-160 所示，其中 SHR_I 框由 I0.0 位置上的逻辑 1 激活。装载 MW0 并将其右移由 MW2 指定的位数。结果将被写入 MW4。置位 Q4.0。

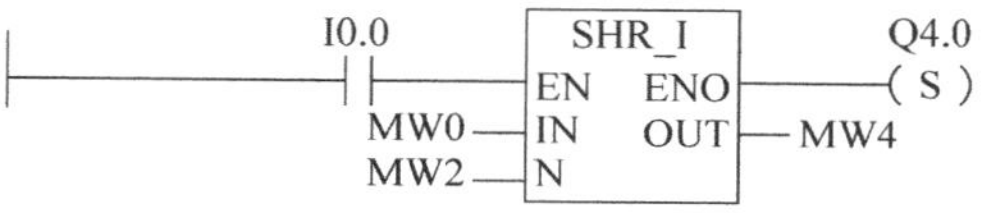

图 7-160 SHR_I 指令实例

3. SHR_DI 右移长整数

右移长整数指令的符号如图 7-161 所示，参数如表 7-92 所示。

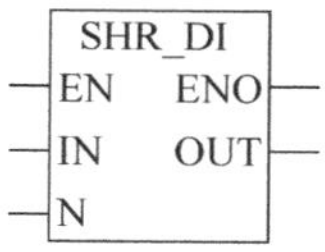

图 7-161 右移长整数指令的符号

表 7-92 右移长整数指令的参数

参数	数据类型	内存区域	说 明
EN	BOOL	I、Q、M、L、D	使能输入
ENO	BOOL	I、Q、M、L、D	使能输出
IN	DINT	I、Q、M、L、D	要移位的值
N	WORD	I、Q、M、L、D	要移动的位数
OUT	DINT	I、Q、M、L、D	移位指令的结果

SHR_DI(右移长整数)指令通过使能(EN)输入位置上的逻辑 1 来激活。SHR_DI 指令用于将输入 IN 的 0～31 位逐位向右移动。输入 N 用于指定移位的位数。如果 $N>32$，命令将按照 $N=32$ 的情况执行。自左移入的、用于填补空出位的位将被赋予位 31 的逻辑状态(整数的符号位)。这意味着当该整数为正时，这些位将被赋值 0，而当该整数为负时，则被赋值为 1。可在输出 OUT 位置扫描移位指令的结果。如果 N 不等于 0，则 SHR_DI 会将 CC 0 位和 OV 位设置为 0。ENO 与 EN 具有相同的信号状态。

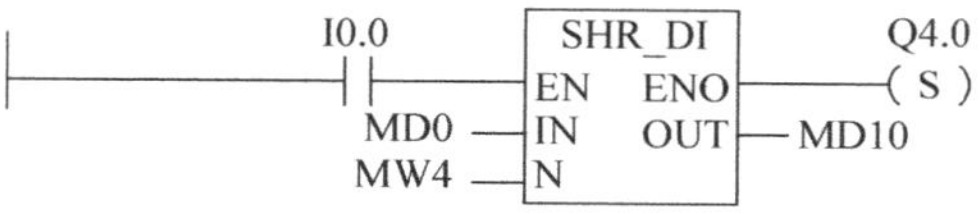

图 7-162 SHR_DI 指令的实例

SHR_DI 指令实例如图 7-162 所示，其中 SHR_DI 框由 I0.0 位置上的逻辑 1 激活。装载 MD0 并将其右移由 MW4 指定的位数。结果将被写入 MD10。置位 Q4.0。

4. SHL_W 字左移

字左移指令的符号如图 7-163 所示，参数如表 7-93 所示。

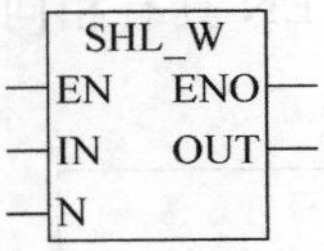

图 7-163　字左移指令符号

表 7-93　字左移指令参数

参数	数据类型	内存区域	说　明
EN	BOOL	I、Q、M、L、D	使能输入
ENO	BOOL	I、Q、M、L、D	使能输出
IN	WORD	I、Q、M、L、D	要移位的值
N	WORD	I、Q、M、L、D	要移动的位数
OUT	WORD	I、Q、M、L、D	移位指令的结果

SHL_W(字左移)指令通过使能(EN)输入位置上的逻辑 1 来激活。如图 7-164 所示，SHL_W 指令用于将输入 IN 的 0～15 位逐位向左移动。16～31 位不受影响。输入 *N* 用于指定移位的位数。若 *N*>16，此命令会在输出 OUT 位置上写入 0，并将状态字中的 CC 0 位和 OV 位设置为 0。将自右移入 *N* 个零，用以补上空出的位。可在输出 OUT 位置扫描移位指令的结果。如果 *N* 不等于 0，则 SHL_W 会将 CC 0 位和 OV 位设置为 0。ENO 与 EN 具有相同的信号状态。

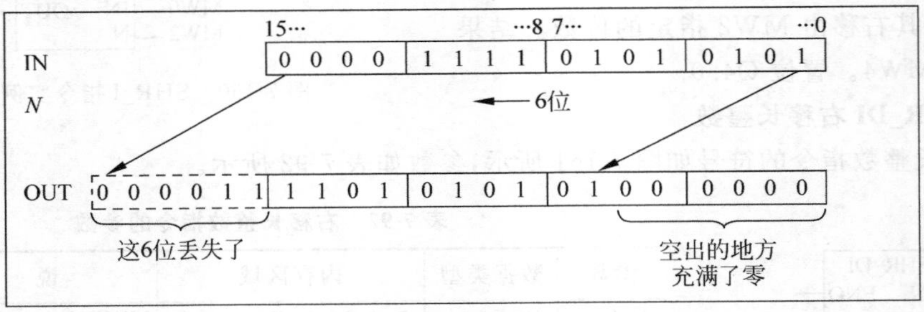

图 7-164　SHL_W 指令功能实现

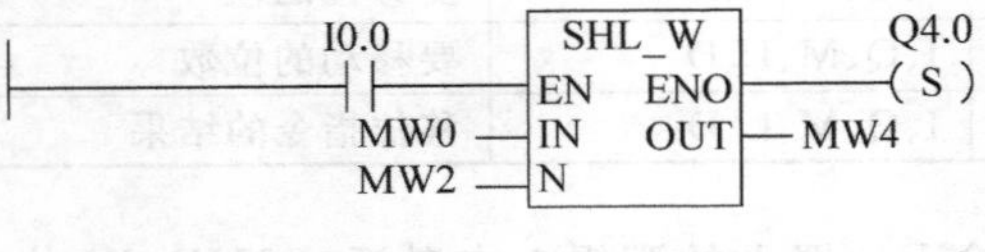

图 7-165　SHL_W 指令的实例

SHL_W 指令实例如图 7-165 所示，其中 SHL_W 框由 I0.0 位置上的逻辑 1 激活。装载 MW0 并将其左移由 MW2 指定的位数。结果将被写入 MW4。置位 Q4.0。

5. SHR_W 字右移

字右移指令的符号如图 7-166 所示，参数如表 7-94 所示。

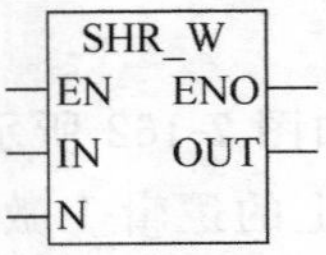

图 7-166　字右移指令的符号

表 7-94　字右移指令的参数

参数	数据类型	内存区域	说　明
EN	BOOL	I、Q、M、L、D	使能输入
ENO	BOOL	I、Q、M、L、D	使能输出
IN	WORD	I、Q、M、L、D	要移位的值
N	WORD	I、Q、M、L、D	要移动的位数
OUT	WORD	I、Q、M、L、D	移位指令的结果

SHR_W(字右移)指令通过使能(EN)输入位置上的逻辑 1 来激活。SHR_W 指令用于将输入 IN 的 0～15 位逐位向右移动。16～31 位不受影响。输入 *N* 用于指定移位的位数。若 *N*>16,此命令会在输出 OUT 位置上写入 0,并将状态字中的 CC 0 位和 OV 位设置为 0。将自左移入 *N* 个零,用以补上空出的位。可在输出 OUT 位置扫描移位指令的结果。如果 *N* 不等于 0,则 SHR_W 会将 CC 0 位和 OV 位设置为 0。ENO 与 EN 具有相同的信号状态。

SHR_W 指令实例如图 7-167 所示,其中 SHR_W 框由 I0.0 位置上的逻辑 1 激活。装载 MW0 并将其右移由 MW2 指定的位数。结果将被写入 MW4。置位 Q4.0。

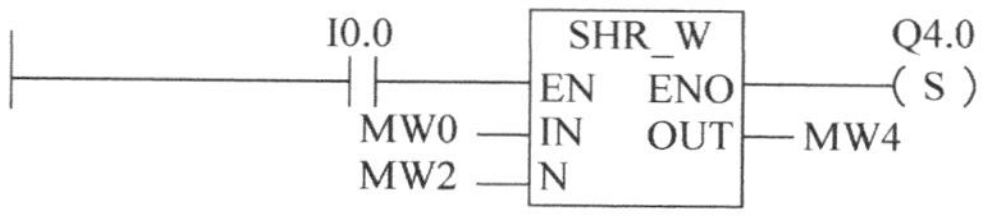

图 7-167　SHR_W 指令实例

6. SHL_DW 双字左移

双字左移指令的符号如图 7-168 所示,参数如表 7-95 所示。

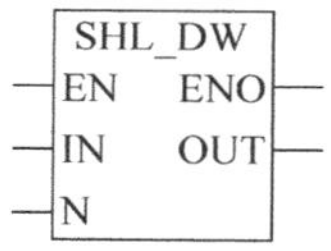

图 7-168　双字左移指令符号

表 7-95　双字左移指令参数

参数	数据类型	内存区域	说　　明
EN	BOOL	I、Q、M、L、D	使能输入
ENO	BOOL	I、Q、M、L、D	使能输出
IN	DWORD	I、Q、M、L、D	要移位的值
N	WORD	I、Q、M、L、D	要移动的位数
OUT	DWORD	I、Q、M、L、D	移位指令的结果

SHL_DW(双字左移)指令通过使能(EN)输入位置上的逻辑 1 来激活。SHL_DW 指令用于将输入 IN 的 0～31 位逐位向左移动。输入 *N* 用于指定移位的位数。若 *N*>32,此命令会在输出 OUT 位置上写入 0,并将状态字中的 CC 0 和 OV 位设置为 0。将自右移入 *N* 个零,用以补上空出的位。可在输出 OUT 位置扫描双字移位指令的结果。如果 *N* 不等于 0,则 SHL_DW 会将 CC 0 位和 OV 位设置为 0。ENO 与 EN 具有相同的信号状态。

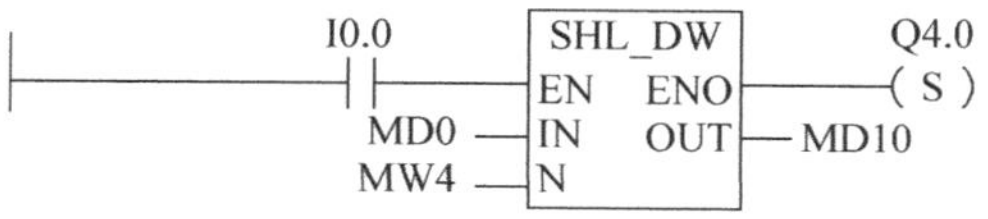

图 7-169　SHL_DW 指令实例

SHL_DW 指令实例如图 7-169 所示,其中 SHL_DW 框由 I0.0 位置上的逻辑 1 激活。装载 MD0 并将其左移由 MW4 指定的位数。结果将被写入 MD10。置位 Q4.0。

7. SHR_DW 双字右移

双字右移指令的符号如图 7-170 所示,参数如表 7-96 所示。

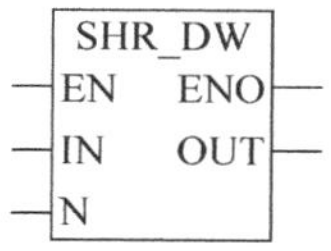

图 7-170　双字右移指令的符号

表 7-96　双字右移指令参数

参数	数据类型	内存区域	说　　明
EN	BOOL	I、Q、M、L、D	使能输入
ENO	BOOL	I、Q、M、L、D	使能输出
IN	DWORD	I、Q、M、L、D	要移位的值
N	WORD	I、Q、M、L、D	要移动的位数
OUT	DWORD	I、Q、M、L、D	移位指令的结果

SHR_DW(双字右移)指令通过使能(EN)输入位置上的逻辑1来激活。如图7-171所示,SHR_DW指令用于将输入IN的0~31位逐位向右移动。输入N用于指定移位的位数。若$N>32$,此命令会在输出OUT位置上写入0,并将状态字中的CC 0和OV位设置为0。将自左移入N个零,用以补上空出的位。可在输出OUT位置扫描双字移位指令的结果。如果N不等于0,则SHR_DW会将CC 0位和OV位设置为0。ENO与EN具有相同的信号状态。

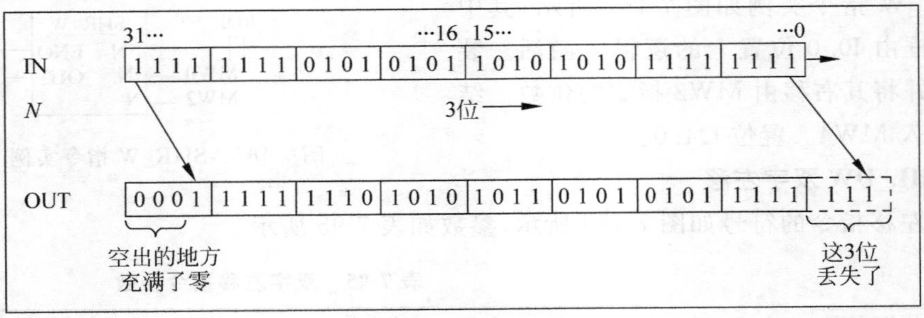

图7-171 SHR_DW指令功能实现

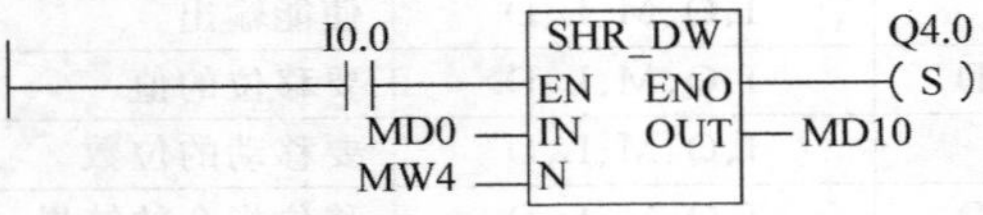

图7-172 SHR_DW指令实例

SHR_DW指令实例如图7-172所示,其中SHR_DW框由I0.0位置上的逻辑1激活。装载MD0并将其右移由MW4指定的位数。结果将被写入MD10。置位Q4.0。

7.11.2 循环移位指令

1. 循环移位指令概述

循环移位指令可将输入IN的所有内容向左或向右逐位循环移位。移空的位将用被移出输入IN的位的信号状态补上。用户为输入参数N提供的数值指定要循环移位的位数。依据具体的指令,循环移位将通过状态字的CC 1位进行。状态字的CC 0位被复位为0。

循环移位指令包括ROL_DW循环左移双字和ROR_DW循环右移双字。

2. ROL_DW双字循环左移

双字循环左移指令的符号如图7-173所示,参数如表7-97所示。

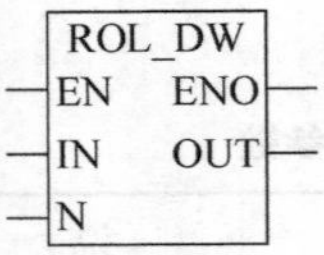

图7-173 双字循环左移指令的符号

表7-97 双字循环左移指令的参数

参数	数据类型	内存区域	说明
EN	BOOL	I、Q、M、L、D	使能输入
ENO	BOOL	I、Q、M、L、D	使能输出
IN	DWORD	I、Q、M、L、D	要循环移位的值
N	WORD	I、Q、M、L、D	要循环移位的位数
OUT	DWORD	I、Q、M、L、D	双字循环指令的结果

ROL_DW(双字循环左移)指令通过使能(EN)输入位置上的逻辑1来激活。如图7-174所示,ROL_DW指令用于将输入IN的全部内容逐位向左循环移位。输入N用于

指定循环移位的位数。如果 $N>32$，则双字 IN 将被循环移位（($N-1$)对 32 求模，所得的余数）+1 位。自右移入的位位置将被赋予向左循环移出的各个位的逻辑状态。可在输出 OUT 位置扫描双字循环指令的结果。如果 N 不等于 0，则 ROL_DW 会将 CC 0 位和 OV 位设置为 0。ENO 与 EN 具有相同的信号状态。

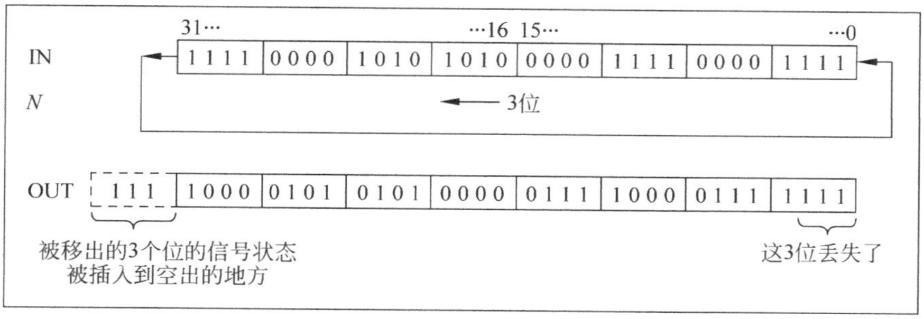

图 7-174　ROL_DW 指令实现原理

ROL_DW 指令实例如图 7-175 所示，ROL_DW 框由 I0.0 位置上的逻辑 1 激活。装载 MD0 并将其向左循环移位由 MW4 指定的位数。结果将被写入 MD10。置位 Q4.0。

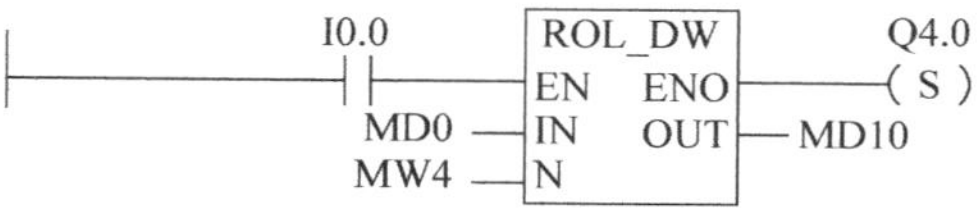

图 7-175　ROL_DW 指令实例

3. ROR_DW 双字循环右移

双字循环右移指令的符号如图 7-176 所示，参数如表 7-98 所示。

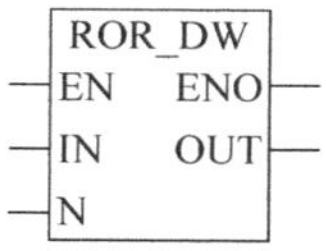

图 7-176　双字循环右移指令的符号

表 7-98　双字循环右移指令的参数

参数	数据类型	内存区域	说　明
EN	BOOL	I、Q、M、L、D	使能输入
ENO	BOOL	I、Q、M、L、D	使能输出
IN	DWORD	I、Q、M、L、D	要循环移位的值
N	WORD	I、Q、M、L、D	要循环移位的位数
OUT	DWORD	I、Q、M、L、D	双字循环指令的结果

ROR_DW（双字循环右移）指令通过使能（EN）输入位置上的逻辑 1 来激活。如图 7-177所示，ROR_DW 指令用于将输入 IN 的全部内容逐位向右循环移位。输入 N 用于指定循环移位的位数。如果 $N>32$，则双字 IN 将被循环移位（($N-1$)对 32 求模，所得的余数）+1 位。自左移入的位位置将被赋予向右循环移出的各个位的逻辑状态。可在输出 OUT 位置扫描双字循环指令的结果。如果 N 不等于 0，则 ROR_DW 会将 CC 0 位和 OV 位置为 0。ENO 与 EN 具有相同的信号状态。

ROR_DW 指令实例如图 7-178 所示，ROR_DW 框由 I0.0 位置上的逻辑 1 激活。装载 MD0 并将其向右循环移位由 MW4 指定的位数。结果将被写入 MD10。置位 Q4.0。

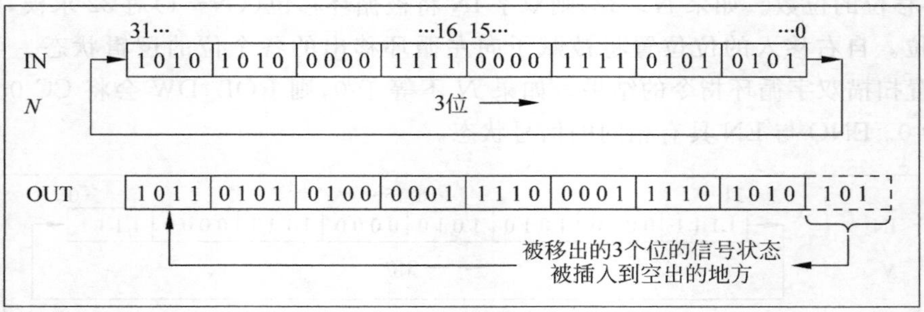

图 7-177　ROR_DW 指令实现原理

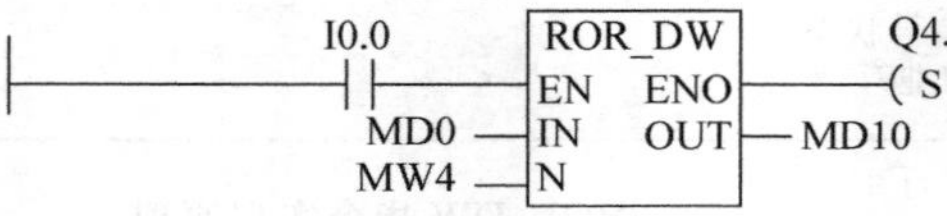

图 7-178　ROR_DW 指令实例

7.12　状态位指令

7.12.1　状态位指令概述

状态位指令属于位逻辑指令，用于对状态字的位进行处理。各状态位指令分别对下列条件之一作出反应，其中每个条件以状态字的一个或多个位来表示。

① 二进制结果位(BR --|├--)被置位(即信号状态为 1)。

② 数学运算函数发生溢出(OV --|├--)或存储溢出(OS --|├--)。

③ 算术运算功能的结果无序(UO --|├--)。

④ 数学运算函数的结果与 0 的关系有＝＝0、<> 0、> 0、< 0、>＝0、<＝0。

当状态位指令以串联方式连接时，该指令将根据“与”真值表将其信号状态校验的结果与前一逻辑运算结果合并。当状态位指令以并联方式连接时，该指令将根据“或”真值表将其结果与前一 RLO 合并。

状态字是 CPU 存储器中的一个寄存器，它所包含的位可通过位地址和字逻辑指令来参照。状态字的结构如图 7-179 所示。

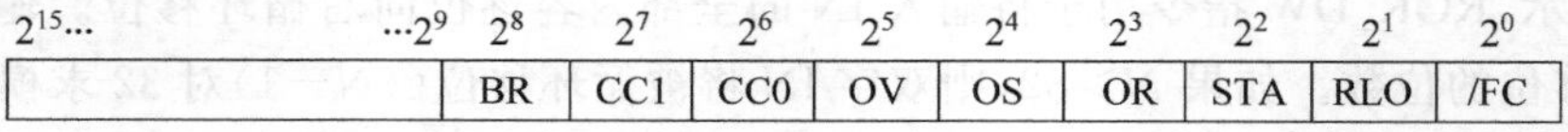

图 7-179　状态字的结构

状态字位的值可以通过整数数学运算函数和浮点数运算函数求取。

7.12.2　状态位指令组件

1. OV --|├--异常位溢出

异常位溢出及其取反指令符号如图 7-180 所示。

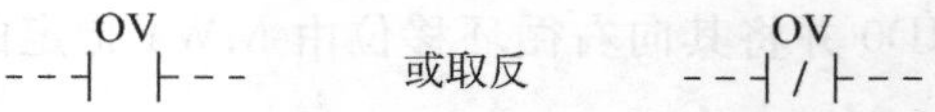

图 7-180　异常位溢出指令符号

OV --| |--(溢出异常位)或 OV --|/|--(异常位溢出取反)触点符号用于识别上次执行数学运算函数时的溢出。也就是说，函数执行后指令的结果超出了允许的正负值范围。串联使用时扫描的结果将通过 AND 与 RLO 链接；并联使用时扫描结果通过 OR 与 RLO 链接。

OV --| |--指令的实例如图 7-181 所示，I0.0 的信号状态为 1 时将激活该框。如果数学运算函数“IW0－IW2”的结果超出了允许的整数范围，则置位 OV 位。

OV 的信号状态扫描为 1。如果 OV 扫描的信号状态为 1 且程序段 2 的 RLO 为 1，则置位 Q4.0。

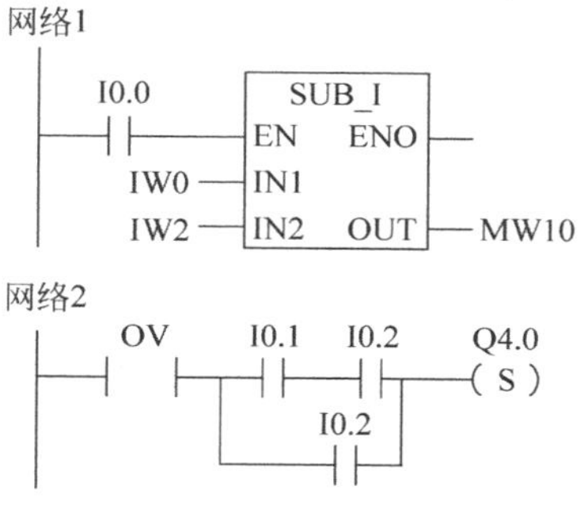

图 7-181　OV --| |--指令实例

> **注意：** 只有在两个独立的程序段时，才需要 OV 扫描；否则，如果结果超出了允许的范围，则可以提取为 0 的数学运算函数的 ENO 输出。

2. OS --| |--存储的异常位溢出

存储的异常位溢出及其取反指令符号如图 7-182 所示。

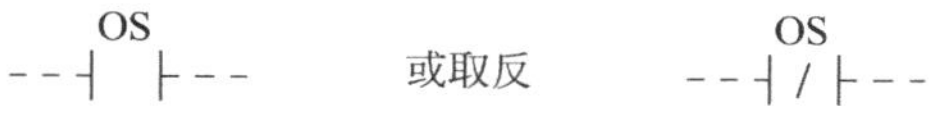

图 7-182　存储的异常位溢出指令符号

OS --| |--(存储的异常位溢出)或OS --|/|--(存储的异常位溢出取反)触点符号用于识别和存储数学运算函数中的锁存溢出。如果指令的结果超出了允许的负或正范围，则置位状态字中的 OS 位。与需要在执行后续数学运算函数前重写的 OV 位不同，OS 位在溢出发生时存储。OS 位将保持置位状态，直至离开该块。

串联使用时扫描的结果将通过 AND 与 RLO 链接；并联使用时扫描的结果通过 OR 与 RLO 链接。

OS --| |--指令的实例如图 7-183 所示，当 I0.0 的信号状态为 1 时将激活 MUL_I 框。I0.1 的逻辑为 1 时将激活 ADD_I 框。如果其中一个数学运算函数的结果超出了允许的整数范围，将把状态字中的 OS 位置位为 1。如果 OS 扫描为逻辑 1，则置位 Q4.0。

> **注意：** 只有在两个独立的程序段时，才需要 OS 扫描；否则，可以提取第一个数学运算函数的 ENO 输出，并将其与第二个(层叠排列)数学运算函数的 EN 输入连接。

3. UO --| |--无序异常位

无序异常位及其取反指令符号如图 7-184 所示。

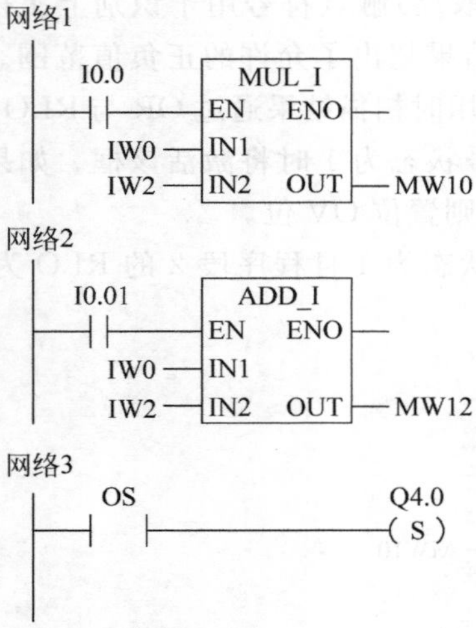

图 7-183 OS--| |--指令实例

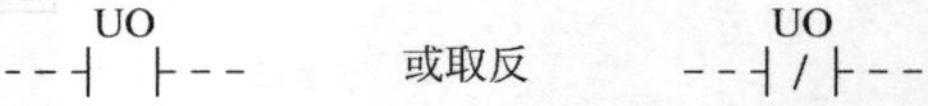

图 7-184 无序异常位指令符号

UO--| |--(无序异常位)或 UO--| / |--(无序异常位取反)触点符号用于识别含浮点数的数学运算函数是否无序(也就是说,数学运算函数中的值是否有无效浮点数)。如果含浮点数(UO)的数学运算函数的结果无效,则信号状态扫描为 1。如果 CC 1 和 CC 0 中的逻辑运算显示“无效”,信号状态扫描的结果将是 0。

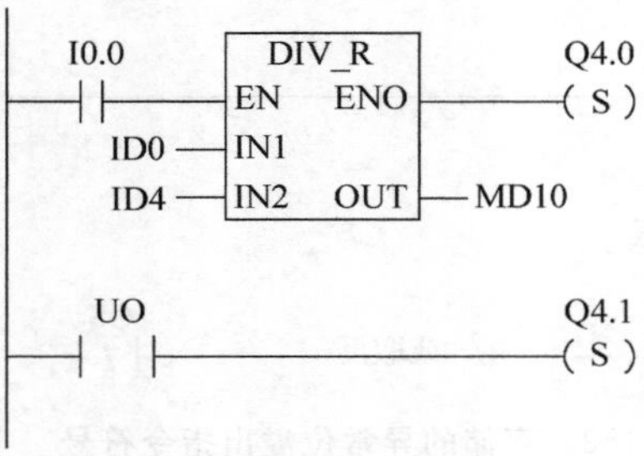

图 7-185 UO--| |--指令实例

串联使用时扫描的结果将通过 AND 与 RLO 链接;并联使用时扫描的结果通过 OR 与 RLO 链接。

UO--| |--指令的实例如图 7-185 所示,当 I0.0 的信号状态为 1 时将激活该框。如果 ID0 或 ID4 的值为无效浮点数,则数学运算函数无效。如果 EN 的信号状态=1(激活)且在处理函数 DIV_R 时出错,则 ENO 的信号状态=0。执行函数 DIV_R 时如果其中一个值不是有效的浮点数,将置位输出 Q4.1。

4. BR--| |--异常位二进制结果

异常位二进制结果及其取反指令符号如图 7-186 所示。

BR--| |--(异常位 BR 存储器)或 BR--| / |--(异常位 BR 存储器取反)触点符号用于测试状态字中 BR 位的逻辑状态。串联使用时扫描的结果将通过 AND 与 RLO 链接;并联使用时扫描的结果通过 OR 与 RLO 链接。BR 位用于字处理向位处理的转变。

BR--| |--指令的实例如图 7-187 所示。其中如果 I0.0 为 1 或 I0.2 为 0,且除此 RLO 外 BR 位的逻辑状态为 1,则置位 Q4.0。

图 7-186 异常位二进制结果指令符号

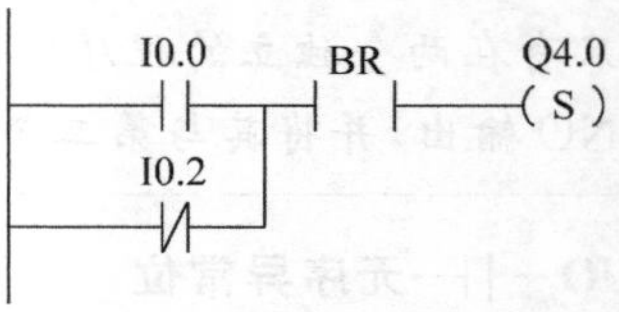

图 7-187 BR--| |--指令实例

5. ==0 --┤├--结果位等于 0

结果位等于 0 及其取反指令符号如图 7-188 所示。

==0 --┤├--(结果位等于 0)或==0 --┤/├--(结果位取反后等于 0)触点符号用于识别数学运算函数的结果是否等于 0。指令扫描状态字的条件代码位 CC 1 和 CC 0,以确定结果与 0 的关系。串联使用时扫描的结果将通过 AND 与 RLO 链接;并联使用时扫描的结果通过 OR 与 RLO 链接。

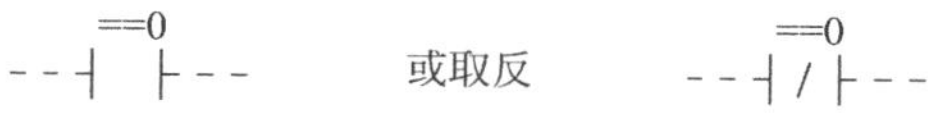

图 7-188 结果位等于 0 指令符号

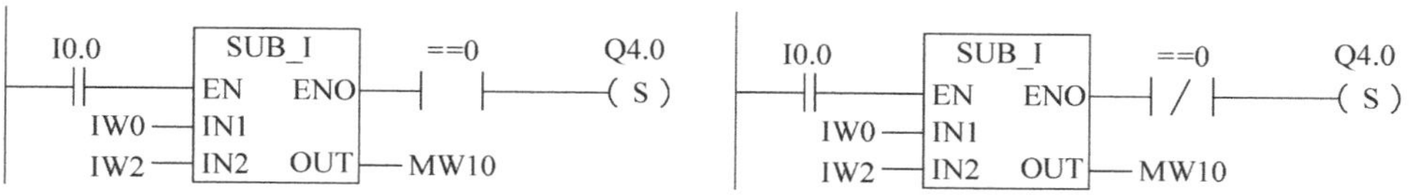

(a) (b)

图 7-189 ==0 --┤├--指令实例

==0 --┤├--指令的实例如图 7-189 所示,图 7-189(a)中 I0.0 的信号状态为 1 时将激活该框。如果 IW0 的值等于 IW2 的值,数学运算函数"IW0-IW2"的结果将等于 0。如果函数得到正确执行且结果等于 0,则置位 Q4.0。图 7-189(b)中如果函数得到正确执行且结果不等于 0,则置位 Q4.0。

6. <>0 --┤├--结果位不等于 0

结果位不等于 0 及其取反指令符号如图 7-190 所示。

<>0 --┤├--(结果位不等于 0)或<>0 --┤/├--(结果位取反后不等于 0)触点符号用于识别数学运算函数的结果是否不等于 0。指令扫描状态字的条件代码位 CC 1 和 CC 0,以确定结果与 0 的关系。串联使用时扫描的结果将通过 AND 与 RLO 链接;并联使用时扫描的结果通过 OR 与 RLO 链接。

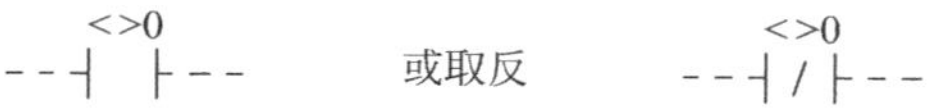

图 7-190 结果位不等于 0 指令符号

<>0 --┤├--指令的实例如图 7-191 所示,图 7-191(a)中 I0.0 的信号状态为 1 时将激活该框。如果 IW0 的值与 IW2 的值不同,数学运算函数"IW0-IW2"的结果将不等于 0。如果函数得到正确执行且结果不等于 0,则置位 Q4.0。图 7-191(b)中如果函数得到正确执行且结果等于 0,则置位 Q4.0。

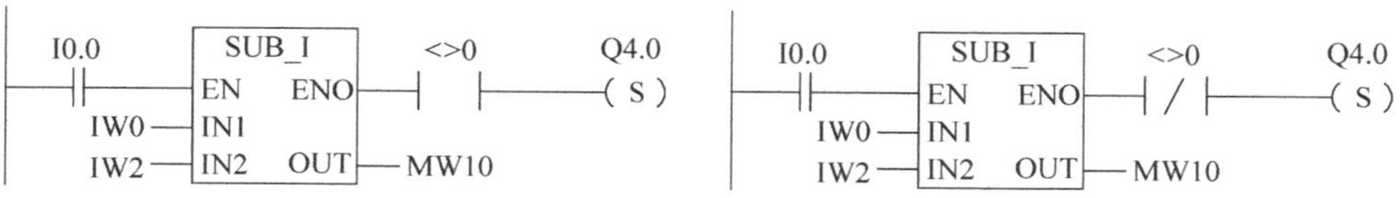

(a) (b)

图 7-191 <>0 --┤├--指令实例

7. >0 --┤├--结果位大于 0

结果位大于 0 及其取反指令符号如图 7-192 所示。

>0 --┤├--(结果位大于 0)或>0 --┤/├--(取反结果位大于 0)触点符号用于识别数学运算

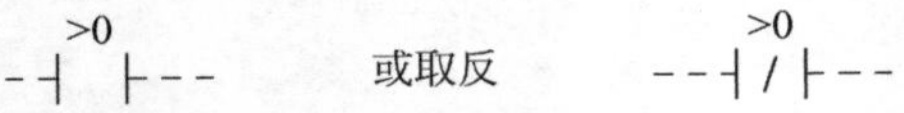

图 7-192 结果位大于 0 指令符号

函数的结果是否大于 0。指令扫描状态字的条件代码位 CC 1 和 CC 0，以确定结果与 0 的关系。串联使用时扫描的结果将通过 AND 与 RLO 链接；并联使用时扫描的结果通过 OR 与 RLO 链接。

>0 --|├-- 指令的实例如图 7-193 所示，图 7-193(a)中 I0.0 的信号状态为 1 时将激活该框。如果 IW0 的值大于 IW2 的值，数学运算函数“IW0－IW2”的结果将大于 0。如果函数得到正确执行且结果大于 0，则置位 Q4.0。图 7-193(b)中如果函数得到正确执行且结果不大于 0，则置位 Q4.0。

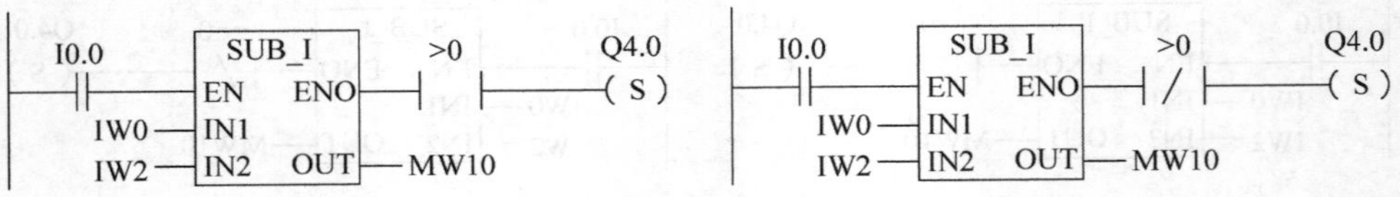

(a) (b)

图 7-193 >0 --|├-- 指令实例

8. <0 --|├-- 结果位小于 0

结果位小于 0 及其取反指令符号如图 7-194 所示。

<0 --|├--(结果位小于 0)或<0 --|/├--(结果位取反后小于 0)触点符号用于识别数学运算函数的结果是否小于 0。指令扫描状态字的条件代码位 CC 1 和 CC 0，以确定结果与 0 的关系。串联使用时扫描的结果将通过 AND 与 RLO 链接；并联使用时扫描的结果通过 OR 与 RLO 链接。

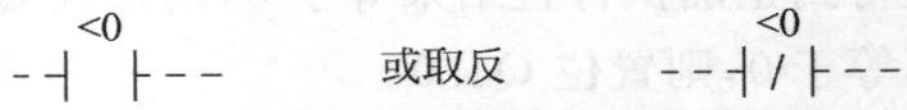

图 7-194 结果位小于 0 指令符号

<0 --|├-- 指令的实例如图 7-195 所示，图 7-195(a)中 I0.0 的信号状态为 1 时将激活该框。如果 IW0 的值小于 IW2 的值，数学运算函数“IW0－IW2”的结果将小于 0。如果函数得到正确执行且结果小于 0，则置位 Q4.0。图 7-195(b)中如果函数得到正确执行且结果不小于 0，则置位 Q4.0。

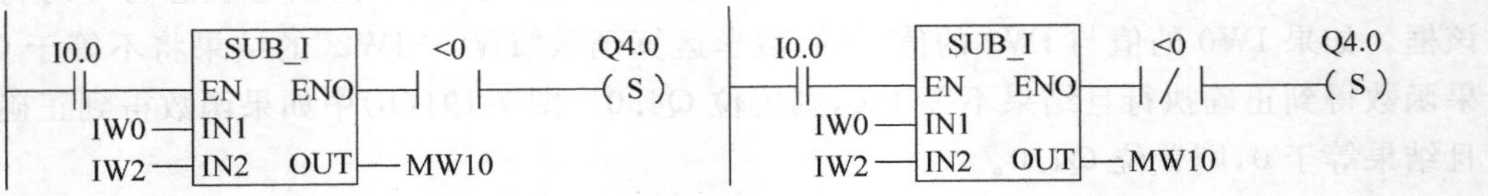

(a) (b)

图 7-195 <0 --|├-- 指令实例

9. >=0 --|├-- 结果位大于等于 0

结果位大于等于 0 及其取反指令符号如图 7-196 所示。

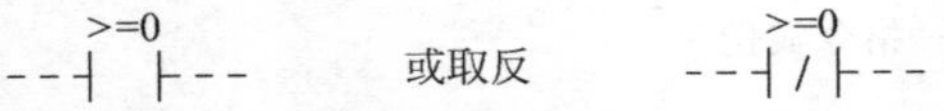

图 7-196 结果位大于等于 0 指令符号

>=0 --|├--(结果位大于等于 0)或>=0 --|/├--(结果位取反后大于等于 0)触点符号用于识别数学运算函数的结果是否大于或等于 0。指令扫描状态字的条件代码位 CC 1 和 CC 0，以确定与 0 的关系。串联使用时扫描的结果将通过 AND 与 RLO 链接；并联使用时扫描的结果通过 OR 与 RLO 链接。

＞＝0 --| |-- 指令的实例如图 7-197 所示，图 7-197(a)中 I0.0 的信号状态为 1 时将激活该框。如果 IW0 的值大于或等于 IW2 的值，数学运算函数"IW0－IW2"的结果将大于或等于 0。如果函数得到正确执行且结果大于或等于 0，则置位 Q4.0。图 7-197(b)中如果函数得到正确执行且结果不大于或等于 0，则置位 Q4.0。

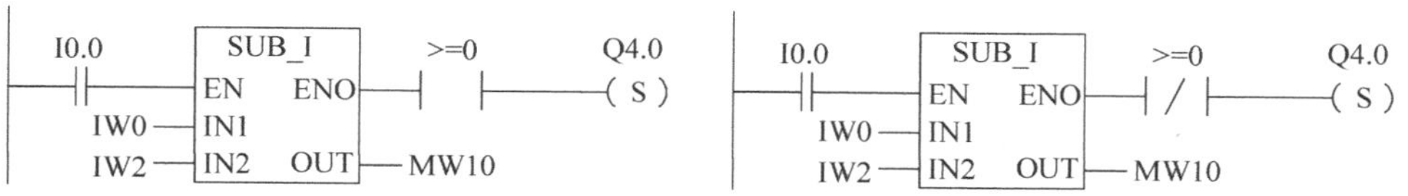

(a)　　(b)

图 7-197　＞＝0 --| |-- 指令实例

10. ＜＝0 --| |-- 结果位小于等于 0

结果位小于等于 0 及其取反指令符号如图 7-198 所示。

＜＝0 --| |--(结果位小于等于 0)或＜＝0 --|/|--(结果位取反后小于等于 0)触点符号用于识别数学运算函数的结果是否小于或等于 0。指令扫描状态字的条件代码位 CC 1 和 CC 0，以确定结果与 0 的关系。串联使用时扫描的结果将通过 AND 与 RLO 链接；并联使用时扫描的结果通过 OR 与 RLO 链接。

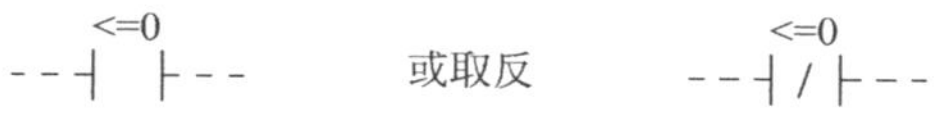

图 7-198　结果位小于等于 0 指令符号

＜＝0 --| |-- 指令的实例如图 7-199 所示，图 7-199(a)中 I0.0 的信号状态为 1 时将激活该框。如果 IW0 的值小于或等于 IW2 的值，数学运算函数"IW0－IW2"的结果将小于或等于 0。如果函数得到正确执行且结果小于或等于 0，则置位 Q4.0。图 7-199(b)中如果函数得到正确执行且结果不小于或等于 0，则置位 Q4.0。

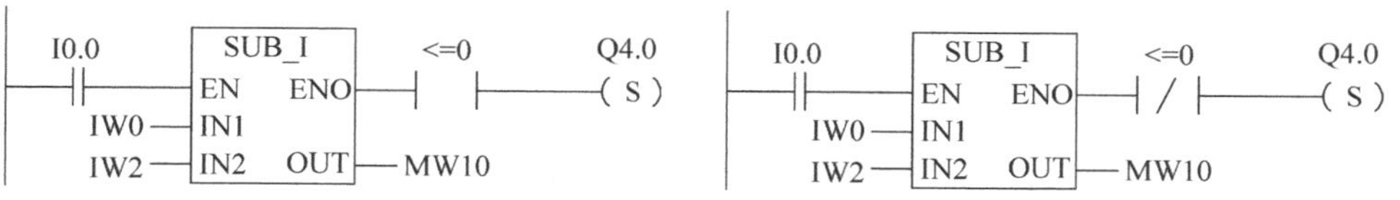

(a)　　(b)

图 7-199　＜＝0 --| |-- 指令实例

7.13　字逻辑指令

7.13.1　字逻辑指令概述

字逻辑指令按照布尔逻辑按位比较字(16 位)和双字(32 位)对，如果输出 OUT 的结果不等于 0，将把状态字的 CC 1 位设置为 1；如果输出 OUT 的结果等于 0，将把状态字的 CC 1 位设置为 0。

字逻辑指令包含表 7-99 所示元素。

表 7-99　字逻辑指令

符　号	含　义
WAND_W	(字)单字与运算
WOR_W	(字)单字或运算
WXOR_W	(字)单字异或运算
WAND_DW	(字)双字与运算
WOR_DW	(字)双字或运算
WXOR_DW	(字)双字异或运算

7.13.2　字逻辑指令组件

1. WAND_W(字)单字与运算

(字)单字与运算指令的符号如图 7-200 所示，参数如表 7-100 所示。

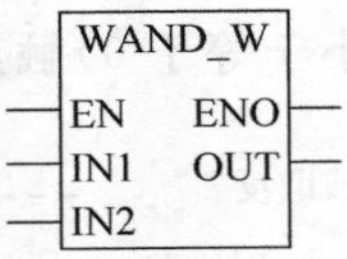

图 7-200　(字)单字与运算指令的符号

表 7-100　(字)单字与运算指令的参数

参数	数据类型	内存区域	说　明
EN	BOOL	I、Q、M、L、D	使能输入
ENO	BOOL	I、Q、M、L、D	使能输出
IN1	WORD	I、Q、M、L、D	逻辑运算第一个值
IN2	WORD	I、Q、M、L、D	逻辑运算第二个值
OUT	WORD	I、Q、M、L、D	逻辑运算的结果字

在图 7-201 中，使能(EN)输入的信号状态为 1 时将激活 WAND_W(字与运算)，并逐位对 IN1 和 IN2 处的两个字值进行与运算。按纯位模式来解释这些值，可以在输出 OUT 处扫描结果。ENO 与 EN 的逻辑状态相同。

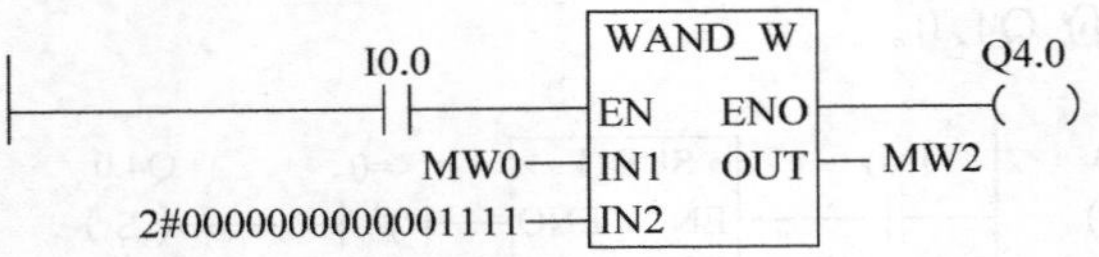

图 7-201　WAND_W 指令实例

WAND_W 指令实例如图 7-201 所示，其中如果 I0.0 为 1，则执行指令。在 MW0 的位中，只有 0～3 位是相关的，其余位被 IN2 字位模式屏蔽，结果：

```
MW0 = 01010101 01010101
IN2 = 00000000 00001111
MW0 AND IN2 = MW2 = 00000000 00000101
```

如果执行了指令，则 Q4.0 为 1。

2. WOR_W(字)单字或运算

(字)单字或运算指令的符号如图 7-202 所示，参数如表 7-101 所示。

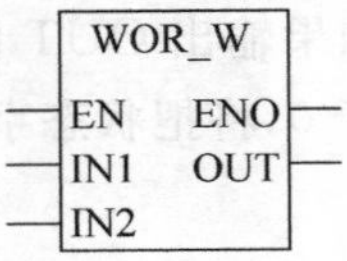

图 7-202　(字)单字或运算指令的符号

表 7-101　(字)单字或运算指令的参数

参数	数据类型	内存区域	说　明
EN	BOOL	I、Q、M、L、D	使能输入
ENO	BOOL	I、Q、M、L、D	使能输出
IN1	WORD	I、Q、M、L、D	逻辑运算第一个值
IN2	WORD	I、Q、M、L、D	逻辑运算第二个值
OUT	WORD	I、Q、M、L、D	逻辑运算的结果字

在图 7-202 中，使能(EN)输入的信号状态为 1 时将激活 WOR_W(单字或运算)，并逐位对 IN1 和 IN2 处的两个字值进行或运算。按纯位模式来解释这些值，可以在输出 OUT 处扫描结果。ENO 与 EN 的逻辑状态相同。

WOR_W 指令实例如图 7-203 所示，其中如果 I0.0 为 1，则执行指令。将位 0～3 设置为 1，不改变 MW0 的所有其他位，结果：

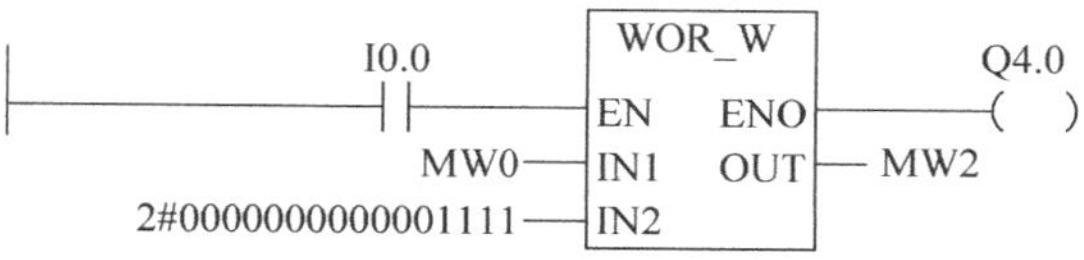

图 7-203　WOR_W 指令实例

```
MW0 = 01010101 01010101
IN2 = 00000000 00001111
MW0 OR IN2 = MW2 = 01010101 01011111
```

如果执行了指令，则 Q4.0 为 1。

3. WAND_DW(字)双字与运算

(字) 双字与运算指令的符号如图 7-204 所示，参数如表 7-102 所示。

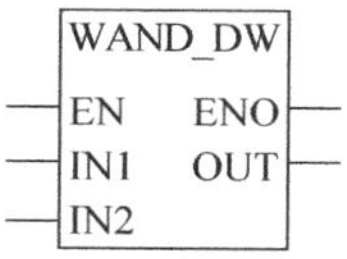

图 7-204　(字)双字与运算指令的符号

表 7-102　(字)双字与运算指令的参数

参数	数据类型	内存区域	说　　明
EN	BOOL	I、Q、M、L、D	使能输入
ENO	BOOL	I、Q、M、L、D	使能输出
IN1	DWORD	I、Q、M、L、D	逻辑运算第一个值
IN2	DWORD	I、Q、M、L、D	逻辑运算第二个值
OUT	DWORD	I、Q、M、L、D	逻辑运算的结果双字

在图 7-204 中，使能(EN)输入的信号状态为 1 时将激活 WAND_DW(双字与运算)，并逐位对 IN1 和 IN2 处的两个字值进行与运算。按纯位模式来解释这些值。可以在输出 OUT 处扫描结果。ENO 与 EN 的逻辑状态相同。

WAND_DW 指令实例如图 7-205 所示，其中如果 I0.0 为 1，则执行指令。在 MD0 的位中，只有 0 和 11 位是相关的，其余位被 IN2 位模式屏蔽：

```
MD0 = 01010101 01010101 01010101 01010101
IN2 = 00000000 00000000 00001111 11111111
MD0 AND IN2 = MD4 = 00000000 00000000 00000101 01010101
```

如果执行了指令，则 Q4.0 为 1。

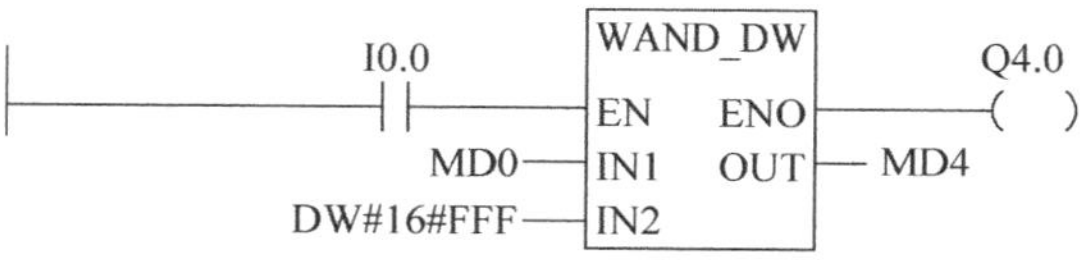

图 7-205　WAND_DW 指令实例

4. WOR_DW(字)双字或运算

WOR_DW(字)双字或运算的符号如图 7-206 所示，参数如表 7-103 所示。

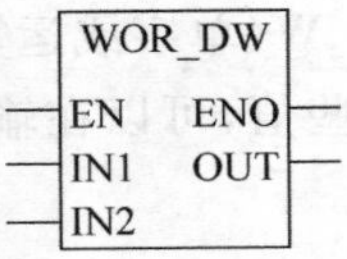

图 7-206 (字)双字或运算指令的符号

表 7-103 (字)双字或运算指令的参数

参数	数据类型	内存区域	说　明
EN	BOOL	I、Q、M、L、D	使能输入
ENO	BOOL	I、Q、M、L、D	使能输出
IN1	DWORD	I、Q、M、L、D	逻辑运算第一个值
IN2	DWORD	I、Q、M、L、D	逻辑运算第二个值
OUT	DWORD	I、Q、M、L、D	逻辑运算的结果双字

在图 7-206 中，使能(EN)输入的信号状态为 1 时将激活 WOR_DW(双字或运算)，并逐位对 IN1 和 IN2 处的两个字值进行或运算。按纯位模式来解释这些值，可以在输出 OUT 处扫描结果。ENO 与 EN 的逻辑状态相同。

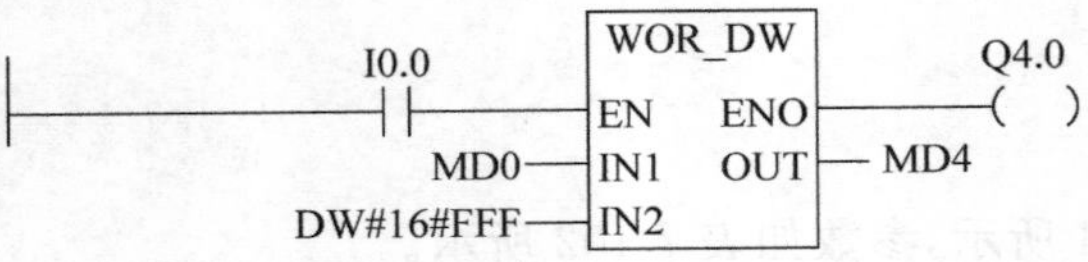

图 7-207 WOR_DW 指令实例

WOR_DW 指令的实例如图 7-207 所示，其中如果 I0.0 为 1，则执行指令。将位 0～11 设置为 1，不改变 MD0 的其余位：

```
MD0 = 01010101 01010101 01010101 01010101
IN2 = 00000000 00000000 00001111 11111111
MD0 OR IN2 = MD4 = 01010101 01010101 01011111 11111111
```

如果执行了指令，则 Q4.0 为 1。

5. WXOR_W(字)单字异或运算

WXOR_W(字)单字异或运算指令的符号如图 7-208 所示，参数如表 7-104 所示。

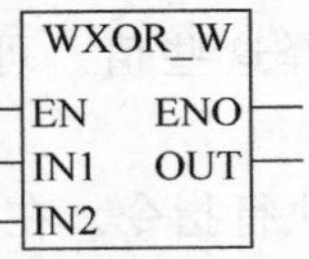

图 7-208 (字)单字异或运算指令的符号

表 7-104 (字)单字异或运算指令的参数

参数	数据类型	内存区域	说　明
EN	BOOL	I、Q、M、L、D	使能输入
ENO	BOOL	I、Q、M、L、D	使能输出
IN1	WORD	I、Q、M、L、D	逻辑运算第一个值
IN2	WORD	I、Q、M、L、D	逻辑运算第二个值
OUT	WORD	I、Q、M、L、D	逻辑运算的结果字

在图 7-208 中，使能(EN)输入的信号状态为 1 时将激活 WXOR_W(单字异或运算)，并逐位对 IN1 和 IN2 处的两个字值进行异或运算。按纯位模式来解释这些值，可以在输出 OUT 处扫描结果。ENO 与 EN 的逻辑状态相同。

WXOR_W 指令实例如图 7-209 所示，其中如果 I0.0 为 1，则执行指令：

```
MW0 = 01010101 01010101
IN2 = 00000000 00001111
MW0 XOR IN2 = MW2 = 01010101 01011010
```

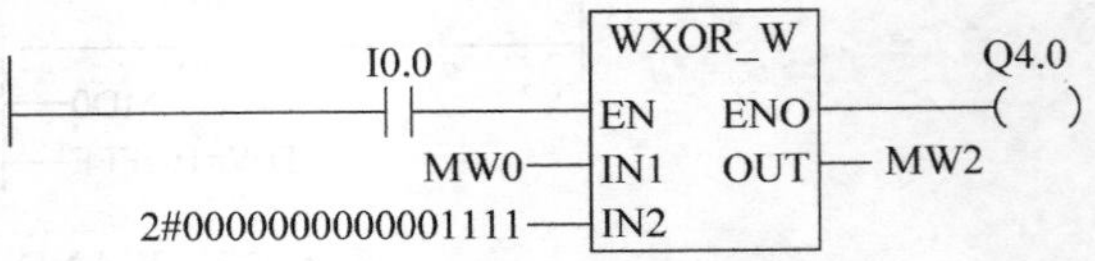

图 7-209 WXOR_W 指令实例

如果执行了指令，则 Q4.0 为 1。

6. WXOR_DW(字)双字异或运算

WXOR_DW(字)双字异或运算指令的符号如图 7-210 所示,参数如表 7-105 所示。

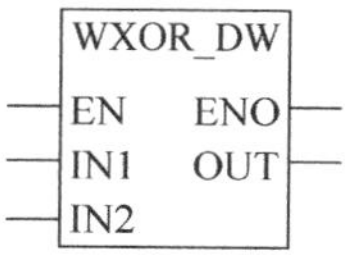

图 7-210 (字)双字异或运算指令的符号

表 7-105 (字)双字异或运算指令的参数

参数	数据类型	内存区域	说　明
EN	BOOL	I、Q、M、L、D	使能输入
ENO	BOOL	I、Q、M、L、D	使能输出
IN1	DWORD	I、Q、M、L、D	逻辑运算第一个值
IN2	DWORD	I、Q、M、L、D	逻辑运算第二个值
OUT	DWORD	I、Q、M、L、D	逻辑运算的结果双字

在图 7-210 中,使能(EN)输入的信号状态为 1 时将激活 WXOR_DW(双字异或运算),并逐位对 IN1 和 IN2 处的两个字值进行异或运算。按纯位模式来解释这些值。可以在输出 OUT 处扫描结果。ENO 与 EN 的逻辑状态相同。

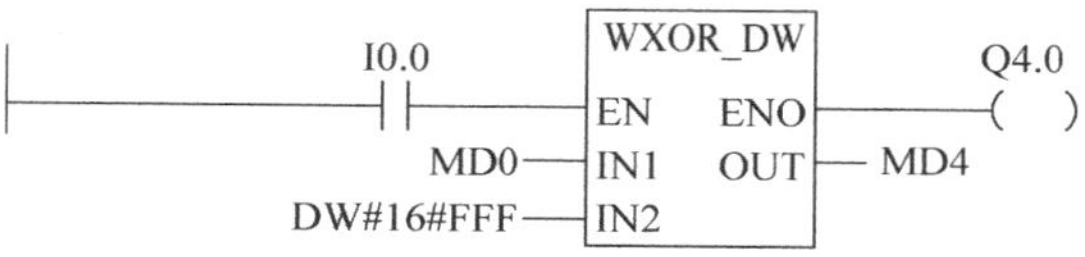

图 7-211 WXOR_DW 指令实例

WXOR_DW 指令实例如图 7-211 所示,其中如果 I0.0 为 1,则执行指令:

```
MD0 = 01010101 01010101 01010101 01010101
IN2 = 00000000 00000000 00001111 11111111
MD4 = MD0 XOR IN2 = 01010101 01010101 01011010 10101010
```

如果执行了指令,则 Q4.0 为 1。

7.14 程序控制指令

程序控制指令如表 7-106 所示。

表 7-106 程序控制指令

指　令	含　义
--(CALL)	调用来自线圈的 FC SFC(不带参数)
CALL_FB	调用来自框的 FB
CALL_FC	调用来自框的 FC
CALL_SFB	调用来自框的系统 FB
CALL_SFC	调用来自框的系统 FC
调用多重背景	
调用来自库的块	
使用 MCR 功能的重要注意事项	
--(MCR<)	主控制继电器打开
--(MCR>)	主控制继电器关闭
--(MCRA)	主控制继电器激活
--(MCRD)	主控制继电器取消激活
RET	返回

1. ---(CALL)调用来自线圈的 FC SFC(不带参数)

调用来自线圈的 FC SFC 指令的符号如图 7-212 所示，其参数如表 7-107 所示。

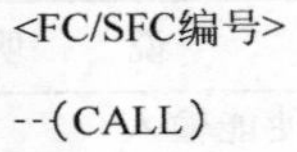

图 7-212 调用来自线圈的 FC SFC 指令符号

表 7-107 调用来自线圈的 FC SFC 指令的参数

参数	数据类型	内存区域	说 明
< FC/ SFC 编号>	BLOCK_FC、BLOCK_SFC	—	FC/ SFC 编号，范围取决于 CPU

---(CALL)(不带参数调用 FC 或 SFC)用于调用没有传递参数的功能(FC)或系统功能(SFC)。只有在 CALL 线圈上 RLO 为 1 时才执行调用。当执行---(CALL)时，存储调用块的返回地址，由当前的本地数据区代替以前的本地数据区，将 MA 位(有效 MCR 位)移位到 B 堆栈中，为被调用的功能创建一个新的本地数据区。之后，在被调用的 FC 或 SFC 中继续进行程序处理。

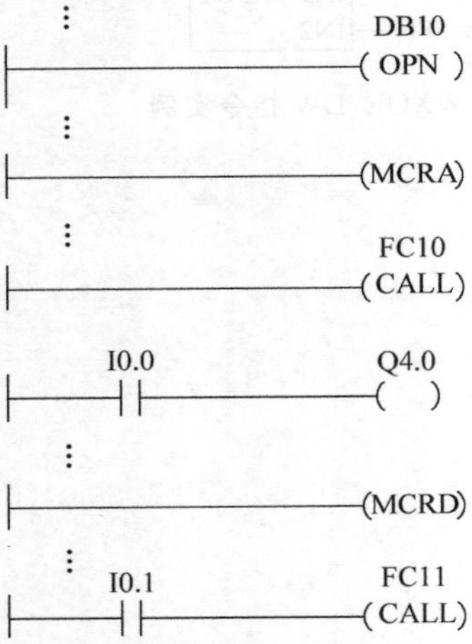

图 7-213 ---(CALL)指令实例

图 7-213 所示为---(CALL)指令的实例，图中所示的梯形图的梯级是由用户编写的功能块中的程序段。在该 FB 中，打开 DB10，并激活 MCR 功能。当执行无条件调用 FC10 时，发生下面的情况。

① 保存调用 FB 的返回地址，并保存 DB10 和调用 FB 的背景数据块的选择数据。在 MCRA 指令中设置成 1 的 MA 位被推入到 B 堆栈中，然后被调用块(FC10)将其设置成 0。继续在 FC10 中进行程序处理。

② 当 FC10 要求 MCR 功能时，必须在 FC10 内重新激活该功能。当完成 FC10 时，程序处理返回调用 FB。不管 FC10 使用了哪个 DB，都恢复 MA 位，DB10 和用户编写 FB 的背景数据块重新成为当前 DB。通过将 I0.0 的逻辑状态分配给输出 Q4.0，程序继续处理下一个梯级。FC11 的调用为条件调用。

③ 只有在 I0.1 为 1 时才执行调用。执行调用后将程序控制传递给 FC11，并从 FC11 返回程序控制的过程，这与已经描述过的 FC10 的过程相同。

> **注意：** *返回调用块后不是总会再次打开以前打开的 DB。一定要仔细阅读自述文件中的注意事项。*

2. CALL_FB 调用来自框的 FB

调用来自框的 FB 指令符号如图 7-214 所示，其参数如表 7-108所示。该符号取决于 FB 是否带参数以及带多少个参数。它必须具有 EN、ENO 以及 FB 的名称或编号。

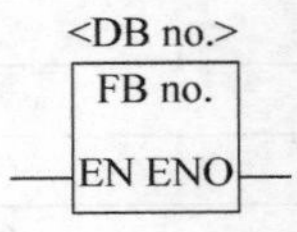

图 7-214 调用来自框的 FB 指令符号

表 7-108 调用来自框的 FB 指令参数

参数	数据类型	内存区域	说 明
EN	BOOL	I、Q、M、L、D	使能输入
ENO	BOOL	I、Q、M、L、D	使能输出
FB 编号	BLOCK_FB	—	FB/DB 编号，取决于 CPU
DB 编号	BLOCK_DB	—	

当 EN 为 1 时执行 CALL_FB(调用来自框的功能块)，当执行 CALL_FB 时存储调用块的返回地址，存储两个当前数据块(DB 和背景 DB)的选择数据，由当前的本地数据区代替以前的本地数据区，将 MA 位(有效 MCR 位)移位到 B 堆栈中，为被调用的功能块创建一个新的本地数据区。之后在被调用的功能块中继续进行程序处理。扫描 BR 位以查找 ENO。用户必须使用---(SAVE)将所要求的状态(错误判断)分配给被调用块中的 BR 位。

图 7-215 所示为 CALL_FB 指令实例，图中所示的梯形图的梯级是由用户编写的功能块中的程序段。在该 FB 中，打开 DB10，并激活 MCR 功能。当执行无条件调用 FB11 时发生下面的情况。

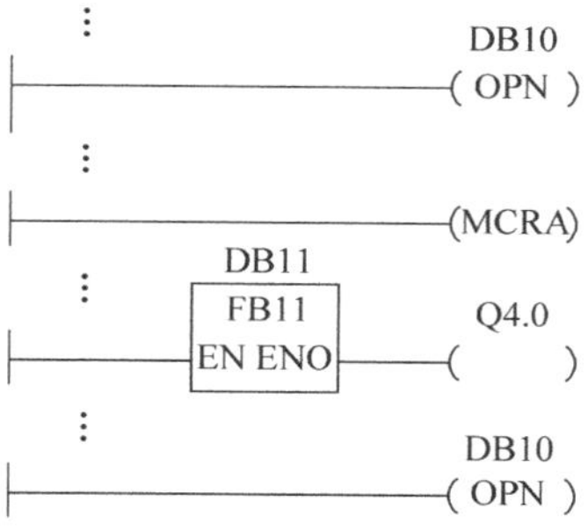

图 7-215 CALL_FB 指令实例

① 保存调用 FB 的返回地址，并保存 DB10 和调用 FB 的背景数据块的选择数据。

② 在 MCRA 指令中设置成 1 的 MA 位被推入到 B 堆栈中，然后被调用块(FB11)将 MA 位设置成 0。继续在 FB11 中进行程序处理。

③ 当 FB11 要求 MCR 功能时，必须在 FB11 内重新激活该功能。必须使用指令---(SAVE)在 BR 位中保存 RLO 的状态，以便评估调用 FB 中的错误。

④ 当完成 FB11 时，程序处理返回调用 FB。恢复 MA 位，并重新打开用户编写的 FB 背景数据块。当正确处理 FB11 时，ENO=1，因此 Q4.0=1。

> **注意**：打开 FB 或 SFB 时，会丢失以前打开的 DB 的编号。必须重新打开所要求的 DB。

3. CALL_FC 调用来自框的 FC

调用来自框的 FC 指令符号如图 7-216 所示，其参数如表 7-109 所示。该符号取决于 FC 是否带参数以及带多少个参数。它必须具有 EN、ENO 以及 FC 的名称或编号。

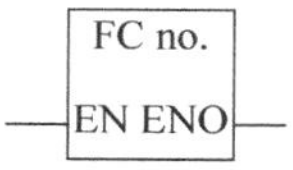

图 7-216 调用来自框的 FC 指令符号

表 7-109 调用来自框的 FC 指令参数

参数	数据类型	内存区域	说 明
EN	BOOL	I、Q、M、L、D	使能输入
ENO	BOOL	I、Q、M、L、D	使能输出
FC 编号	BLOCK_FC	—	FC 编号，取决于 CPU

CALL_FC (调用来自框的功能)用于调用一个功能(FC)。当 EN 为 1 时执行调用。如果执行了 CALL_FC，存储调用块的返回地址，由当前的本地数据区代替以前的本地数据

区，将 MA 位（有效 MCR 位）移位到 B 堆栈中，为被调用的功能创建一个新的本地数据区。之后，在被调用的功能中继续进行程序处理。

扫描 BR 位，以查找 ENO。用户必须使用---(SAVE)将所要求的状态（错误评估）分配给被调用块中的 BR 位。

当调用一个功能，而被调用块的变量声明表中具有 IN、OUT 和 IN_OUT 声明时，这些变量以形式参数列表添加到调用块的程序中。

当调用功能时，必须在调用位置处将实际参数分配给形式参数。功能声明中的任何初始值都没有含义。

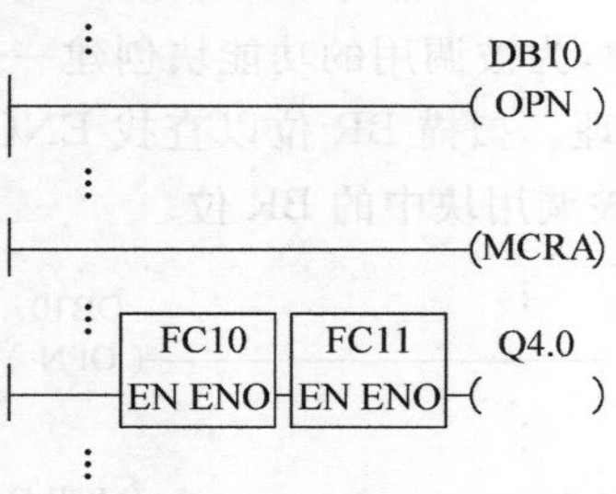

图 7-217　CALL_FC 指令实例

图 7-217 所示为 CALL_FC 指令实例，图中所示的梯形图的梯级是由用户编写的功能块中的程序段。在该 FB 中打开 DB10，并激活 MCR 功能。当执行无条件调用 FC10 时发生下面的情况。

① 保存调用 FB 的返回地址，并保存 DB10 和调用 FB 的背景数据块的选择数据。在 MCRA 指令中设置成 1 的 MA 位被推入到 B 堆栈中，然后被调用块（FC10）将其设置成 0。继续在 FC10 中进行程序处理。

② 当 FC10 要求 MCR 功能时，必须在 FC10 内重新激活该功能。必须使用指令---(SAVE)在 BR 位中保存 RLO 的状态，以便评估调用 FB 中的错误。

③ 当完成 FC10 时，程序处理返回调用 FB。恢复 MA 位。

执行 FC10 后，根据 ENO 在调用 FB 中继续进行程序处理。

① ENO=1 表示 FC11 已处理。

② ENO=0 表示在下一个程序段中开始处理。

③ 如果也正确处理了 FC11，则 ENO=1，因此 Q4.0=1。

> **注意**：返回调用块后，不是总会再次打开以前打开的 DB。一定要仔细阅读自述文件中的注意事项。

4. CALL_SFB 调用来自框的系统 FB

调用来自框的系统 FB 指令符号如图 7-218 所示，其参数如表 7-110 所示。该符号取决于 SFB 是否带参数以及带多少个参数。它必须具有 EN、ENO 以及 SFB 的名称或编号。

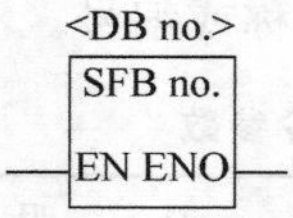

图 7-218　调用来自框的系统 FB 指令符号

表 7-110　调用来自框的系统 FB 指令参数

参数	数据类型	内存区域	说　明
EN	BOOL	I、Q、M、L、D	使能输入
ENO	BOOL	I、Q、M、L、D	使能输出
SFB 编号	BLOCK_SFB	—	SFB 编号，范围取决于 CPU
DB 编号	BLOCK_DB	—	

当 EN 为 1 时，执行 CALL_SFB（调用来自框的系统功能块）。执行 CALL_SFB 时，存储调用块的返回地址，存储两个当前数据块（DB 和背景 DB）的选择数据，由当前的本地数

据区代替以前的本地数据区，将 MA 位（有效 MCR 位）移位到 B 堆栈中，为被调用的系统功能块创建一个新的本地数据区。然后在被调用的 SFB 中继续进行程序处理。当调用 SFB (EN＝1)且没有发生错误时 ENO 为 1。

图 7-219 所示为 CALL_SFB 指令的实例，图中所示的梯形图的梯级是由用户编写的功能块中的程序段。在该 FB 中，打开 DB10，并激活 MCR 功能。当执行无条件调用 SFB8 时，发生下面的情况。

① 保存调用 FB 的返回地址，并保存 DB10 和调用 FB 的背景数据块的选择数据。

② 在 MCRA 指令中设置成 1 的 MA 位被推入到 B 堆栈中，然后被调用块（SFB8）将 MA 位设置成 0。继续在 SFB8 中进行程序处理。

③ 当完成 SFB8 时，程序处理返回调用 FB。恢复 MA 位，且用户编写的 FB 背景数据块成为当前背景 DB。

④ 当正确处理 SFB8 时，ENO＝1，因此 Q4.0＝1。注意：返回调用块后，不是总会再次打开以前打开的 DB。一定要仔细阅读自述文件中的注意事项。

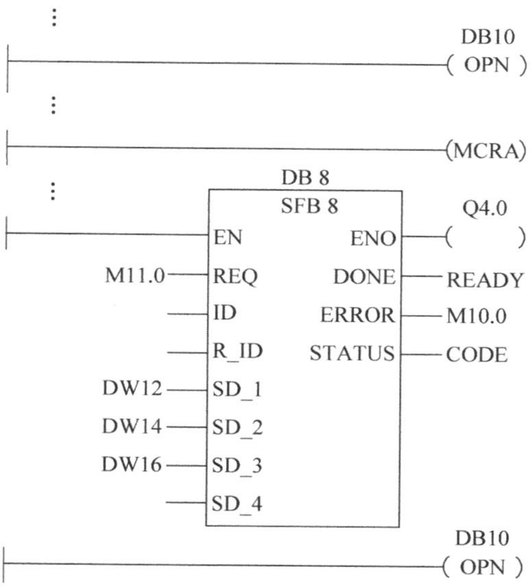

图 7-219　CALL_SFB 指令实例

> **注意**：打开 FB 或 SFB 时，会丢失以前打开的 DB 的编号。必须重新打开所要求的 DB。

5. CALL_SFC 调用来自框的系统 FC

调用来自框的系统 FC 指令符号如图 7-220 所示，其参数如表 7-111 所示。该符号取决于 SFC 是否带参数以及带多少个参数。它必须具有 EN、ENO 以及 SFC 的名称或编号。

图 7-220　调用来自框的系统 FC 指令符号

表 7-111　调用来自框的系统 FC 指令参数

参数	数据类型	内存区域	说　明
EN	BOOL	I、Q、M、L、D	使能输入
ENO	BOOL	I、Q、M、L、D	使能输出
SFC 编号	BLOCK_SFC	—	SFC 编号，范围取决于 CPU

CALL_SFC（调用来自框的系统功能）用于调用一个 SFC。当 EN 为 1 时执行调用。

当执行 CALL_SFC 时，存储调用块的返回地址，由当前的本地数据区代替以前的本地数据区，将 MA 位（有效 MCR 位）移位到 B 堆栈中，为被调用的系统功能创建一个新的本地数据区。之后在被调用的 SFC 中继续进行程序处理。当调用 SFC (EN＝1)且没有发生错误时，ENO 为 1。

图 7-221 所示为 CALL_SFC 指令实例，图中所示的梯形图的梯级是由用户编写的功能

块中的程序段。在该FB中，打开DB10，并激活MCR功能。当执行无条件调用SFC20时，发生下面的情况。

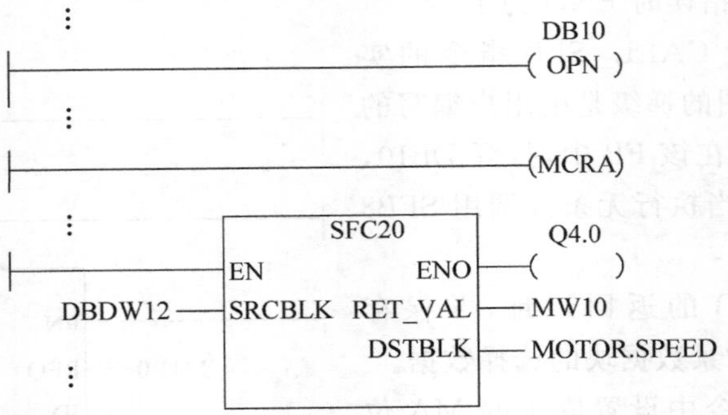

图 7-221　CALL_SFC 指令实例

① 保存调用FB的返回地址，并保存DB10和调用FB的背景数据块的选择数据。

② 在MCRA指令中设置成1的MA位被推入到B堆栈中，然后被调用块(SFC20)将MA位设置成0，继续在SFC20中进行程序处理。当完成SFC20时程序处理返回调用FB。恢复MA位。

处理SFC20后，根据ENO，在调用FB中继续进行程序处理。

① ENO=1，Q4.0=1。

② ENO=0，Q4.0=0。

注意：返回调用块后，不是总会再次打开以前打开的DB。一定要仔细阅读自述文件中的注意事项。

6. 调用多重背景

调用多重背景指令符号如图7-222所示，其参数如表7-112所示。

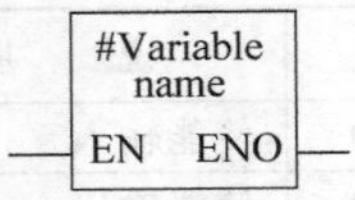

图7-222　调用多重背景指令符号

表 7-112　调用多重背景指令参数

参数	数据类型	内存区域	说　明
EN	BOOL	I、Q、M、L、D	使能输入
ENO	BOOL	I、Q、M、L、D	使能输出
#变量名	FB、SFB	—	多重背景的名称

调用多重背景指令通过声明一个数据类型为功能块的静态变量，创建一个多重背景。只有已经声明的多重背景才会包括在程序元素目录中。多重背景的符号改变取决于是否带参数以及带多少个参数。始终标出EN、ENO和变量名。

7. 调用来自库的块

可使用SIMATIC管理器中的库来选择下列块。

① 集成在CPU操作系统中的块(对于V3版本的STEP 7项目为“标准库”，对于V2版本的STEP 7项目为stdlibs (V2))。

② 由于要多次使用而自行在库中保存的块。

8. 使用 MCR 功能的重要注意事项

在使用 MCRA 激活主控制继电器的块时需注意以下两点。

① 取消激活 MCR 时，在“MCR(”和“)MCR”之间的程序段中的所有赋值都写入数值 0。这对包含赋值的所有框都有效，包括传递到块的参数在内。

② 当 MCR＜指令之前的 RLO=0 时，取消激活 MCR。

若 PLC 处于 STOP 状态或未定义的运行特征时，将处于危险状态，编译器还对在 VAR_TEMP中定义的临时变量之后的局部数据进行写访问，以计算地址。这表示下列命令序列将把 PLC 设置成 STOP 状态，或导致未定义的运行特征。

(1) 形式参数访问。

① 访问 STRUCT、UDT、ARRAY、STRING 类型的复杂 FC 参数的组件。

② 访问来自具有多重背景能力的块(V2 版本的块)的 IN_OUT 区域的 STRUCT、UDT、ARRAY、STRING 类型的复杂 FB 参数的组件。

③ 当地址高于 8180.0 时，访问具有多重背景能力(V2 版本的块)的功能块的参数。

④ 在具有多重背景能力(V2 版本的块)的功能块中访问类型为 BLOCK_DB 的参数，打开 DB0。任何后继数据访问将 CPU 设置成 STOP 模式。T0、C0、FC0 或 FB0 始终用于 TIMER、COUNTER、BLOCK_FC 和 LOCK_FB。

(2) 参数传递。

调用可传递参数的功能。

(3) LAD/FBD。

梯形图或 FBD 中的 T 分支和中线输出以 RLO=0 开始。

针对上述特征存在一些补救方法，如释放上述命令，使其与 MCR 不相关。

① 在所述语句或程序段之前，使用主控制继电器取消激活指令，取消激活主控制继电器。

② 在所述语句或程序段之后，使用主控制继电器激活指令，重新激活主控制继电器。

9. --(MCR＜)主控制继电器打开

主控制继电器打开指令符号为--(MCR＜)。--(MCR＜)(打开主控制继电器区域)在 MCR 堆栈中保存 RLO。MCR 嵌套堆栈为 LIFO(后入先出)堆栈，且只能有 8 个堆栈条目(嵌套级别)。当堆栈已满时，--(MCR＜)功能产生一个 MCR 堆栈故障(MCRF)。表 7-113 所示元素与 MCR 有关，并在打开 MCR 区域时受保存在 MCR 堆栈中的 RLO 状态的影响。

表 7-113　与 MCR 有关指令

指　　令	含　　义
--(＃)	中间输出
--()	输出
--(S)	设置输出
--(R)	复位输出
RS	复位触发器
SR	置位触发器
MOVE	分配值

MCR 指令实例如图 7-223 所示，其中 MCRA 梯级激活 MCR 功能。然后可以创建至多 8 个嵌套 MCR 区域。在此实例中有两个 MCR 区域，按以下执行该功能。

① I0.0=1(区域 1 的 MCR 打开)：将 I0.4 的逻辑状态分配给 Q4.1。

② I0.0=0(区域 1 的 MCR 关闭)：无论输入 I0.4 的逻辑状态如何，Q4.1 都为 0。

③ I0.1=1(区域 2 的 MCR 打开)：当 I0.3 为 1 时，将 Q4.0 设置成 1。

④ I0.1=0(区域 2 的 MCR 关闭)：无论 I0.3 的逻辑状态如何，Q4.0 都保持不变。

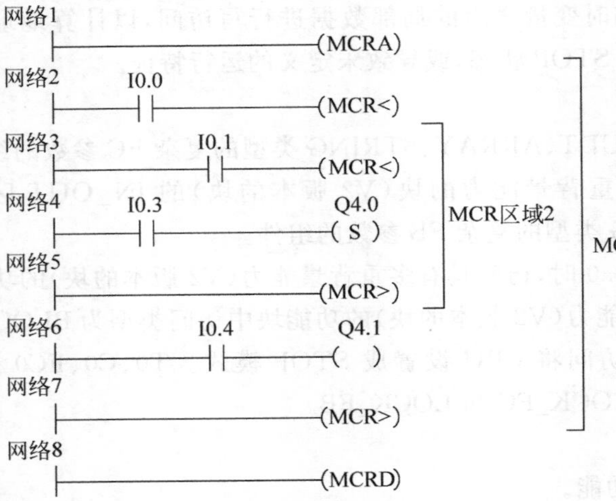

图 7-223 --(MCR<)指令实例

10. --(MCR>)主控制继电器关闭

主控制继电器关闭指令符号为--(MCR>)。--(MCR>)(关闭最后打开的 MCR 区域)从 MCR 堆栈中删除一个 RLO 条目。MCR 嵌套堆栈为 LIFO(后入先出)堆栈，且只能有 8 个堆栈条目(嵌套级别)。当堆栈已空时，--(MCR>)产生一个 MCR 堆栈故障(MCRF)。同样表 7-113 中的元素与 MCR 有关，并在打开 MCR 区域时受保存在 MCR 堆栈中的 RLO 状态的影响。

MCR 指令实例如图 7-224 所示，其中--(MCRA)梯级激活 MCR 功能，然后可以创建至多 8 个嵌套 MCR 区域。在此实例中，有两个 MCR 区域。第一个--(MCR>)(MCR 关闭)梯级属于第二个(MCR 打开)梯级。两者之间的所有梯级都属于 MCR 区域 2。按以下规则执行这些功能。

① I0.0=1：将 I0.4 的逻辑状态分配给 Q4.1。

② I0.0=0：无论输入 I0.4 的逻辑状态如何，Q4.1 都为 0。

③ I0.1=1：当 I0.3 为 1 时，将 Q4.0 设置成 1。

④ I0.1=0：无论 I0.3 的逻辑状态如何，Q4.0 都保持不变。

11. --(MCRA)主控制继电器激活

主控制继电器激活指令符号为--(MCRA)。--(MCRA)(激活主控制继电器)激活主控制继电器功能。在该命令后可以使用--(MCR<)与--(MCR>)命令编程 MCR 区域。

MCRA 指令实例如图 7-225 所示，其中 MCRA 梯级激活 MCR 功能。MCR< 和

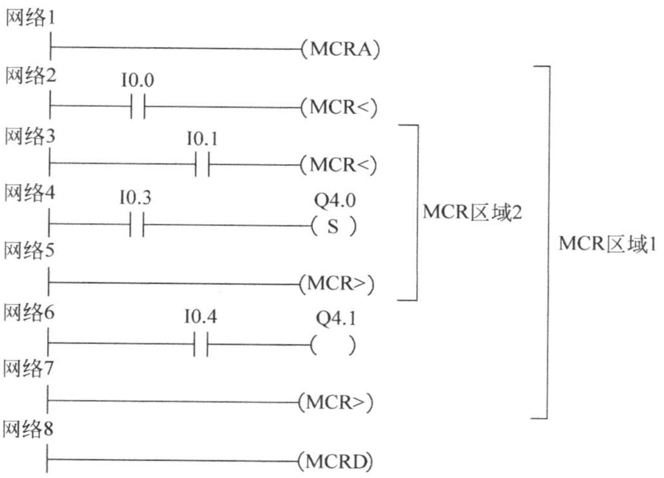

图 7-224　--(MCR＞)指令实例

MCR＞(输出 Q4.0、Q4.1)之间的梯级按以下规则执行。

① I0.0=1(MCR 打开)：当 I0.3 为逻辑 1 时将 Q4.0 设置成 1，或当 I0.3 为 0 时 Q4.0 保持不变，并将 I0.4 的逻辑状态分配给 Q4.1。

② I0.0=0(MCR 关闭)：无论 I0.3 的逻辑状态如何 Q4.0 均保持不变，无论 I0.4 的逻辑状态如何 Q4.1 均为 0。

③ 在下一个梯级中，指令--(MCRD)取消激活 MCR。这表示不能再使用指令对--(MCR＜)和--(MCR＞)编程更多的 MCR 区域。

12. --(MCRD)主控制继电器取消激活

主控制继电器取消激活指令符号为--(MCRD)。--(MCRD)(取消激活主控制继电器)取消激活 MCR 功能。在该命令后不能编程 MCR 区域。

在 MCRD 指令实例中，其中 MCRA 梯级激活 MCR 功能。MCR＜和 MCR＞(输出 Q4.0、Q4.1)之间的梯级按以下规则执行。

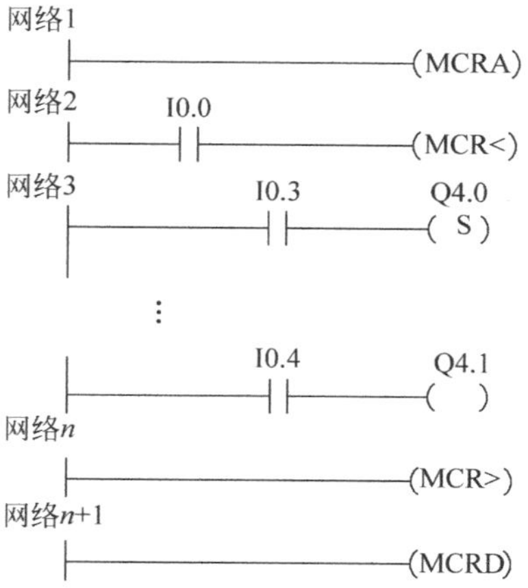

图 7-225　MCRA 指令实例

① I0.0=1(MCR 打开)：当 I0.3 为逻辑 1 时将 Q4.0 设置成 1，并将 I0.4 的逻辑状态分配给 Q4.1。

② I0.0=0(MCR 关闭)：无论 I0.3 的逻辑状态如何 Q4.0 均保持不变，无论 I0.4 的逻辑状态如何 Q4.1 均为 0。

③ 在下一个梯级中，指令--(MCRD)取消激活 MCR。这表示不能再使用指令对--(MCR<)和--(MCR>)编程更多的 MCR 区域。

13. --(RET)返回

返回指令符号为--(RET)。RET(返回)用于有条件地退出块。对于该输出，要求在前面使用一个逻辑运算。

RET 指令实例如图 7-226 所示，当 I0.0 为 1 时退出块。

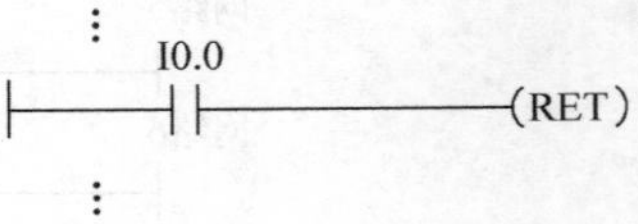

图 7-226 RET 指令实例

本章小结

本章作为学习的重点，讲解了 S7-1500 PLC 的基本指令，其中包括位逻辑指令、定时器指令、计数器指令、比较指令、转换指令、数据块指令、逻辑控制指令、数学运算指令、传递指令、移位和循环指令、状态位指令、字逻辑指令、程序控制指令。对于每一种指令的功能都作了详细的说明，并通过实例讲解指令的使用方法。

习题

7-1 S7-1500 PLC 中共有几种定时器？它们的运行方式有何不同？对它们执行复位指令后，它们的当前值和位的状态是什么？

7-2 S7-1500 PLC 中共有几种形式的计数器？对它们执行复位指令后，它们的当前值和位的状态是什么？

7-3 试设计一个 3h40min 的长延时电路程序。

7-4 编写一段程序，计算 sin120+cos10 的值。

7-5 试设计一个照明灯的控制程序。当按下接在 I0.0 上的按钮后，接在 Q0.0 上的照明灯可发光 30s，如果在这段时间内又有人按下按钮，则时间间隔从头开始。这样可确保在最后一次按完按钮后灯光可维持 30s 照明。

7-6 试设计一个抢答器电路程序。出题人提出问题，3 个答题人按动按钮，仅仅是最早按的人面前的信号灯亮。然后出题人按动复位按钮后，引出下一个问题。

7-7 设计一个对锅炉鼓风机和引风机控制的梯形图程序。控制要求如下。

(1) 开机时首先起动引风机，10s 后自动起动鼓风机。

(2) 停止时，立即关断鼓风机，经 20s 后自动关断引风机。

7-8 用 I0.0 控制接在 Q4.0～Q4.7 上的 8 个彩灯循环移位，用 T3 定时，每 0.5s 移 1 位，首次扫描时给 Q4.0～Q4.7 置初值，用 I0.1 控制彩灯移位的方向，设计出语句表程序。

第8章 PLC梯形图编程简介

CHAPTER 8

本章介绍编写梯形图时应该遵守的规则，以及在初次编程后如何对程序进行优化，并通过实例详细说明数字量控制系统常用的经验设计和顺序设计法。

数字量控制系统又称为开关量控制系统。对于数字量控制系统，应用经验法设计梯形图时没有固定的方法和步骤去遵循，具有很大的试探性和随意性，程序初步设计后，需要模拟调试或现场调试，发现问题后再有针对性地修改程序。顺序控制设计法是一种先进的设计方法，程序的调试、修改和阅读也很方便。只需正确地画出描述系统工作过程的状态切换图，一般都可以做到调试程序一次成功。

8.1 梯形图编程规则

对于使用梯形图编写PLC而言，最基本的要求是正确。保证正确、规范地使用各种指令，正确、合理地应用各类内部器件，若程序出错大多与上述问题有关。

8.1.1 梯形图编程时应遵守的规则

梯形图作为一种编程语言，编辑时需遵循一定的规则，尤其是初学者，往往要注意以下几点。

(1) 梯形图中各种符号要以左母线为起点，以右母线为终点(可以允许省略右母线)，从左向右分行绘制。每一逻辑行必须以触点输入开始，以线圈结束。每个梯形图程序段都必须以输出线圈或指令框(BOX)结束，比较指令框(相当于触点)、中间输出线圈和上升沿/下降沿线圈不能用于程序段结束。

(2) 每一行的起始触点构成该行梯形图的“执行条件”，与右母线连接的应为输出线圈或功能指令，不能为触点。一行写完，自上而下依次写入下一行。触点不能放在线圈右边；线圈一般不与左母线直接连接，通常通过触点连接(有些线圈要求布尔逻辑，即必须由触点控制，它们不能与左侧的垂直“电源线”直接相连。例如，输出线圈、置位(S)、复位(R)线圈；中间输出线圈和上升沿、下降沿线圈；计数器和定时器线圈；逻辑非跳转(JMPN)；主控继电器接通(MCR<)；将RLO存入BR存储器(SAVE)和返回线圈(RET))。如果实际应用需要由线圈开始，可以用内部辅助继电器触点(M)开始并保证运行时处于ON状态。

(3) 梯形图中使用内部元件，线圈只能使用一次，触点使用次数不受限制，可以使用多次，而且梯形图修改方便，不需动接线。PLC 中继电器的状态用存储器的位来保存，允许读取任意次。因此，在程序设计时可减少触点数目，使用较为简单的梯形图，以实现简化软件设计。

(4) 指令框的使能输出 ENO 可以与右边指令框的使能输入 EN 相连，如图 8-1 所示。

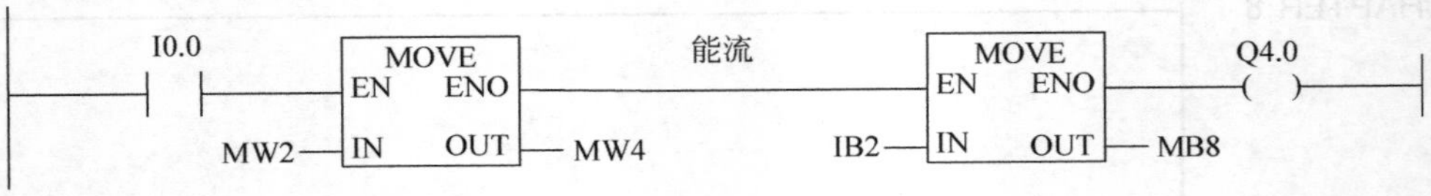

图 8-1 梯形图 1

(5) 恒 0 与恒 1 信号的生成梯形图如图 8-2 所示。

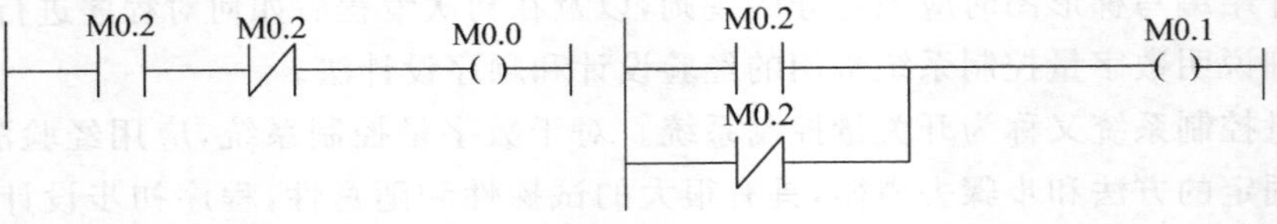

图 8-2 梯形图 2

(6) 一些线圈不能用于并联输出，如逻辑非跳转(JMPN)、跳转(JMP)、调用(CALL)和返回(RET)。

(7) 如果分支中只有一个元件，删除这个元件则整个分支也同时被删除。删除一个指令框，该指令框主分支外的所有布尔输入分支都将被删除。

(8) 能流只能从左向右流动，不允许生成使能流向相反方向流动的分支。例如，在图 8-3 中，I0.2 的常开触点断开时，能流流过 I0.3 的方向是从右向左的，这是不允许的。从本质上讲，该电路不能用触点的串、并联指令来表示。

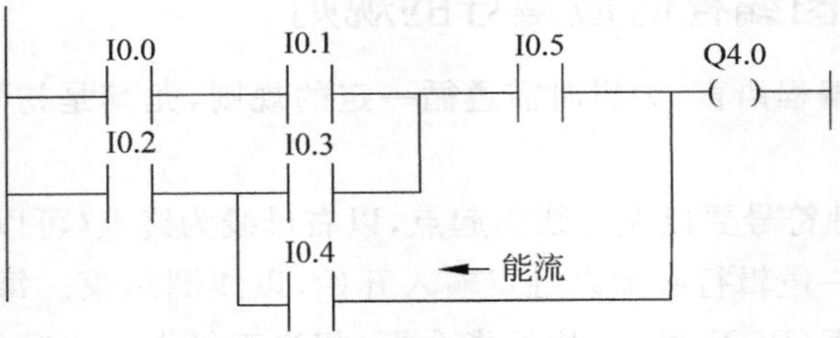

图 8-3 错误的梯形图

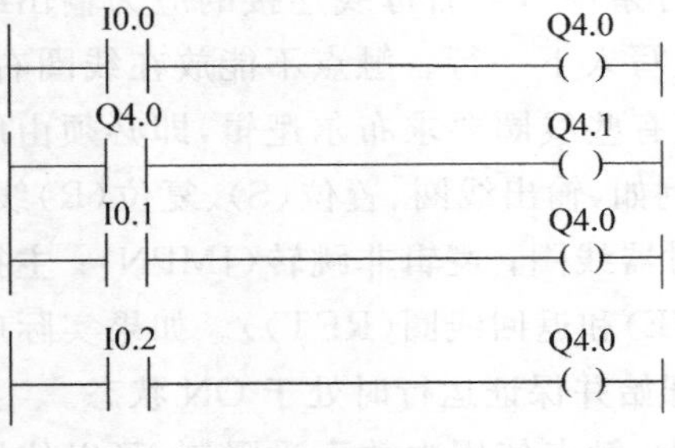

图 8-4 线圈重复输出程序

(9) 不允许生成引起短路的分支。

(10) 同编号的输出线圈使用两次以上，则认为线圈重复输出，如图 8-4 所示。最后一个条件为最优先，结果见表 8-1。

有些线圈不允许布尔逻辑，即这些线圈需连接左侧垂直地“电源线”，如主控继电器激活(MCRA)、主控继电器关闭(MCRD)和打开数据块(OPN)。

表 8-1 线圈重复输出结果

序　号	I0.0	I0.1	I0.2	Q4.0	Q4.1
1	0	0	0	0	0
2	1	1	1	1	1
3	1	1	0	0	1
4	1	0	1	1	1
5	1	0	0	0	1
6	0	1	1	1	0
7	0	1	0	0	0
8	0	0	1	1	0

8.1.2 梯形图程序优化

用户程序的优劣对程序长短和运行时间都有较大的影响。对于同样的系统，不同用户编写的程序可能会在语句长短和运行时间上存在很大的差距。因此，对于初次写完的程序一般都需要进一步优化处理。对梯形图程序优化一般从以下几个方面着手。

1. 串联支路的调整

当若干支路并联时，应将具有串联触点的支路放在上面，这样可省略程序执行时的堆栈操作，减少指令步数，优化过程如图 8-5(a)所示；当若干支路串联时，应将具有并联触点的支路放在前面，目的同样是省略程序执行时堆栈操作，减少指令步数，优化过程如图 8-5(b)所示。

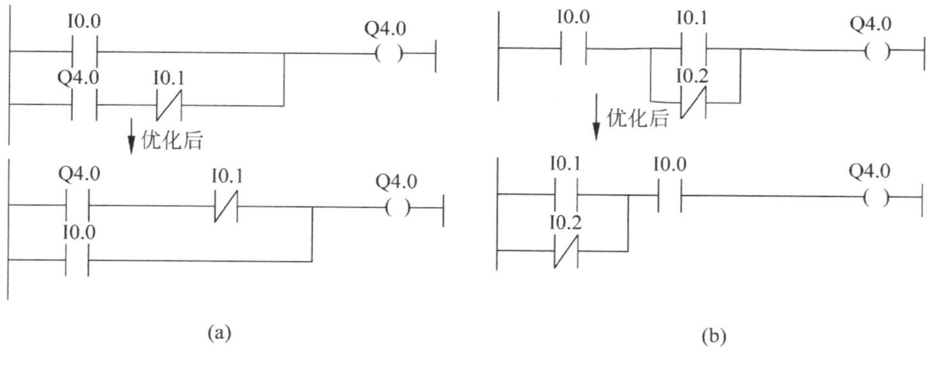

图 8-5 串联支路优化

2. 并联支路的调整

梯形图中的触点应该画在水平线上，不能画在垂直分支上。在图 8-6(a)中，如果触点 M0.5 被画在垂直线上，很难正确识别它与其他触点的关系，也难以判断通过触点 M0.5 对输出线圈的控制方向。因此，可以根据能流自左至右、自上而下流动的原则和对输出线圈 Q0.0 的几种可能控制路径，修改为图 8-6(b)所示的双信号流向梯形图。

3. 使用内部继电器

程序设计时需要多次使用若干逻辑运算的组合，应尽量使用内部继电器。这样不仅可

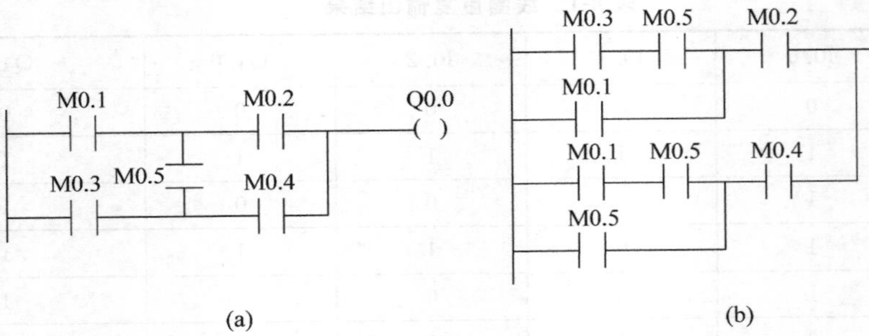

图 8-6 并联支路优化

以简化程序，减少指令步数，更能在逻辑运算条件需要修改时，只调整内部继电器的控制条件，而无须动所有程序，为程序的修改与调整带来了便利。优化过程如图 8-7 所示，其中图 8-7(a)未使用内部继电器，图 8-7(b)使用 M0.0 表示 I0.0、I0.1 与 I0.2 的逻辑运算结果。

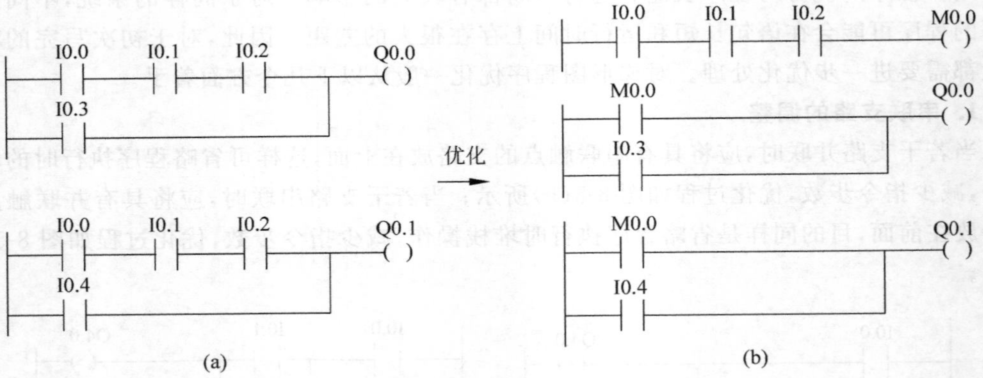

图 8-7 使用内部继电器

8.2 经验设计法

PLC 控制线路有经验和顺序两种设计方法。经验设计法没有固定的方法和步骤可遵循，设计者依据各自的经验和习惯进行设计，具有一定的试探性和随意性。

1. PLC 程序的经验设计法

在 PLC 发展的初期，沿用了设计继电器电路图的方法来设计梯形图程序，即在已有的典型梯形图基础上，根据被控对象的控制要求，不断修改和完善梯形图。有时需要反复调试和修改梯形图，不断增加中间编程元件和触点，直到最后才能得到一个满意的结果。这种方法没有普遍的规律可循，与设计所用的时间、设计的质量和编程者自身的经验有很大的关系，因此这种编程方法通常称为经验设计法，主要适用于逻辑关系较为简单的梯形图程序。

利用经验设计法设计 PLC 程序大致包括以下几个步骤。

(1) 分析实际的控制要求，选择合适的控制原则。

(2) 设计主令元件和检测元件,确定输入输出设备。

(3) 设计执行元件的控制程序。

(4) 不断检查修改程序,直至程序完善。

2. 经验设计法的特点

经验设计法适用于一些比较简单的程序,可以收到快速、简单的效果。但是这种方法主要依赖于设计人员的主观经验,对设计者的要求比较高,特别要求设计者具有一定的实践经验,且对工业控制系统和工业常见的典型环节比较熟悉。由于经验设计法无规律可遵循,具有很大的尝试和随意性,经常需要反复修改和完善才能达到设计要求,所以设计结果不统一,也不规范,一旦用来设计复杂系统程序,往往会出现下列问题。

(1) 考虑不周,设计麻烦,设计周期长。

使用经验设计法设计复杂系统梯形图时,需要大量的中间元件完成记忆、联锁、互锁等功能,由于需要考虑众多因素,它们彼此往往交织在一起,分析起来十分困难,并且容易造成遗漏。修改程序时,某一局部变动很可能会对系统的其他程序造成意想不到的影响,这期间费时费力,难以得到一个满意的结果。

(2) 梯形图的可读性差,系统维护困难。

经验设计法得到的梯形图是按照设计者的经验和习惯思路进行设计的。因此,即使是设计者的同行,想要分析这种程序也非常困难,而对于维修人员,分析难度更大,这对于未来PLC系统的维护和升级均造成了很大的麻烦。

3. 常闭触点输入信号的处理

前面的章节提及,输入的数字量信号均由外部常开触点提供,但在有些实际系统中,输入信号只能由常闭触点提供,而触点类型与继电器电路中的刚好相反,对于熟悉继电器电路的用户来说很不习惯,而将继电器电路“转换”为梯形图时也很容易出错。因此,在应用经验设计法时需要特别注意常闭触点输入信号,为了使梯形图和继电器电路中触点的常开/常闭类型相同,尽可能采用常开触点作为系统的输入信号。如果某些信号只能用常闭触点输入,可以将输入全部按常开触点来设计,然后将梯形图中相应输入位触点改为相反的触点,即常开触点改为常闭触点,常闭触点改为常开触点。

8.3 顺序控制设计法

对于复杂程序,尤其是具有选择或分支结构的程序,顺序设计法比经验设计法具有明显的优势。

8.3.1 顺序控制设计法概述

顺序控制,顾名思义,就是按照生产工艺预先规定的顺序,在各个输入信号的作用下,根据内部状态和时间顺序,各个执行机构在生产过程中自动有序地操作。使用顺序控制设计法时,首先根据系统的工艺过程画出状态切换图(状态切换图是描述控制系统控制过程、功能和特征的一种图形,也是设计PLC顺序控制程序的有力工具),然后根据状态切换图画出梯形图。

顺序控制设计法是一种先进的设计方法,容易被初学者所接受,而对于有经验的工程师，也可提高设计效率，节约大量的时间。此外，完成设计的程序调试、修改和阅读也都很方便。只要能正确地画出系统工作过程的状态切换图即可做到调试程序一次成功。

8.3.2 过程与动作

1. 过程

顺序控制设计法最基本的思想是将系统的一个工作周期划分为若干顺序相连的阶段，这些阶段称为过程，然后用编程元件(如存储器为M)来代表各个过程。过程主要根据输入量的ON/OFF状态变化来划分，在任一过程内各输出量的状态不变，但是相邻两过程输出量总的状态是不同的。过程的这种划分方法使得代表过程的编程元件状态与各输出量状态之间有着极为简单的逻辑关系。

图8-8(a)所示为某刨床进给运动的示意图、输入输出信号时序图，为方便起见，将几个脉冲输入信号波形画在一个图中。设动力滑台的初始位置停在左边，限位开关I0.3为1状态，Q4.0～Q4.2是控制动力滑台运动的3个电磁阀。按下起动按钮后，动力滑台的一个工作周期由快进、工进、暂停和快退组成，返回初始位置后停止运动。根据Q4.0～Q4.2的ON/OFF状态变化，一个工作周期可划分为快进、工进、暂停和快退4个过程，此外还应设置等待起动的初始过程，可分别用M0.0～M0.4来表示这5个过程。图8-8(b)是描述该系统的状态切换图，矩形方框表示过程，方框中可用数字表示各过程的编号，也可以用代表过程的存储器位地址作为过程编号，如M0.0等，这样可以方便地将状态切换图转换为梯形图。

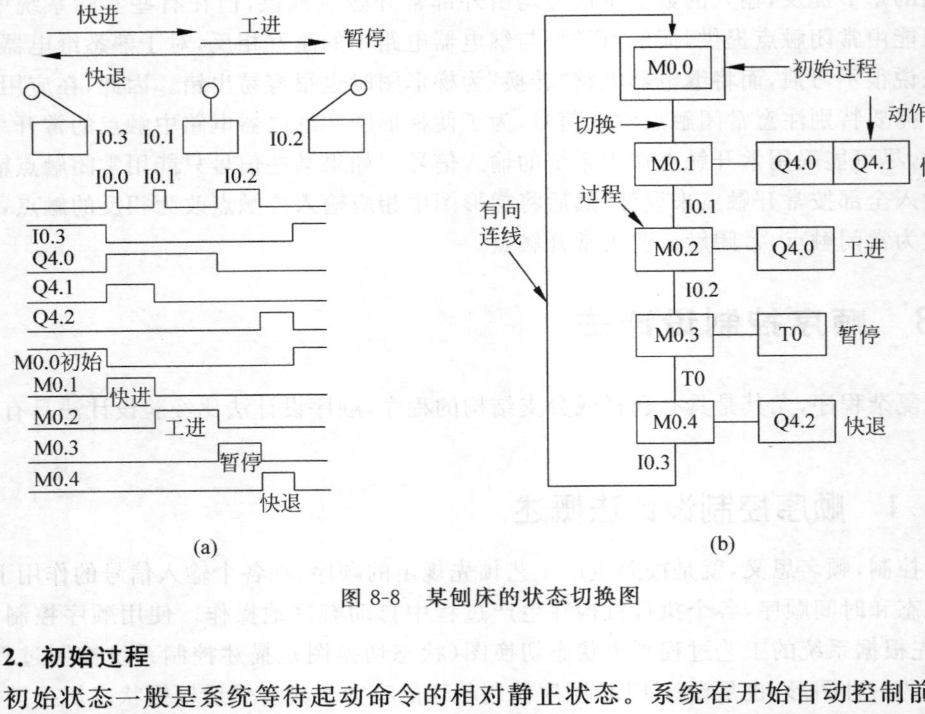

图8-8 某刨床的状态切换图

2. 初始过程

初始状态一般是系统等待起动命令的相对静止状态。系统在开始自动控制前，首先进入规定的初始状态，与初始状态相对应的过程称为初始过程。在状态切换图中，初始过程用双线方框表示，一般情况下其个数至少为1。

3. 与过程对应的动作或命令

一个控制系统可以划分为被控与施控系统。例如，在数控机床中，数控装置是施控系统，而车床是被控系统。对于被控系统，在某一过程中要完成某些动作(Action)，对于施控系统，在某一过程中要向被控系统发出指令(Command)。为了叙述方便，下面将指令和动作统称为动作，并用矩形框中的文字或符号来表示动作，矩形框与相对应的过程框之间用水平短线连接。

如果某一过程有几个动作，可用图 8-9 所示的两种方法画出，但是并不表示这些动作之间的任何顺序。当系统处于某一过程所在的阶段，该过程处于工作状态，则称该过程为"活动过程"。过程处于活动状态时，相应的动作被执行；过程处于非活动状态时，相应的非存储型动作被停止执行。

图 8-9　多个动作

说明指令语句应清楚地表明该动作是存储型还是非存储型。非存储型动作"打开 1 号阀"是指该过程处于活动状态时打开 1 号阀，当不活动时关闭 1 号阀。非存储型动作与它所在的过程是"同生共死"的。例如，图 8-8 中 Q4.2 与 M0.4 的波形完全相同，同时处于 0 状态或 1 状态。对于存储型动作"打开 1 号阀并保持"，是指动作的过程处于活动状态时 1 号阀被打开；该过程转为不活动时 1 号阀继续打开，直到某一过程中 1 号阀被复位。在表示动作的方框中，可以用 S 与 R 分别表示对存储型动作的置位(如打开阀门并保持)和复位(如关闭阀门)。

图 8-8 中处于暂停过程 M0.3 时，PLC 的所有输出量均为 0 状态。接通延时定制器 T0 用来给暂停过程定时，处于暂停过程时 T0 线圈一直通电，切换到下一个过程后 T0 线圈断电。从 T0 的功能上来讲，它的线圈相当于暂停过程的一个非存储型动作。基于此，可以将某一过程的接通延时定时器放在与过程相连的动作框内，表示定时器线圈在该过程内"通电"。

8.3.3　有向连线

在状态切换图中，随着时间的推移和切换条件的实现，过程的活动状态将会发生改变，这种变化按照有向连线规定的路线和方向前进。在绘制状态切换图时，将代表各过程的方框按照活动的先后次序依次排列，并用有向连线将它们连接起来。一般约定，将过程的活动状态进展方向按照自上而下或自左而右的顺序排列。若在垂直或水平方向上，过程的方框依次排列，则有向连线上的箭头可以省略；否则应在有向连线上用箭头表明过程进展方向。有时为了便于理解和学习，连线方向均由箭头标注。

有时在画图中，有向连线必须中断。例如，在复杂系统图或几个图组成的状态切换图中，应在有向连线中断处标明下一个过程的标号和所在位置。

8.3.4 切换和切换条件

状态切换图中的切换采用与有向连线垂直的短画线表示，如图 8-10 所示。切换将相邻两个过程隔开，过程的活动状态进展由切换来实现，并与控制过程的发展相对应。

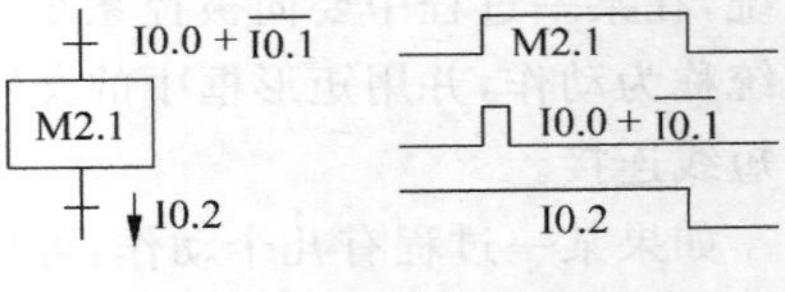

图 8-10 切换与切换条件

使系统由当前过程进入下一个过程的信号称为切换条件。切换条件可以是外部输入信号，如按钮、指令开关、限位开关的接通或断开等；也可以是 PLC 内部产生的信号，如定时器、计数器的触点等触发的；还可能是若干信号的或、与、非逻辑运算等。

顺序控制设计法采用切换条件控制各过程的编程元件，使它们的状态按一定的顺序变化，进而用编程元件控制 PLC 的各输出位。

切换条件是与切换相关的逻辑命题，切换条件可以用文字语言来描述。例如，"触点 A 与触点 B 同时闭合"，可以在表示切换的短线旁边用布尔代数表达式来表示，如图 8-10 所示的 I0.0+$\overline{\text{I0.1}}$。

在图 8-10 中，高电平表示过程 M2.1 处于活动状态，反之则用低电平表示；切换条件 I0.0 表示当 I0.0 为 1 时切换实现，切换条件$\overline{\text{I0.1}}$表示 I0.1 为 0 时切换实现；切换条件 I0.0+$\overline{\text{I0.1}}$表示 I0.1 的常开触点闭合或 I0.1 的常闭触点闭合时切换实现；梯形图中两个触点的并联表示它们的"或"逻辑关系；符号↑I0.2 和↓I0.2 分别表示当 I0.2 从状态 0 变为 1 和从状态 1 变为 0 时实现切换。实际上，切换条件↑I0.2 和 I0.2 是等效的，因为当 I0.2 由状态 0 变为 1 时（即在 I0.2 的上升沿），切换条件 I0.2 也会马上起作用。

在图 8-8 中，切换条件 T0 相当于接通延时定时器 T0 的常开触点，即在 T0 定时时间截止时切换条件满足。

8.3.5 状态切换图的基本结构

1. 单序列

单序列由一系列相继激活的过程组成，每个过程的后面仅有一个切换，每一个切换的后面也只有一个过程，如图 8-11(a)所示。单序列的特点是没有分支与合并。

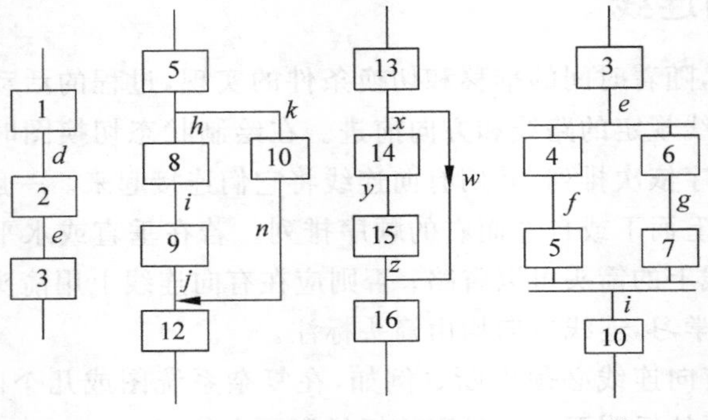

图 8-11 单序列、选择序列和并行序列

2. 选择序列

选择序列的开始称为分支，如图 8-11(b)所示，切换符号只能标注在水平连线之下。如果过程 5 处于活动装填，且切换条件 $h=1$，那么由过程 5→8 的进展会触发；如果过程 5 处于活动状态，且 $k=1$，就会发生过程 5→10 的进展。

过程 5 之后的选择序列分支处，每次只允许选择一个序列，如果将选择条件 k 改为 $k\bar{h}$，那么当 k 与 h 同时为 ON 时，将优先选择 h 对应的序列。

选择序列的结束称为合并，几个选择序列合并到一个公共序列处，采用与需要重新组合的序列数相同的切换符号及水平连线来表示，切换符号只允许标注在水平连线之上。如图 8-11(b)所示，如果过程 9 是活动的，且切换条件 $j=1$，就会发生由过程 9→12 的进展；如果过程 10 是活动的，且 $n=1$，则发生由过程 10→12 的进展。

若某一选择序列的一个分支上没有过程，但必须有一个切换，这种结构称为“跳过程”，如图 8-11(c)所示，跳过程是选择序列的一种特殊情况。

3. 并行序列

并行序列的开始称为分支，如图 8-11(d)所示，当切换实现后导致几个序列同时激活时，这些序列称为并行序列。并行序列用来表示系统中几个独立部分同时工作的情况。如果过程 3 处于活动状态，且切换条件 $e=1$，4 与 6 两个过程同时成为活动状态，同时 3 将变为不活动过程。为了强调切换的同过程实现，水平连线用双线表示。过程 4、6 被同时激活后，每个序列中活动过程的进展是相互独立的。

并行序列的结束称为合并，如图 8-11(d)所示，在表示同过程的水平双线之下，只允许有一个切换符号。当直接连在双线上的所有前级过程(5 和 7)都处于活动状态且切换条件 $i=1$ 时，才会发生过程 5 和 7 到过程 10 的进展，即 5 和 7 同时变为不活动过程，而 10 变为活动过程。

8.3.6 切换实现的基本原则

1. 切换实现的条件

在状态切换图中，过程活动状态的进展是由切换来实现的。切换实现必须同时满足两个条件，即该切换所有的前级过程都是活动的；相应的切换条件得到满足。

如果切换的前级过程或后续过程都不止一个，切换的实现称为同时实现，如图 8-12 所示。为了强调同时实现，有向连线的水平部分用双线表示。

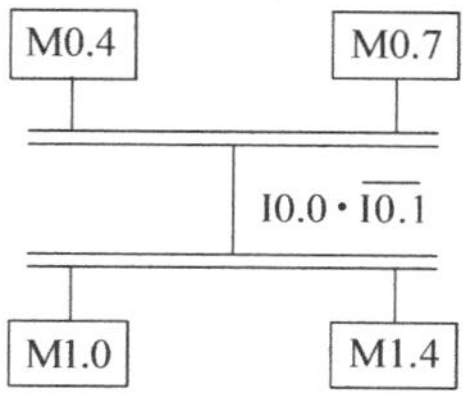

图 8-12 切换的同过程实现

2. 切换实现应完成的操作

切换实现时应完成以下两个操作。

(1) 使所有由有向连线与相应切换符号相连的后续过程都变为活动过程。

(2) 使所有由有向连线与相应切换符号的前级过程都变为不活动过程。

以上规则适用于任意结构中的切换，区别在于单序列中一个切换仅有一个前级过程和一个后续过程；在选择序列的分支与合并处，一个切换也只有一个前级过程和一个后续过程，但是一个过程可能会有多个前级过程或多个后续过程；在并行序列的分支处，切换有几个后续过程，在切换实现时应同时将对应的编程元件置位，在并行序列的合并处切换有几个前级过程，它们均为活动过程时才能实现切换，在切换实现后应将对应的编程元件全部复位。

切换实现的基本原则是根据状态切换图设计梯形图，适用于状态切换图中的各种基本结构，也是设计顺序控制梯形图各种方法的基础。

在梯形图中，用编程元件（如存储器为M）来代表过程，当某过程处于活动状态时，所对应的编程元件状态为1。当该过程之后的切换条件满足时，切换条件所对应的触点或电路接通，可将该触点或电路与前级所有过程的编程元件常开触点串联，作为同时满足切换实现条件所对应的电路。例如，图8-12中切换条件的布尔逻辑代数表达式为$I0.0 \cdot \overline{I0.1}$，其前级过程分别用M0.4和M0.7表示，因此将I0.1的常闭触点和I0.0、M0.4和M0.7的常开触点串联，作为切换实现的两个条件同时满足所对应的电路。在梯形图中，该电路接通后，应使所有代表前级过程的编程元件（M0.4、M0.7）复位，并将所有代表后续过程的编程元件（M1.0、M1.4）置位（变为1状态并保持），完成上述任务后的电路将做进一步处理。

绘制状态切换图时会出现一些常见的错误，应注意以下事项。

(1) 两个过程绝对不能直接相连，必须用一个切换将它们隔开。

(2) 两个切换不能直接相连，必须用一个过程将它们隔开。

(3) 状态切换图中的初始过程一般对应于系统等待起动的初始状态，这一过程可能没有输出处于ON状态，因此在画图时很容易遗留。然而初始过程必不可少，一方面该过程与相邻过程相比，从总体上讲输出变量的状态各不相同；另一方面，如果没有该过程，无法表示初始状态，系统也无法返回停止状态。

(4) 自动控制系统应能多次重复执行统一工艺过程，因此在状态切换图中应具备由过程和有向连线组成的闭环，即完成一次工艺过程的全部操作后，应从最后一过程返回初始过程，使系统停留在初始状态（单周期操作，见图8-8，当连续循环工作时，将从最后一个过程返回下一个工作周期开始运行的第一个过程）。

(5) 如果选择有断电保持功能的存储器位（M）来代表顺序控制图中的位，当外部电源突然断电时，可以保存当时的活动过程所对应的存储器地址。系统重新上电后，可以马上从断电瞬时的状态开始继续运行。如果采用没有断电保持功能的存储器位代表各过程，进入RUN工作方式时，它们均处于OFF状态，必须在OB100中将初始过程预置为活动过程；否则状态切换图中没有活动过程，系统将无法工作。如果系统有自动、手动两种工作方式，状态切换图是用来描述自动工作过程的，这时还应在系统由手动进入自动工作方式时，使用一个适当的信号将初始过程置为活动过程，并将非初始过程置为不活动过程。

8.3.7 顺序控制设计法的本质

顺序控制设计法用输入量I控制代表各过程的编辑元件（如存储器位M），再用编辑元件以控制输出量Q，具体如图8-13所示。过程是根据输出量Q的状态进行划分的，M与Q之间具有简单的逻辑“与”关系，输出电路的设计极为简单。任何复杂系统中代表过程的M存储器位的控制电路设计方法均相同，并且容易掌握，所以顺序控制设计法具有简单、规范和通用等优点。由于M是依次顺序变为状态1的，所以实际上基本解决了经验设计法中的记忆和联锁等问题。

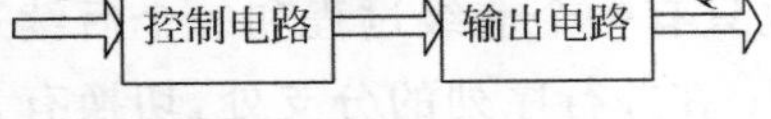

图8-13 信号关系图

本章小结

本章内容集中在如何应用梯形图编程，介绍了梯形图编程的规则及梯形图程序的优化，重点阐述了两种程序设计法，即经验控制设计法和顺序可控制设计法；对于两种方法的优、缺点进行了对比，相对而言经验设计法主观性较强，依赖于编程者的以往经验，因此重点介绍了顺序控制设计法，并详细叙述了顺序控制设计法的程序设计步骤。

习题

8-1　梯形图编程时应遵守哪些规则？

8-2　对梯形图程序进行优化的目的是什么？

8-3　顺序控制法的本质是什么？

8-4　在用顺序控制法设计程序时容易忽略哪些因素？

8-5　经验设计法和顺序设计法的优、缺点是什么？

8-6　请将下列不可编程的梯形图根据信号流方向对其进行重新编排，使其成为可编程的梯形图。

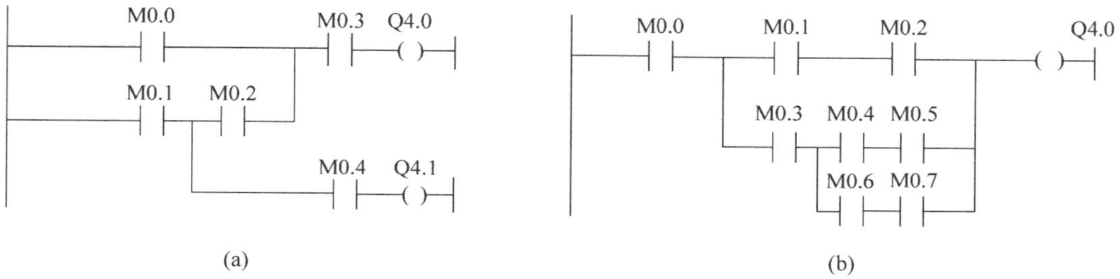

图 8-14　习题 8-6 图

第 9 章 PLC 基本数字电路程序

CHAPTER 9

任何复杂的 PLC 程序都是由基本的数字电路程序扩展和(或)组合而成。本章主要介绍 12 个基本数字电路程序,以演示如何利用 PLC 指令完成程序设计。

9.1 自锁和互锁电路

自锁和互锁电路是梯形图控制程序中最基本的环节,其中自锁电路在 PLC 程序中常用于起停控制;互锁电路是指包含两个或两个以上输出线圈电路,同一时间最多只允许一个输出线圈通电,目的是避免由线圈所控制的对象同时动作。

9.1.1 自锁电路

自锁电路的梯形图如图 9-1 所示,当只按下起动按钮时,I0.0 常开触点和 I0.1 常闭触点均闭合,Q4.0 线圈"通电",其常开触点同时闭合,保证 Q4.0 线圈持续"通电",只要按下停止按钮,I0.1 常闭触点打开,Q4.0 线圈才"断电"。自锁电路时序图如图 9-2 所示。

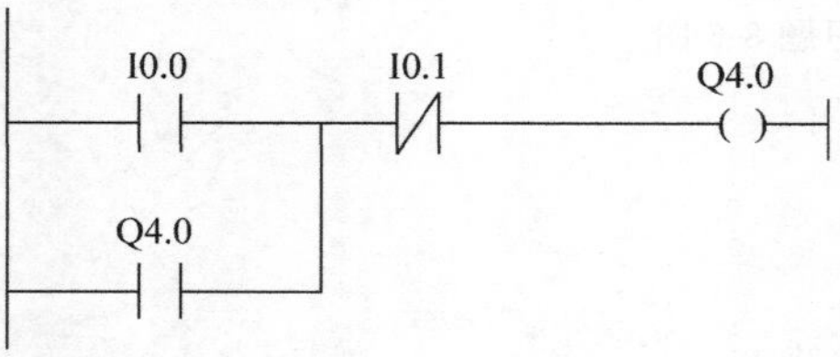

图 9-1 自锁电路梯形图

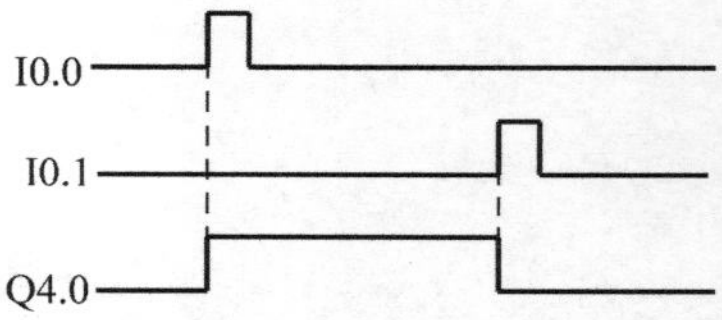

图 9-2 自锁电路时序图

自锁电路梯形图中,I0.0 常开触点作为起动开关,I0.1 常闭触点作为停止开关,Q4.0 常开触点用于自锁。自锁电路常用于自复式开关作起动开关,或者只接通一个扫描周期的触点起动一个连续动作的控制电路。

9.1.2 互锁电路

互锁电路梯形图如图 9-3 所示,当只按下起动按钮 I0.1 时,I0.1 常开触点和 I0.2 常闭触点均闭合,Q4.1 线圈"通电",其常闭触点同时断开,因此,即使 I0.3 常开触点和 I0.2 常闭触点闭合,Q4.2 线圈也不会"通电"。只有当 I0.2 常闭触点断开,Q4.1 线圈"断电"后,再按下起动按钮 I0.3，I0.3 常开触点和 I0.2 常闭触点均闭合，Q4.2 线圈才“通电”，其常闭触点同时断开。同样，此时即使 I0.1 常开触点和 I0.2 常闭触点均闭合，Q4.1 线圈也不会“通电”。互锁电路时序图如图 9-4 所示。

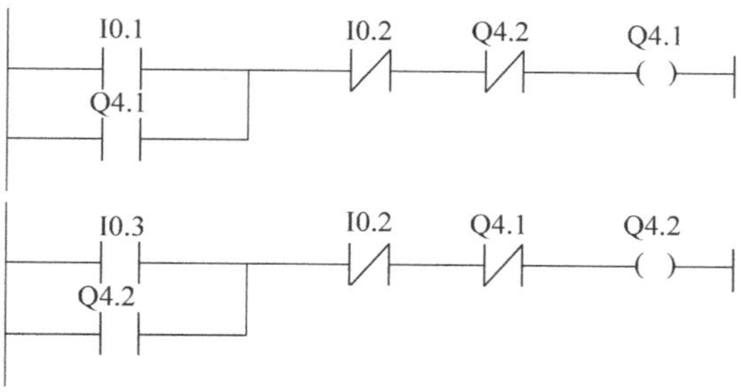

图 9-3 互锁电路梯形图

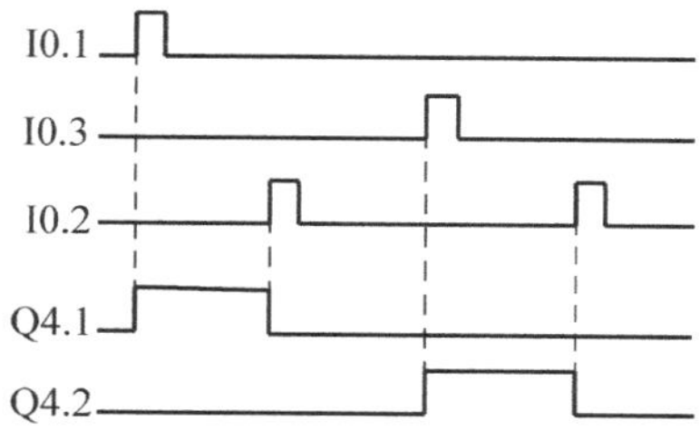

图 9-4 互锁电路时序图

互锁电路梯形图中，Q4.1 和 Q4.2 的常闭触点分别与对方的线圈串联在一起，只要任何一个输出线圈“通电”，另一个输出线圈就不能“通电”，从而保证了任何时间任何操作两者均不能同时起动，这种控制称为互锁控制，Q4.1 和 Q4.2 常闭触点称为互锁触点。互锁控制常用于两个或两个以上的被控对象不允许同时动作的情况，如电动机的正、反可控制等。

9.2 起动、保持和停止电路

起动、保持和停止电路简称起保停电路，在梯形图中有着广泛的应用。应用工程中可以根据不同的控制要求选择不同的起保停电路；而在实际电路中，起动、停止信号可由多个触点组成的串、并联电路提供。

设计硬件继电器电路图的方法可以借鉴来设计一些简单的数字量控制系统的梯形图，可在一些典型的电路基础上，根据被控对象的具体要求不断修改、调试和完善梯形图。因此，电工手册中常用的继电器电路图可以作为设计梯形图的参考电路。

9.2.1 复位优先型起保停电路

复位优先型起保停电路梯形图如图 9-5 所示，起动按钮和停止按钮提供的信号 I0.0 和 I0.1 为 1 状态的时间很短，一旦按下起动按钮，I0.0 常开触点和 I0.1 常闭触点均闭合，Q4.0 线圈“通电”，其常开触点同时闭合，起动按钮得到释放，I0.0 常开触点断开，能流经 Q4.0 常开触点和 I0.1 常闭触点流进 Q4.0，即自锁功能的实现。当按下停止按钮时，I0.1 常闭触点断开，使 Q4.0 线圈“断电”，其常开触点也断开。即便停止按钮得到释放，I0.1 常闭触点恢复闭合状态，Q4.0 线圈也依然“断电”。当再次按下起动按钮时，上个周期的触点重新动作，Q4.0 线圈会再次“通电”。

复位优先型起保停电路的功能可以用图 9-6 所示的 S(置位)和 R(复位)指令来实现，也可以用图 9-7 所示的 SR 置位复位触发器指令框来实现，图 9-8 所示为复位优先起保停电路的逻辑时序图。由图可以发现，当同时按下起动和停止按钮时，程序执行 Q4.0 线圈复位。

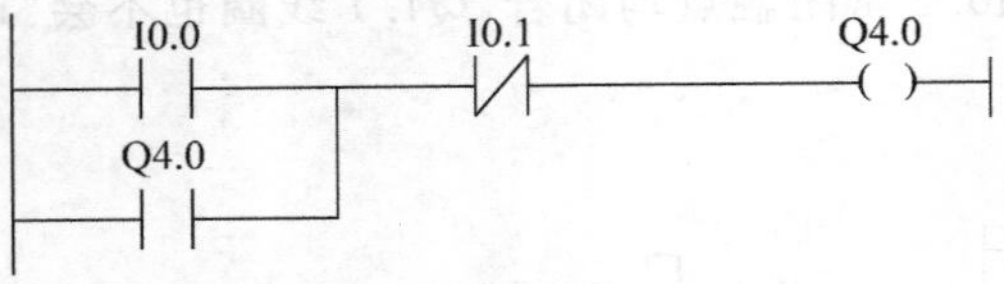

图 9-5　起保停电路

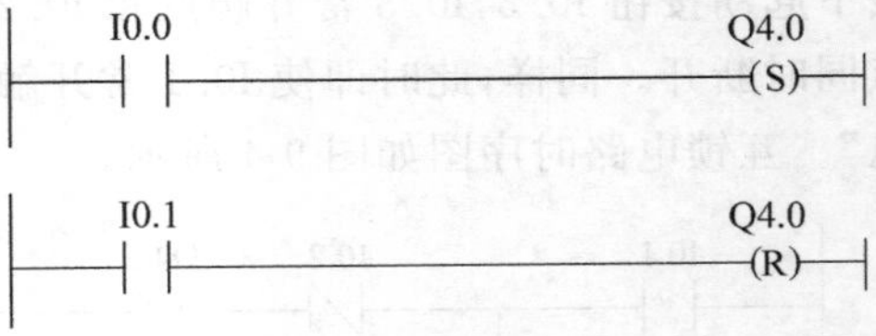

图 9-6　置位复位电路

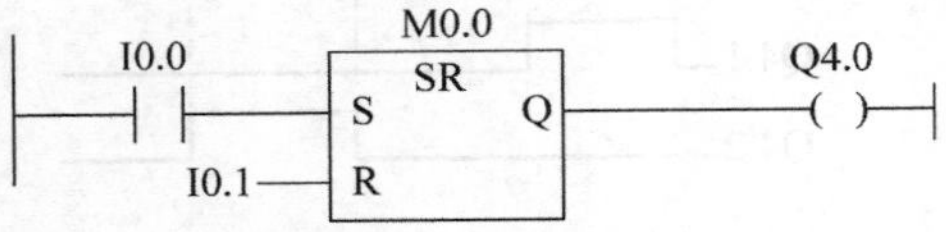

图 9-7　SR 触发器电路

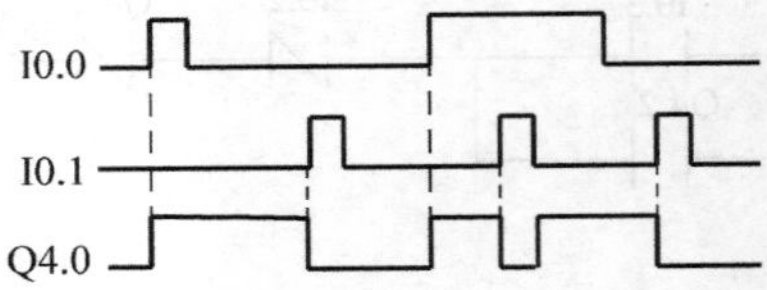

图 9-8　复位优先型起保停电路时序图

9.2.2　置位优先型起保停电路

置位优先型起保停电路梯形图如图 9-9 所示，当单独按下起动按钮或停止按钮时，功能等同于复位优先型起保停电路。当按下起动按钮时，I0.0 常开触点和 I0.1 常闭触点闭合，Q4.0 线圈“通电”，其常开触点同时闭合，能流经 Q4.0 常开触点流入 Q4.0 线圈，线圈“通电”；若按下停止按钮，I0.1 常闭触点断开，Q4.0 线圈“断电”。

置位优先起保停电路的功能可由图 9-10 所示的 R(复位)和 S(置位)指令来实现，也可用图 9-11 所示的 RS 置位复位触发器指令框来实现。从图 9-12 所示的置位优先型起保停电路逻辑时序图可以发现，当起动按钮和停止按钮同时按下时程序执行 Q4.0 置位。

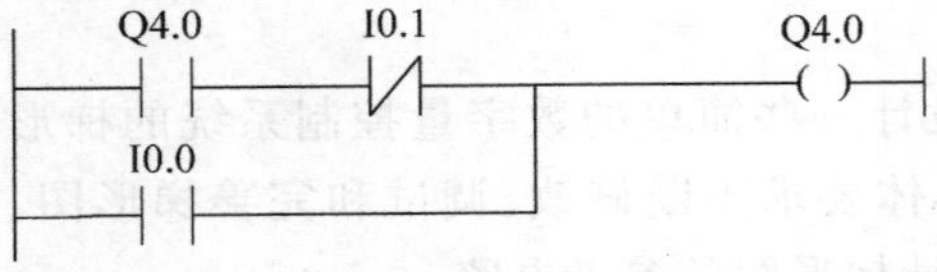

图 9-9　起保停电路

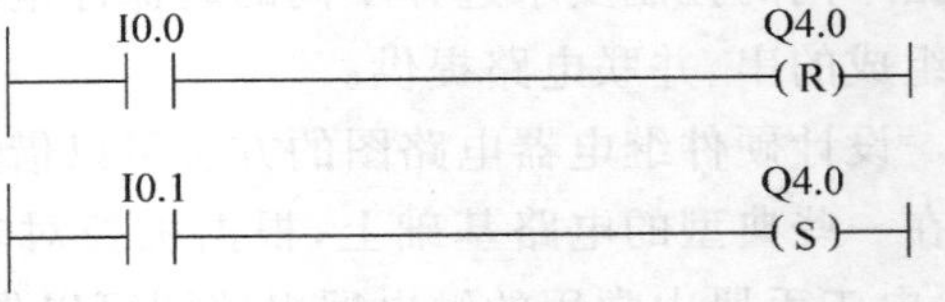

图 9-10　置位复位电路

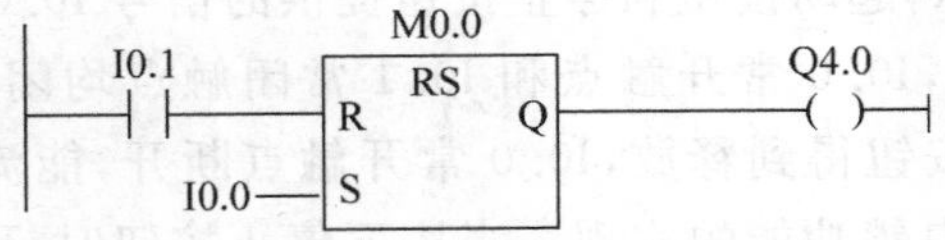

图 9-11　RS 触发器电路

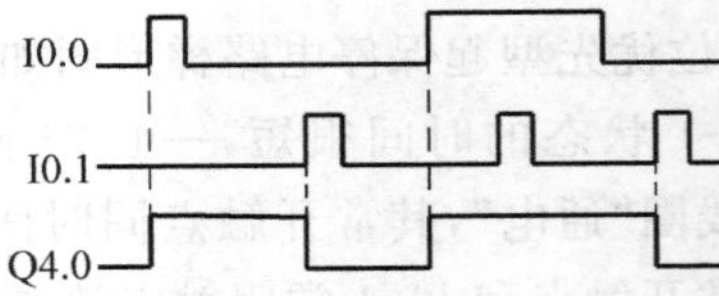

图 9-12　置位优先型起保停电路时序图

9.3　瞬时接通/延时断开电路

瞬时接通/延时断开电路要求在输入信号有效时立即有输出，而当停止信号有效时，输出信号延迟一段时间才停止。

瞬时接通/延时断开电路的梯形图如图 9-13 所示，当按下起动按钮时，I0.0 常开触点闭合，Q4.0 线圈“通电”并自锁；当按下停止按钮时，I0.1 常开触点闭合，定时器线圈“得电”并开始计时，3s 定时结束后，定时器 T0 的常闭触点断开，Q4.0 线圈“断电”。瞬时接通/延时断开电路的时序图如图 9-14 所示。

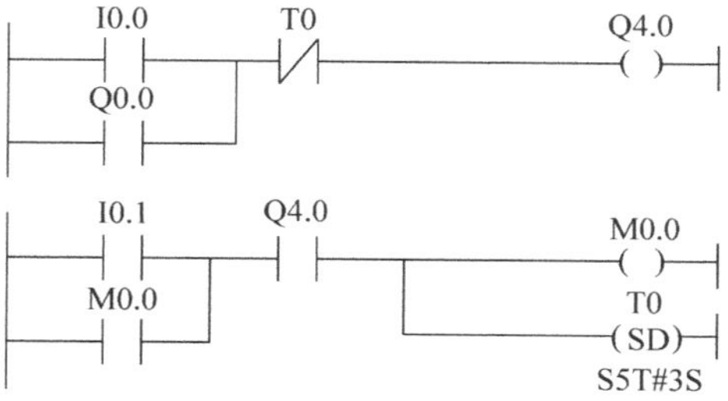

图 9-13　瞬时接通/延时断开电路的梯形图

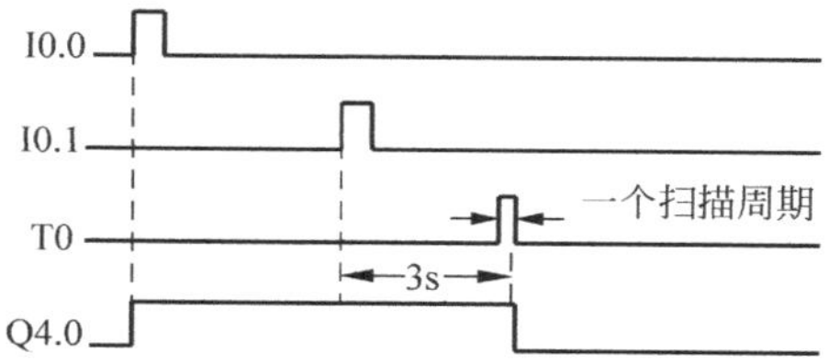

图 9-14　瞬时接通/延时断开电路的时序图

瞬时接通/延时断开电路中 Q4.0 线圈延时“断电”时间，可以通过修改定时器 T0 的时间来实现。实例中采用最通用的接通延时定时器完成控制要求，瞬时接通/延时断开电路可以采用断开延时定时器等其他定时器来实现，读者可以自行编辑梯形图。

9.4　延时接通/延时断开电路

延时接通/延时断开电路要求在输入信号有效时延时一段时间后才有输出，当停止信号有效时，输出信号也延时一段时间才停止。与瞬时接通/延时断开相比，延时接通/延时断开多加了一个输入延时。

延时接通/延时断开电路的梯形图如图 9-15 所示，当按下起动按钮时，I0.0 常开触点闭合，M0.0 线圈“通电”并自锁，同时起动定时器 T0，T0 线圈“得电”；直到 T0 的定时时间 2s 结束后，T0 的常开触点闭合，Q4.0 线圈才“通电”；当按下停止按钮时，定时器 T1 开始计时，计时时间 5s 过后，定时器 T1 常闭触点断开，Q4.0 线圈断电。延时接通/延时断开电路的时序图如图 9-16 所示。

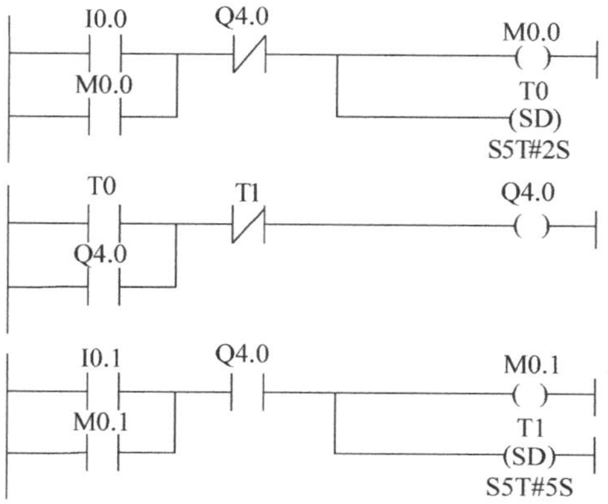

图 9-15　延时接通/延时断开电路的梯形图

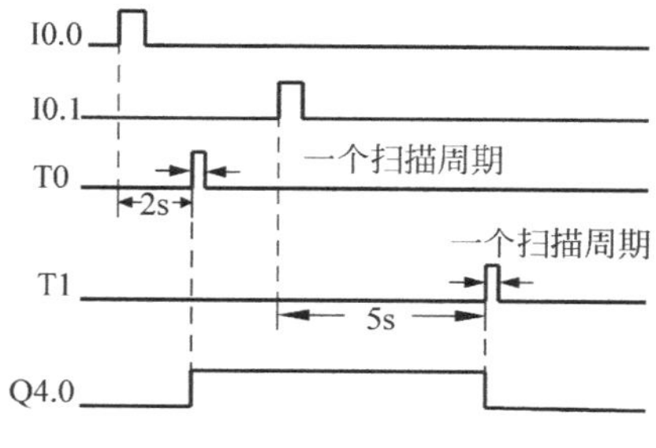

图 9-16　延时接通/延时断开电路的时序图

延时接通/延时断开电路中，Q4.0 线圈延时“通电”和延时“断电”时间可分别通过修改定时器 T0 和 T1 的设定时间来实现。实例中采用最通用的接通延时定时器完成控制要求，瞬时接通/延时断开电路可以采用断开延时定时器等其他定时器来实现，读者可以自行编辑梯形图。

9.5 长时间定时电路

每一种 PLC 定时器都有其最大计时上限，S7 系列 PLC 定时器的最大计时时间为 9990s 或 2h46m30s，但是某些控制场合时间要求较长，超过了定时器的定时范围，此时就需要使用多个定时器组合或定时器与计数器组合的方式实现长时间定时。本节举两个例子加以说明，读者可举一反三采用其他方法实现。

9.5.1 多个定时器组合的长时间定时电路

多个定时器组合的长时间定时电路梯形图如图 9-17 所示，当按下起动按钮时，I0.0 常开触点闭合，Q4.0 线圈“通电”并自锁，同时起动定时器 T0；定时时间 2h 到达，定时器 T0 常开触点闭合，起动定时器 T1；定时时间 2h46m30s 后，定时器 T1 常闭触点断开，则 Q4.0 线圈“断电”。多个定时器组成的长时间定时电路时序图如图 9-18 所示。

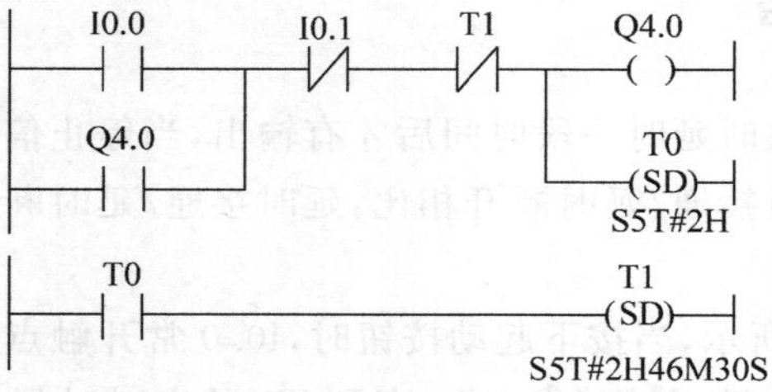

图 9-17 多个定时器组合的长时间定时电路梯形图

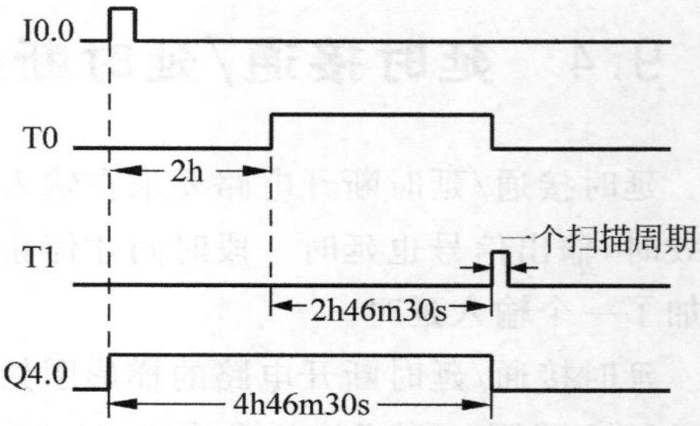

图 9-18 多个定时器组合的长时间定时电路时序图

多个定时器组合的长时间定时电路中，Q4.0 线圈“通电”的时间是由定时器 T0 和 T1 共同定时实现的，总的定时时间为两者的定时时间之和，即 Q4.0 线圈“通电”时间为 2h＋2h46 m30s＝4h46m30s。实例中时间是通过控制 Q4.0 线圈接通后长时间“通电”而实现的，也可应用于延时接通等实例中，具体读者可以自行编辑梯形图。

9.5.2 定时器和计数器组合的长时间定时电路

定时器和计数器组合的长时间定时电路的梯形图如图 9-19 所示，当按下起动按钮时，I0.0 常开触点闭合，计数器 C0 当前值预置为 10，C0 的常开触点闭合，M0.0 线圈“通电”并自锁，M0.0 常开触点闭合，Q4.0 线圈“通电”；同时起动定时器 T0，定时时间 2h 到时，定时器常开触点闭合，计数器 C0 加 1，定时器 T0 常闭触点断开一个扫描周期，定时器 T0 再次重新起动；如此循环，当计数器当前值达到设定值 10 后，计数器 C0 当前值变为 0，C0 的常开触点断开，M0.0 线圈“断电”，M0.0 常开触点断开，Q4.0 线圈断电。定时器和计数器组合的长时间定时电路的时序图如图 9-20 所示。

定时器和计数器组合的长时间定时电路中，Q4.0 的“通电”时间是由定时器 T0 和计数器 C0 共同实现的，总的定时时间设定为定时器与计数器的乘积，即 Q4.0“通电”时间＝

2h×10=20h，其中扫描周期很短，可以忽略不计。实例中控制 Q4.0 线圈瞬时接通并长时间“通电”的信号完成长时间定时，也可应用于延时接通等实例中，读者可自行编辑梯形图。

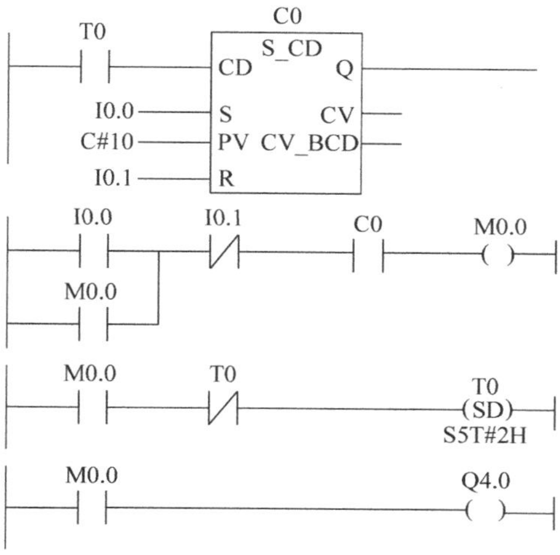

图 9-19　定时器和计数器组合的长时间定时电路梯形图

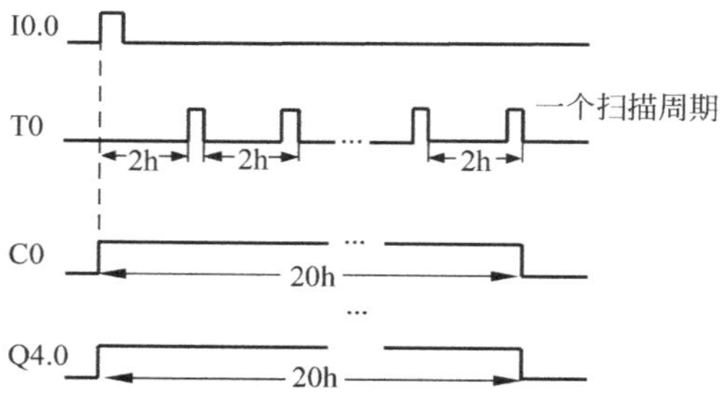

图 9-20　定时器和计数器组合的长时间定时电路时序图

9.6　振荡电路

振荡电路主要利用定时器实现周期脉冲触发，且可根据需要灵活地改变占空比。振荡电路又称闪烁电路，常用于报警、娱乐等场所，可以控制灯光的闪烁频率、通断时间比等，还可以控制电铃、蜂鸣器等。

振荡电路的梯形图如图 9-21 所示，当按下起动按钮时，I0.0 常开触点闭合，M0.0 线圈“通电”并自锁，M0.0 常开触点闭合，Q4.0 线圈“通电”；同时起动定时器 T0，定时时间 2s 到达后，定时器 T0 常开触点闭合，起动定时器 T1；定时时间 3s 达到后，定时器 T1 的常闭触点被触发一个扫描周期，定时器 T0 重新起动；如此循环往复，直到按下停止按钮时，I0.1 常闭触点打开，M0.0 线圈“断电”，M0.0 常开触点断开，Q4.0 线圈“断电”。振荡电路时序图如图 9-22 所示。

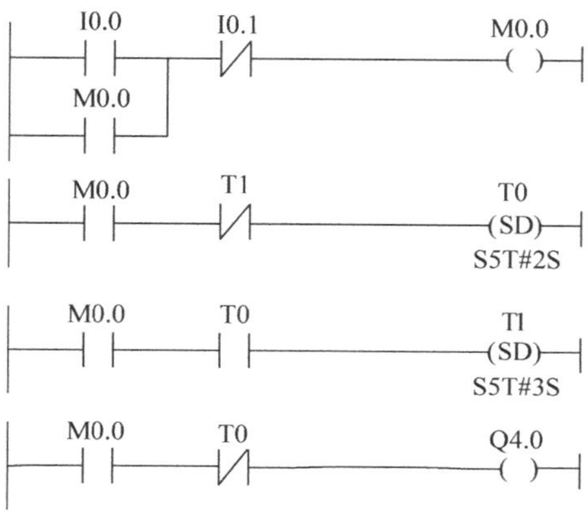

图 9-21　振荡电路梯形图

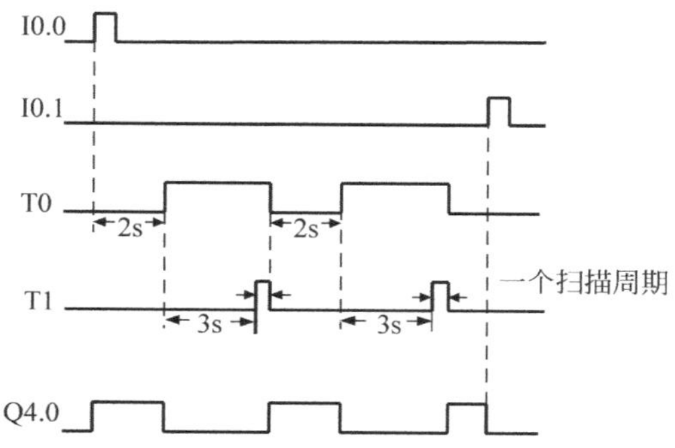

图 9-22　振荡电路时序图

9.7 脉冲发生电路

振荡电路也可看作脉冲发生电路，用于改变电路的频率与时间比，主要通过改变脉冲发生电路的频率与脉冲宽度实现，实际应用中，根据需要可以设计多种脉冲发生器。

9.7.1 顺序脉冲发生电路

顺序脉冲发生电路梯形图如图 9-23 所示，当按下起动按钮时，I0.0 常开触点闭合，M0.0线圈“通电”并自锁，Q4.0 线圈“通电”，同时起动定时器 T0；定时时间 1s 到时，定时器 T0 常开触点闭合，常闭触点断开，Q4.0 线圈“断电”，Q4.1 线圈“通电”，起动定时器 T1；定时时间 2s 达到后，定时器 T1 常开触点闭合，常闭触点断开，Q4.1 线圈“断电”，Q4.2 线圈“通电”，起动定时器 T2；定时时间 3s 到时，定时器 T2 常闭触点断开一个扫描周期，使其 T0 重新起动，Q4.2 线圈“断电”，Q4.0 线圈“通电”；如此往复循环，直到按下停止按钮时，I0.1 常闭触点断开，M0.0 线圈“断电”，M0.0 常开触点断开，Q4.0、Q4.1、Q4.2 线圈“断电”。顺序脉冲发生电路的时序图如图 9-24 所示。

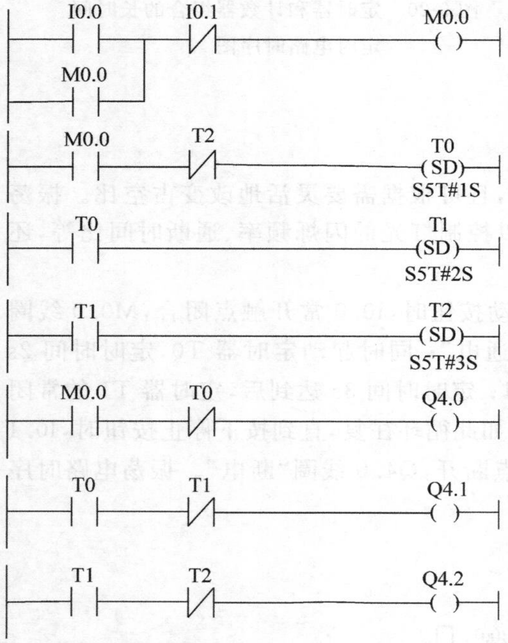

图 9-23 顺序脉冲发生电路梯形图

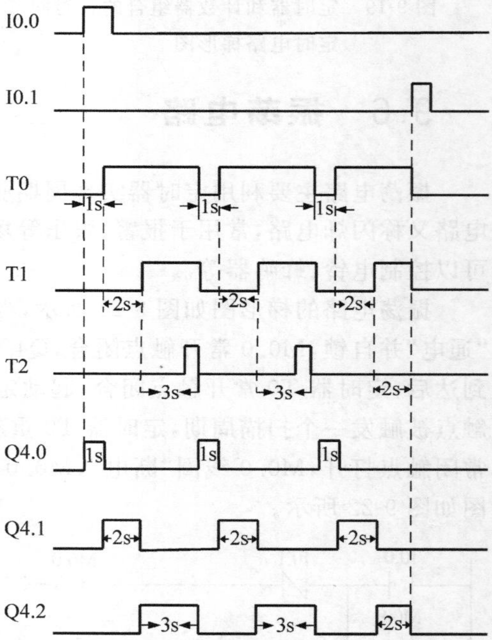

图 9-24 顺序脉冲发生电路的时序图

9.7.2 脉冲宽度可控制电路

在输入信号宽度不规范的情况下，若要求在每一个输入信号的上升沿产生一个宽度固定的脉冲，且脉冲宽度可调节，同时，若输入信号的两个上升沿之间的宽度小于脉冲宽度，则忽略输入信号的第二个上升沿。

脉冲宽度可控电路梯形图如图 9-25 所示，当按下起动按钮时，I0.0 常开触点闭合，M0.0线圈“通电”并自锁，Q4.0 线圈“通电”，同时起动定时器 T0；定时时间 2s 到时，定时器 T0 常闭触点断开，M0.0 线圈“断电”，Q4.0 线圈也“断电”。脉冲宽度可控制电路的时序图如图 9-26 所示。

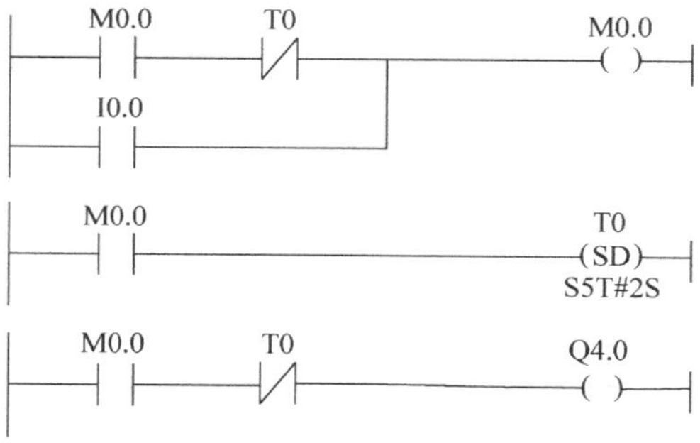

图 9-25 脉冲宽度可控制电路梯形图

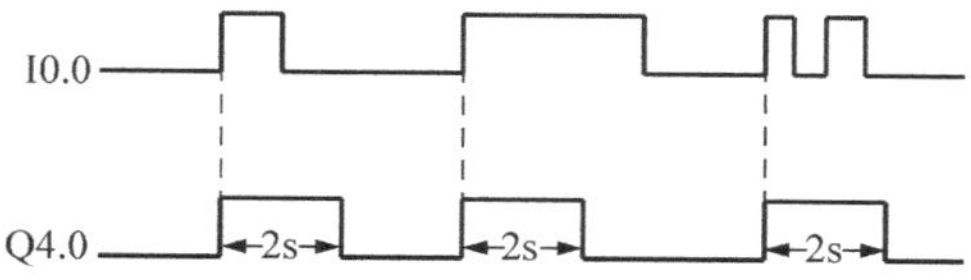

图 9-26 脉冲宽度可控电路的时序图

脉冲宽度可控制电路中，采用输入信号的上升沿触发，将 I0.0 的不规则输入信号转化为瞬时触发信号，Q4.0 信号宽度可由定时器 T0 控制，且宽度不受输入信号 I0.0 接通时间的影响。

9.7.3 延时脉冲产生电路

延时脉冲产生电路要求在输入信号延迟一段时间后产生一个脉冲信号，该电路常用于获取起动或关闭信号。

延时脉冲产生电路梯形图如图 9-27 所示，当按下起动按钮时，I0.0 常开触点闭合，M0.0线圈“通电”并自锁，同时起动定时器 T0；定时时间 10s 到时，定时器 T0 常开触点闭合，Q4.0 线圈“通电”，Q4.0 常闭触点断开，M0.0 线圈“断电”，定时器 T0 常开触点断开，Q4.0 线圈“断电”，延时脉冲产生电路的时序图如图 9-28 所示。

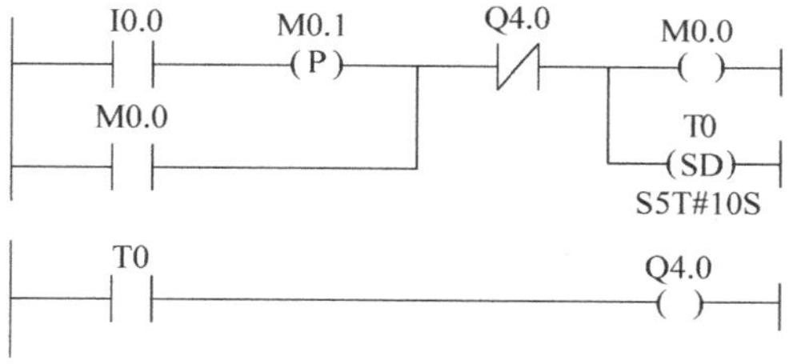

图 9-27 延时脉冲产生电路梯形图

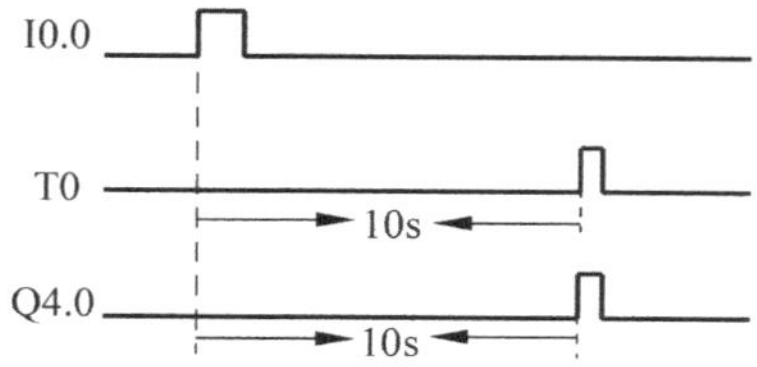

图 9-28 延时脉冲产生电路的时序图

延时脉冲产生的电路采用输入信号的上升沿触发，Q4.0 的延时时间由定时器 T0 控制，Q4.0 线圈“通电”时间仅为一个扫描周期，读者可根据需要加以调整。

9.8 计数器应用电路

本节主要举例说明如何使用计数器，并对某些控制场合要求计数范围较大时，如何采用多个计数器组合来实现控制目的做简单介绍。

9.8.1 计数器应用电路

计数器应用电路主要实现 10 次 2s 方波发生器的控制，梯形图如图 9-29 所示，当按下产生方波的按钮时，I0.0 常开触点闭合，计数器 C1 当前值预置为 10，C0 的常开触点闭合，

M0.0 线圈“通电”并自锁，M0.0 常开触点闭合，Q4.0 线圈“通电”，同时起动定时器 T0；定时时间 1s 到时，定时器 T0 常开触点闭合，Q4.0 线圈“断电”，计数器 C0 加 1，起动定时器 T1；定时时间 1s 到时，定时器 T1 常闭触点断开一个扫描周期，定时器 T0 重新起动，如此循环，当计数器当前值达到设定值 10 之后，计数器 C0 当前值为 0，C0 的常开触点断开，M0.0 线圈“断电”，M0.0 常开触点断开，Q4.0 线圈“断电”。计数器应用电路的时序图如图 9-30所示。

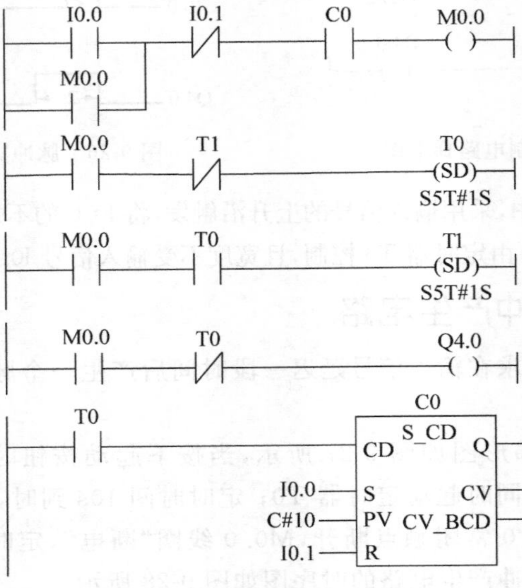

图 9-29 计数器应用电路梯形图

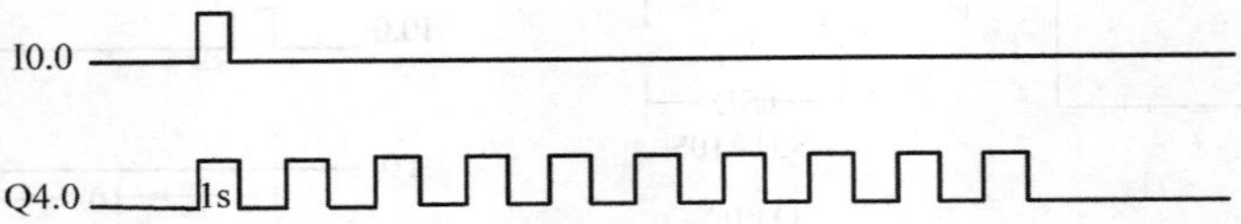

图 9-30 计数器应用电路的时序图

计数器应用电路中，若输出连续信号灯，则当按下起动按钮后，输出端产生 1s 高电平、1s 低电平的方波信号，经过 10 个周期后，输出端为低电平，信号灯闪亮 10 次，显示输出端信号的变化过程。任意时间复位开关闭合则输出端产生低电平，信号灯灭，计数器输出值为 0。实例中计数器也可由加法计数器实现，读者可自行思考。

9.8.2 多个计数器的延时电路

与定时器相同，每一种 PLC 计数器都有最大计数上限，S7 系列 PLC 计数器的最大计数值为 999，当实际需要的值超过计数器的计数范围时，可采用多个计数器组合的方式实现大范围计数。多个计数器组成的延时电路梯形图如图 9-31 所示，当按下起动按钮时，I0.0 常开触点闭合，计数器 C0 当前预置值为 10，C0 的常开触点闭合，计数器 C1 当前预设值为 20，C1 的常开触点闭合，Q4.0 线圈“通电”并自锁，Q4.0 常开触点闭合，同时起动定时器 T0；定时器时间 2h 到达时，定时器 T0 常开触点闭合，计数器 C0 加 1，定时器 T0 常闭触点断开一个扫描周期，定时器 T0 重新起动，如此循环；当计数器 C0 当前值达到设定值 10 后，计数器 C0 当前值为 0，C0 的常开触点断开，C0 的常闭触点闭合，计数器 C1 加 1，计数器 C0 重新预置为 10，如此循环；当计数器 C1 当前值达到设定值 10 后，Q4.0 线圈“断电”。多个计数器组成的延时电路时序图如图 9-32 所示。

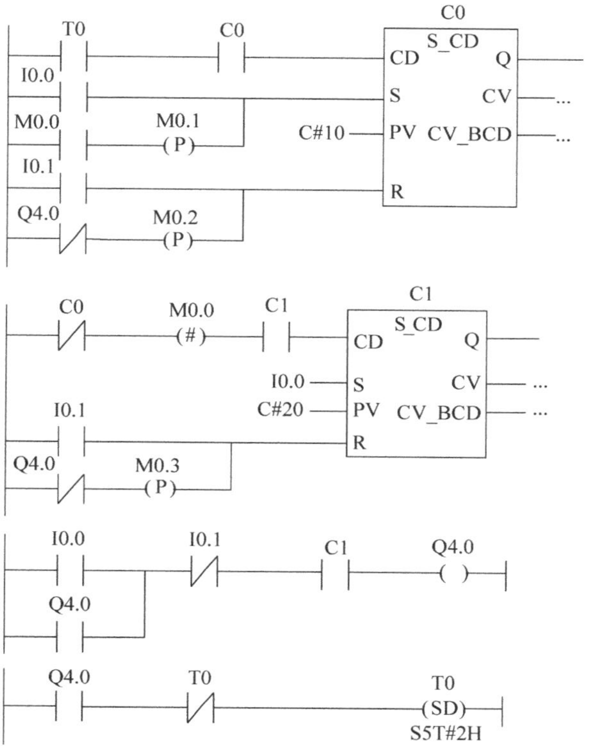

图 9-31　多计数器组成的延时电路梯形图

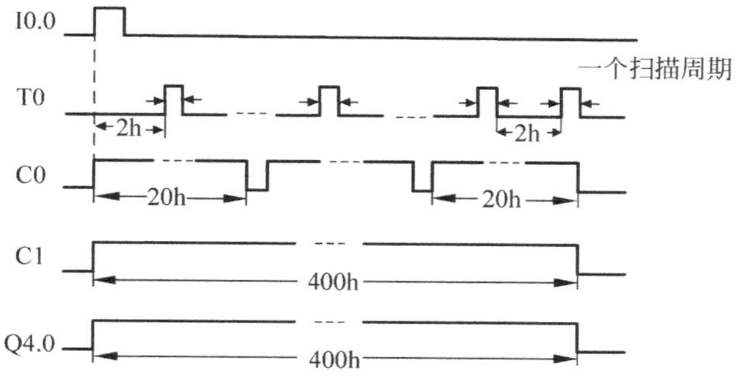

图 9-32　多计数器组成的延时电路时序图

在图 9-31 中，Q4.0 的“通电”时间是由定时器 T0、计数器 C0 和计数器 C1 共同定时实现的，总的定时时间为定时器与计数器之积，即 Q4.0“通电”定时时间 $=2h\times10\times20=400h$，其中扫描周期很短，可以忽略不计。例子中控制的是 Q4.0 线圈瞬时接通并长时间“通电”的信号，也可应用到延时接通等实例中。

9.9 分频电路

在许多控制场合中需要对控制信号进行分频处理，以二分频为例，如图 9-33 所示，将脉冲输入信号 I0.0 分频输出，脉冲输出信号 Q4.0 即为 I0.0 的二分频。分频电路梯形图中没有定时器和计数器，结构相对简单，读者可自行分析。分频电路的时序图如图 9-34 所示。

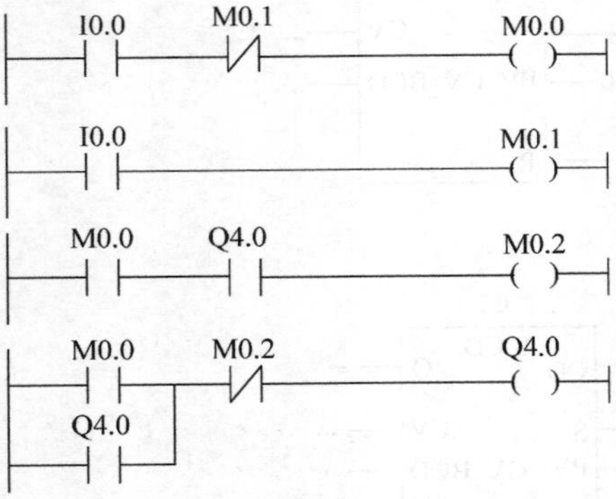

图 9-33 分频电路梯形图

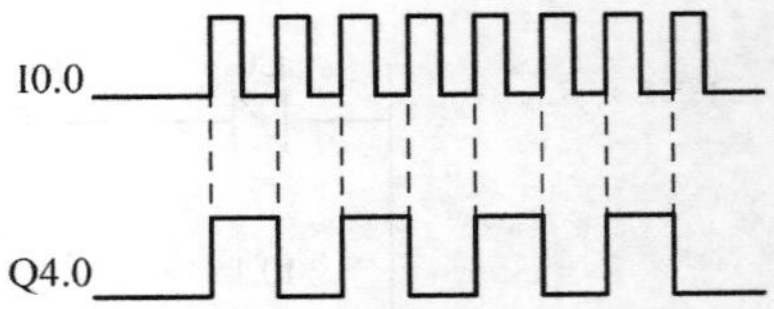

图 9-34 分频电路的时序图

9.10 比较电路(译码电路)

比较电路能按预先设定的输出要求对输入信号进行组合，接通某一输出电路，实现对输入信号的译码。

比较电路的梯形图如图 9-35 所示，比较电路较为简单，没有定时器和计数器，读者可自行分析。

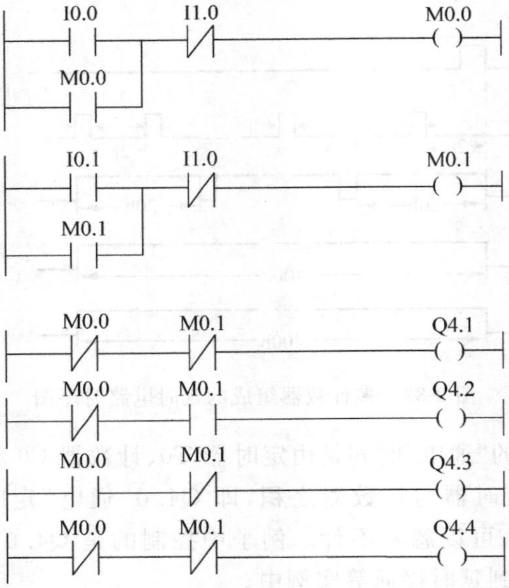

图 9-35 比较电路梯形图

9.11 优先电路

优先电路是互锁电路的扩展，常用于多个故障检测系统中。当一个故障产生后，会接连导致其他故障，这时就需要判断出到底哪一个故障最先出现，便于分析现场的故障并及时有效地排除。

优先电路的梯形图如图 9-36 所示，优先电路结构较为简单，没有定时器和计数器，读者可自行分析。

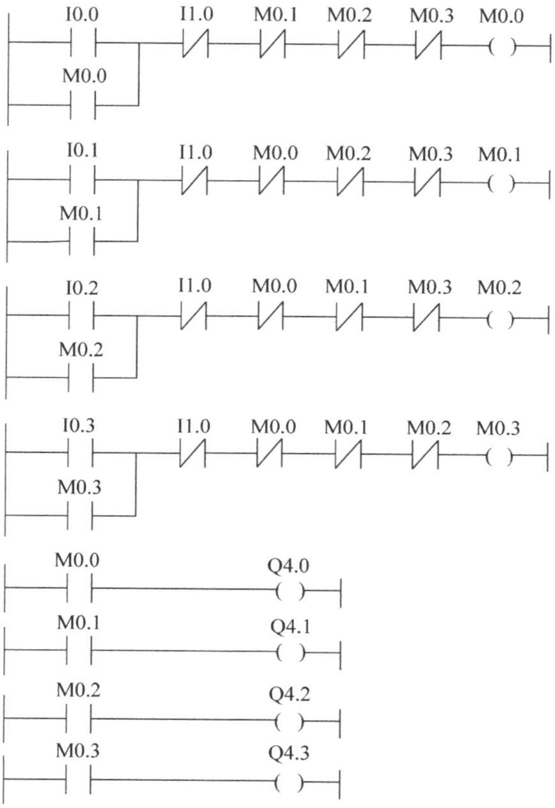

图 9-36 优先电路的梯形图

9.12 报警电路

报警是电气自动控制中不可缺少的重要环节，标准的报警功能是声光报警。当故障发生时，报警指示灯闪烁，报警电铃或蜂鸣器响起。操作人员知道故障发生后按下消铃按钮，将电铃关闭，报警指示灯从闪烁变为常亮，当故障消除后，操作人员熄灭报警灯。此外，电路中还应具备试灯和试铃按钮，用于日常检测报警指示灯和电铃。

报警电路的梯形图如图 9-37 所示，报警电路为基本指令的组合，结构较为简单，读者可自行分析。报警电路时序图如图 9-38 所示。

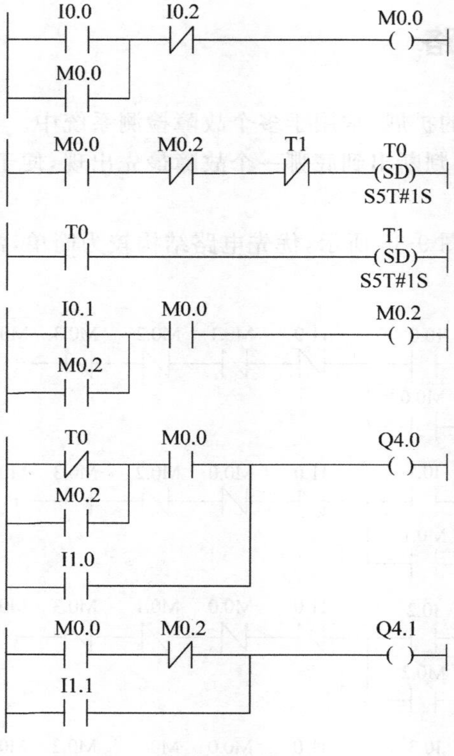

图 9-37　报警电路的梯形图

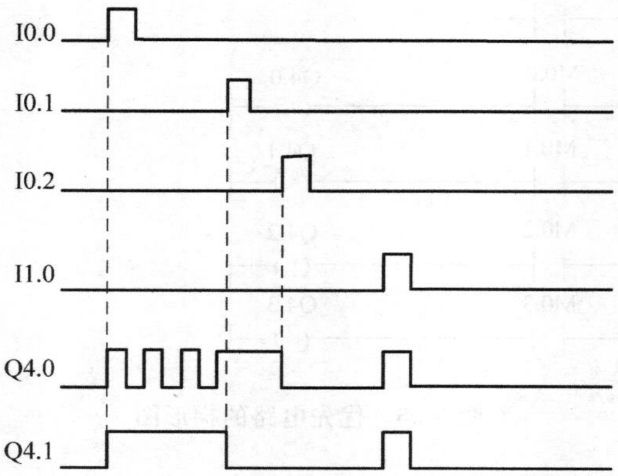

图 9-38　报警电路时序图

本章小结

复杂的 PLC 应用程序均由基本数字电路扩展、叠加而成，本章介绍了 12 个基本的数字电路程序，一方面示例如何应用基本指令编程为所需要的程序，另一方面通过学习数字电路程序方便读者学习编程和开发 PLC。

习题

9-1　请画出 9-39 所示梯形图中 M0.2、Q4.0、T1 和 T2 对应的时序图，并在图中标出时间值（I0.0、I0.1、I0.3 和 I0.4 的时序图已知，如图 9-40 所示）。

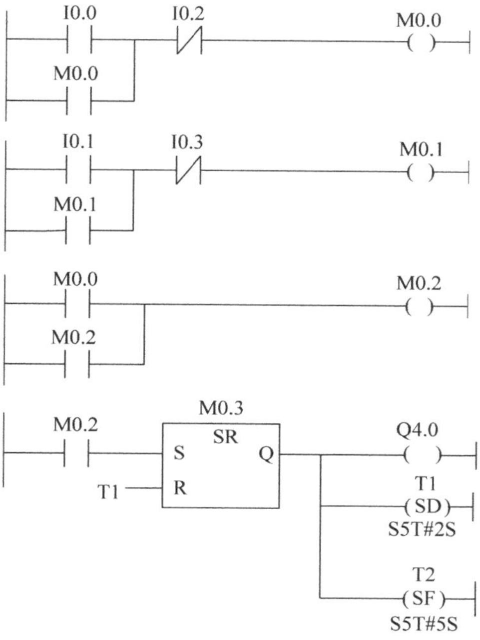

图 9-39　习题 9-1 图一

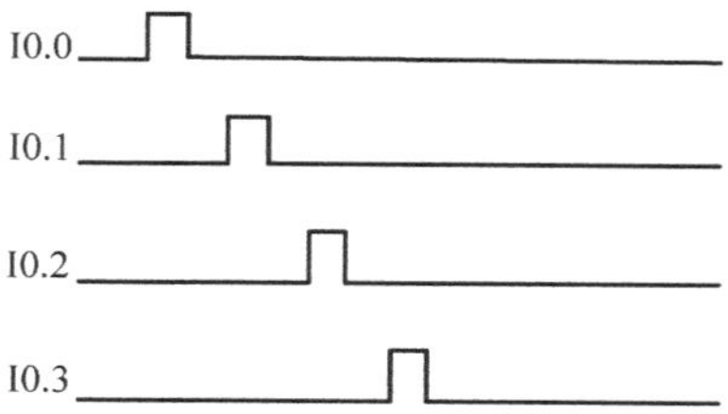

图 9-40　习题 9-1 图二

9-2　请画出图 9-41 所示梯形图中 M0.0、M0.1、Q4.0 和 Q4.1 对应的时序图，并在图中标注单个扫描周期（I0.0、I0.1 和 I0.2 已知，时序图如图 9-42 所示）。

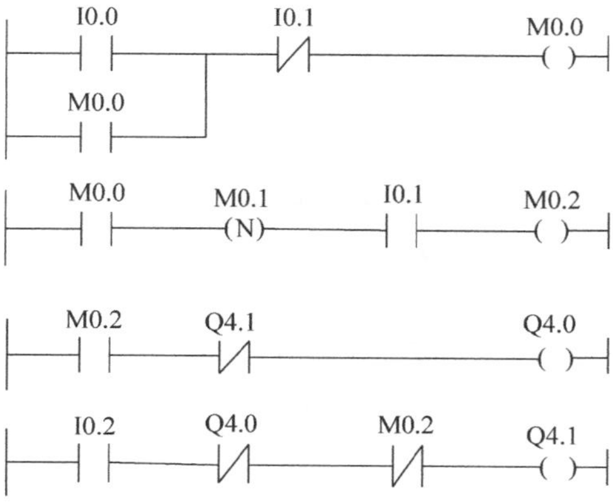

图 9-41　习题 9-2 图一

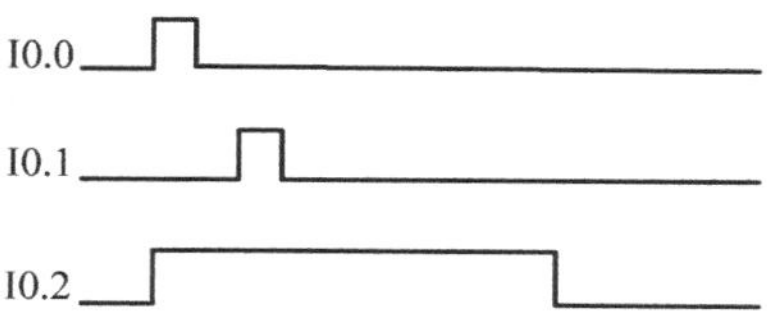

图 9-42　习题 9-2 图二

第 10 章 S7-1500 组态控制

CHAPTER 10

通过对硬件组件进行组态、参数分配和连接，可将预设的组态和操作方式传送到S7-1500自动化系统/ET 200MP 分布式 I/O 系统中。可在 Portal 的设备和网络视图中完成以上操作。

组态就是在 Portal 的设备或网络视图中对各种设备和模块进行排列、设置和联网。Portal 采用图形化方式表示各种模块和机架。与“实际”的模块机架一样，在设备视图中也可插入既定数量的模块。插入模块时，Portal 将自动分配地址并指定一个唯一的硬件标识符（HW 标识符）。用户可以稍后更改这些地址，但硬件标识符无法更改。

10.1 PLC 组态

10.1.1 创建新项目

以下步骤介绍了如何创建一个新项目。创建自动化任务时产生的数据和程序会有序地存储在项目中。

(1) 起动 TIA Portal。

打开计算机，双击图标，进入 TIA Portal 界面，如图 10-1 所示，单击创建新项目。

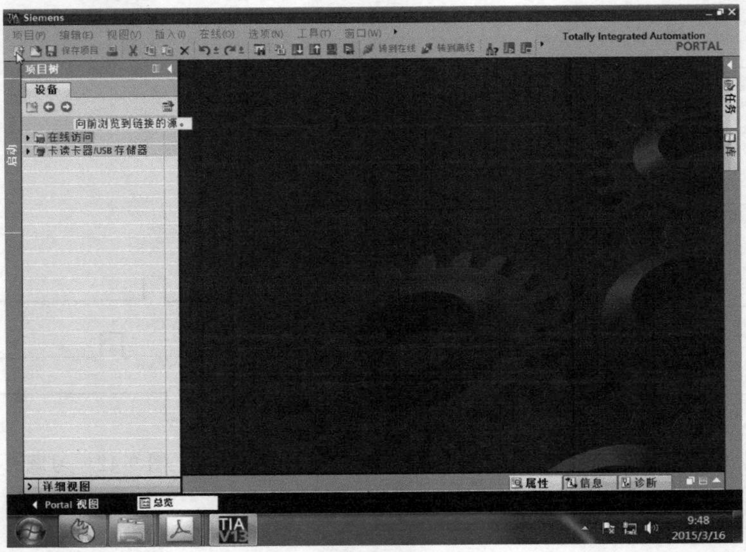

图 10-1　打开 TIA Portal 软件

(2) 给项目命名(如 S7-1500-test),设置存储路径(E 盘),如图 10-2 所示。

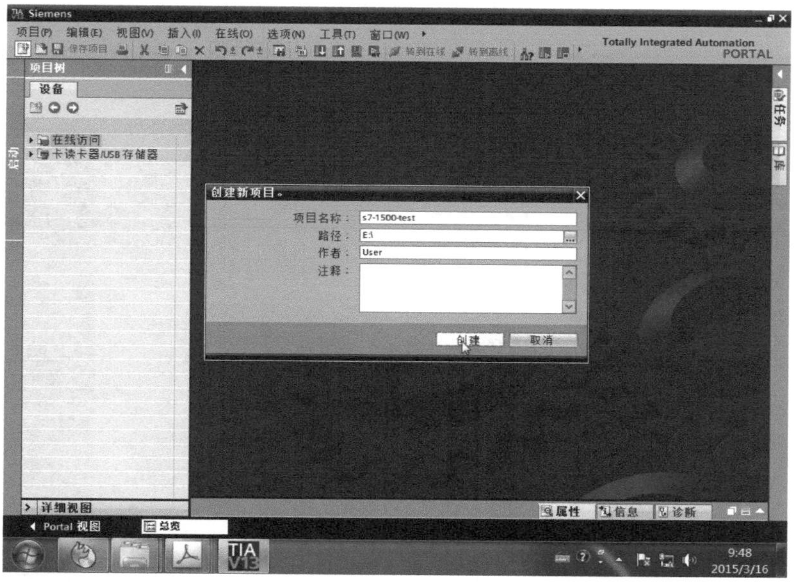

图 10-2 创建项目

10.1.2 设备组态

下面介绍如何在 Portal 视图中插入 PLC 以及在项目视图中打开其配置,以 S7-1500 CPU 1516-3PN/DP 为例进行说明。在项目中创建的 PLC 类型必须与所用的硬件一致。

要向已建立的项目中添加新设备,需按以下步骤操作。

(1) 在左侧项目树栏中,单击"添加新设备"选项,如图 10-3 所示。

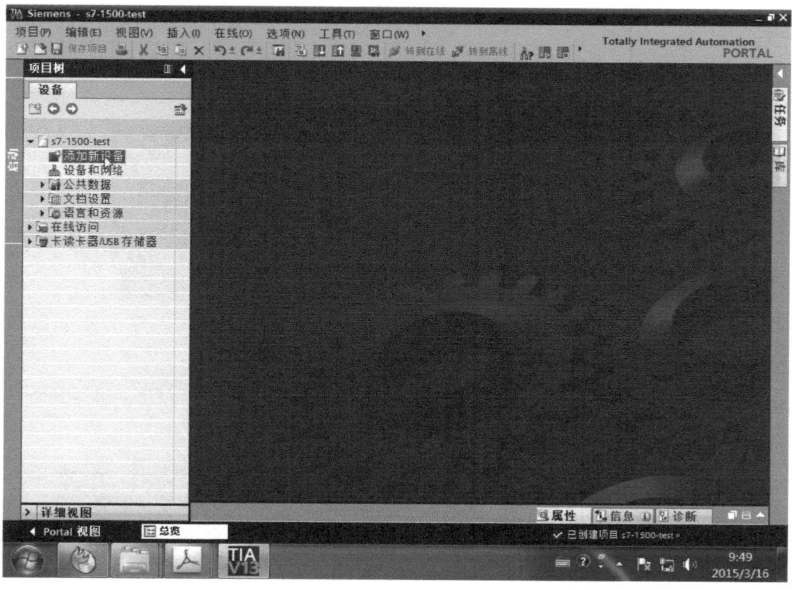

图 10-3 添加新设备

(2) 选择所需的 PLC,单击“非指定的 CPU1500”,单击“6ES7 5…”可以看到设备为非指定 CPU1500 及其订货号、版本,如图 10-4 所示,单击“确定”按钮。

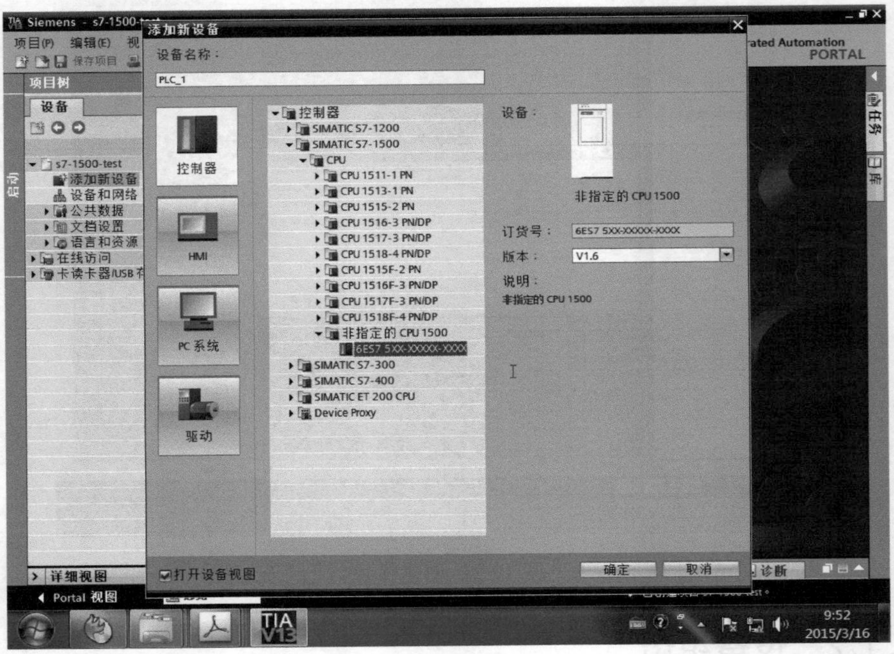

图 10-4　选择 PLC

(3) 获取连接设备的组态,进入空白的 PLC 硬件视图,单击“获取”,如图 10-5 所示。

图 10-5　获取设备组态

(4) 单击“获取”后，进入硬件检测，如图 10-6 所示。在 PG/PC 接口类型处选择“PN/IE”，PG/PC 接口选择计算机网卡“Realtek PCIe GBE Family Controller”，单击刷新，出现设备“PLC_1”，设备类型“CPU 1516-3 PN/DP”，类型“PN/IE”，地址“192.168.0.1”以及 MAC 地址“28-63-36-85-17-04”（每个计算机的 MAC 地址会不同），选择闪烁 LED 空白框，然后单击“检测”按钮。

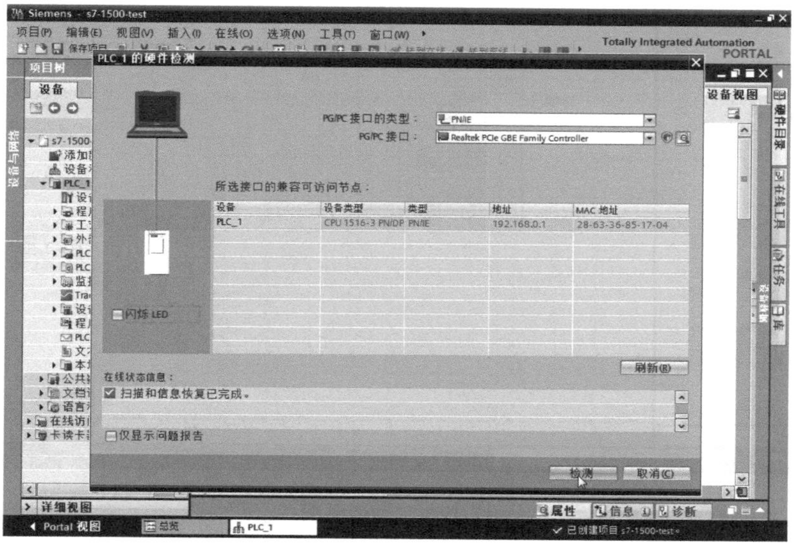

图 10-6 PLC 硬件检测

(5) 添加电源。成功地组态了 PLC CPU、DI、DQ、AI 及 AQ 后，从图 10-7 中可以读出每个组件的型号。接下来添加电源（也可以不用添加，不影响使用），单击导轨 0，然后在右侧硬件目录中单击 PM 190W 120 下属的电源型号，如图 10-8 所示。

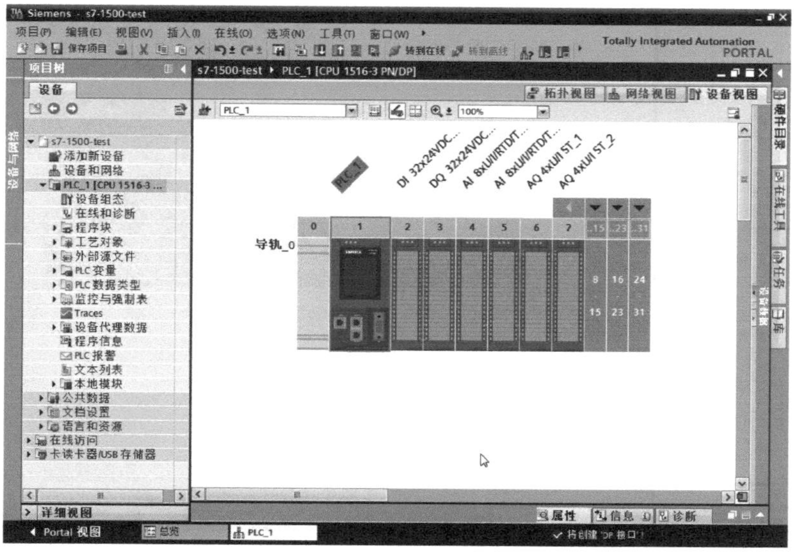

图 10-7 设备视图

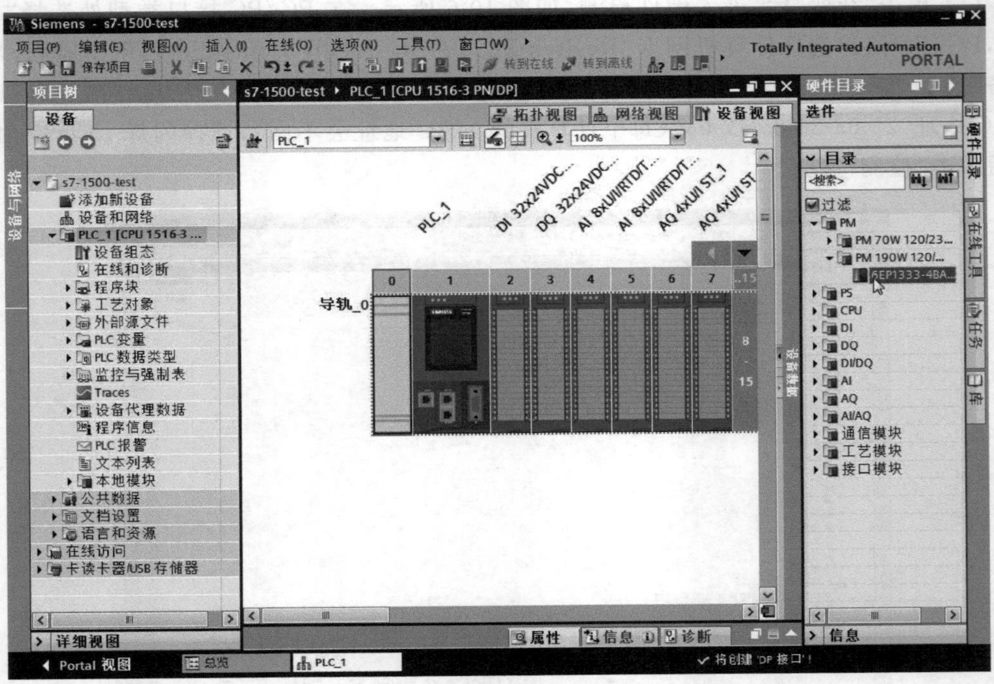

图 10-8 添加电源

(6) PLC 的硬件添加完成后，显示如图 10-9 所示。

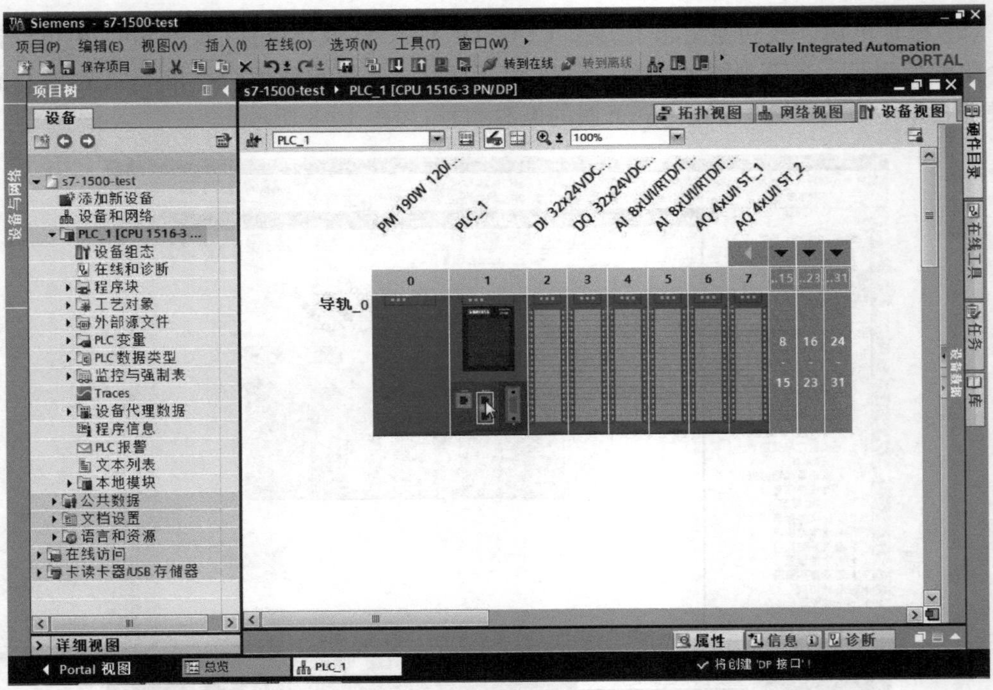

图 10-9 硬件添加完成

10.1.3 编译与下载

硬件添加完成后需要对它们进行编译和下载，具体操作步骤如下。

(1) 添加子网。单击导轨 1 中 CPU 上的网络连接孔，如图 10-10 所示，便会出现 PROFINET 接口_1(Module)，单击以太网地址，然后单击添加子网。

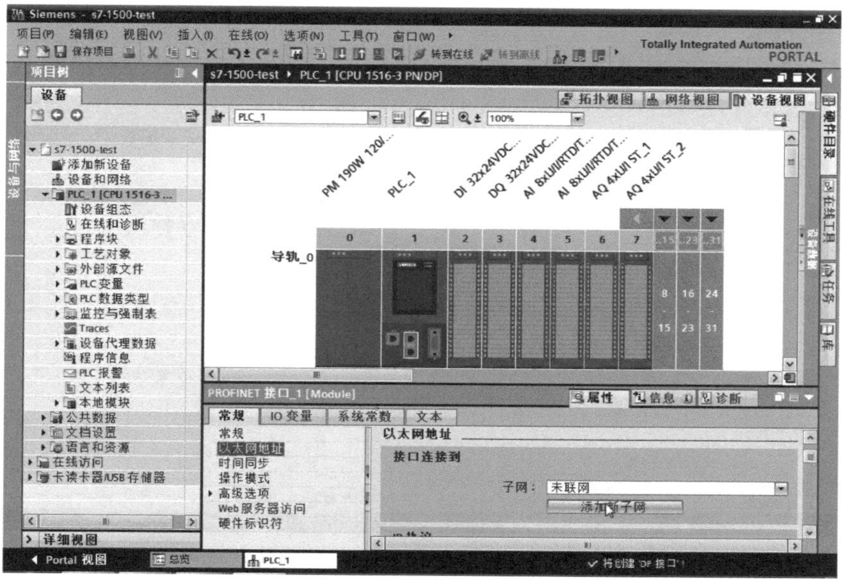

图 10-10 添加子网

(2) 编译。单击工具栏中的"编译"按钮，查看编译完成后是否有错误或警告，如图 10-11所示。

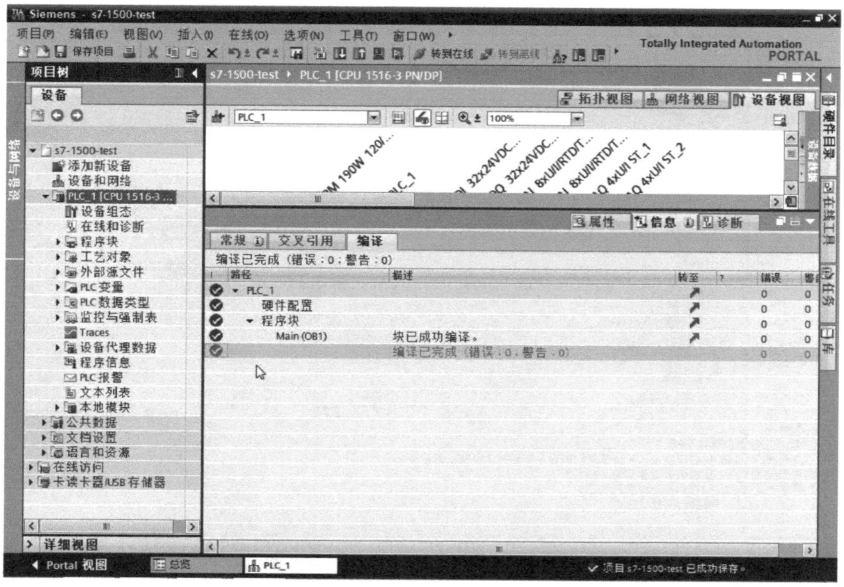

图 10-11 PLC 编译

(3) 搜索设备。单击工具栏中的“下载到设备”，会弹出“扩展的下载到设备”窗口，选择PG/PC接口类型为PN/IE，选择PG/PC接口为Realtek PCIe GBE Family Controller，选择接口/子网的连接为PN/IE_1(接口是此前添加的接口)，也可选择“尝试所有连接”，单击“开始搜索”按钮，具体如图10-12所示。

图 10-12　搜索设备

(4) 下载。搜索完成后便会显示相应的兼容设备，扫描完成后单击下载，如图10-13所示。当出现警告“CPU包含无法自动同步的更改”时，单击“在不同步的情况下继续”按钮，如图10-14所示。继续单击“下载”按钮，然后单击“完成”按钮，此时所有下载步骤结束。

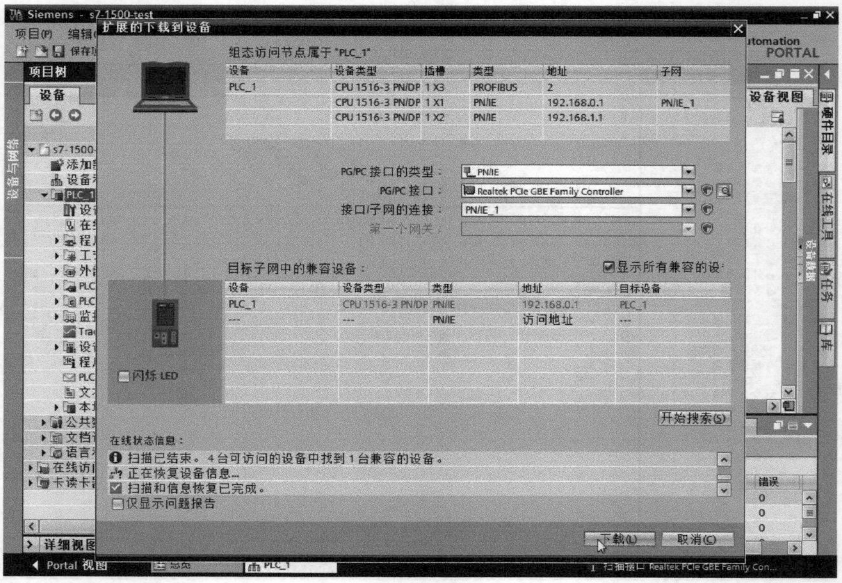

图 10-13　下载

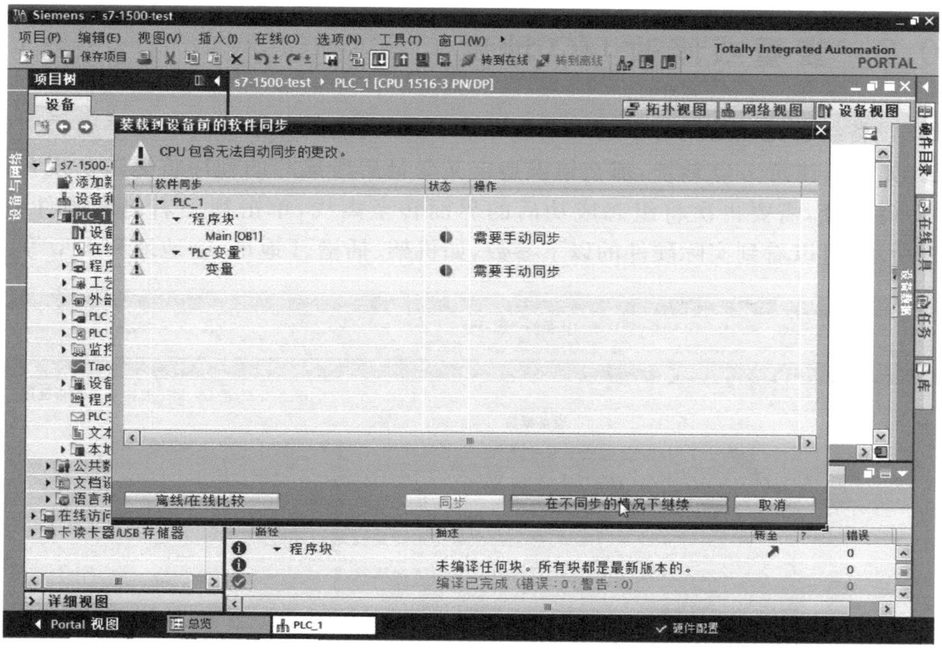

图 10-14　在不同步的情况下继续

(5) 查看组态。单击工具栏中的“转到在线”按钮,查看设备是否正确连接,如图 10-15 所示,除电源外,每个设备处都打了红色的对号,这说明设备已经正常连接,可以进行程序的输入以及编译了。

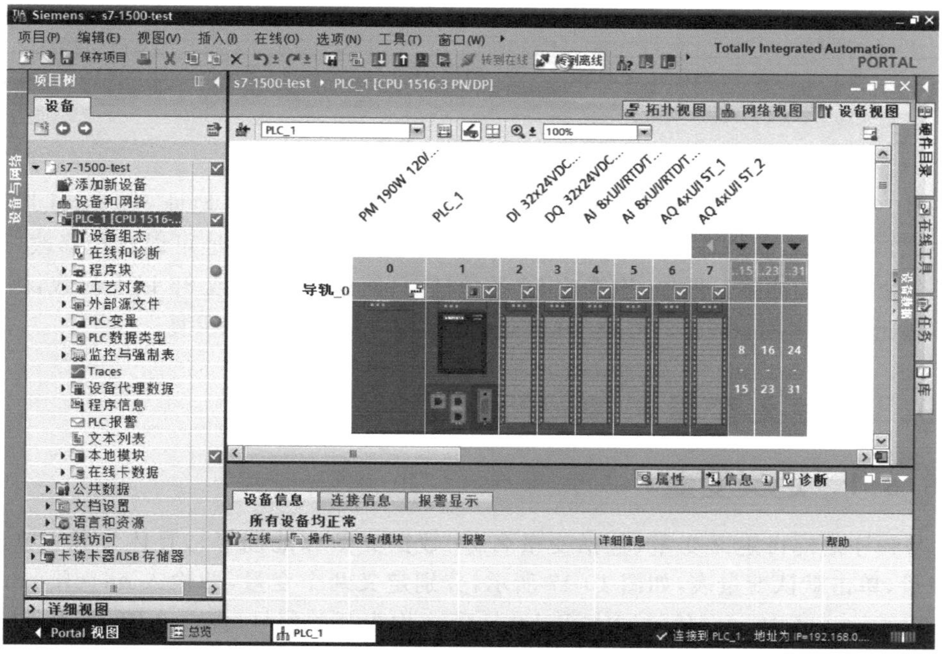

图 10-15　转到在线

10.2 查看或修改 I/Q 地址

PLC 设备组态完成后就可以进入编程环节了，然而输入程序之前一定要查看 I/Q 的地址分配。如果不注意 I/Q 地址，那么错误地定义变量后所编写的程序将无法实现预期的功能查看 I/Q 地址，需要再次将组态成功后的界面转至离线，单击视图右侧的硬件目录，如图 10-16所示，可以看到实际硬件的以下参数，如机架、插槽、I 地址、Q 地址和类型等。

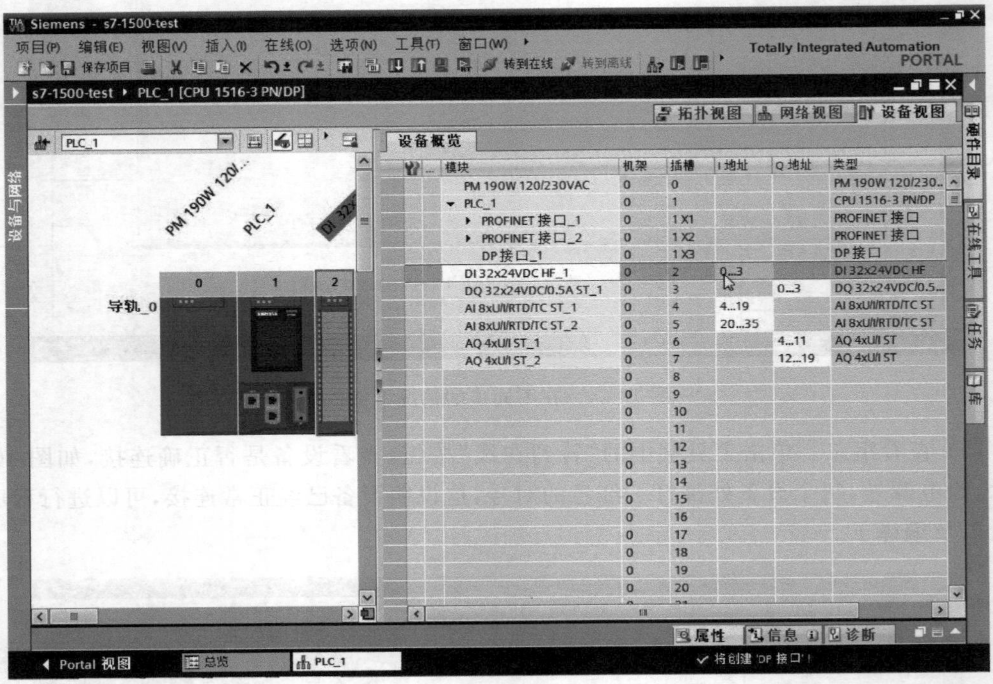

图 10-16 设备概览

在图 10-16 中可以查看到本机的 I/Q 地址，DI 地址 0～3，DQ 地址 0～3，AI 地址分别是 4～19、20～35，AQ 地址分别是 4～11、12～19。这里的 I/Q 地址可以自行修改，但需要注意每个地址不能冲突。例如，想修改 DI 的地址，只能选择 0～3 或 36 以上的数，因为 4～35 被其他地址所占用；同样若修改 QI 地址，也不能与其他 Q 地址重复。

10.3 定义变量与编写程序

10.3.1 定义变量

编写程序之前可定义变量(包括变量名称、数据类型和地址等)，具体步骤：单击左侧 PLC 变量，单击默认变量表，如图 10-17 所示，分别定义两个变量，即输入 on_off_cmd 和输出 light_output，其中 on_off_cmd 与 light_output 均为开关信号(即非 0 即 1)，因此选择变量类型为 Bool 型，其次，由于之前通过查看知道 I 的地址是“0～3”，定义 on_off_cmd 的地址为 I0.7，同样 Q 的地址也是“0～3”，定义了 light_output 的地址为 Q0.0，这里需要注意每个地址所对应的数只能是 0～7 值，因此定义地址的时候只能是 0.0～0.7。

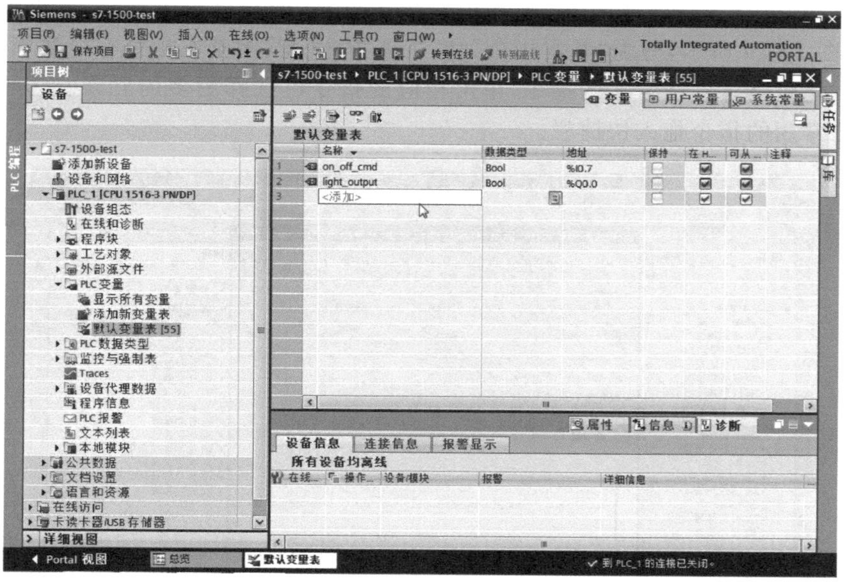

图 10-17 定义变量

一般定义变量时，只需要定义输入、输出变量，内部继电器(M)不需要定义，编写程序时可自行添加，但需要注意内部变量范围也是 0～7，如不能定义 M0.8，这是无效定义。

10.3.2 编写程序

定义完输入与输出变量后，便进入程序的编写阶段。单击左侧的程序块，再次单击 Main[OB1]，弹出程序编辑窗口，如图 10-18 所示。

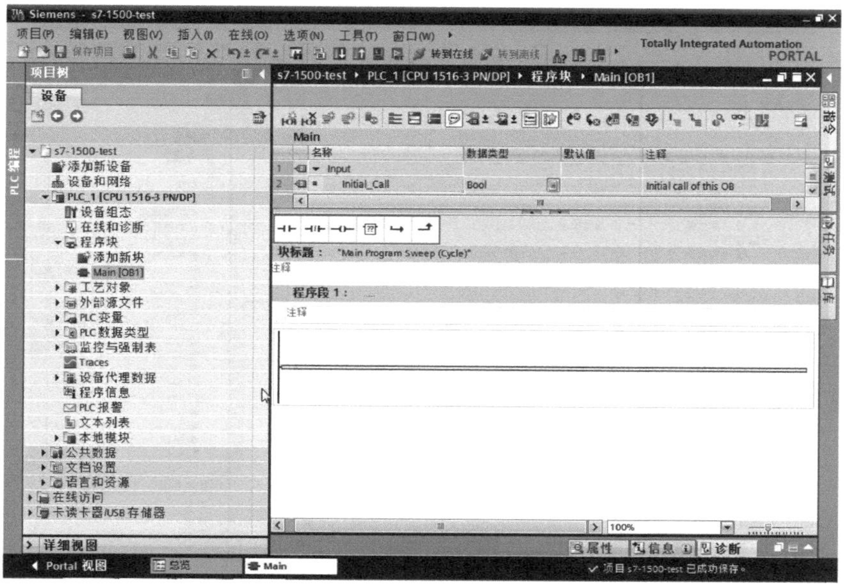

图 10-18 程序编辑窗口

在程序编辑窗口内的程序段上可输入预定程序，常见的常开触点、常闭触点、输出线圈指令等都可在快捷栏中找到(见图 10-18 的红色方框)。如需要更多的指令，可单击右侧的“指令”，如图 10-19 所示，分为“基本指令”和“扩展指令”，其中基本指令有位逻辑运算、定时器、计数器、比较器等一些常见的指令，单击相应的指令可选择更多的元素。为了方便可以将一些自己常用的指令拖入快捷栏。

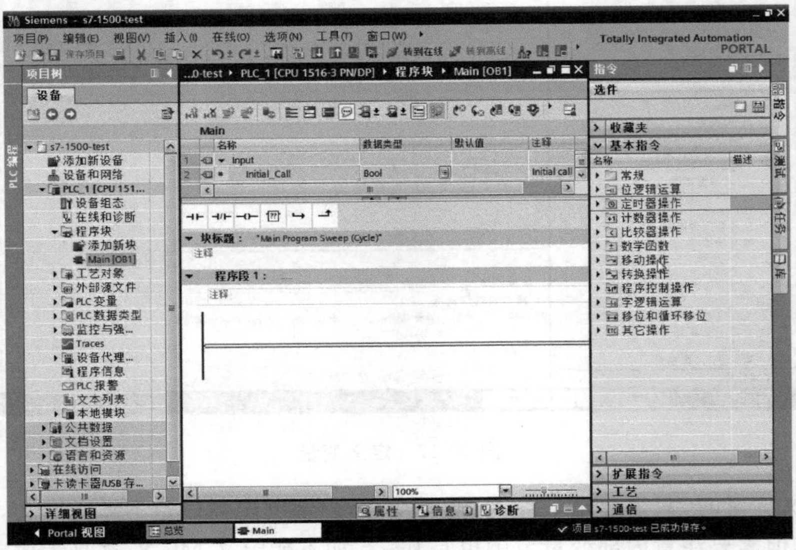

图 10-19 指令

指令的输入有两种方法：一种是直接将指令从快捷栏或“指令”中按住鼠标左键拖入程序段的相应位置；另一种是单击需要添加指令的程序段，再单击相应的指令，如图 10-20 所示。如果一个程序段输入结束，需要开始下一个程序段时，可直接按 Enter 键。

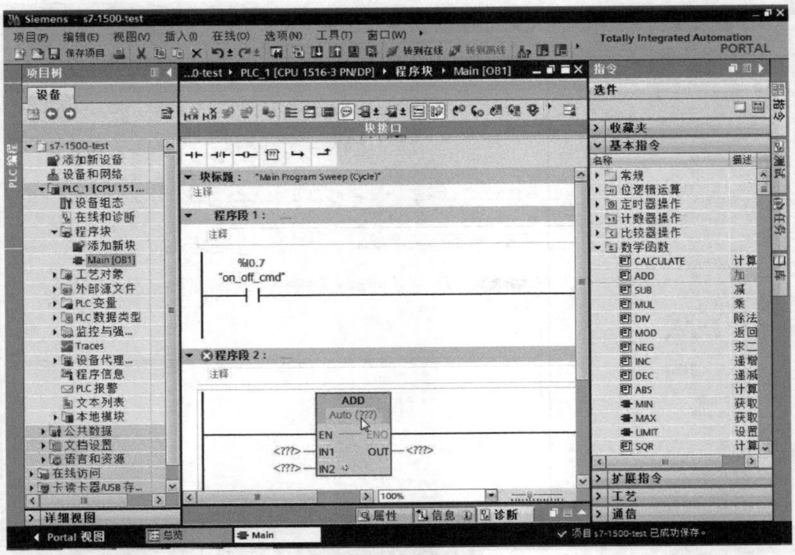

图 10-20 输入指令

10.3.3　程序运行

图 10-21 所示为最简单的输入输出程序。程序编辑完成后，单击工具栏中的“编译”按钮，编译程序后查看程序是否有错误或警告；接着单击的“下载到设备”，也可省略编译直接单击“下载到设备”。编辑好的程序会传入 PLC，通过外部输入设备控制就可利用 PLC 控制电动机等外接设备。

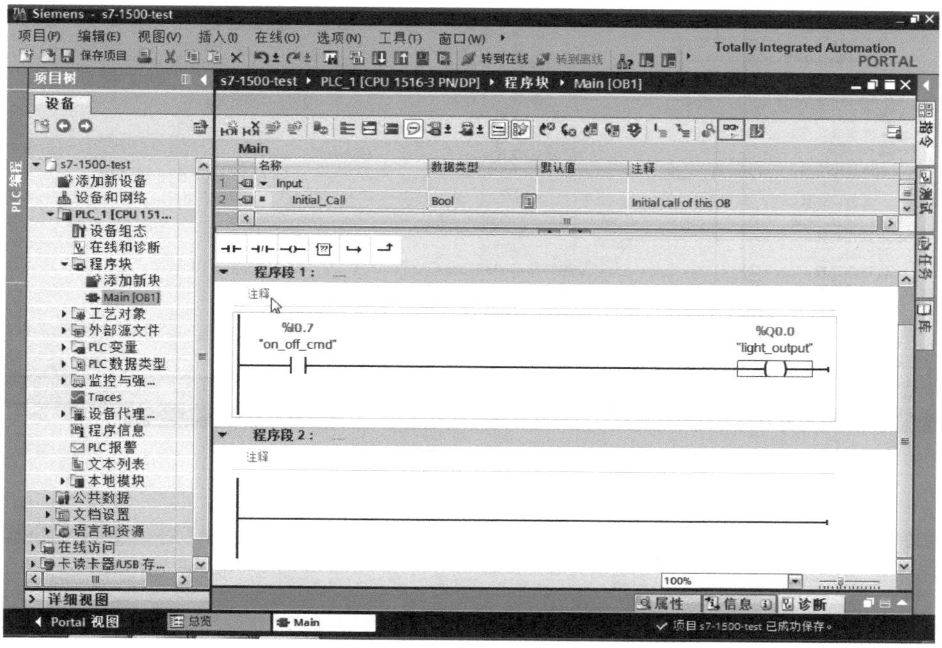

图 10-21　程序下载

10.3.4　程序监视

当程序下载至 PLC 时，可利用 Portal 软件观测程序的运行情况。具体操作步骤如下。

1. 起动监视

程序编辑下载完成后，可单击“监视”按钮查看程序的运行情况。“监视”按钮如图 10-21中红色框所示，图标为一眼镜形状。

2. 能流通状态

程序运行时，当程序段能流接通时，线呈绿色实线。如图 10-22 所示，当变量 ON_OFF_Switch 设置为信号状态 1，则常开触点闭合。电流通过常开触点流到程序段末尾的线圈。电流通过电流路径上的绿色来指示。如果变量 ON 置位，实例机器将起动。OFF 变量的信号状态为 0，不再起作用。此状态由蓝色虚线指示。

3. 能流断开状态

如果程序中能流断开，则连接线呈蓝色虚线，如图 10-23 所示。当变量 ON_OFF_Switch 复位为信号状态 0 时，流向程序段末尾的线圈的电流中断。变量 OFF 置位。变量 ON 复位为 0。连接线变为蓝色虚线。

图 10-22 能流接通

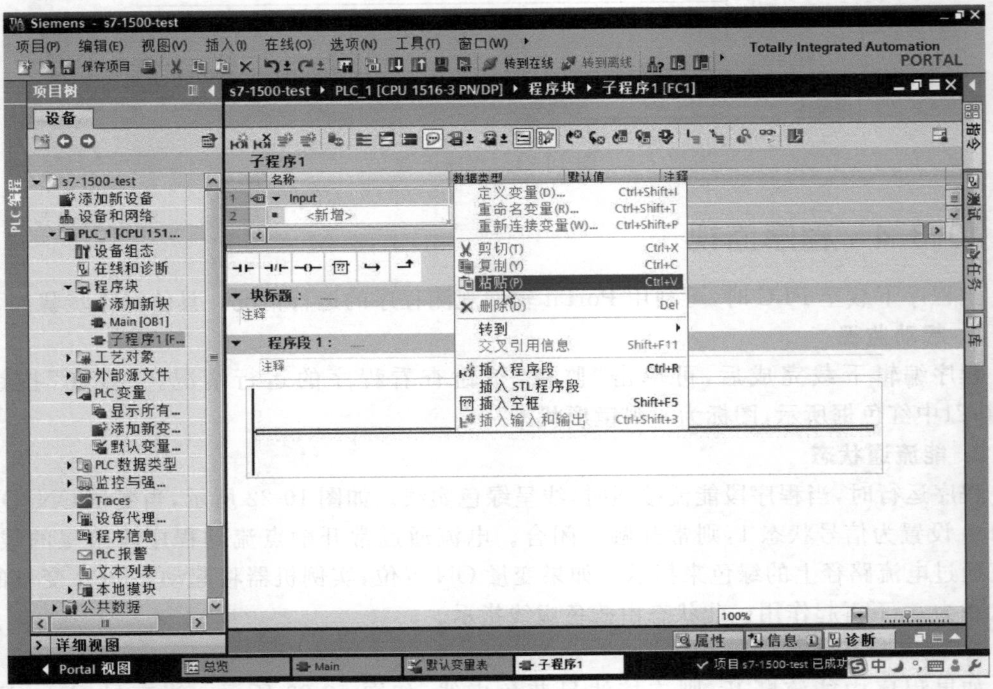

图 10-23 能流断开

4. 禁止监测

如果发现程序运行有误，则单击“监测”图标，禁止监测后修改程序，再次编译检查。

10.3.5 变量的监控与强制

在程序运行中，有时需要试试观察输入、输出和内部继电器变量，此时可以利用变量监控，读出变量的状态。如图 10-24 所示，单击左侧项目树中的“监控与强制”，单击“监控表”，可以看到变量的名称、地址、显示格式、监视值和修改值。

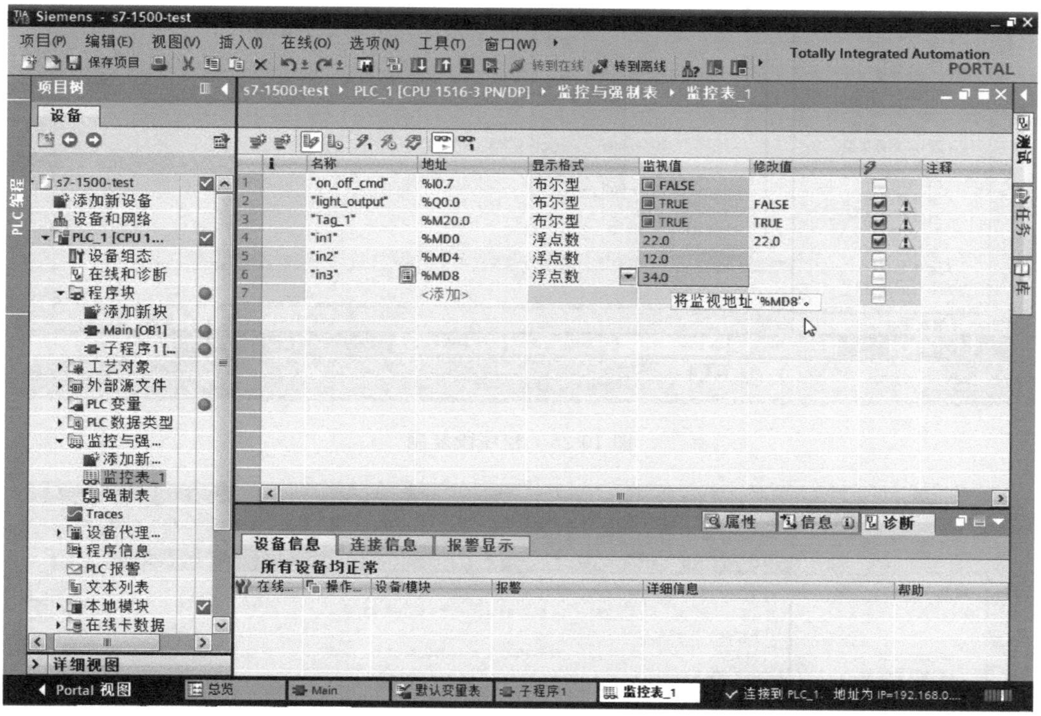

图 10-24　变量监控

为了测试某段或整个程序的运行，需要对某些变量进行状态修改，此时可对数据采取强制修改，如图 10-24 所示，单击左侧项目树中的“监控与强制”，单击“强制表”，可以对需要修改的变量进行强制修改。

10.3.6 程序段的复制和粘贴

在一些复杂的程序中，某些程序段结构往往类似，此时可以采用复制和粘贴方法，将类似程序段依次复制下去，以提高编程的速度和效率。具体先选定待复制的程序段，然后单击鼠标右键，选择快捷菜单中的“复制”命令，如图 10-25 所示；接下来单击需要粘贴的空白程序段，单击鼠标右键，选择“粘贴”命令即可完成，如图 10-26 所示。

图 10-25　程序段复制

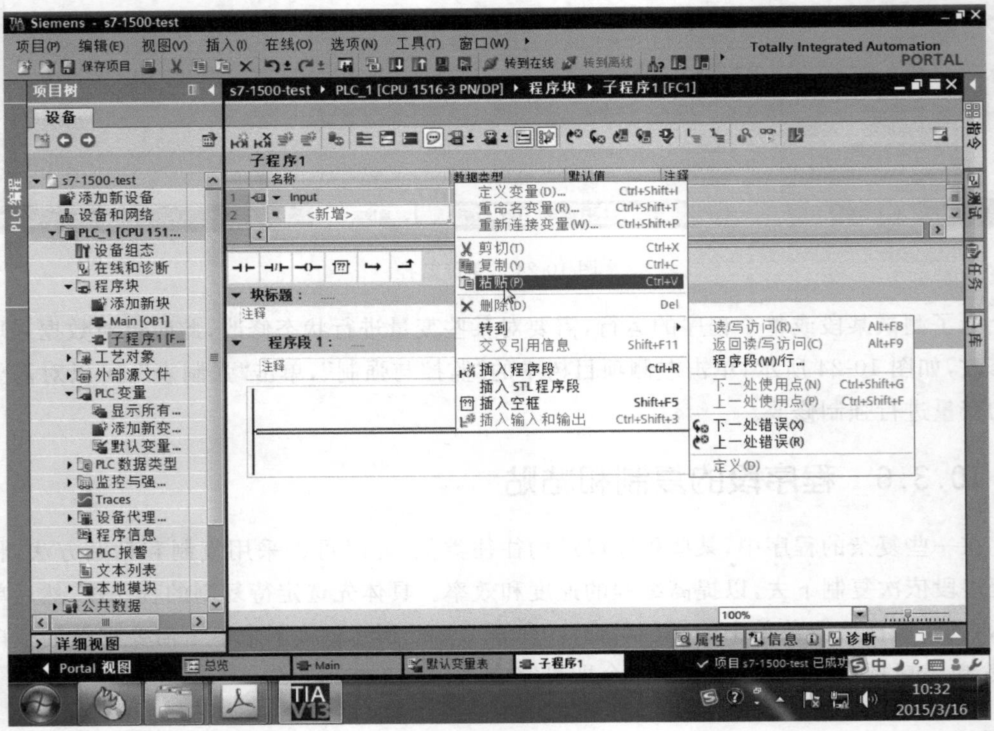

图 10-26　程序段粘贴

10.4　添加函数 FC、函数块 FB 及数据块 DB

对于复杂的程序，如果全部放在 Main[OB1]中，会显得十分冗长、烦琐、难以理解和阅读困难，并且容易出现问题及难以排查问题，此时可以将一些通过定义 FC 或将一些实现功能放入 FB，不但可以简化主程序，而且容易阅读，易于查错。接下来主要介绍在 Portal 软件中如何添加 FC、FB 和 DB。

10.4.1　添加函数 FC

假设已经定义了 5 个变量，如表 10-1 所示。单击左侧项目树中的“程序块”，单击“添加新块”，会弹出图 10-27 所示的对话框，在这个框中单击需要添加的块，并命名为子程序 1，单击“函数 FC”，编辑语言默认为 LAD，编号采用自动，一切选择好之后单击“确定”按钮即可。

表 10-1　定义变量

序　号	名　称	数据类型	地　址
1	on_off_cmd	Bool	I0.7
2	light_output	Bool	Q0.0
3	in1	Real	MD0
4	in2	Real	MD4
5	in3	Real	MD8

图 10-27　添加新块

添加 FC 之后，可以在程序块中看到新添加的“子程序 1”，单击进入子程序 1[FC1]，即可对程序进行编辑。如图 10-28 所示，将数学运算中的 ADD 指令添加到程序段 1 中，ADD 指令中 IN1、IN2、OUT 分别添加 in1、in2、in3。单击“保存”按钮，此时子程序 1 便具有对两个实数求加法运算的功能。

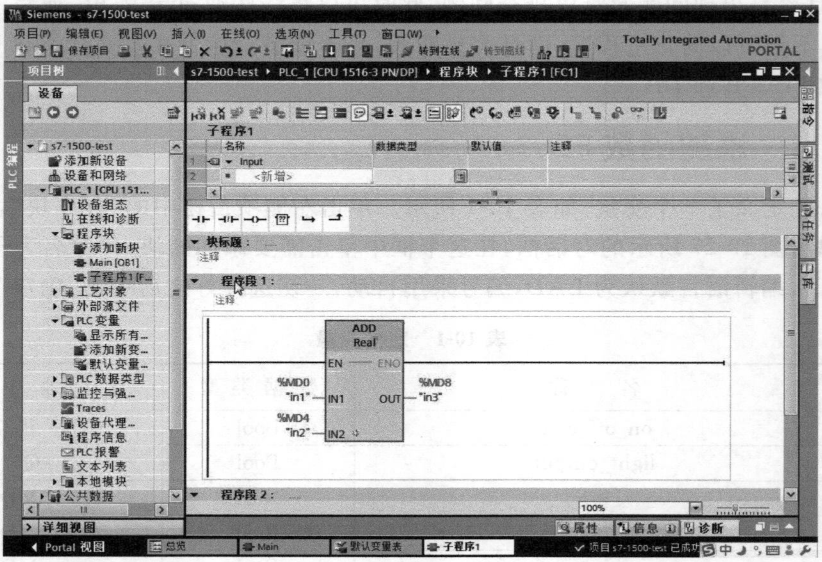

图 10-28 编辑子程序

保存子程序 1 后便可使用，如图 10-29 所示，单击左侧子程序 1，然后可将子程序 1 拖到 Main[OB1]中。对图 10-29 中的程序单击“下载”按钮，选择在线运行，可通过监视功能对变量 in1、in2、in3 的状态进行查看，如图 10-30 所示，in1 的值为 22.0，in2 的值为 12，通过子程序 1 的运算得到 in3 的值为 34.0。

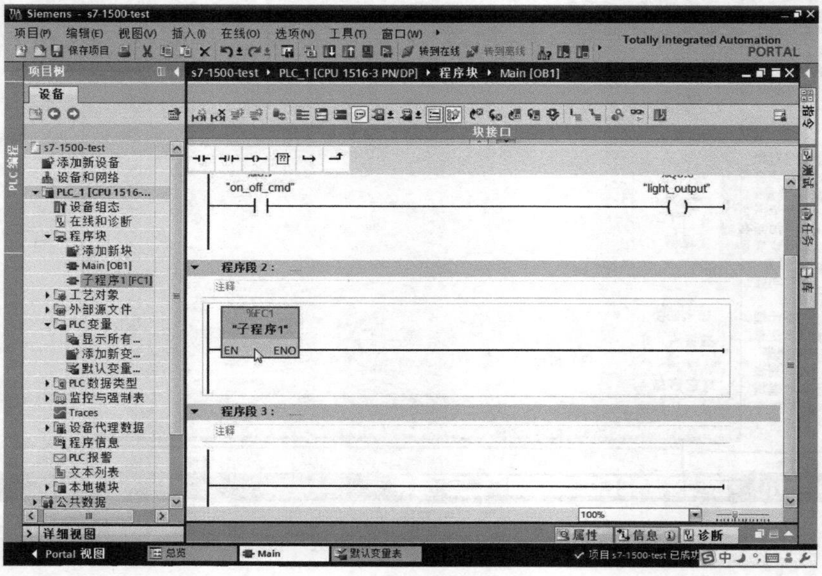

图 10-29 子程序 1 的使用

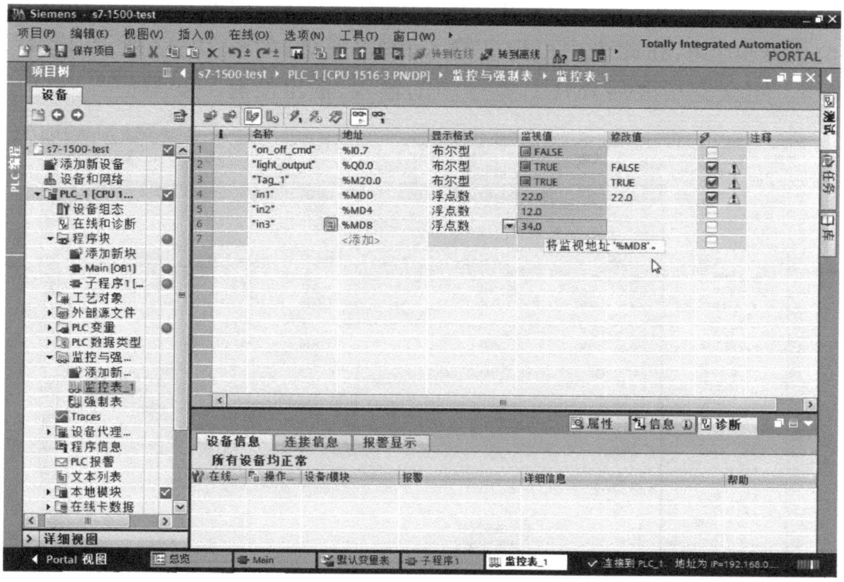

图 10-30　查看变量状态

10.4.2　添加函数块 FB

与添加函数一样，单击左侧项目树中的“程序块”，单击“添加新块”，弹出图 10-27 所示的对话框，在这个对话框中，单击“函数块 FB”，命名为块_1(默认名)后单击“确定”按钮。单击左侧的块_1[FB1]，便可进入函数块 1 的编辑窗口，如图 10-31 所示，将乘法运算 MUL 添加至程序段 1，然后单击“保存”按钮。

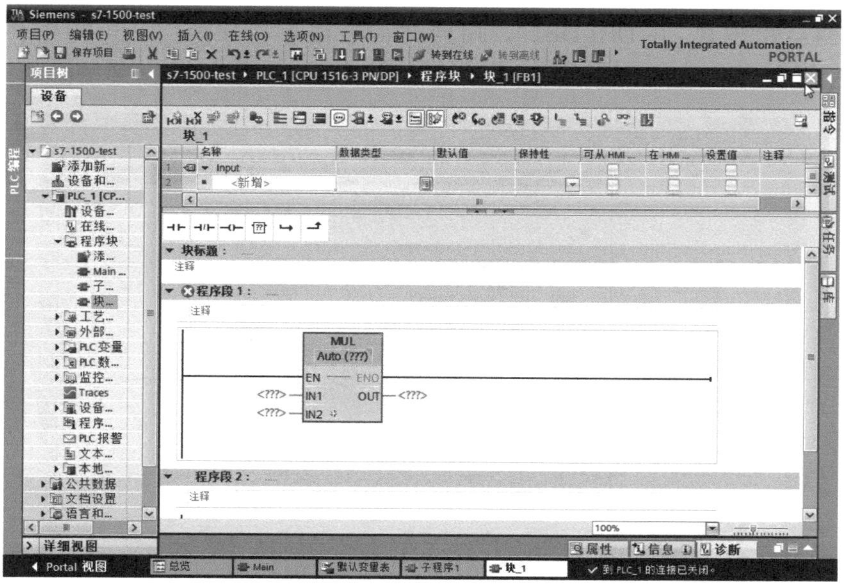

图 10-31　添加 MUL 指令

指令 MUL 的输入 IN1、IN2 和输出 OUT 均没有变量，此时指令的快捷栏上面的表中可以看到 Input、Output，在此表中可定义输入、输出变量，如图 10-32 所示，定义变量 date1、date2 和 date3。定义完毕之后，MUL 指令中的输入、输出便有了变量值。

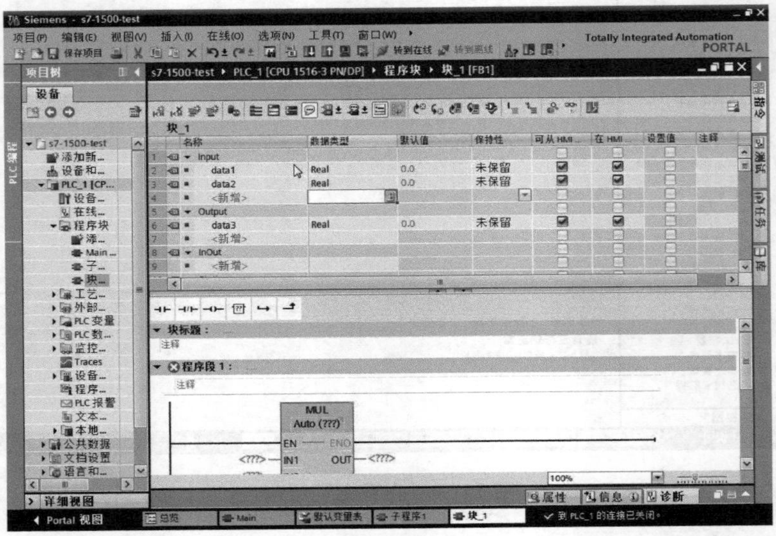

图 10-32 定义变量

10.4.3 调用和添加数据块 DB

利用上述方法再次添加一个函数 FC，命名为块_2。打开块_2[FC2]，单击块_1[FB1]，按住鼠标左键不动，将块_1[FB1]拖入块_2[FC2]的程序段 1 中，此时会弹出"调用选项"对话框，如图 10-33 所示，在该对话框中可命名，默认为块_1_DB_1，选择手动，单击"确定"按钮，此时左侧会出现块_1_DB[DB1]。用同样的方法可以在块_2[FC2]中再次添加块_1[FB1]，左侧会出现块_1_DB_1[DB2]。

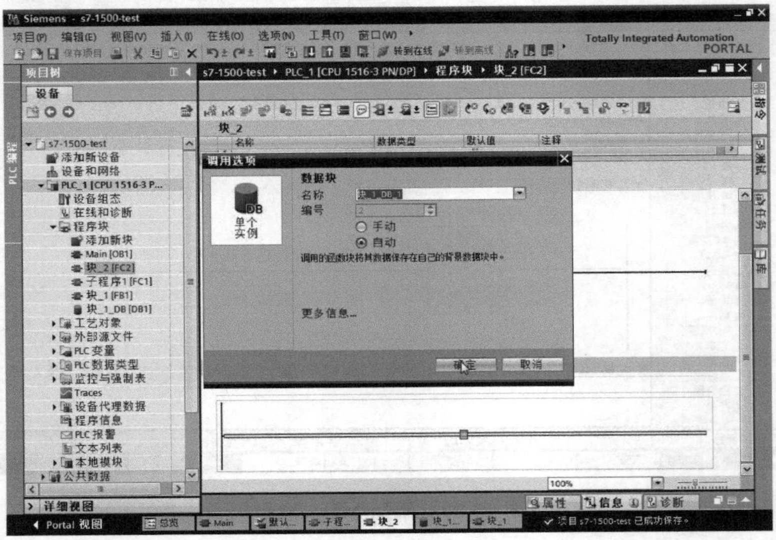

图 10-33 调用数据块 DB

单击添加新块，弹出图 10-27 所示的对话框，单击数据块 DB，如图 10-34 所示，命名为 Data_block_1，类型选择全局 DB，单击"确定"按钮。单击已经定义好的 Data_block_1 [DB3]，会弹出图 10-34 所示的编辑框，在 Data_block_1 中可定义编辑全局变量。

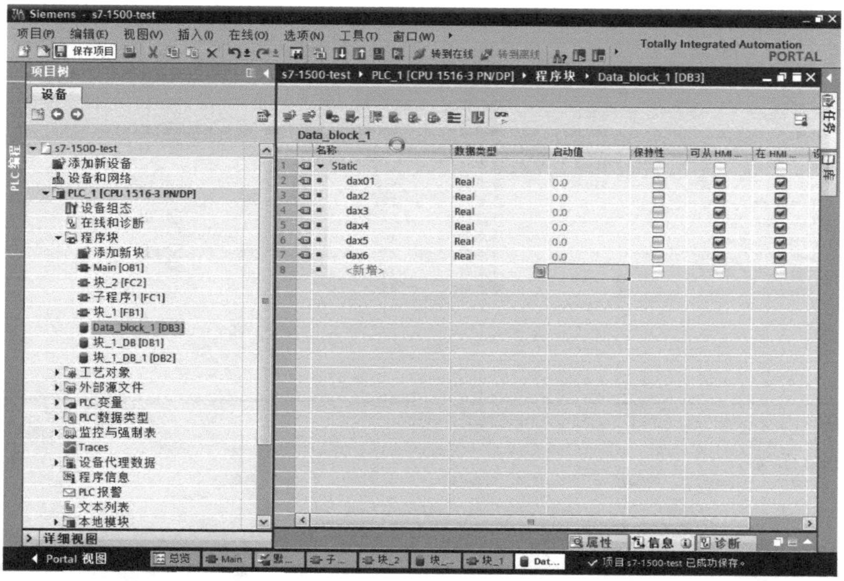

图 10-34　编辑 Data_block_1

在左侧栏中单击块_2[FC2]，可将 Data_block_1 中定义的变量添加至块_DB 和块_DB_1 的输入输出中，如图 10-35 所示。

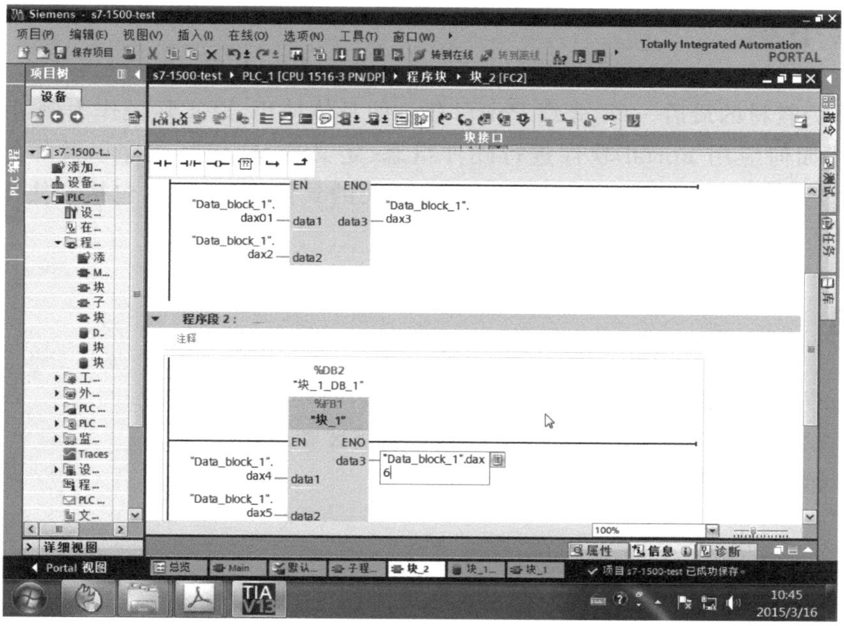

图 10-35　添加变量

运行程序时可以利用监控表对所有的变量进行查看，如图 10-36 所示。

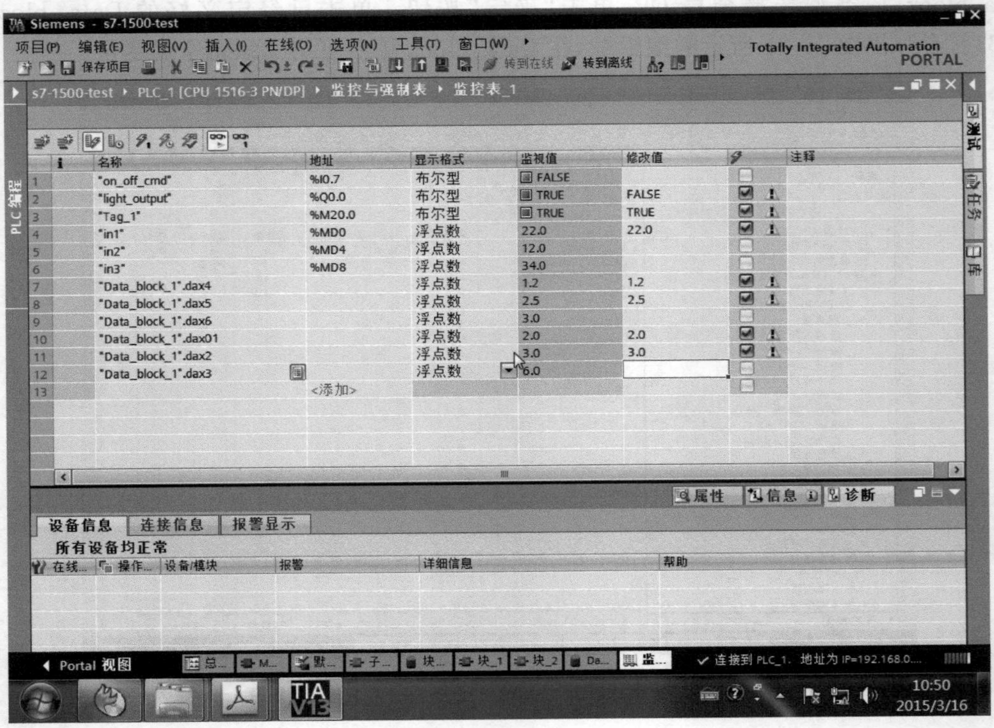

图 10-36　监控变量

本章小结

本章作为教材的最后一章，介绍 Portal 软件的具体使用，以实际操作为例，用图示的方法重点讲述如何应用 Portal 软件进行硬件组态、定义变量、编写程序以及如何添加函数 FC、函数块 FB 和数据块 DB，其中也包括程序相关的具体操作，基本包括了使用 Portal 编写程序的全部过程。

习题

10-1　S7-1500 PLC 硬件组态时，电源部分能否省略？为什么？

10-2　在 Portal 软件中需要修改 I/Q 地址时需要如何操作？

10-3　如何判断程序中能流的通断？

参 考 文 献

[1] 刘建清. 从零开始学电气控制与 PLC 技术[M]. 北京：国防工业出版社，2006.

[2] 张运刚，宋小春，郭武强. 从入门到精通——西门子 S7-300/400 PLC 技术与应用[M]. 北京：北京邮电出版社，2007.

[3] 林明星. 电气控制及可编程序控制器[M]. 北京：机械工业出版社，2009.

[4] 李振安. 工厂电气控制技术[M]. 重庆：重庆大学出版社，2011.

[5] 廖常初. S7-300/400 PLC 应用技术[M]. 3 版. 北京：机械工业出版社，2011.

[6] 孙蓉，王臣业，张兰勇. 西门子 S7-300/400 PLC 实践与应用[M]. 北京：机械工业出版社，2013.

[7] 王永华. 现代电气控制及 PLC 应用技术[M]. 3 版. 北京：北京航空航天大学出版社，2013.

[8] 崔坚. SIMATIC S7-1500 与 TIA 博途软件使用指南[M]. 北京：机械工业出版社，2016.